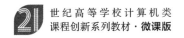
21 世纪高等学校计算机类
课程创新系列教材·微课版

U0156670

Java语言面向对象程序设计

第3版·微课视频版

马俊 曾述宾 / 编著

清华大学出版社

北京

内 容 简 介

面向对象技术是编程领域中的一种成熟的抽象和封装技术，是当下在软件设计中必须理解和掌握的基本概念和技术。Java 语言是近十几年来面向对象编程语言的"排头兵"，可以用于开发各种领域的软件，包括企业级应用、基础业务应用以及基于 Web 的应用和移动应用的开发。

本书作者结合多年的教学经验，并在其研究成果的基础上，给出了程序设计中一些基本概念，如指令、程序、进程的定义，并对程序和进程的本质进行了较深刻的哲学思考。同时本书系统地讲解了 Java 语言的基础知识和编程的基本思路，并详细阐述了面向对象的基本设计概念和理论，利用精心构造的示例程序演示了面向对象编程四大基本原理的实现技巧。本书给出了许多实用的程序建模示例，以帮助读者学会编程理论并解决实际问题。

本书主要面向全国高等院校需要学习面向对象技术或 Java 程序设计的学生或专业人员，也可以作为从事高等教育的教师，高等院校的本科生、研究生及相关领域的广大科研人员的参考资料。

图书在版编目(CIP)数据

Java 语言面向对象程序设计：微课视频版/马俊，曾述宾编著. —3 版. —北京：清华大学出版社，2022.4
21 世纪高等学校计算机类课程创新系列教材：微课版
ISBN 978-7-302-58624-1

Ⅰ. ①J… Ⅱ. ①马… ②曾… Ⅲ. ①JAVA 语言－程序设计－高等学校－教材 Ⅳ. ①TP312.8

中国版本图书馆 CIP 数据核字(2021)第 131596 号

责任编辑：陈景辉
封面设计：刘　键
责任校对：郝美丽
责任印制：曹婉颖

出版发行：清华大学出版社
　　　　　网　　　址：http://www.tup.com.cn，http://www.wqbook.com
　　　　　地　　　址：北京清华大学学研大厦 A 座　　　邮　　编：100084
　　　　　社 总 机：010-83470000　　　　　邮　　购：010-62786544
　　　　　投稿与读者服务：010-62776969，c-service@tup.tsinghua.edu.cn
　　　　　质量反馈：010-62772015，zhiliang@tup.tsinghua.edu.cn
　　　　　课件下载：http://www.tup.com.cn，010-83470236
印 装 者：三河市君旺印务有限公司
经　　销：全国新华书店
开　　本：185mm×260mm　　印　张：28.5　　　　　　　字　　数：696 千字
版　　次：2009 年 2 月机械工业出版社第 1 版　　2022 年 4 月第 3 版　印　次：2022 年 4 月第 1 次印刷
印　　数：1～1500
定　　价：79.90 元

产品编号：090345-01

前　言

　　IT 技术和互联网已经与人类的工作、生活紧密结合在了一起,衣食住行的方方面面似乎都和信息技术、数据传输建立了深度依赖关系,我们现在几乎无法离开计算机或手机独立生活了。计算机的硬件和软件正在深刻地改变着人们的工作方式、生活方式和学习方式,尤其是经历了 2020 年的新冠疫情,即便是在偏僻山区的农村,人们也开始认识互联网和各种 IT 技术及概念。人们对计算机和网络的使用主要是通过软件或小程序,从银行的存取款、超市的收银管理、在线上课、在线办公,到出行时的车票购买、绿码申请等都离不开软件或小程序的使用。

　　如今,大数据和人工智能的浪潮正迅速地朝我们涌来,正在触及和改变着各个行业和生活的许多方面。大数据和人工智能浪潮将比之前的工业革命和信息浪潮更大,触及面更广,给我们的工作和生活带来的变化和影响也更大。

　　不论是大数据处理、人工智能设计还是传统的计算机软件设计,都是通过程序设计来完成的。程序设计方法主要有两大类,即函数式和对象式,同时市面上有很多程序设计语言,如 C 语言、C++语言、Java 语言、Python 语言和 Go 语言等,这些语言和相应的设计理论是程序员必须学习和掌握的基本知识架构。中国的程序员缺口一直很大,按照高等院校计算机专业的培养目标,应用软件开发、测试或数据处理都是计算机相关专业学生在本科毕业时应具备的基本能力。

　　目前,应用软件开发主要集中在两个方向:一个是高端的基于企业级的分布式程序的开发和部署,包括大数据的分析和处理;另一个是面向手机、PDA 等嵌入式设备的程序开发,不论哪一个都和网络分不开。Java 语言在这些领域都有非常流行和成熟的开发框架和技术,在计算机语言的排行榜上,Java 语言已经连续十几年排在第一名或第二名的位置,正因为如此,Java 语言已经成为高等学校计算机相关专业的基础专业课程。

　　本书首先通过很形象的游戏示例引出了指令、程序和进程的基本定义,介绍了 Java 语言的基础内容和编程的基本思路,然后通过精心设计的示例程序解释了面向对象的几大基本原理,即抽象、封装、继承、多态和组合的概念和设计技巧。本书针对计算机相关专业方面的本科、专科、中职学生编写,在内容的选择上都进行了适当的考虑。

　　全书共分 12 章,第 1 章主要介绍了程序的定义和程序设计语言的概述,通过抽象将计算机程序的概念推广到生命领域、军事领域,指出了指令、程序和进程的关系,给出了进程和能量依赖关系,最后介绍了 Java 程序的开发环境和开发步骤等;第 2 章重点讲述了 JVM 工作原理、Java 语言的关键字、基本数据类型和程序的控制结构等内容;第 3 章、第 4 章主要讲述了面向对象程序设计的基本原理以及 Java 语言的实现,主要涉及类、对象、接口、继承、方法等面向对象基本概念,通过程序示例演示了如何抽象类,以及设计类和接口的一般规则,所以第 2~4 章应该是学习的重点;第 5 章介绍了 Java 语言中的异常处理技术以及 Java 中的异常类库;第 6 章讲解了在 Java 中怎样使用输入/输出流技术,介绍了 Java 语言中常用的 I/O 流类库和一些基本方法;第 7 章简要介绍了 Java 的 GUI 程序设计,通过一些实例程序演示了常用的 GUI 组件和容器的使用技巧,特别介绍了 AWT 与 Swing 的区别和使用时应注意的事项;第 8 章讲述了目前广为流行的线程技术以及相关的类和接口,特别介绍了同步、死锁等概念并通过相关的例子来演示;第 9 章主要介绍了在 Java 语言中如何实现网络编程,讲述了套接字编程的基本原理,通过示例演示了开发 C/S 网络程序的技巧和规则;第 10 章讲述了 Java 语言中的数据集合抽象,介绍了 Java 中常用的集合框架类和接口以及泛型的使用技巧,在实际的软件开发中需要大量地使用该章中的内容;第 11 章讲述了 Java 语言中的数据库编程技术,介绍了 JDBC 的相关概念和使用技术,并通过示例演示了基本的数据库程序设计原则,建议读者重点学习第 9~11 章,以便尽快掌握实用软件的开发技术和原则;第 12 章介绍了 JSP 技术基础,JSP 技术是 Java 语言的主要领地,是基于互联网的 Web 程序设计领域中的主流技术,建议读者自主学习。

本书特色

(1) 以指令、程序、进程定义为入手点,对程序的本质进行深入的定义和解释。

(2) 对 Java 面向对象理论和技术进行了深入浅出地解释和代码演示。

(3) 结合仿真和建模的思想与知识点,给出一系列的程序建模实例。

(4) 程序代码实例丰富,涵盖 200 个知识点案例和 17 个程序建模实例。

(5) 语言简明易懂,由浅入深地带您学会 Java 语言和面向对象程序设计理论。

配套资源

为便于教学,本书配有 1500 分钟微课视频、源代码、教学课件、教学大纲、教学进度表、习题题库、考试试卷及答案。

(1) 获取教学视频方式:读者可以先扫描本书封底的文泉云盘防盗码,再扫描书中相应的视频二维码,观看教学视频。

(2) 其他配套资源可以扫描本书封底的"书圈"二维码下载。

读者对象

本书主要面向全国高等院校需要学习面向对象技术或 Java 程序设计的学生或专业人员,也可以作为从事高等教育的教师,高等院校的本科生、研究生及相关领域的广大科研人员的参考资料。

由于时间仓促,加上作者水平有限,书中难免出现粗浅疏漏或叙述欠严密之处,恳请读者给予批评指正。

作 者

2022 年 1 月

目 录

X

XI

第1章 程序设计的基本概念

程序设计主要是指针对一个问题或一项工作,设计出一系列不可分割的步骤,按照这个有序的步骤就可以解决该问题或完成该项工作,并通过一系列人们公认的符号来记录和存储,由此就形成了我们今天广为使用的程序。就个体生物而言,猴子和乌鸦也可以使用简单工具,猫和狗也似乎可以交流感情,但它们没有设计程序的能力,没有解决一个复杂问题或完成工作流程中一系列承前启后的步骤的能力。就群体生物而言,白蚁可以建筑复杂蚁巢,并且分工不同;蜜蜂也有不同分工。例如,建造蜂房、制造蜂蜜,但它们都不可能拥有个体或集体的程序设计能力,因为这些只是固定的循环模式。而人类因为具有程序设计能力,所以制造了汽车,发射了卫星,建造了跨海大桥,设计了城市的供水系统、电力系统,创造了互联网等。

在很多领域似乎都有程序的概念,如化工厂有严格的安检程序等。那么程序究竟是什么呢？又如何来设计一个好的程序呢？本章我们尝试来理解这些基本概念。

1.1 基本概念

视频讲解

一个程序的本质就是一套有序的时空变换和能量转换规则的描述,程序执行(即进程)的结果一般是系统的状态发生了改变,或者产生了相应的能量转移或转换。为了更好地理解程序的概念,下面以一个智力小游戏来做具体的分析和说明。如图 1-1(a)所示,在一个小迷宫里,有一只松鼠和四个箱子,小松鼠的任务就是把这四个箱子推到四个有红色标记的位置,游戏本身很简单,任务很容易完成。现在换个思维方式,首先我们把这个小迷宫看作是一个系统,特定的松鼠和箱子的空间位置代表一种系统状态,则该系统有若干种离散的状态,所有这些状态的集合就构成了图灵机中所描述的有限状态集合。如果把该系统从一个状态切换到另一个相邻状态的转换规则定义为一条基本指令,则该游戏的任务就变成了通过找到一个有序指令集合,使得游戏从最初的状态能够变换到最终的状态。为了抓住问题的本质,在示意图中做了简化处理,随机地截取了其中四种状态用来说明离散的系统状态,如图 1-1 所示。

虽然系统的状态数很多,但抽象出的基本变换指令却只有 8 种,如图 1-2 所示。通过这 8 种指令的有限组合就可以达到系统的各种状态,当然也能到达游戏指定的最终状态。同时我们应该注意到,松鼠移动或推箱子,都是要消耗能量的,理论的说法就是系统的状态改变需要能量参与。能量其实是一个系统时空结构改变的度量,系统从一个状态到另一个状态的改变一般都伴随着能量的变化。能量的来源有两种,一种是系统外的供应,如计算机执行程序时必须供应电能；另一种是内部供应，如生命体通过新陈代谢化学反应释放的能量。

抽象好基本指令集后，如果我们换一个迷宫场景，如图 1-3 所示。这 8 条指令同样可用，只不过需要再次经过逻辑分析和重新编写一套指令集合，用来完成该场景从初始状态切换到终止状态的游戏任务。

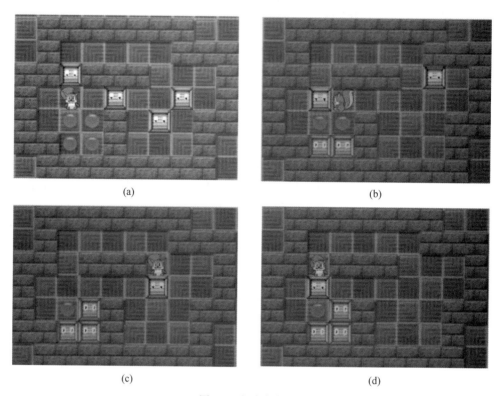

(a)　　　　　　　　　　(b)

(c)　　　　　　　　　　(d)

图 1-1　松鼠推箱子

抽象的指令集为：{
Move_Up:　　上移一步
Move_Down:　下移一步
Move_Left:　左移一步
Move_Right:　右移一步
Push_Up:　　上推一步
Push_Down:　下推一步
Push_Left:　左推一步
Push_Right:　右推一步
}

而针对上图所示初始系统，可以编程如下：
Move_Right
Push_Right
Push_Right
Move_Down
Move_Down
省略

Push_Down
OK

图 1-2　抽象指令集和程序

计算机之父图灵在 1936 年提出了一种抽象计算模型，即将人们使用纸笔进行数学运算的过程抽象化，由一个虚拟的机器(即图灵机)替代人们进行数学运算。

图灵机是一个抽象的机器，它有一条无限长的纸带，纸带上有一个一个的小方格，每个方格有不同的颜色。有一个读写头在纸带上移动，如图 1-4 所示。

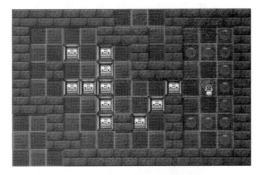

图 1-3　变换迷宫

图 1-4　抽象图灵机

图灵机的形式化描述如下：

图灵机是一个五元组(K,Σ,s,H,δ)。

(1) K 是有限个状态的集合。

(2) Σ 是字母表，即符号的集合。

(3) $s\in K$ 是初始状态。

(4) $H\in K$ 是停机状态的集合，当控制器内部状态为停机状态时图灵机结束计算。

(5) δ 是转移函数，即控制器的规则集合，就是我们定义的指令。

在图灵机中δ就是一个指令集合，例如计算 $x+1$ 的图灵机的指令集合如表 1-1 所示。

表 1-1　$x+1$ 图灵机指令集合

输入		响应		
当前状态	当前符号	新符号	读写头移动	新状态
start	*	*	left	add
add	0	1	left	noncarry
add	1	0	left	carry
add	*	*	right	halt
carry	0	1	left	noncarry
carry	1	0	left	carry
carry	*	1	left	overflow
noncarry	0	0	left	noncarry
noncarry	1	1	left	noncarry
noncarry	*	*	right	return
overflow	0 或 1	*	right	return
return	0	0	right	return
return	1	1	right	return
return	*	*	stay	halt

同样，每一条图灵机指令的执行也是要消耗相应能量的，如读写头的移动，当前数据的改写和读取等。当然不同的指令集合消耗的能量是不一样的，如 1946 年的第一台计算机 ENIAC 和今天的 PC 已经不能相提并论了，但在同样的系统和环境中，最优程序一定是消

3

第1章

程序设计的基本概念

耗能量最少的指令集合。当然在图灵的文章中,主要是形式化的数学描述,并没有引入能量的作用,但现在的程序设计人员必须要考虑能量问题。

事实上,我们可以将这一概念推广到其他领域,不难发现,不管是军事领域、计算机领域还是生物、化学和物理等领域,甚至包括公司经营或行政,都有指令的对应概念。计算机中的数据主要存储在内存中,内存就是一个能锁定二进制位 0 和 1 两种状态的集成电路矩阵,从抽象的层面来看,存储在内存中的数据就是一种稳定的空间结构,算法就是此空间结构随着时间不断变化的步骤。如果用一个空心的圆点表示内存中的一个二进制位 1,实心的圆点表示 0,则两个长整型数(假设每个长整型数为 8 字节)相加得到另一个长整型数,对应的内存矩阵的示意图如图 1-5 所示,该示意图代表对应于长整型数的加法(ADD)指令导致的内存中存储矩阵状态的改变。即如果将内存、CPU 等抽象为一个系统,则该指令的执行导致了系统的空间结构状态发生了改变。如果将化学键理解为一种稳定的结构状态,那么化学反应就可以看作是一种指令了,即能量参与下的物质时空结构的改变,如图 1-6 所示。

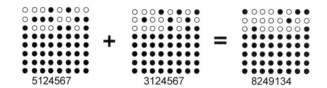

5124567   3124567   8249134

图 1-5   两个长整型数相加内存示意图

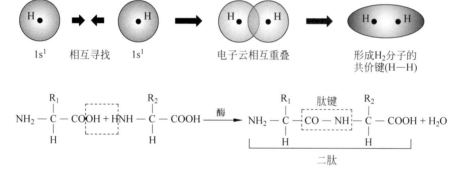

图 1-6   两个氢原子形成共价键和氨基酸形成肽键

1.1.1 指令定义

综上所述可以抽象出更为一般化的指令、程序和进程的概念。

指令:设一个系统 S 有有限状态集合 $\{S_1, S_2, \cdots, S_n\}$,从状态 S_i 变换到其相邻状态 S_{i+1} 的一个基本变换规则可称为一条指令,指令的执行必定伴随着系统状态的改变和能量的变化。例如原子中的能级跃迁,细胞中基本的化学反应,计算机中的 CPU 基本指令等。一个系统中所有的基本指令组成的集合我们称为该系统的基本指令集。

为了加深对指令的理解,以常见的汽车驾驶为例再次说明这一抽象过程。可以将汽车的驾驶室抽象为一个控制器,在汽油(或燃气)的化学能或电能的供应下,通过驾驶员的控制,汽车才能开到目的地。在这个过程中,驾驶员从外界读取各种"环境数据",经过反射计算处理发出相应的控制指令,直到目的地,以上完成的也是一个程序的启动、运行和终止过程。只不过在此过程中,程序的起点和终点变化多端,而组成程序的基本指令集是不变的。例如,可以将该指令集抽象为{启动、加速、减速、恒速、左转、右转、定向、倒退、停止、熄火},但程序指令的序列却可以是多种多样的,是根据驾驶员和环境的不断变化而自适应变化的。目前汽车自动驾驶系统的研究正在进行和完善中,这种汽车自动驾驶本质上就是一套程序的执行。2019 年 1 月 8 日百度公司发布自动驾驶平台 Apollo 3.5 版,并称其为"跨越历史新阶段",实现了支持包括市中心和住宅场景等的复杂城市道路自动驾驶,包含窄车道、无信号灯路口通行、借道错车行驶等多种路况。

同样的,地球上生存的各种生命体,其基本的组成单位大都是细胞,每个活着的细胞每时每刻都在进行新陈代谢以维持细胞的生命特征。而新陈代谢其实就是细胞内部不断进行的一系列化学反应和状态的改变。如果把细胞内部的基本化学反应集合看成是生命程序的基本指令集合,则细胞生命现象其实就是一个进程现象,每个生命程序也有相应的起点和终点,并且每一个生命体在其生存过程中的指令执行过程是不断地根据环境而自适应变化的,类似于自动驾驶汽车中的控制程序。实际上自动驾驶汽车中的控制程序其实就是一个经过训练的驾驶员的替代品,从这个替代过程也可以看出生命即指令集合。

在计算机中,因为最初用二极管来表示数据,所以计算机只能识别二进制,因此早期的程序设计是采用机器语言来编写的,直接使用二进制来表示机器能够识别和执行的指令和数据。简单来说,就是直接编写 0 和 1 的序列来代表指令和数据。例如使用 0000 代表加载(LOAD)、0001 代表存储(STORE)等。

早期的计算机都有一个中央处理器(CPU)专门负责进行控制和计算任务,每个 CPU 有一套基本的指令集合,类似于前面提到的小松鼠推箱子的指令集合。CPU 的指令集主要有两个体系,一个是 Intel 主要采用的 CISC(Complex Instruction Set Computer)复杂指令集,主要特点是基本指令多、寻址复杂;另一个是 RISC(Reduced Instruction Set Computer)精简指令集,IBM 的 Power PC 以及 CISCO 的 CPU 采用 RISC 的结构,主要特点是所有指令的格式都是一致的,所有指令的指令周期也是相同的,并且采用了流水线技术。而现在使用的所有程序本质上都是由这些 CPU 中的基本指令集组合而成的。

虽然现在处理器的体系更为复杂,已经不是早期的单 CPU 结构了,但其基本控制原理和计算技术依然是相同的。

1.1.2 程序定义

有了指令的概念,根据前面松鼠推箱子的实例,这里给出程序的定义。

程序:程序是指某系统 S 从初始状态 S_b 变换到 S_e 的有序的、有限的指令和数据集合。这个指令和数据集合可以用某种符号(代码)或格式存储在某种物质介质和波介质中,可以称为程序的存储状态。

理解了指令,理解程序也就比较容易,程序就是有序的、有限的指令集合。以驾驶汽车从兰州大学城关校区到榆中校区为例,假设道路完美连通、没有其他汽车或干扰,就可以用基本指令集{启动、加速、减速、恒速、左转、右转、定向、倒退、停止、熄火}编写一套固定的指令集合{启动,加速,恒速,右转,加速,恒速,减速,右转,恒速……停止,熄火},任何人就可以

程序设计的基本概念

按照这套指令序列从兰州大学城关校区驾车到榆中校区,也可以将其变成计算机程序自动执行。当然去掉干扰假设,同样可以写出这个程序,只是此时写的程序很复杂,需要做大量数据感知然后根据环境动态地执行指令,但本质是一样的,最终形成的还是一套有序有限的指令集合。

在生命体的细胞中,遗传物质 DNA 上存储的就是指令和数据的集合。在成熟的活细胞中,细胞从外界汲取营养物质,在细胞核中解码并翻译 DNA,进行一系列的氧化和还原反应,完成细胞的功能表达或完成细胞分裂。相对于人造的 CPU 和指令集设计,细胞具有更为灵活、更抽象的设计理念,不需要特定的电路和主板,基于化学反应集合和 DNA 分子链,细胞就可以完成复杂的生命活动,并且生命进程所需要的能量都是细胞从新陈代谢反应中自给自足的,由此可以假设生命就是一个进程。

1.1.3 进程定义

有了指令和程序的定义,下面进一步来理解进程。正如前文所述,图 1-2 中的程序代表图 1-1 中从初始状态到终止状态的指令集合,但这只是一种符号化的记录或陈述,并不代表图 1-1 就会自动变成终止状态,需要按照指令来执行才可以,需要供给小松鼠移动和推箱子的能量,需要传递信息或数据给小松鼠,这样指令才能连续执行。再比如一个刚死亡的胚胎细胞(程序终止),细胞核中 DNA 还在,但该生命体不会再发育成长了。这就需要引入程序的两种状态,一种是存储态,另一种是运行态。关于运行态的程序需要引入一个专业术语——进程。

进程:进程是程序的运行状态,是指某系统在能量的供应下一条一条指令连续处理和执行的过程。因为指令的执行需要消耗能量,所以一个进程也必须要在能量的不断供应下才能得以连续执行,直至程序执行到终点,即系统的状态 S_e。

在进程中,最重要的就是能量的供应,因为指令代表系统空间结构的变化,而能量是系统空间状态变化的度量单位,所以能量的供应是指令连续执行的必要条件。但这并不是说所有的进程都是消耗能量的,相反,有的指令执行还会释放能量,甚至大量的能量。思考生命现象和核弹爆炸就很容易理解这一点。

还要理解程序编码(符号化编码)的存储态,这对后面的程序设计和对象的理解至关重要。存储态是指程序以依赖于媒介的特定状态结构的方式呈现在特定的系统空间,以计算机为例,程序一般是符号化后记录在纸、磁盘、光盘、内存中;而运行态则是一个系统时空连续递变的过程概念,在空间中是无法定位的,不能说一个进程在里面或在外面,也不能说一个进程在上面、下面、东面或西面。换句话说,进程是一个时间范畴内的概念,指的是随着指令的执行,系统结构连续变换的一种动态概念。

1.2 过程和对象

程序是用来解决问题或维持系统运转的,而解决问题主要有两种思维方式,一种是面向过程的(即注重过程),另一种是面向对象的(即注重结果)。在计算机程序设计的发展历史中也出现了两种思维方式,从早期的面向过程的设计方法过渡到结构化程序的设计方法,再进化到面向对象程序设计方法。程序设计的本质就是组合一套合适的指令集合,只是对系统的抽象视角不一样,相对于早期的面向过程设计,面向对象设计方法更符合人类的思维习惯,并且系统的维护升级也更容易。

1.2.1 过程

过程就是步骤的集合,就是"解决一个问题或完成一件事情的有序步骤集合"。举例说明,假设张三从兰州大学城关校区乘车去榆中校区,面向过程的方式是指令和数据都由张三准备提供,而操作由司机李四完成,到每一个路口,张三都要告诉李四左转还是右转、直行时加速还是减速,以及何时何地停车熄火等。张三需要准备一系列的、完整的、有序的步骤,如果目的地变了,例如改去机场,张三需要重新研究去机场的指令和数据集合,此时张三的思维就是过程性的。

1.2.2 对象

对象就是一个具有特定属性和行为的独立存在体,可以和外界进行信息交互和能量交互,相当于系统中的一个子系统,有自己指令集和程序功能。还是拿张三去榆中校区为例,这时司机李四就是一个对象,张三上车后直接告诉李四去榆中校区就可以,自己不需要准备具体的步骤集合,这个工作变成了李四的。如果目的地变成机场或者其他任何地方,只要李四知道的都可以到达,此时张三的思维是对象性的,李四就是一个具有属性和行为的对象。很明显,对象思维更灵活,系统维护和升级更容易。

1.3 程序设计方式

具体到计算机领域,设计出一套有序有限的指令集合,用来解决一个问题或维持系统的正常存在状态,称为程序设计,程序设计和抽象系统的视角和层次密切相关。

计算机的最初指令集合是二进制的,用二进制指令来编写程序,称为机器语言编程。程序员用机器语言编程太复杂,因为机器语言层次太低,编写者需要记忆所有的二进制指令。随着CPU的不断升级,基本指令集合也在不断变化,使得用机器语言编程越来越困难,于是出现了符号化的汇编语言,用地址符号表示指令或操作数的地址,用助记符代替二进制的指令码,例如用LOAD来代替0000,用STORE表示0001。用汇编语言编写程序比机器语言稍微容易,汇编程序的可读性也要比机器语言强很多,但本质上还是一种低级语言,需要编写者掌握计算机底层硬件的细节才能更好地编程,这种偏硬件的思维方式不符合人们的自然思维习惯。

另外一点需要明白的是,不管是用低级语言汇编语言设计的程序,还是高级语言设计的程序,计算机的CPU都是不识别的,需要用相应的编译程序把符号化的源程序翻译成机器码指令集合,CPU才能够识别和执行。

为了降低程序员的学习复杂度和程序设计难度,程序设计理论不断发展,并且对应上节提到的过程性思维和对象性思维,就产生了面向过程和面向对象的程序设计方法。

程序设计的基本概念

1.3.1　面向过程式程序设计

为了解决低级语言的复杂性、对机器底层的依赖性,以及不太符合人类大脑的思维习惯等困难,在 20 世纪 50 年代计算机科学家们推出了面向过程的高级语言。高级语言已经不再关注机器本身的操作指令、存储地址等细节,而是关注如何一步一步地解决实际生活中的具体问题,即解决问题的步骤和过程,这应该是面向过程说法的来由。

面向过程式编程通常会将问题的数据表示与对数据的操作分离开。例如想通过网络发送消息,只发送相关数据,并希望网络通道另一端的程序知道如何处理该数据,这就需要通信双方对数据传输建立起一种协议约定。在该模型中,通过网络传输的只有数据代码,没有指令代码,其实处理指令集合已经通过前期的约定设计好了,以过程的方式存储,使用时调用即可。

面向过程是一次思想上的飞跃,将程序员从复杂的、低级的数据表示和指令操作中解放出来,转而关注具体问题的逻辑化、抽象表示和算法。同时面向过程的语言也不再需要和具体的机器绑定,从而具备了可移植性和通用性,面向过程的语言本身也更加容易编写和维护。这些因素叠加起来,大大减轻了程序员的负担,提升了程序员的工作效率和学习兴趣,从而促进了软件行业快速发展。

典型的面向过程的语言有 COBOL、FORTRAN、BASIC、PASCAL、C 语言等。面向过程编程的巅峰成果其实是结构化程序设计理论,其主要特点是抛弃了随意跳转的 goto 语句,采取"自顶向下、逐步细化、模块化"的指导思想。这样将一个软件分解成若干个小模块,每个模块的复杂度控制一定范围内,从整体上降低了软件开发的复杂度,使软件开发过程更加符合人类思维的特点。结构化程序设计中的问题分解和模块化是面向对象程序设计的基础。

1.3.2　面向对象式程序设计

面向对象程序设计就是把结构化程序设计中的问题分解和模块化进一步地提升,结合人类观察世界、研究世界的方法论,将模块中的数据编码和指令编码封装在一个特定的局部空间中,针对该空间中数据的修改必须通过模块内部的指令编码来完成,不允许外部的指令直接访问或修改数据,把模块变成了对象,把处理过程变成了对象之间的互动和通信。后来将人类研究自然世界的方法移植到计算机中,在程序中用各种对象来模拟现实世界中实体或思想中的概念,逐步完善了面向对象程序设计理论。

面向过程和面向对象实际上并没有明确的界限,模块(对象)内部采用过程性思维,模块之间一般采用对象性思维,每一个模块都会将自己内部的数据和内部过程封装起来,对外进行隐藏,外部指令无法直接访问和修改对象内部的数据,只能通过模块公开的接口来完成数据访问和修改。若干小对象又可以组成大对象,这就是后面要讲的组合,从大对象的视角来看,这些小对象之间的交互又变成了过程性的。

实际上,在面向过程的编程中,可以将进程本身看作是一个大的系统对象,数据编码和指令编码还是存储在此进程的系统空间内,只是数据和指令分开存储,指令执行时去修改处理数据,数据和指令的耦合性强而已。在面向对象编程中,为了使数据和指令解耦合,实现模块功能的内聚,创建的每个对象都可以使用约定的独立存储空间,数据和指令独立存在,对象有了标识,对象之间有了边界,对象之间可通过消息完成交互通信。

采用面向对象设计方法,初步看代码量会大增,编码效率会降低,但带来的好处是:随着系统的复杂度越来越高,这种耦合性低的优势便显现出来,可以给出某一个对象的进化版本增加新的功能,而不影响原来系统的功能,后期代码编写和维护的成本降低,系统的可扩展性大大增强。

关于面向对象程序设计的概念和理论会在第 3 章再做详细的介绍。

1.4 计算机程序设计相关知识概述

指令和程序理论是广义的,并没有局限在计算机体系中,生命体系、公司体系、军队体系或行政体系等都可通用。本书的目的是教会读者如何编写计算机程序,需要简要了解一下计算机的体系结构。

1.4.1 计算机的硬件组成

一台计算机就是一个可以存储和处理数据的电子设备,包含硬件部分和软件部分。硬件部分就是能看得见的物质组成部分,常包括以下部件。

(1) 中央处理器(CPU),用来执行指令。

(2) 内存(Memory),用来存储数据和程序指令,可理解为前面的状态空间。

(3) 外部存储设备(如磁盘、光盘等)。

(4) 输入设备(如键盘、鼠标等)。

(5) 输出设备(如监视器、打印机等)。

(6) 通信设备(如调制解调器或网卡等)。

一台计算机的所有部件一般都通过总线连接起来,如图 1-7 所示,可以将总线想象成连接各部件的通路,数据和指令通过总线从一个部件传输到另一个部件。在个人计算机上,人们设计并集成了一个包括总线在内的各种电路组成的主板。

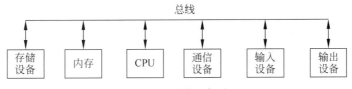

图 1-7 总线示意图

1.4.2 中央处理器(CPU)

中央处理器可以看作是计算机的大脑,它从内存中读取指令并执行。CPU 由两部分组成:控制器用来控制和协调其他部件的行为;运算器用来完成数学计算和逻辑计算任务,有大量基本电路单位,如完成 1 个二进制位的加法器,如图 1-8(a)所示。

每个计算机内部都有一个时钟发生器,它产生固定频率的脉冲信号,CPU 和其他设备都依赖这些时钟脉冲信号来同步操作时序,相当于该计算机的时间体系。

程序设计的基本概念

1.4.3　内存

计算机程序在运行时,大部分指令和数据都在内存中,内存由一系列集成的两种状态"开关"组成,每个开关可表示 1 或 0,即二进制编码,每 8 个开关组成一字节(Byte),字节是内存操作的最小单位,记为 B。

各种各样的数据,如数字、字母、符号等最终都要编码成一系列的字节,如数字 3 编码为 00000011,字母 C 编码为 01000011。程序员没必要担心如何编码和解码数据,因为计算机操作系统已经根据特定的编码集完成了,一个编码集是指一套编码规则,可以用来实现将数字、字母、符号等编码成计算机能识别的二进制编码串,用字节来记忆和存储。

内存容量的单位有 KB、MB、GB、TB 等,1KB＝1024B,1MB 大约是一百万字节,1GB 大约是十亿字节。

每字节在内存中都有一个独立的地址,用来定位和读写数据或指令,如图 1-8(b)所示,从地址 2000 开始连续存储 Crew 和数字 3 和 7。

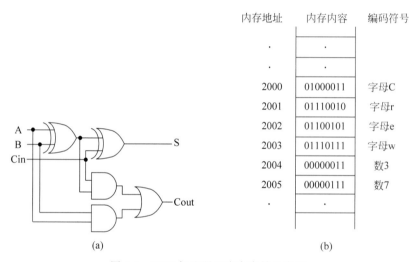

图 1-8　CPU 加法器和内存存储示意图

如果将时钟发生器产生的脉冲信号理解为时间序列,那么内存可以想象为空间,每个进程都是一个自我相对独立的时空变换系统,指令对数据的读写和处理应该都在自己时钟周期和内存空间中进行。

1.4.4　操作系统

操作系统是计算机中最重要的系统软件,它控制和管理着一个计算机所有的软硬件资源,协调计算机中各种设备之间的通信活动。操作系统最主要的工作如下。

(1)控制和监控系统所有活动。

(2)分配和管理系统资源。

(3)任务调度。

(4)文件管理。

图 1-9 显示的是硬件、操作系统、应用软件和用户之间的关系。目前流行的操作系统有 Windows、Mac OS、Linux 以及 Android 等。

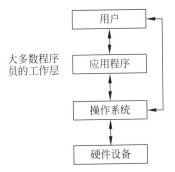

视频讲解

图 1-9　用户和程序工作层次示意图

1.4.5　程序设计语言

在《数学词典》中给出了程序设计定义,即程序是用计算机指令或机器所能接受的某种语言描述的处理过程,描述的结果称为程序。编写程序的过程称为程序设计,采用的符号语言即各种程序设计语言,虽然在各种程序设计语言中的表述形式可能不同,但特定程序执行的结果应该是一致的。

在计算机中,虽然基本指令的数目并不是很多,但可设计的程序却无穷无尽。程序设计语言主要经历了三个阶段:早期的基于机器指令和汇编语言的低级语言程序设计,中期的面向过程的高级语言程序设计以及现代的面向对象语言程序设计,经历了从使用基本指令集直接编程,到使用抽象的程序模块编程,再到使用更抽象的语义编程这样一个从简单到复杂抽象的发展过程。

1.4.6　程序的构造过程

按照前面的定义,指令指的是系统时空状态的变换规则,基本指令集就是这些规则的集合,类似象棋、围棋、五子棋的下棋规则等,而程序就是这些指令和数据的有序组合,进程就是将此程序中的指令按照顺序和要求一个一个付诸行动,进程结束的前提是某种目的状态(在计算机中称为停机状态)的出现。程序设计的本质就是要设计出一个指令序列将系统 S 从状态 S_b 变化到 S_e,当然这种指令序列并不是唯一的,这就是程序设计的多样性。为了能够在耗能最少、时间最短的情况下完成状态转换,程序可以被优化设计,这是计算机科学领域的一个研究方向。

从基本指令开始,经过逐步抽象,每套程序设计语言都形成了一套语义比较丰富的复杂指令,这些复杂、抽象的指令已经脱离了计算机 CPU 的基本指令集体系,必须经由编译系统翻译后才能变成系统认识的基本指令。基本指令指的是不可分割的原子性动作,一般由硬件直接完成执行,若干条基本指令经过组合可以形成能够完成特定功能的复杂指令。复杂指令还可以经过进一步组合形成更复杂的宏指令模块,有的复杂指令甚至是一个小程序,以汽车驾驶为例,"10:30 前将车开到广场"这条抽象的复杂指令就是一个小程序。其基本指令可以只是具有 8 条简单指令的集合{启动、加速、减速、左转、右转、倒退、停止、熄火},根据路况和行驶状况,采用不同的指令,直到将车开到目的地。

在《计算机程序的解释和构造》中详细地描述了此抽象过程,并以 Lisp 编程语言为例来说明。假设在 Lisp 语言中已经有一个基本指令 ∗ 表示两个数相乘,则可以通过它来定义复杂的指令,如平方指令的定义如下:

```
(define  (square x) (∗ x x))
```

则 square 就是一个复合指令,更复杂的如:

程序设计的基本概念

```
(define (sum - of - squares  x  y)  ( + (square x) (square y)))
```

则 sum-of-squares 就成了一个求两数平方和的复合指令,而指令(sum-of-squares 3 4)的执行结果为 25。

如图 1-10 所示,如果用复杂指令 square 来求平方、用 abs 来求绝对值、用 average 来求平均值,则可以构造出更复杂的开平方指令 sqrt。在现代计算机程序设计语言中,所有的关键字、函数库、抽象语义都是采用这种方式抽象出来的,现代程序员编程仅在抽象的高层用很短的语句序列就可以编写一个完成复杂功能的程序,而在过去,实现同样的任务需要编写上万条基本指令序列。

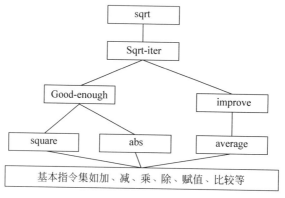

图 1-10　复杂指令的抽象过程

sqrt 复杂指令在 Lisp 中具体构造过程如下:

```
(define (sqrt x)
  (define (good - enough? guess x)
    (< (abs ( - (square guess) x)) 0.001))
  (define (improve guess x)
    (average guess (/ x guess)))
  (define (sqrt - iter guess x)
    (if (good - enough? guess x)
        guess
        (sqrt - iter (improve guess x) x)))
  (sqrt - iter 1.0 x))
```

再以前面讲到的汽车为例来说明这一抽象过程的普遍性,设汽车驾驶的基本指令集还是前面抽象的{启动、加速、减速、左转、右转、倒退、停止、熄火}8 条基本指令,则汽车驾驶员培训中可以抽象出一些复杂指令,如半坡起步、移库、侧方停车等基本考试动作,而驾驶员也正是利用这些基本指令的不同组合完成一个个开车任务的。

按照前面的论述,程序设计就是编写程序的过程,就是对指令不断地进行有序的组合和抽象,并根据需求设计出独立的、模块化的复杂指令。在实际的计算机程序设计语言中,这些复杂指令就有了专门的名称,如宏、函数、过程方法等,最终可以通过这些基本指令和复杂指令模块编写出需要的程序去解决实际的问题。在从基本指令到复杂指令的逐级抽象中,程序的功能越来越复杂、越来越强大。针对一个二进制序列组成的程序,要从基本的指令和数据序列中分析程序的具体功能和流程已经变得非常困难,这也解释了当前生命科学研究中的困境,即对于 DNA 编码序列,想逆推功能和流程很困难。

1.4.7　计算机编程语言的发展历史概述

　　程序设计是采用计算机编程语言来设计出实现特定功能的程序的过程,随着计算机技术的发展,计算机编程语言也经历了从低级到高级的发展过程,也有一个新旧交替的替代过程,下面介绍其发展阶段。

1. 机器语言

　　每台计算机内都有一个核心的芯片,专业术语叫 CPU(即中央处理器),每种 CPU 都有自己能识别的指令系统,这些指令都是基于二进制 0 和 1 的机器指令,它们不用翻译即可直接执行,这些机器指令的集合就是机器语言。机器语言非常适合计算机识别和执行,但不适合程序员记忆和理解。

2. 汇编语言

　　汇编语言是一种面向机器的程序设计语言,它用一套符号体系代表机器指令,例如用 ADD 代表机器语言中的加法运算,用 SUB 代表减法指令。这种语言编写的程序不能直接运行,要经过汇编程序翻译成机器语言才能运行,一般来说汇编语言指令与机器指令之间是一一对应的。汇编语言一般都是为特定计算机或计算机系统设计的,它比机器语言好学、便于记忆,比用机器语言写程序简单,但仍然没有解决语言对硬件的依赖关系。

　　汇编语言必须经过编译器程序编译后,将符号化的源程序语言翻译成 CPU 能认识的机器码程序,然后才能交由 CPU 执行。

3. 面向过程的高级语言

　　到了 20 世纪 60 年代,人们开发出了高级语言,如 BASIC 语言、C++语言、FORTRAN 语言、COBOL 语言等。高级语言的语法更接近人们的自然语言,人们只要按照语言所要求的语法去编写"源程序"文件即可,这种"源程序"文件内容都是由文本字符组成的,人可以读懂,但计算机 CPU 并不能识别,所以高级语言程序也必须经过编译后生成机器码程序后,才能由 CPU 执行。其设计流程如图 1-11 所示。

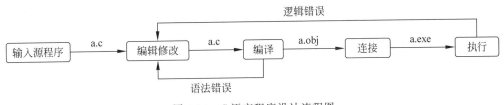

图 1-11　C 语言程序设计流程图

　　比如计算两个数(2,3)之和,用机器语言、汇编语言和高级语言的形式大约如图 1-12 所示。

4. 面向对象程序设计语言

　　最初面向对象设计语言是 Simula 67,它引入了后来所有的面向对象程序设计语言所遵循的基础概念:对象、类、继承,但它的实现并不是很完整。后来的 Smalltalk 是被公认为第二种纯面向对象程序设计语言,而且是第一个完整的实现了面向对象技术的语言。C++是第一种被广泛使用的面向对象语言,在 20 世纪 80 年代促进了面向对象的流行。而 Java 语言是

程序设计的基本概念

目前使用最广的面向对象程序设计语言之一,拥有很多开发者,曾多次排在程序开发语言的排行榜第一名。正是 Java 语言将面向对象推上了王座。比尔·盖茨曾这样评价:"Java 语言是很长时间以来最优秀的程序设计语言"。

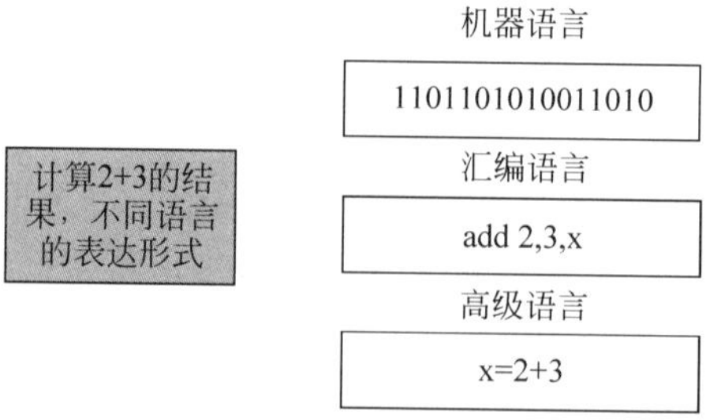

面向对象程序设计一般要遵循下面几个基本原则。

（1）抽象:从大量的、具体的物理实体或概念中抽取它们共同具有的属性或行为,以形成一般化概念或符号的过程,称为抽象。抽象在程序设计中一般指可具体化为运行对象的一套代码模板。

机器语言

| 1101101010011010 |

汇编语言

| add 2,3,x |

高级语言

| x=2+3 |

图 1-12　不同语言的 2+3 表述形式

计算2+3的结果,不同语言的表达形式

（2）封装:封装是一个自然界广为通用的法则,跟现实世界中的对象一样,对象的内部结构和状态对外是不可见的,对象的内部和外部之间有一个明确的界限,称为对象的封装性。在 Java 语言中,对象的封装性可通过定义类来实现,对象是类的一个实例。要想改变对象的内部状态结构,必须通过特定公开的接口来完成。

（3）继承:继承是一个生物和社会中通用的法则。在人类世界中,正是有了继承法则的存在,才有了发展的概念。在面向对象程序设计中,将从已经存在的类产生新类的机制称为继承,原来存在的类称为父类(或叫基类),新类称为子类(或叫派生类)。子类会自动拥有父类中的设计代码,继承带来的好处是:一方面可减少程序设计的错误,另一方面做到了代码复用,可简化和加快程序设计,提高了开发效率。

（4）多态:在现实世界当中,同样的消息传给不同的对象会有不同的响应行为。例如,让 A 地区的动物迁移到 B 地区去,对于这样一条消息,不同的动物会有不同的行为方式。在面向对象程序设计中,人们把对象之间按一定格式传递的信息称为消息,同一个消息被不同的对象接收时,可以导致完全不同的行为,这就是面向对象中的多态性。

（5）重载:在现实世界当中,对于同样的消息,对象可能根据自身条件的不同表现出不同的行为,在面向对象程序设计中,同一个对象可根据消息的参数的不同选择不同的行为代码,我们称为重载,重载是实现多态的机制之一。

展望计算机未来的发展方向,面向对象程序设计以及数据抽象在现代程序设计思想中占有越来越重要的地位,未来语言的发展将不再是一种单纯的语言标准,将会是基于面向对象、组件、协议和架构的综合体,将更易表达现实世界,更易被人编写,其使用对象将不再只是专业的编程人员,普通人也完全可以用定制真实生活中一项工作流程的简单方式来完成编程。

1.5　Java 语言开发环境配置和运行

视频讲解

Java 语言规范是 Java 编程语言语法和语义的技术定义。可以在官方网站 http://docs.oracle.com/javase/specs/上找到完整的 Java 语言规范。任何一种编程语言都需要特定的开发环境以及开发步骤,Java 语言也不例外。JDK(Java Development Kit)是 Java 的标准开发工具包,它也是大多数 Java 开发者遵循和使用的标准开发环境。JDK 包括一个标准类库和一组建立、测试及建立说明文档的 Java 实用程序。

Java 是一种功能齐全、功能强大的语言,可以以多种方式使用。它有三个版本。

(1) Java Standard Edition (Java SE) 用于开发客户端应用程序,可以独立运行或者作为小应用程序嵌入到浏览器中运行。

(2) Java Enterprise Edition (Java EE) 用于开发服务端应用程序,例如 Servlets, JavaServer Pages(JSP),and JavaServer Faces(JSF)。

(3) Java Micro Edition(Java ME)用于开发移动设备上的应用程序。

本书主要介绍 Java SE 的内容,Java SE 是所有其他 Java 技术的基础。

1.5.1 Java 程序的开发环境搭建

第一步:下载并安装 JDK。由于 Sun 公司已于 2009 年 4 月 20 日被 Oracle 公司收购,现在可以去 Oracle 的官方网站下载,或者网络搜索"JDK 下载"。本书成书时的最新版本为 JDK14,但公认比较稳定和流行的是 JDK8,Oracle 的官方网站如下:

https://www.oracle.com/technetwork/java/javase/overview/index.html

https://www.oracle.com/java/technologies/javase/javase-jdk8-downloads.html

选择合适的操作系统和版本下载后安装到本地,假设安装到本地的目录为<JAVA_HOME>,则在此目录中提供了如图 1-13 所示的目录结构。

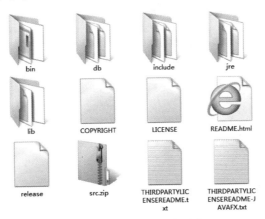

图 1-13　JDK 目录内容列表

bin 存放编写 Java 程序时用到的各种实用程序,db 存放 Oracle 用 Java 开发的分布式数据库系统 Java DB,lib 存放 Java 的基本类库文件,include 存放编写 native 方法要用到的文件,jre 提供 Java 运行时的环境。

在<JAVA _HOME>\bin 目录存放着 JDK 的实用程序,常用的 JDK 实用程序如表 1-2 所示:

表 1-2　常用的 JDK 实用程序

程序名称	功　　能
javac.exe	Java 编译器,将 Java 源程序转换成字节码
java.exe	Java 解释器,装入并执行 Java 应用程序
appletviewer.exe	小应用程序查看器
jdb.exe	Java 调试器,可以逐行执行程序、设置断点和检查变量

程序设计的基本概念

程序名称	功　　能
javadoc. exe	文档注释提取器,以生成 HTML 文档
jar. exe	Java 应用程序打包器

第二步：检查和设置环境变量。编写 Java 程序需要的基本环境变量有 3 个：Java_home、path 和 classpath。其中 Java_home 为 JDK 的主目录,path 环境变量为操作系统用来指明搜索可执行程序的目录列表,而 classpath 是给 Java 编译器和 Java 虚拟机使用的,用来指明搜索 Java 字节码文件所在的目录列表。设置环境变量有两种方式,一种是图形界面工作方式,例如在 Windows 系列操作系统中,选择"我的电脑"右击→"属性"→"高级"→"环境变量"选项,然后就可以创建或修改环境变量了。如图 1-14、图 1-15 所示。

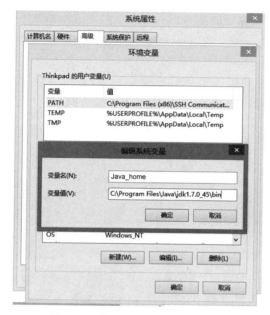

图 1-14　设置环境变量 Java_home

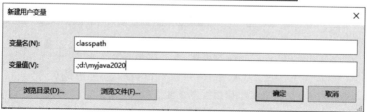

图 1-15　修改环境变量 path 并新建变量 classpath

另一种方式是在一个命令行窗口定义当前环境变量,如图 1-16 所示,注意,在命令行窗口中设置的环境变量只在当前窗口起作用。

图 1-16 命令行窗口定义环境变量

如果是 Linux 操作系统,当前用户使用以下方式设置环境变量。

#vi /etc/profile

在文件的最后加入(与 Windows 中 cmd 设置一样):

```
JAVA_HOME = /usr/java/jdk1.7.0_45
CLASSPATH = .:$JAVA_HOME/lib/tools.jar:$JAVA_HOME/lib/dt.jar
PATH = $JAVA_HOME/bin:$PATH
export JAVA_HOME CLASSPATH PATH
```

保存后退出,然后执行 source /etc/profile 命令即可。

第三步:准备好一款文本编辑软件,如 notepad.exe、uedit32.exe、edit.exe 等,就可以开发 Java 程序了。当然还可以直接安装各种快速集成开发环境,例如 NetBeans、Eclipse、Jbuilder 等,但根据作者多年教学经验,建议初学者还是从命令行学起,就跟金庸小说中的武林高手一样,先练内功,待日后有一定内功基础再选自己喜爱的武林门派学习招数和套路。

1.5.2 Java 程序的开发步骤

在设计好一个 Java 源程序后,需要经过编译,生成可在 Java 虚拟机上执行的字节码程序文件,然后由 Java 虚拟机装入并解释执行。字节码是 Java 编译器将 Java 源程序编译后生成的一种中间编码,是专为 Java 虚拟机定制的二百多条虚拟机指令组成的编码集合。详细的 Java 虚拟机和字节码的概念和原理将在下一章讲述。简单来讲,一般 Java 程序的开发步骤如图 1-17 所示。

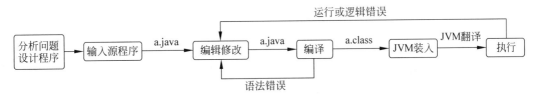

图 1-17 Java 语言程序设计流程图

(1)根据要解决的问题分析需求,并用合适的方法来描述。
(2)利用一个编辑程序编写 Java 源程序文件,文件的扩展名为.java。
(3)编译源程序,并产生字节码文件,文件的扩展名为.class。
(4)调试和运行程序,用 Java 虚拟机加载类并执行,查看执行结果。
例如,要编写一个在屏幕上显示"Hello World!"的 Java 程序,步骤如下。

程序设计的基本概念

（1）用编辑软件如 notepad.exe 来创建一个 HelloWorld.java 的文件。

（2）用 javac 编译以生成字节码文件 HelloWorld.class。

（3）用 Java 解释器装入字节码文件并执行。相关截图如图 1-18、图 1-19 所示。

本书在后面章节详细讲述类、方法和变量等概念，本节先讲解 Java 程序的结构，Java 程序以类(class)为单位设计，开始执行的方法为 main 方法，这些都需要记忆。

【例 1-1】 输出"Hello World!"。

```
1. //HelloWorld.java
2. class HelloWorld {
3.   public static void main(String[] args) {
4.     System.out.println("Hello World!");
5.     System.out.println("Sqrt(2.0) = " + Math.sqrt(2.0));
6.   }
7. }
```

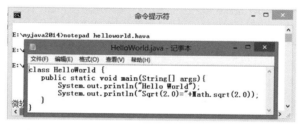

图 1-18　第一个 Java 程序——HelloWorld 的源代码

图 1-19　编译和运行 HelloWorld 程序

将该程序编译并运行，如图 1-19 所示。下面对此程序逐行做简单解释。

第 1 行为注释，在 Java 语言中，以//开始的注释称为单行注释，编译器编译时不会将其翻译为机器指令，换句话说，编译程序在编译时会忽略注释内容。

第 2 行的 class 为关键字，用来定义一个类，在此程序中，类名为 HelloWorld。

第 2 行和第 7 行的{}对代表类体，即类的主体设计部分。

第 3 行定义了主方法 main(String args[])，主方法是在 Java 虚拟机装入类后寻找的程序入口点。定义了 main 方法的类一般称为主类或主控类，一个 Java 应用程序总是从 main 方法开始执行的。

第 3 行和第 6 行的{}对是 main() 的方法体，方法的执行代码就在此方法体内定义。

第 4、5 行的 System 代表 java.lang 包中 System 类(系统类)，out 代表标准输出设备对象(一般为监视器)，println 为 out 对象的一个方法，此方法可以在标准输出设备对象上输出数据。在第 4 行只是简单的输出"Hello World!"字符串，第 5 行使用 Math 类的开平方根方法计算 2 的平方根并输出。

此处读者首先需要记忆 class 关键字、main 方法的定义、System 类、Math 类和相应的对象方法如 println()、sqrt()等，该程序中用到的相关概念将在后续的章节中逐一讲解。

【例 1-2】 计算两点间的距离(注意此例中源程序文件名和 public 类名一致)。

```
//Distance. java
1. class Point
2. {   private int x, y;
3.      Point(int a, int b){x = a; y = b;}
4.      public int getx(){return x;}
5.      public int gety(){return y;}
6. }
7. public class Distance
8. {   public static void main(String[] args)
9.      {
10.         Point A = new Point(2,3); Point B = new Point(5,7);
11.         int x = B. getx() - A. getx(), y = B. gety() - A. gety();
12.         double dist = Math. sqrt(x * x + y * y);
13.         System. out. println("A --> B: " + dist);
14.      }
15. }
```

注意：如果要访问对象或类的属性或方法，必须使用[对象名.变量名]、[对象名.方法名]、[类名.方法名]或[类名.变量名]等，因为在 Java 中不存在独立于类和对象的变量或方法，例如此例中的 B. getx()，Math. sqrt(x * x+y * y)以及 System. out. println()等。

1.6　Java 语言 API 参考文档

Java API 文档是一种非常有用的文档，用于描述 Java 的许多内置功能，包含类、包、接口等的帮助，对于 Java 语言的学习，必须时刻参考此 API 文档，如图 1-20 所示。Java API

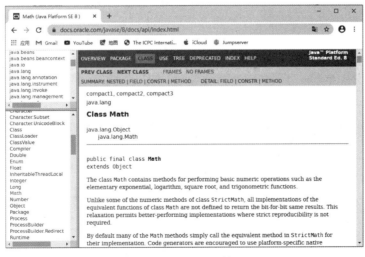

图 1-20　Java API 使用

程序设计的基本概念

相当于词典,是学习 Java 语言不可缺少的工具。建议读者在上机练习或自己编程开发时随时打开此 API 文档,随时查看相关的类和方法的使用说明。

Java API 文档可以在线即时访问,Java 7 API 的访问地址为:

https://docs.oracle.com/javase/8/docs/api/index.html

也可以将压缩包下载到本地,解压缩后在本地访问,下载地址如下:

https://www.oracle.com/java/technologies/javase-jdk8-doc-downloads.html

1.7　忒修斯之舟问题之程序员的解答

忒修斯之舟问题是最为古老的思想实验之一。最早出自普鲁塔克的记载,如图 1-21 所示,它描述的是一艘名为"忒修斯"的船,归功于不间断的维修和替换部件,"忒修斯"可以在海上航行上百年,只要一个部件坏了,这个部件就会被替换掉,以此类推,直到所有的部件都被替换了,那么就产生一个问题,这艘船是否还是原来的那艘"忒修斯",还是一艘完全不同的船?如果不是原来的船,那么在什么时候它不再是原来的船了?哲学家 Thomas Hobbes 后来对此进行了延伸,如果用忒修斯之船上取下来的旧部件来重新建造一艘新的船,那么两艘船中哪艘才是真正的忒修斯之船?

现在从面向对象程序和进程的视角来尝试给出一种解答。首先认为该船是一个对象,对象中包含两部分内容:物质组成部分(数据部分,也称属性)和非物质部分(指令部分,也称行为)。在面向对象程序理论中,我们给该对象一个标识名"忒修斯",并且在进程中一般关注的是该对象的具备的行为接口,即对象的功能,例如前面例子中的司机李四,我们关注他是否能够开车将乘客送到目的地,很少关注他是胖或瘦,即很少关注他的物质组成。在"忒修斯"之船中,我们关注的是它所具备的航行功能,换掉坏部件也是为了保证航行功能,即保证在航行过程中,该对象能够提供正常的服务。

如果我们将名称"忒修斯"理解为标识具有正常航行功能的船对象,而不是具体木板的集合,那么答案就显而易见了,即在大海中航行的那艘船依然是"忒修斯"。如果将取下来的旧部件重新组装起来(假如还能组装的话),那么这艘船应该只是木板的堆积而已,因为它已经不具备航行的功能了,所以也就不是原来的"忒修斯"了。

图 1-21　忒修斯之舟

在现实世界中,命名本质上都是针对进程对象的,例如我们有个名叫"张三"的朋友,"张三"代表的就是具有特定行为、性格也包括肉体组成的一个对象。现在我们都知道,组成张三的细胞每天都在更换,但张三没变;张三的肾被切除了一个,张三还在;张三做了心脏移植手术,张三依然是我们的朋友。再比如我买了一个雪弗莱的汽车,为了交流方便,我给它命名为"骑士",有一次爆胎,换掉了一个轮胎,"骑士"依然完美;换掉了座椅,"骑士"还在;甚至我们换掉它的发动机,但我在给朋友说时,还会讲"骑士"的故事。

所以,我们的命名常常对应的是个具有具体功能的"进程对象",不仅仅指的是它的物质组成,更多的指的是它的行为和功能。至此,如果理解了"忒修斯"代表的是具有正常航行功能的一个船对象,则该问题的答案就很明确了。

1.8　生命现象的进程解释

上一节中提到"张三"其实就是一个进程对象,本节对这个概念进一步强化和理解。从程序员的视角来看,任何生命现象本质都是一个进程现象。让我们从一个自然常识的逻辑分析和讨论开始,一个受精的鸡蛋在合适的温度和湿度的特定环境中经过一段时间后,会孵化出一只小鸡——一个活泼可爱的生命体。仔细思考这一过程,发现起关键作用的可能是温度,而温度是一个系统自由能量的一种度量,就像水在固体、液体、气体之间转换需要能量的吸收或释放,鸡蛋在变成小鸡的过程中也需要吸收能量,并且这种能量的供应必须有一个量的约束,太多或太少都会导致这一过程的失败。通过这一现象似乎可以得到一个推论,那就是稳定的、适量的能量供应是鸡蛋变成小鸡的一个必要条件。

那么,是否只要有能量就可以将鸡蛋变成小鸡呢?当然不是,能量只是辅助物之一,现代生物科学的研究结果告诉我们,小鸡成长的所有信息都存储在鸡蛋中的遗传物质——DNA分子链中,只不过是能量让其展现出来罢了。这样我们就可以得到另外一个推论,即这个DNA分子链是鸡蛋变小鸡的另一个必要条件。当然还有氧气、水分等其他条件,但相比前两个条件,这些都不是关键因素,因为处于同样条件的石块是不会产生小鸡的。这是存在于自然界中的一个普遍现象,所有的卵生动物、植物的成长都会出现上述的现象,哺乳动物的受精卵也同样有这个生长发育过程。生命科学发展到现在虽然解释了很多现象,但是还有一些基本的原理没能解决,如生命的本质、基因组编码的结构和功能、基因组如何进化等。从程序员的视角来观察和研究生命现象,发现生命现象本质上就是一个进程,一个不断展开和执行的程序,程序的编码存储在该生命体细胞的染色体上(即DNA编码序列)。

为了和计算机程序进行类比分析,可以对生命体的成长抽象化,并归纳出三个基本常识以及它们和计算机程序的相似点。

(1)生命体器官的组成及其功能都来自于胚胎干细胞中的遗传物质DNA编码序列,对应计算机程序编码序列在存储设备中的存储状态。

(2)生命体的发育成长主要是建立在细胞的有序分裂和分化过程的基础上,对应计算机程序编码序列的不断装入和执行。

(3)生命体的基本行为由DNA编码序列决定,但在具体环境中的宏观表现却是通过生命体对内外环境的反射表现出来的,对应计算机程序的运行过程受控于内外环境或操作人员的交互操作行为。

基于这三个相似点我们提出了一个基本假设:生命体细胞中的DNA编码序列是一套程序编码序列,同时存储了指令和数据,染色体的螺旋结构是其压缩的空间存储结构,生命现象是此程序进入运行状态后表现出来的宏观现象,即生命就是一个进程。正如一个计算机程序是以二进制存储的编码序列,在该编码序列中既有指令也有数据,而我们看到的各种图形界面或智能化响应行为是该程序进入运行状态后的宏观表现。

生命进程能主动地从环境中获取能量或蕴含能量的物质资源,然后通过内部组织分解或捕获能量以维持本组织的生命现象,也即维持本组织的生命程序的运行,这是一种系统平衡有序的稳定状态,是一种连续的系统状态递变现象,类似于计算机进程的运行状态。生命

程序设计的基本概念

终止,意味着生命程序终止运行,虽然原来承载此生命程序的物质基础(如动物的尸体)还在,但其生命程序的运行状态消失了,类似计算机程序,虽然计算机硬件还在,但某一进程终止了,人们就无法和它再交互了。而非生命体则不存在这一现象,即便有能量传给此非生命组织,造成的也只是此组织的整体运动或组织内的大量分子无序的热运动,这也许就是"生命体"和"非生命体"的一个界定条件。

所以从程序员的视角看,生命即进程,世界即游戏,人们都生存在一个有很多程序规则的进程空间中。同样的每一个计算机游戏都必须安装游戏程序代码,还要在启动游戏进程后才能看到游戏画面。如果我们打开一个图文并茂的计算机游戏,比如《命令与征服》《魔兽》等(图 1-22 为《命令与征服》游戏截图),可以看到游戏世界中的各种对象,有山、有水、有树、各种 NPC 角色以及精美道具,有些游戏甚至是完全模拟现实世界设计的,但是如果关掉计算机的电源,这些游戏世界中的所有内容瞬间消失了。

图 1-22　《命令与征服》游戏截图

由以上事实似乎可以得出一个结论：Code＋Energy＝World。Code 代表 DNA 编码序列或计算机游戏的程序代码,在适量能量的供应下启动,形成了一个系统时空结构不断迁变的进程,从而生成了生命体或游戏世界。换句话说,一套合适的编码加上合适的能量供应就可以生成一个世界。程序设计的本质其实就是设计和编写 Code 的过程。同时还可以得到一个推论：Code 有两种存在状态,即存储状态和运行状态。存储状态对应程序代码的静态存在状态,如磁盘、光盘、闪存中的非运行程序;运行状态代表程序代码已经进入进程状态,开始执行 Code 中的指令流了,如正在运行的作图软件、字处理软件或活的生命体。程序设计就是经过分析设计出指令代码序列,送入 CPU,或先送入虚拟机或解释器,再转换为 CPU 指令流,这些指令代码在 CPU 中会转换为电磁波表示的 0、1,然后进行计算或存储,执行指令的能量由其他系统输入。细胞从 DNA 编码到新陈代谢的化学反应完成同样的工作,只不过在细胞中,指令编码、数据编码以及指令执行需要的能量都是内置的,统一由各种功能蛋白中的生化反应来完成。

1.9　本　章　小　结

视频讲解

在本章中,通过分析和总结给出了程序设计领域中最基本的一些概念。指令是某个系统中时空状态的变化,类似于氢原子(H)中的电子轨道跃迁。程序是系统从某初始状态到终止状态的有序的、有限的指令集合。要注意的这种集合可能不唯一,并且希望读者理解程序的两种状态,一种是依赖于空间媒体的存储态,还有一种是指令连续执行的运行态。进程是程序的运行状态,对象是进程中具有特定功能和数据结构的一个小系统,而对象的名称本质上就是给进程中对象的一个标识符。

计算机程序设计就是利用特定的计算机程序设计语言(例如 C++、Java、Python)来设计求解各种问题的程序,在计算机中内存代表空间,时钟发生器产生时间序列,每个 CPU 都有一套基本指令集合,程序员设计的任何程序最终都要变成基本指令,计算机 CPU 或其他硬件设备才能识别和执行。

最后介绍并演示了如何下载和安装 Java 语言程序的开发环境——JDK,并且演示了如何配置环境变量和如何编写 Java 应用程序。本章的部分内容比较抽象难懂,但通过后续章节的学习,以及相应的代码练习,读者应该会慢慢理解的。最后引入了一些关于程序、进程和生命现象的哲学思考,希望对读者有所启发。

第 1 章 习　　题

简答题

1. 如何理解指令和程序的概念?

2. 如何理解进程? 进程和程序的关系是什么?

3. 列出你知道的计算机部件的名称和它们的功能(至少 5 个)。

4. 简述内存的容量单位有哪些、基本单位是什么以及基本单位和 bit 的关系。

5. 计算机中 CPU 的作用是什么?

6. 操作系统的功能有哪些?

7. 如何理解计算机进程中的时间和空间?

程序设计的基本概念

第 2 章　JVM 工作原理和 Java 语言基础

上一章给出了指令和程序的定义,简述了程序设计的相关概念和程序设计语言的发展历史。程序设计的本质其实就是采用一套符号体系来思考和表示解决问题的步骤,目前已经发展起来了许多程序设计语言用来编写程序,本书采用 Java 语言来设计和理解程序理论。本章首先介绍 Java 语言的核心——JVM(Java 虚拟机)的工作原理、字节码的概念,然后详细介绍 Java 语言的基础知识,包括关键字、运算符、表达式、语句以及控制流程等,并且介绍 Java 语言的编程规范和注释的使用,最后给出 Java 语言程序设计的特点和注意事项。

2.1　JVM 工作原理和字节码

视频讲解

Java 是由 Sun Micro Systems 公司于 1995 年 5 月推出的程序设计语言和程序运行平台的总称,由 Java 虚拟机(Java Virtual Machine,JVM)和 Java 应用编程接口(Application Programming Interface,API)构成。Java 语言的一个目标是跨平台,因此采用了解释执行而不是编译执行的运行环境,在执行过程中根据所在的不同硬件平台把程序翻译成当前机器能识别的指令序列,从而实现跨平台运行。动态下载程序代码的机制完全是为了适应网络计算的特点,程序可以根据需要把代码实时地从服务器中下载过来执行,在此之前还没有任何一种语言能够支持这一点。

Java 语言是完全面向对象编程语言,第 1 章已经指出在面向对象程序设计中,设计的基本单位是类。在 Java 语言中,这些类首先被编译成一种中介码,称为字节码。字节码并不是硬件系统最终能认识和处理的机器指令,还需要一个翻译系统将其翻译成机器能识别的基本指令,这就是 Java 平台中的 Java 虚拟机(JVM)的作用,并且这种中介码的设计机制和生命程序的 DNA 编码非常类似。

2.1.1　Java 虚拟机

Java 语言的核心是 Java 虚拟机,它是一个虚构出来的计算机,是通过在实际的计算机上仿真模拟各种计算机功能单位来实现的。Java 虚拟机有自己完善的硬件架构,例如处理器、堆栈、寄存器等,还具有相应的指令系统,本质上它是可以用硬件实现的。它是 Java 字节码程序和下层操作平台之间的一个翻译,换句话说,它是自己的指令系统和实际操作平台的 CPU 指令系统之间的转换程序。在文献[5]中详细介绍了 JVM 的定义和工作原理,它是 Java 语言在网络体系结构中之所以成功的关键技术。也正是由于 JVM 技术,Java 语言才能做到平台无关性、安全性和网络移动性,它还支持程序的动态编译和装载。图 2-1 为 Java 程序的编译和运行示意图,在图中可以看到编译器将源代码程序编译成与平台无关的字节码程序,也称 class 文件或类,通过本地文件系统或网络系统装入 JVM 中,根据需要 JVM 再动态地装入 Java API 中的类,最后翻译成特定平台的机器码指令执行。

Java 虚拟机将在机器内部创建一个运行时系统,以下列方式来执行代码。

(1)加载.class 文件并完成安全校验。

(2)执行字节码程序。

(3)管理内存和调度线程。

(4)回收垃圾对象所占内存。

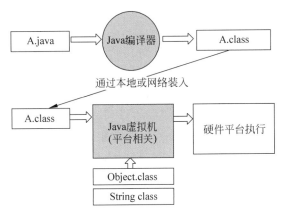

图 2-1 Java 程序编译和运行原理图

2.1.2 类装载器

Java 虚拟机装载类是通过类装载器完成的,在文献[6]中详细解释了 JVM 中类装载器的体系结构和装载原理,如图 2-2 所示。Java 虚拟机中包含一个类装载器(Class Loader),它可以从文件系统或内存中装载 class 文件,Java 采用的是一种动态装载和执行方式,即在程序执行过程中根据需要,相应的类代码才会被装载,然后交由执行引擎来解释执行。

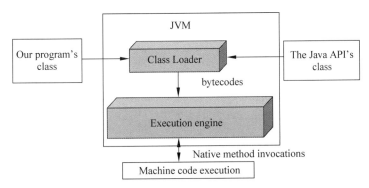

图 2-2 类装载器示意图

用户自定义的类装载器使得在运行时动态扩展 Java 应用程序成为可能。当程序运行时,能够决定它需要装入哪些额外的类,能够决定是否使用新的类装载器来装入其他类。如果类装载器使用 Java 语言编写,可以用任何在 Java 代码中可以识别的风格来进行类的装载,这些类可以通过网络下载,可以从数据库中获得,也可以动态生成。在文献[8]和[9]中

介绍了通过一种 Delta 文件来动态修改已经编译好的 Java 字节码程序,使之能够适应新的
应用环境,这也是目前非常流行的面向方面编程主要使用的技术原理。

2.1.3　字节码

  Java 语言能成功的另外一个关键的技术就是前面不断提到的 class 文件,即字节码技
术。Java 语言的字节码指的是 Java 语言源程序编译后生成的一种中介码,它与运行平台无
关,是一种非常接近硬件机器码指令的字节指令码序列,这和生命体细胞中的 DNA 序列非
常相似,必须经过再次翻译和解释才能变成对应的硬件指令序列,通过运行后才能表现出具
体的程序功能。

  在文献[1]和[2]中,对 Java 的字节码文件格式有完整、详细的解释。Java 字节码是对
Java 程序二进制文件格式的精确定义,每 Java 字节码文件都对一个 Java 类或者 Java 接口
做出了全面描述,如表 2-1 所示。对 Java 字节码文件的精确定义使得所有 JVM 都能够正
确地读取和解释所有的 Java 字节码文件,当然,JVM 和 Java 语言的字节码文件是有版本的
对应关系的,同一版本的字节码文件的格式是完全相同的,不同版本稍有区别。由于 Java
语言编译后生成的类具有如此严格的格式化描述,人们就可以通过程序来装入和分析字节
码文件,就像装入和分析一张特定的图像文件一样。图 2-3 给出了第 1 章中的 HelloWorld
类编码的存储代码,是使用 Uedit 32 编辑器查看的十六进制格式的显示结果。

表 2-1　Java 字节码文件的存储格式

类　　型	名　　称	数　　量
u4	magic	1
u2	minor_version	1
u2	major_version	1
u2	constant_pool_count	1
cp_info	constant_pool	constant_pool_count-1
u2	access_flags	1
u2	this_class	1
u2	super_class	1
u2	interfaces_count	1
u2	interfaces	interfaces_count
u2	fields_count	1
field_info	fields	fields_count
u2	methods_count	1
method_info	methods	Methods_count
u2	attributes_count	1
attribute_info	attributes	attributes_count

  说明:u1、u2、u4、u8 分别表示 1、2、4、8 字节无符号类型。

  正如表 2-1 所示,Java 字节码文件中包含了 Java 虚拟机需知道的关于类和接口的所有
信息,每 Java 字节码文件其实就是一个用 JVM 的字节码指令集编写的类文件,其格式和内
容是固定的。人们可以编写程序来读取 class 文件,并对其进行分析,从而得到该类中的所
有信息,包括类中设计的所有数据和方法信息,这是早期一些计算机语言所没有的特点。这

就可以让人们用自己的格式来表示一个字节码文件,在需要时就可以通过自定义的类装载器重新将其变成字节码流并装入 JVM 使其进入运行状态。

```
00000000h: CA FE BA BE 00 00 00 33 00 35 0A 00 0F 00 18 09 ; ?..3.5......
00000010h: 00 19 00 1A 08 00 1B 0A 00 1C 00 1D 07 00 1E 0A ; ................
00000020h: 00 05 00 18 08 00 1F 0A 00 05 00 20 06 40 00 00 ; ........... .@..
00000030h: 00 00 00 18 00 00 0A 00 21 00 22 0A 00 05 00 23 0A ; ........!."....#.
00000040h: 00 05 00 24 07 00 25 07 00 26 01 00 06 3C 69 6E ; ...$.%..&...<in
00000050h: 69 74 3E 01 00 03 28 29 56 01 00 04 43 6F 64 65 ; it>...()V...Code
00000060h: 01 00 0F 4C 69 6E 65 4E 75 6D 62 65 72 54 61 62 ; ...LineNumberTab
00000070h: 6C 65 01 00 04 6D 61 69 6E 01 00 16 28 5B 4C 6A ; le...main...([Lj
00000080h: 61 76 61 2F 6C 61 6E 67 2F 53 74 72 69 6E 67 3B ; ava/lang/String;
00000090h: 29 56 01 00 0A 53 6F 75 72 63 65 46 69 6C 65 01 ; )V...SourceFile.
000000a0h: 00 0F 48 65 6C 6C 6F 57 6F 72 6C 64 2E 6A 61 76 ; ..HelloWorld.jav
000000b0h: 61 0C 00 10 00 11 07 00 27 0C 00 28 00 29 01 00 ; a.......'..(.)..
000000c0h: 0B 48 65 6C 6C 6F 20 57 6F 72 6C 64 07 00 2A 0C ; .Hello World..*.
000000d0h: 00 2B 00 2C 01 00 17 6A 61 76 61 2F 6C 61 6E 67 ; .+,....java/lang
000000e0h: 2F 53 74 72 69 6E 67 42 75 69 6C 64 65 72 01 00 ; /StringBuilder..
000000f0h: 0A 53 71 72 74 28 32 2E 30 29 3D 0C 00 2D 00 2E ; .Sqrt(2.0)=..-..
00000100h: 07 00 2F 0C 00 30 00 31 0C 00 2D 00 32 0C 00 33 ; ../..0.1..-..2..3
00000110h: 00 34 01 00 0A 48 65 6C 6C 6F 57 6F 72 6C 64 01 ; .4...HelloWorld.
00000120h: 00 10 6A 61 76 61 2F 6C 61 6E 67 2F 4F 62 6A 65 ; ..java/lang/Obje
00000130h: 63 74 01 00 10 6A 61 76 61 2F 6C 61 6E 67 2F 53 ; ct...java/lang/S
00000140h: 79 73 74 65 6D 01 00 03 6F 75 74 01 00 15 4C 6A ; ystem...out...Lj
00000150h: 61 76 61 2F 69 6F 2F 50 72 69 6E 74 53 74 72 65 ; ava/io/PrintStre
00000160h: 61 6D 3B 01 00 13 6A 61 76 61 2F 69 6F 2F 50 72 ; am;...java/io/Pr
00000170h: 69 6E 74 53 74 72 65 61 6D 01 00 07 70 72 69 6E ; intStream...prin
00000180h: 74 6C 6E 01 00 15 28 4C 6A 61 76 61 2F 6C 61 6E ; tln...(Ljava/lan
00000190h: 67 2F 53 74 72 69 6E 67 3B 29 56 01 00 06 61 70 ; g/String;)V...ap
000001a0h: 70 65 6E 64 01 00 2D 28 4C 6A 61 76 61 2F 6C 61 ; pend.-(Ljava/la
000001b0h: 6E 67 2F 53 74 72 69 6E 67 3B 29 4C 6A 61 76 61 ; ng/String;)Ljava
000001c0h: 2F 6C 61 6E 67 2F 53 74 72 69 6E 67 42 75 69 6C ; /lang/StringBuil
000001d0h: 64 65 72 3B 01 00 0E 6A 61 76 61 2F 6C 61 6E 67 ; der;...java/lang
000001e0h: 2F 4D 61 74 68 01 00 04 73 71 72 74 01 00 04 28 ; /Math...sqrt...(
000001f0h: 44 29 44 01 00 1C 28 44 29 4C 6A 61 76 61 2F 6C ; D)D...(D)Ljava/l
00000200h: 61 6E 67 2F 53 74 72 69 6E 67 42 75 69 6C 64 65 ; ang/StringBuilde
00000210h: 72 3B 01 00 08 74 6F 53 74 72 69 6E 67 01 00 14 ; r;...toString...
00000220h: 28 29 4C 6A 61 76 61 2F 6C 61 6E 67 2F 53 74 72 ; ()Ljava/lang/Str
00000230h: 69 6E 67 3B 00 20 00 0E 00 0F 00 00 00 00 00 02 ; ing;. ..........
00000240h: 00 00 00 10 00 11 00 01 00 12 00 00 00 1D 00 01 ; ................
00000250h: 00 01 00 00 00 05 2A B7 00 01 B1 00 00 00 01 00 ; ......*?.?....
00000260h: 13 00 00 00 06 00 01 00 00 00 01 00 09 00 14 00 ; ................
00000270h: 15 00 01 00 12 00 00 00 47 00 04 00 01 00 00 00 ; ........G.....
00000280h: 27 B2 00 02 12 03 B6 00 04 B2 00 2B BB 00 05 59 ; '?...?.?.?.Y
```

图 2-3 字节码文件的十六进制存储格式

字节码的第一个优势是可移植性。无论计算机使用何种类型的 CPU(或操作系统),只要装有 JVM,那么 Java 程序就可以在其中执行。换言之,只要为某个特定环境实现了 JVM,每个 Java 程序都可以在该环境运行。因此通过使用字节码,Java 为程序员提供了"一次编写,随处运行"的能力。

字节码的第二个优势是安全性。由于字节码在 JVM 的控制下执行,因此 JVM 可以防止执行恶意操作的 Java 程序。保证主机安全的能力对于 Java 的成功是至关重要的,因为它允许创建 Applet,而 Applet 是可以通过 Internet 动态下载的小程序,字节码和 JVM 的结合,保证了 Applet 的安全执行。可以说,如果没有 Java 语言的出现,那么 Web 可能根本无法达到今天的地位和影响。

2.1.4 Java 程序的宏观工作原理

早期的 JVM 只是一个简单的字节码解释器,而现在,JVM 也可通过 JIT(Just In Time)技术将频繁调用的程序段翻译为机器码并在内存中缓存,以提高程序的执行效率。Java 程序的编写、编译、运行原理如图 2-4 和图 2-5 所示。从图示原理可以看到,Java 语言程序和其他编译性计算机语言程序的区别,其主要区别就在于 Java 语言提供了字节码这样一种中介编码,同时提供了装载和运行字节码的 JVM,从而使得 Java 程序可以做到平台无关,可以基本实现 Write once, run anywhere 的宣言。

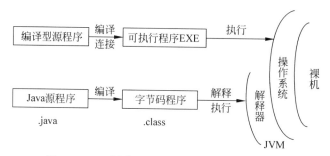

图 2-4 Java 语言和编译型语言的区别示意图 1

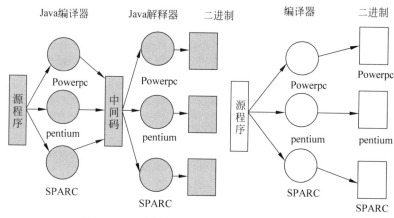

图 2-5 Java 语言和编译型语言的区别示意图 2

2.2 Java 语言基础

视频讲解

在实际的程序设计中,人们并不是使用字节码指令直接来编写程序,而是采用类似于人类自然语言的方式来设计程序的。语言的本质是人和人之间沟通的一套符号体系,它由很多单词和语法规范组成。计算机语言是程序员和计算机之间沟通的一种语言,它由若干个关键字(单词)组成,规定了几种控制结构(语法规范),跟人不同的是,计算机没有意识,没有智能的判断能力,所以要求程序员必须严格地告诉计算机每一步的操作指令。下面就 Java 语言中的基础知识逐一给出叙述和解释。

2.2.1 Java 语言的关键字

关键字相当于一门语言中的单词,必须掌握这些基本单词的意思和用法才能学好这门语言,表 2-2 列出了 Java 中的关键字。

表 2-2 Java 中的关键字列表

关键字	英语含义	在 Java 语言中的作用
abstract	摘要、概要、抽象	定义抽象类或抽象方法
boolean	布尔逻辑	定义逻辑变量
break	休息、打破、折断	中断循环或跳出 switch 语句块
byte	字节、8 位 bit 元组	定义字节类型变量
case	案例、情形、场合	和 switch 配合建立多分支结构
catch	捕捉、捕获物	捕获异常对象
char	字符 character 的简写	定义字符型变量
class	把……分类、种类	定义新类
continue	继续、连续	短路循环
default	默认	和 switch 配合建立多分支结构
do	做、执行	和 while 配合建立循环结构
double	双精度型	定义双精度型变量
else	另外、否则	和 if 配合建立二分支结构
enum	枚举、列举型别;电话号码映射	声明枚举常量
extends	扩充、延伸	从父类继承
final	最后的、最终的	定义常量、最终方法、最终类
finally	最后、不可更改的	在异常处理中处理善后工作
float	浮点型	定义单精度型变量
for	至于、对于	一般创建固定次数的循环
if	(表条件)如果	和 else 配合建立二分支结构
implements	贯彻、实现	用来实现接口
import	引入、导入	引入相关的类或接口
instanceof	实例、运算符	测试此实例是否属于类或接口
int	整数 integer 的简写	定义整型变量
interface	界面、接口	用来定义新接口
long	长的	用来定义长整型变量
native	本地的	声明本地方法
new	新的、新建	新建一个对象
null	无效的、等于零的	空引用,代表无效地址
package	包裹、包	定义包
private	私人的、私有的	用来封装变量或方法
protected	保护、受保护的	定义受保护的变量或方法
public	公共的、公用的	提供给外部的访问接口
return	报告、回答、返回	从方法返回并可以返回值
short	短的	定义短整型变量
static	静态的	定义静态(类层次)的变量或方法
super	上等的	代表父类对象

关键字	英语含义	在 Java 语言中的作用
switch	开关、电闸	和 case 配合建立多分支结构
synchronized	同步的	定义同步的方法或代码块
this	这个、本身	指对象自身
throw	扔、抛	抛出异常对象
throws	throw 的复数	用来声明一个方法可能抛出异常对象
transient	短暂的、瞬时的	定义非持久化的变量
try	尝试	尝试执行
void	空的、无效的、没有的	声明一个方法无返回值
volatile	可变的、不稳定的	声明其值可变的变量
while	当……的时候	建立 while 循环结构

另外，Java 中还保留了 const 和 goto 关键字，但在目前的版本中没有使用。除了这些保留的关键字外，Java 语言还保留了一些特殊字符，如表 2-3，赋以它们特殊的用处。

表 2-3 Java 保留的特殊字符

字符	名称	说明
{}	花括号	表示语句块，用来定义类或方法
()	圆括号	用在方法定义和调用中，也用在改变表达式的优先级中
[]	方括号	用来定义数组和使用数组元素
//	双斜杠	用在注释行之前
""	双引号	用来界定一个字符串
''	单引号	用来表示一个字符
;	分号	用来表示一条语句的结束

2.2.2 标识符

标识符(identifier)是用于标识常量、变量、类、方法等名字的，即给操作对象、调用方法等命名的，主要是给程序员看的，编译器编译后即变成二进制的地址信息。

标识符的组成规则：Java 语言中的标识符必须以 unicode 字符集中英文字母、汉字字符、美元符号 $，下画线字符_和数字组成，但标识符中的第一个符号不可以用数字，并且标识符不能和关键字重名。注意，Java 语言是大小写敏感的，即在所有的语法中都要区别大小写。例如，Count 和 count 是不一样的。

定义标识符时应注意以下原则。

(1) 定义的标识符不能产生二义性。

(2) 表示常量值的标识符全部用大写字母，如 RED。

(3) 表示公有方法和实例变量的标识符用小写字母开始，后面的描述性词则以大写字母开始，如 getMoney()。

(4) 表示私有的或局部的变量的标识符全部用小写字母，如 name、score。

(5) 定义的类名，各单词的第一字母应该大写。

例如，以下是一些合法的标示符。

ab　x　str3　Person　identifier　　userName　　User_Name　_sys_value

以下是一些非法的标示符:

3ab　a+b　while　g.i room#　class

2.2.3　程序设计中的错误

作为程序设计的初学者,一旦开始编码就会碰到各种错误。首先对可能碰到的错误梳理一下,程序设计中的错误可分为三类:语法错误、运行错误、逻辑错误。

1. 语法错误

语法错误是指在编译阶段由编译器报告的错误,一般都是由于源程序中语句的输入类错误,例如关键字错误、括号不匹配、缺失分号或引号等。例如,下面的程序。

```
// ShowSyntaxErrors.java
public class ShowSyntaxErrors {
    public static void main(String[] args){
        System.out.println("Hello, World!);
    }
}
```

编译器报告语法错误,如图 2-6 所示。

语法错误说明 Java 源程序因为语法错误无法翻译成字节码程序。

图 2-6　编译器报告语法错误

2. 运行错误

运行错误是指在程序的运行阶段,碰到后续指令中无法继续执行而导致的程序终止或错误,一般是由于输入错误、溢出错误或其他原因导致的。如下面的程序导致算数溢出错误。

```
// ShowRuntimeErrors.java
public class ShowRuntimeErrors {
    public static void main(String[] args) {
        System.out.println(10 / 0);
    }
}
```

运行错误导致程序终止,如图 2-7 所示。

运行错误说明 Java 源程序已经被翻译成字节码程序了,程序可以进入运行状态了,但

JVM 工作原理和 Java 语言基础

在运行过程中出现错误,进程无法继续的情况。

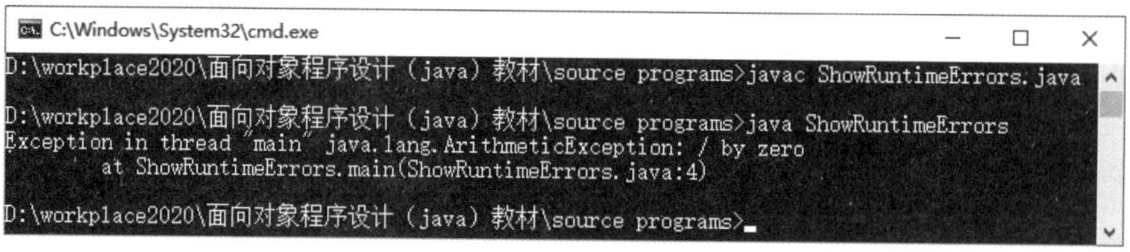

图 2-7   运行错误导致程序终止

3. 逻辑错误

逻辑错误是指程序运行后,运行结果不符合程序的设计要求,一般由于问题没有分析清楚或语法细节没有掌握,导致程序表达不合适引发的错误。相对于语法错误和运行错误,逻辑错误的纠错成本很高,因为编译器和解释器都不会报错,程序能正常执行,只是结果不一定正确,排错需要大量的实践经验和辅助工具,如下面的程序。

```
//ShowLogicErrors.java
public class ShowLogicErrors {
    public static void main(String[] args){
        System.out.println("Celsius 35 is Fahrenheit degree ");
        System.out.println((9 / 5) * 35 + 32);
    }
}
```

逻辑错误产生错误结果,如图 2-8 所示。

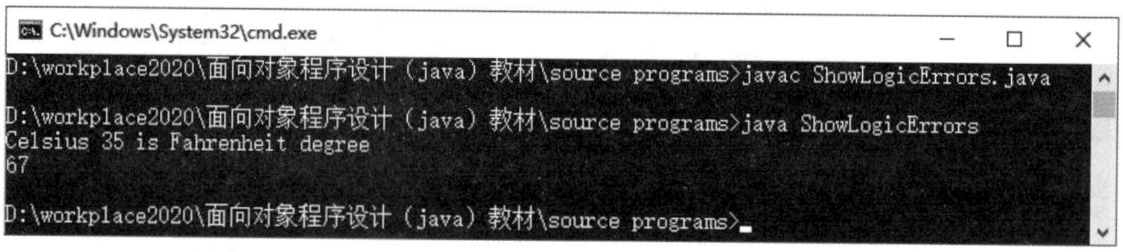

图 2-8   程序可运行但结果不正确,正确结果应该是 95

2.3   Java 语言的基本数据类型和变量

前面一节介绍了编程中的错误类别,接下来学习 Java 语言的基础知识。对于有一定程序设计知识的读者,这一部分可以快速跳过;对于初学者,这部分内容要仔细学习,结合网络资源尽快掌握 Java 语言的基本语法和程序设计基础知识,为后面的内容打好基础。

2.3.1   基本数据类型概述

Java 中一共有 8 种基本数据类型,它们相当于物理世界中的基本原子,包括生命体在内的所有物质其实都是这些原子组合而成的。在 Java 程序设计中存在着同样的过程,从这些基本的数据类型创建复杂的类,相当于有机物分子;再进一步组合形成更复杂的类,相当于这些有机物再进行组合形成了细胞乃至各种生物个体。

视频讲解

Java 中的 8 种基本数据类型分别是 byte、short、int、long、float、double、char、boolean。分别表示整数、实数、字符以及逻辑值。它们的默认值和长度如表 2-4 所示。

表 2-4 基本数据类型

类型	默认值	长度	数的范围
byte	0	8 位	−128~127
short	0	16 位	−32 768~32 767
int	0	32 位	−2 147 483 648~2 147 483 647
long	0	64 位	−9 223 372 036 854 775 808~9 223 372 036 854 775 807
float	0.0	32 位	3.4E−038~3.4E+038
double	0.0	64 位	1.7E−308~1.7E+308
char	'\u0000'	16 位	\u0000~\uFFFF
boolean	false	1 位	false、true

2.3.2 常量

常量就是在程序执行过程中不会变化的量。在 Java 中提供的常量有两种,一种就是字面量,如 3.14,'A'等;另一种是通过 final 关键字修饰的有名称的常量,例如在 Math 类中定义的两个常量 public static final double PI = 3.141592653589793 和 public static final double E＝2.718281828459045 等。

在 Java 中,整数常量可用以下表示方式。

(1) 0B1111 用二进制表示数 15。

(2) 07777 用八进制表示数 4095。

(3) 0XFFFF 用十六进制表示数 65 535。

(4) 2345 表示这是一个整形数。

(5) 234569019L 表示这是一个长整形数。

(6) 232_45_22193L Java 允许用下画线分割数字以保证可读性。

浮点数常量可用以下方式表示。

(1) 123.56 或 123.56d 表示这是一个双精度数。

(2) 1.2356E2 或 1.2356E＋2 用科学记数法表示一个双精度数。

(3) 3.1415F 表示这是一个单精度数。

2.3.3 变量

变量就是在程序执行过程中其值可以发生变化的量,变量其实就是给内存中的若干存储单元命名,就像宾馆给房间编号或命名一样,这样程序可以存储数据和读取数据。在 Java 中,一般通过基本数据类型来定义基本变量,如"int a; double x"等,此时在变量中存放的就是一个具体的基本数据类型的值,如图 2-9 所示;更多的是通过类或数组定义引用变量,如"String str; Person zhangsan; int []array"等,此时在变量中存放的是一个内存地址,如图 2-10 所示。

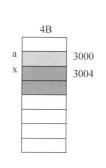

图 2-9　基本变量内存示意图

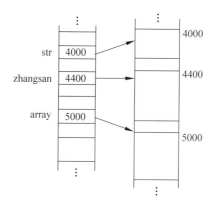

图 2-10　复合类型变量内存示意图

变量的定义方式为：

类型名　　变量名;

或

类型名　　变量名 1,变量名 2,变量名 3, …

例如：

```
int x;                  //基本变量
int width,height;       //基本类型变量
float price,salary;     //基本类型变量
double weight;          //基本类型变量
boolean married;        //基本类型变量
String str1,str2;       //复杂类型引用变量
Person p1,p2;           //复杂类型引用变量
```

在 Java 中,变量必须先定义后使用,并且在程序中变量有 4 个属性。

(1) 变量名：程序中用来标识此变量的名称。

(2) 变量的类型：定义此变量时指定的类型,它有两个作用,其一用来指明此变量在内存中所占的字节数,即长度,其二是限制此变量能够参与的运算。

(3) 变量的当前值：在任何时刻,此变量存储的具体的值。注意,引用变量存放的是另外一个内存地址,可能是对象的开始地址或数组的开始地址。

(4) 变量的地址：变量在内存中的开始地址。

并且在 Java 中,所有的变量必须要初始化后才能使用,或者明确初始化,如局部变量；或者系统默认会初始化,如成员变量等。

2.3.4　Java 的基本数据类型详解

1. 整数类型

在 Java 中,byte、short、int、long 都是整数类型,并且都是有符号整数,给整数类型变量赋值可以使用十进制、八进制或十六进制,如下例所示。

```
byte month = (byte)1;            //因为字面量 1 默认是 int 型,占 4 字节,所以要转换
```

```
int x = 012;                  //将八进制 12,即十进制的 10 赋值给 x
long y = 0x80                  //将十六进制 80,即十进制的 128 赋值给 y
int a = 0b00000100;           //将二进制 100,即 4 赋值给变量 a
```

在 Java 中,整数的字面量一般处理为整型(int),占 4 字节的空间,可以用 byte 或 short 转换为字节型或短整型。在一个整数后面跟 l 或 L,代表长整型(long),占 8 字节的空间。十进制直接写,八进制数以 0 开头,十六进制数以 0x 开头。

每种整数类型都有其在计算机内存中物理存储限制,其最大值和最小值都用对应的封装类的常量 MAX_VALUE 和 MIN_VALUE 来表示,如 Integer. MAX_VALUE 表示 int 类型最大值。

2. 实数(浮点)类型

Java 语言支持两种浮点类型的数。

(1) float:占 4 字节,共 32 位,称为单精度浮点数。

(2) double:占 8 字节,共 64 位,称为双精度浮点数。

float 和 double 类型都遵循 IEEE754 标准,该标准分别为 32 位和 64 位浮点数规定了二进制数据的表示形式。IEEE754 采用二进制数据的科学记数法来表示浮点数。对于 float 浮点数,用 1 位表示数字的符号,用 8 位来表示指数(底数为 2),用 23 位来表示尾数。对于 double 类型浮点数,用 1 位表示符号,用 11 位表示指数,用 52 位表示尾数。

在默认情况下,小数形式或十进制科学记数法表示的数字都是 double 类型,占 8 字节,也可以直接在数后面加 f 或 F 表示它是一个 float 型,当然必须在 float 型的范围之内。还可以使用强制类型转换来赋值,如下例所示。

```
float f1 = 1.0f
float f2 = 1;                 //将整数 1 赋值给 f2, f2 的取值为 1.0
float f3 = (float)3.14;       //强制转换 double 型 3.14 存储到 float 型变量中
double d1 = 1000.1;
double d2 = 1.001E + 3;       //科学记数 1.001 * 10³
double d3 = 2.11E - 2;        //科学记数 2.11 * 10⁻²
```

对一些特殊的数字,Java 采取了特殊的表示方式,如表 2-5 所示。

表 2-5   在计算机内部表示的实数中的特殊数字

特殊数字	二进制形式	十六进制形式	描述
Float. NaN	0111 1111 1100 0000 0000 0000 0000 0000	7FC00000	非数字
Float. POSITIVE_INFINITY	0111 1111 1000 0000 0000 0000 0000 0000	7F800000	无穷大
Float. NEGATIVE_INFINITY	1111 1111 1000 0000 0000 0000 0000 0000	FF800000	负无穷大

3. 字符型

在 Java 语言中,char 用来定义字符类型,并采用 unicode 字符编码。因为计算机的内存只能存储二进制数据,所以必须对各个字符进行相应的编码,即用一串二进制数据来表示特定的字符,称为字符编码。下面介绍 6 种常见的字符编码。

(1) ASCII 码:它是美国标准信息交换码,是 American Standard Code for Information Interchange 的缩写。ASCII 码一共占 7 位,能表示 128 个字符,例如 'A' 的 ASCII 码是 65,二进制编码是 01000001。

（2）GB2312 码：它是 1980 年中国制定的一套编码集，一共收录了 7445 个字符，包括 6763 个汉字和 682 个其他符号，与 ASCII 字符编码兼容。

（3）GBK 码：它是对 GB2312 字符编码集的扩展，共收录了 21886 个字符，分汉字区和图形符号区。汉字区包括 21003 个字符，与 GB2312 兼容。

（4）Unicode 编码：由国际 Unicode 协会编制，收录了全世界所有语言文字的字符，是一种跨平台的字符编码。UCS(Universal Character Set)是指采用 Unicode 字符编码的通用字符集。Unicode 具有两种编码方案：

① 用 2 字节(16 位)编码，采用这个编码方案的字符集被称为 UCS-2。Java 采用的就是 2 字节的编码方案。

② 用 4 字节(32 位)编码(实际上只用了 31 位，最高位必须为 0)，采用这个编码方案的字符集被称为 UCS-4。

（5）UTF 编码：有些操作系统不完全支持 16 位或 32 位的 Unicode 字符编码，UTF(UCS Transformation Format)字符编码能够把 Unicode 字符编码转换为操作系统支持的编码，常见的 UTF 字符编码包括 UTF-8、UTF-7、UTF-16。其中，UTF-8 就是以字节为单位对 UCS 进行编码，注意这种编码是可变长的，即一个字符编码完后，可能 1 字节、也可能 2 字节还有可能 3 字节，汉字就是 3 字节。表 2-6 列出了 Unicode 和 UTF-8 的字符编码转换方式。

表 2-6 Unicode 和 UTF-8 编码转换表

UCS-2 字符编码	UTF-8 字节形式
0000～007F	0xxxxxxx
0080～07FF	110xxxxx 10xxxxxx
0800～FFFF	1110xxxx 10xxxxxx 10xxxxxx

（6）ISO-8859-1 编码：又称为 Latin-1，是国际标准化组织(ISO)为西欧语言中的字符制定的编码集，它用 1 字节(8 位)来为字符编码，与 ASCII 字符编码兼容。

在 Java 中，字符常量用单引号括起来，如'A'、'0'等，还有一种方式直接用 Unicode 编码来表示如'\u0061'、'\u8001'等。个别字符被拿来用作分界符或有特殊意义，如双引号、单引号等，当这些字符出现在变量中或常量中时会产生二义性，为此 Java 提供了转义字符\。表 2-7 列出了常用的一些转义字符。

表 2-7 Java 中常用的转义字符

转义字符	描 述
\n	换行
\t	制表位
\v	垂直制表
\b	退格
\r	回车
\f	走纸换页
\'	单引号
\\	斜杠
\"	双引号

注意：字符型数据在和数放在一起运算时，会转换为(int)类型再参与运算。

4. 布尔型

在 Java 中，boolean 型常量只有两个，即 true 和 false。可以定义 boolean 型变量并给它赋值，例如：

```
boolean   isMarried = true;
boolean isStudent = false;
```

注意：不能将 boolean 型数据和其他数据放在一起进行运算，这一点跟 C 和 C++不同。

2.3.5 引用类型说明

除了基本类型以外，在 Java 中还提供了引用类型，引用实际上就是内存地址，就像 C 语言中的指针，只不过引用是加了约束的指针，不能进行随意的转换和计算，前面提到的复合类型变量就是引用类型。存储引用的变量称为引用类型变量，在 Java 中引用类型可分为类引用、接口引用和数组引用。引用变量的默认初值是 null，即不指向任何有效内存地址。实例如下所示，内存存储示意图如图 2-11 所示。

```
Student stu = null;              //用 Student 类定义一个引用变量 stu，存储值为 null(即为 0)
String name = new String("张三"); //用 String 类定义一个引用变量 name，并存储了一个字符串对
                                 //象"张三"的开始地址(4000)
Runnable aThread;                //用 Runnable 类定义了一个引用变量 aThread，值为 null
double[] scores = {3.4,5.6,8.3,10.2};  //用 double[] 定义了一个 double 型数组引用变量
                                 //scores，存储的值为 4 个 double 型数据的开始地址
```

在 Java 中，如果一个引用没有指向任何对象，则此引用的值为 null；如果引用指向了一个对象，则通过引用来使用此对象。举例说明，如果我们班没有一个叫张三的同学，则说张三、骂张三是没有关系的，因为"张三"这个引用指的是空，指的是无效对象；如果有一个同学的名字就是"张三"，则我们就不能随便说"张三"，因为说到"张三"实际指的就是那位同学，一个活的进程对象，此进程对象有感知和响应能力。

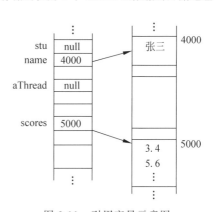

图 2-11 引用变量示意图

2.3.6 数据类型的级别和类型转换

在 Java 中按照各数据所占的内存长度和复杂度，将数据类型按低到高排列如下：

低─────────────────────────────→高
byte→short→char→int→long→float→double

在一个表达式中，如果包含几种不同的数据类型时，将按照从低向高自动进行类型转换，即 byte 向 short 转换，long 向 float 转换。同时，Java 提供了强制类型转换，可以将高级类型转换到低级类型，如下例所示。

```
long l = 20;                     //自动转换
```

JVM 工作原理和 Java 语言基础

```
int a = (int)l;                //强制类型转换
double d = 3.1415926f;         //自动转换
float f = (float)d;            //强制类型转换
```

2.3.7　变量的作用域

变量的作用域指的是它的存在范围,只有在这个范围内使用它才是有效的。其次,作用域决定了变量的生命周期。变量的生命周期是指从一个变量被创建并分配内存空间开始,到这个变量被销毁并清除其所占用内存空间的过程。当一个变量被定义时,它的作用域就被确定了。按照作用域的不同,变量可分为以下类型。

(1) 成员变量:成员变量又分为类层次成员变量和对象层次成员变量,对象层次成员变量随着对象的出现而出现,随着对象的毁灭而消失。类层次的成员变量由 static 修饰符修饰,不属于某一对象,是所有对象共享的,类装入后它就存在,直到类卸载。

(2) 局部变量:在方法内部或一个代码块内部定义,只在此方法内部或此代码块内部有效。一个代码块指的是一对{}括起来的代码,有时也称一条复合语句。

(3) 方法参数:局部变量的一种,方法执行时存在,方法执行完消失。

(4) 异常处理参数:局部变量的一种,只在对应的异常语句块中有效。

【例 2-1】　变量作用域测试。

```
public class Vartest {
  int var1 = 0;                  //对象成员变量
  static int var2 = 0;           //类成员变量
  void method1(int var3) {       //形参变量
    int var4 = 0;                //方法内局部变量
    if(var4 == 0){
      int var5 = 0;              //代码块内局部变量
      var1++;
      var2++;
      var3++;
      var4++;
      var5++;
    }
    var1++;
    var2++;
    var3++;
    var4++;
    var5++;                      //非法,var5 已经消失
  }
  void method2(){
    var1++;
    var2++;
    var3++;                      //非法,不存在
    var4++;                      //非法,不存在
    var5++;                      //非法,不存在
  }
  public static void main(String[ ] args) {
    Vartest t1 = new Vartest();
```

```
        Vartest t2 = new Vartest();
        t1.var1++;                    //将 t1 对象的 var1 变量自加
        t2.var1++;                    //将 t2 对象的 var1 变量自加
        Vartest.var2++;               //将类变量 var2 自加
    }
}
```

2.4 运算符、表达式和语句

运算符是提供计算功能的,任何编程语言都有自己的运算符,Java 语言也不例外,如 +、−、*、/等,大部分的运算符及其计算模式读者在小学、中学都已经学过了,所以在此没有必要再一次地学习,但是要注意以下两点。

(1) 掌握运算符在 Java 语言中的对应形式和变化形式,例如,“/”为除法运算符,“%”为求余(取模)运算符等。

(2) 掌握将各种物理公式、数学公式转换为 Java 编译器能识别的形式,例如,对一元二次方程的求根公式 $x_{1,2} = \dfrac{-b \pm \sqrt{b^2 - 4ac}}{2*a}$,必须转换成两个式子,并使用 Java 语言能识别的运算符和函数,x1 = (−b + Math. sqrt(b*b − 4*a*c))/(2*a) 和 x2 = (−b − Math. sqrt(b*b − 4*a*c))/(2*a)。

运算符加上运算数形成的字符串称为表达式。一条语句指的是能完成一条具体指令或操作的语法单位,一般一个表达式加上分号(;)可形成简单语句,当然还有后面讲到的各种复杂控制语句。

注意:等号“=”在 Java 中为赋值运算符,不再是相等的意思,赋值运算符的功能是将右边表达式求值(计算)后,将结果保存在左边的变量中,如下例所示。

```
int x,y;                  //定义两个整形变量
x = 10;                   //将 10 赋值给 x
y = 4 * 5 - x;            //将表达式的值赋给 y,其中 x 取其当前值 10
x = x + 1;                //将 x 的当前值取出来,加 1 后再赋给 x
```

2.4.1 算术运算符

算术运算符指能对各种整数、浮点数进行计算的运算符,如表 2-8 所示。

表 2-8 算术运算符表

运算符	含　义	示　　例	求　　值
+	加	c=a+b	
−	减	c=a−b	
*	乘	c=a*b	
/	除	c=a/b	
%	取模	c=a%b	
++	递增	a++	
−−	递减	b−−	

续表

运算符	含 义	示 例	求 值
+=	相加并赋值	c += a	c = c + a
*=	相乘并赋值	c *= a	c = c * a
/=	相除并赋值	c /= a	c = c / a
%=	取模并赋值	c %= a	c = c % a
—	取负数	c = — a	

注意:

(1)"—"既可以是单目运算符也可以是双目运算符。

(2)当"/"的两个运算数都是整数时,此运算符变成了整除运算符,如 7/3 结果为 2。

(3)"%"为求余运算符,如 4%3 结果为 1,浮点数 37.2%10 的结果为 7.2。

(4)"++""——"为自加运算符和自减运算符,是单目运算符,如果放在变量的前面,是先给变量加减 1,然后取出变量的值参加表达式的运算;如果放在变量的后面,是先取出变量的值参与表达式的计算,然后再给变量加减 1。

(5)形如"+="的称为复合赋值运算符,如上表中的复合赋值运算符的示例可转换成另外一个式子。

2.4.2 关系运算符

关系运算符指用来比较两个运算数的大小或是否相等的运算符,如表 2-9 所示。

表 2-9 关系运算符表

运算符	含 义	示 例
==	等于	a == b
!=	不等于	a != b
>	大于	a > b
<	小于	a < b
>=	大于或等于	a >= b
<=	小于或等于	a <= b

注意:

(1)这些运算符和数学中的符号有不同之处。

(2)在 Java 语言中相等比较用的是"=="而不是"=",不等于用的是"!="而不是"≠"。

(3)关系表达式的计算结果是逻辑值,关系成立为 true,不成立为 false。

2.4.3 逻辑运算符

逻辑运算符是用来做命题运算的,在高中其实也是学过的,在 Java 中提供的逻辑运算符如表 2-10 所示。

表 2-10　逻辑运算符表

运算符	含　义	示　例
&	逻辑与	A & B
|	逻辑或	A | B
^	逻辑异或	A ^ B
!	逻辑非	! A
||	短路或	A || B
&&	短路与	A && B

注意:

(1)"&"为逻辑与运算符,是"并且"的意思,有一个类比可以理解此运算符:如果明天早上天气很好并且我有空,那我就去爬山。两个条件都成立,我才能够去爬山,否则就不能爬山。

(2)"|"为逻辑或运算符,是"或者"的意思,也有一个类比:如果今天晚上我很无聊或者有朋友请客我就去看电影。这两个条件只要满足一个,我就可以去看电影,除非两个都不满足。

(3)"^"为异或运算符,参与运算的两个命题必须相异,结果才能为 true,否则为 false。就像我们到民政局登记结婚,一对成年单身男女可以登记结婚,两个男的或两个女的不能登记。

(4)"!"为逻辑非运算符,是单目运算符,将 true 变为 false,将 false 变为 true。

(5)"&&"和"||"为短路与运算符和短路或运算符,是指在一个复杂表达式的计算中,如果运算符前面子表达式的值已经确定整个表达式的值,则运算符后面的表达式不再进行计算。例如,x>y &&a<++b,如果已经知道 x>y 为 false,则不用再去计算后面的子表达式。

2.4.4　位运算符

位运算符是将常量或变量以二进制的方式按位对应进行逻辑运算或移位运算,在进行逻辑运算时,如果某位是 1 则看成 true,是 0 则看成 false。Java 中的位运算符如表 2-11 所示。

表 2-11　位运算符表

运算符	含　义	示　例
~	按位非(NOT)	b=~a
&	按位与(AND)	c=a&b
|	按位或(OR)	c=a|b
^	按位异或(XOR)	c=a^b
>>	右移	b=a>>2
>>>	右移,左边空出的位以 0 填充	b=a>>>2
<<	左移	b=a<<1

注意：

(1)"～"运算符按位进行取反,是单目运算符,例如一字节 01000001 取反后为 10111110,即 65 变为 190。

(2)"&"按位进行与运算。例如：

```
    10001110
&   10111010
    10001010
```

(3)"|"按位进行或运算。例如：

```
    10001110
|   10111010
    10111110
```

(4)"^"按位进行异或运算。例如：

```
    10001110
^   10111010
    00110100
```

(5)">>"为算术右移运算符,如果一个数的最高位(即符号位)为 1,则移位后填充 1;如果为 0,则移位后填充 0,目的是保持数的符号不变。例如：

```
10001110   >> 3        01100110   >> 3
11110001               00001100
负数右移                正数右移
```

(6)">>>"为逻辑右移运算符,不考虑符号位,移位后左边空出的位以 0 填充。例如：

```
10001110   >>> 3
00010001
```

(7)"<<"左移运算符,移位后右边空出的位填 0。例如：

```
10001110   << 3
01110000
```

2.4.5 其他运算符

1. 条件运算符

条件运算符的格式如下：

条件表达式?表达式 1: 表达式 2

计算方式为：如果条件表达式的值为 true,则取表达式 1 的值；如果条件表达式的值为 false,则取表达式 2 的值。

【例 2-2】 条件运算符测试。

```java
class TernaryOp {
    public static void main(String args[]) {
        int salary,daysPresent = 30;
        salary = daysPresent == 20 ? 2000 : 3000;
        System.out.println("您本月薪资为 $ " + salary);
```

```
        }
    }
```

此程序输出结果为:

您本月薪资为 $3000

2. instanceof 运算符

instanceof 运算符用来测试某一实例对象是否属于某一类型,返回逻辑值。其格式如下:

实例对象　instanceof　类名或接口名

对于接口将在第 4 章中讲述。

3. 字符串连接运算符＋

可以将多个字符串连接起来,如果一个字符串和其他类型数据进行"＋"运算,Java 会自动将其他类型转换为字符串。

2.4.6 运算符的优先级

Java 中运算符的优先级简单可以归结如下:单目高于多目,算术运算符高于关系运算符,关系运算符高于逻辑运算符,逻辑运算符高于赋值运算符。总的优先级如表 2-12 所示。

表 2-12　运算符优先级表

优先级	运算符	说　　明
1	() [] .	圆括号 下标运算符 点运算符
2	! ~ ＋＋ －－ － (类型)	逻辑非运算符 按位取反运算符 自增运算符 自减运算符 负号运算符 类型转换运算符
3	* / %	乘法运算符 除法运算符 求余运算符
4	＋ －	加法运算符 减法运算符
5	<< >> >>>	左移运算符 算术右移运算符 逻辑右移运算符
6	<　<=　>　>=	关系运算符
7	＝＝ !＝	等于运算符,只比较变量的值 不等于运算符

续表

优先级	运算符	说　明
8	& ^ |	逻辑与或按位与 逻辑异或或按位异或 逻辑或或按位或
9	&& ||	快速逻辑与运算符 快速逻辑或运算符
10	?:	条件运算符
11	instanceof	对象实例测试运算符
12	=　+=　-=　*=　/=　%= >>=　<<=　&=　^=　|=	赋值运算符和复合赋值运算符

【例 2-3】 运算符测试。

```java
public class Operatortest {
    public static void main(String[] args) {
        int a,b,c,d,e;
        double v,w,x,y,z;
        boolean flag1 = true,flag2 = false;
        a = 3 + 4;
        b = 4 * 5;
        c = 67 - 23;
        d = 67/23;                           //整除
        e = 67 % 23;                         //求余
        System.out.println("a = " + a);
        System.out.println("b = " + b);
        System.out.println("c = " + c);
        System.out.println("d = " + d);
        System.out.println("e = " + e);
        v = 3.0 + 4.0;
        w = 4.0 * 5.0;
        x = 67.5 - 23.4;
        y = 65.0/23.0;
        z = 67.0 % 23.0;                     //Java 中浮点数也可以求余
        System.out.println(" ************************ ");
        System.out.println("v = " + v);
        System.out.println("w = " + w);
        System.out.println("x = " + x);
        System.out.println("y = " + y);
        System.out.println("z = " + z);
        System.out.println(" ************************ ");
        System.out.println("a > b = " + (a > b));   //关系运算得到逻辑值
        System.out.println("(v == 7.0) = " + (v == 7.0));
        System.out.println("(c!= d) = " + (c!= d));
        System.out.println(" ************************ ");
        System.out.println("a > b & c > d = " + (a > b&c > d));
        System.out.println("w >= v | flag1 = " + (w >= v | flag1));
        System.out.println("!flag2 = " + (!flag2));
        System.out.println("flag1 ^ flag2 = " + (flag1 ^ flag2));
```

```
System.out.println("++a>2 || ++b>2 = " + (++a>2 || ++b>2));
System.out.println("a = " + a + ", b = " + b);                        //注意 a 加 1 而 b 没有加 1
System.out.println("***************************");
a = 142;
b = 186;
c = a&b; d = a|b; e = a^b;
System.out.println("~" + Integer.toBinaryString(65) + " = " + Integer.toBinaryString(~
65).substring(24));                                                   //Integer 为封装类
System.out.println("a = " + Integer.toBinaryString(a));
System.out.println("b = " + Integer.toBinaryString(b));
System.out.println("a&b = " + Integer.toBinaryString(c));
System.out.println("a|b = " + Integer.toBinaryString(d));
System.out.println("a^b = " + Integer.toBinaryString(e));            //注意前面 0 省略
byte i = (byte)142;
System.out.println("i = " + Integer.toBinaryString(i).substring(24));
System.out.println("" + i + ">>3 = " + (i>>3));
c = Integer.parseInt("01100110",2);
System.out.println("" + c + ">>3 = " + (c>>3));
    }
}
```

注意：此程序用到了封装类和字符串类的一些方法，后面会进行讲解。

2.5　常用的类和包说明

JDK 中提供了下列基本包。

(1) java.lang.*：核心语言包，不用导入，包含有 Java 编程中使用的最基本的类。

(2) java.util.*：工具包，需导入，包含有很多有用的工具类，如复杂数据集合类。

(3) java.io.*：输入/输出包，需导入，包含各种输入/输出流类和相应异常类。

(4) java.net.*：网络包，需导入，包含 TCP/IP 协议族中大部分协议的实现。

(5) java.awt.*：抽象窗口工具包，包含创建 GUI 所需的基本组件。

为了便于后面的学习，下面对几个常用的类进行简要概述。

1. Object 类

Object 类是所有 Java 类的祖先类，如果设计的类没有指定父类，则默认的父类就是 Object，读者在学习了继承之后就会理解父类和子类的概念。Object 类实际上是一个框架设计，包含了所有对象都应该具有的行为，Object 类的主要成员方法如下。

(1) equals(Object obj)：用来比较两个对象的内容是否一样，默认的实现非常简单，只是比较这两个对象是否指向同一个内存地址，需要在子类中给出有意义的具体实现。

(2) notify()：从等待池中唤醒一个线程，把它转移到锁池，将第 8 章线程理论中讲解。

(3) notifyAll()：从等待池中唤醒所有的线程，把它们转移到锁池。

(4) wait()：使当前线程进入等待状态，直到其他线程调用 notify() 或 notifyAll() 方法唤醒它。

(5) hashCode()：返回该对象的哈希码。

(6) toString()：返回该对象的字符串表示，该方法的默认实现很简单，即输出"类名@

对象的十六进制哈希码",需要在子类中给出有意义的实现代码。

（7）finalize()：对于一个已经不再被引用的对象，当垃圾回收器准备回收该对象所占用的内存时，将自动调用该对象的 finalize()方法，用来破坏和回收此对象。

2. System 类

System 类也称系统类，它提供了 JVM 和操作平台的接口，通过 System 类可以使用操作平台提供的各种设施或系统属性等，有标准输入、标准输出和错误输出流；对外部定义的属性和环境变量的访问；加载文件和库的方法；快速复制数组的一部分的实用方法。

该类提供了 err 错误输出设备（一般指的是监视器）、out 标准输出设备（一般指的是监视器）、in 标准输入设备（一般指的是键盘）等，其常用的方法如下。

（1）currentTimeMillis()：返回以毫秒为单位的系统时间。

（2）exit(int status)：终止当前的 JVM，退出码为 status。

（3）gc()：运行垃圾回收器。

（4）getProperty(String key)：获得指定键指示的系统属性。

（5）setProperty(String key, String value)：设置指定键指示的系统属性。

3. String 类、StringBuffer 类和 StringBuilder 类

在 Java 中处理字符串主要使用 String 类、StringBuffer 类和 StringBuilder 类，这 3 个类提供了很多字符串的实用处理方法。其中，String 类是不可变类，一个 String 对象所包含的字符串内容永远不会改变，因此运算的结果始终是一个新的 String 对象。而 StringBuffer 类是可变类，一个 StringBuffer 对象所包含的字符串内容可以被添加或修改。但 StringBuffer 中的方法是同步的（Synchronized），这使得 StringBuffer 很适合多线程环境，多线程同步的概念会在第 8 章中讲。JDK 1.5 之后增加了 StringBuilder 类，它是 StringBuffer 的非同步版本，执行效率高于 StringBuffer 类。

（1）String 类有许多构造方法，常用的构造方法如表 2-13 所示。

表 2-13　String 类常用的构造方法

构造方法	描　　　述
String()	初始化一个新创建的 String 对象，它表示一个空字符序列
String(byte[] bytes)	构造一个新的 String，方法是使用平台的默认字符集解码字节的指定数组
String(byte[] bytes, int offset, int length, String charsetName)	构造一个新的 String，方法是使用指定的字符集解码字节的指定子数组
String(byte[] bytes, String charsetName)	构造一个新的 String，方法是使用指定的字符集解码指定的字节数组
String(char[] value)	分配一个新的 String，它表示当前字符数组参数中包含的字符序列
String(char[] value, int offset, int count)	分配一个新的 String，它包含来自该字符数组参数的一个子数组的字符
String(StringBuffer buffer)	分配一个新的字符串，它包含当前包含在字符串缓冲区参数中的字符序列

String 类常用的方法如表 2-14 所示。

表 2-14　String 类常用的方法

返回类型	方法名和说明
char	charAt(int index)：返回指定索引处的 char 值
int	compareTo(String anotherString)：按字典顺序比较两个字符串
int	compareToIgnoreCase(String str)：不考虑大小写比较两个字符串
String	concat(String str)：将指定字符串连接到此字符串的结尾
boolean	contains(CharSequence s)：当且仅当此字符串包含 char 值的指定序列时才返回 true
boolean	endsWith(String suffix)：测试此字符串是否以指定的后缀结束
boolean	equals(Object anObject)：比较此字符串与指定的对象
byte[]	getBytes()：使用平台默认的字符集将此 String 解码为字节序列，并将结果存储到一个新的字节数组中
byte[]	getBytes(String charsetName)：使用指定的字符集将此 String 解码为字节序列，并将结果存储到一个新的字节数组中
void	getChars(int srcBegin, int srcEnd, char[] dst, int dstBegin)：将字符从此字符串复制到目标字符数组
int	hashCode()：返回此字符串的哈希码
int	indexOf(int ch)：返回指定字符在此字符串中第一次出现处的索引
int	indexOf(String str)：返回第一次出现的指定子字符串在此字符串中的索引
int	length()：返回此字符串的长度
boolean	matches(String regex)：通知此字符串是否匹配给定的正则表达式
String	replace(char oldChar, char newChar)：返回一个新的字符串，它是通过用 newChar 替换此字符串中出现的所有 oldChar 而生成的
String	replace(CharSequence target, CharSequence replacement)：使用指定的字面值替换序列替换此字符串匹配字面值目标序列的每个子字符串
String	replaceAll(String regex, String rep)：使用给定的 rep 字符串替换此字符串匹配给定的正则表达式的每个子字符串
String[]	split(String regex)：根据给定的正则表达式的匹配来拆分此字符串
String[]	split(String regex, int limit)：根据匹配给定的正则表达式来拆分此字符串
boolean	startsWith(String prefix)：测试此字符串是否以指定的前缀开始
boolean	startsWith(String prefix, int toffset)：测试此字符串是否以指定前缀开始，该前缀以指定索引开始
String	substring(int beginIndex)：返回一个新的字符串，它是此字符串的一个子字符串
String	substring(int beginIndex, int endIndex)：返回一个新字符串，它是此字符串的一个子字符串
char[]	toCharArray()：将此字符串转换为一个新的字符数组
String	toLower Case()：使用默认语言环境的规则将此 String 中的所有字符都转换为小写
String	toUpper Case()：使用默认语言环境的规则将此 String 中的所有字符都转换为大写
String	trim()：返回字符串的副本，忽略前导空白和尾部空白
static String	valueOf(boolean b)：返回 boolean 参数的字符串表示形式
static String	valueOf(char c)：返回 char 参数的字符串表示形式
static String	valueOf(char[] data)：返回 char 数组参数的字符串表示形式
static String	valueOf(double d)：返回 double 参数的字符串表示形式
static String	valueOf(float f)：返回 float 参数的字符串表示形式

续表

返回类型	方法名和说明
static String	valueOf(int i)：返回 int 参数的字符串表示形式
static String	valueOf(long l)：返回 long 参数的字符串表示形式
static String	valueOf(Object obj)：返回 Object 参数的字符串表示形式

【例 2-4】 字符串测试。

```
class Stringtest{
  public static void main(String[] args){
      String str1 = "书到用时方恨少,事非经过不知难";
      String str2 = new String("若论成道本来易，欲除妄想真个难");
      String str3 = "The heart of the wise is in the house of mourning; but the heart of fools is
  in the house of mirth.";
      String str4 = new String("Whatsoever thy hand findeth to do, do it with thy might; for there
  is no work, nor device, nor knowledge, nor wisdom, in the grave, whither thou goest.");
      String str5 = null;
      System.out.println("str1 的长度是 " + str1.length());
      System.out.println("str3 的长度是 " + str3.length());
      str5 = str1 + str2;
      System.out.println("str5 = " + str5);
      System.out.println(str3.concat(str4));
      System.out.println(str1.substring(8));
      String str6 = "理可顿悟,事须渐修";
      String str7 = new String("理可顿悟,事须渐修");
      System.out.println(str6.equals(str7));
      System.out.println(str1.compareTo(str2));
      System.out.println(str2.charAt(2));
      System.out.println(str3.indexOf("wise"));
      System.out.println(str4.replace('h','*'));
      System.out.println(str3.toLowerCase());
      System.out.println(str4.toUpperCase());
      String str8 = " 闲观扑纸蝇,笑痴人自生障碍,静觇竞巢鹊,叹杰士空逞英雄. ";
      System.out.println(str8.trim());
  }
}
```

（2）StringBuffer 类表示缓冲字符串，它的构造方法如表 2-15 所示。

表 2-15 StringBuffer 类的构造方法

构造方法	描　　述
StringBuffer()	构造一个其中不带字符的字符串缓冲区,其初始容量为 16 个字符
StringBuffer(int capacity)	构造一个不带字符,但具有指定初始容量的字符串缓冲区
StringBuffer(String str)	构造一个字符串缓冲区,并将其内容初始化为指定的字符串内容

StringBuffer 类的常用方法如表 2-16 所示。

表 2-16　**StringBuffer 类的常用方法**

返回类型	方法名和说明
StringBuffer	append(boolean b)：将 boolean 参数的字符串表示形式追加到此序列
StringBuffer	append(char c)：将 char 参数的字符串表示形式追加到此序列
StringBuffer	append(char[] str)：将 char 数组参数的字符串表示形式追加到此序列
StringBuffer	append(double d)：将 double 参数的字符串表示形式追加到此序列
StringBuffer	append(float f)：将 float 参数的字符串表示形式追加到此序列
StringBuffer	append(int i)：将 int 参数的字符串表示形式追加到此序列
StringBuffer	append(long lng)：将 long 参数的字符串表示形式追加到此序列
int	capacity()：返回当前容量
char	charAt(int index)：返回此序列中指定索引处的 char 值
StringBuffer	delete(int start，int end)：移除此序列的子字符串中的字符
StringBuffer	deleteCharAt(int index)：移除此序列指定位置的 char
int	indexOf(String str)：返回第一次出现的指定子字符串在该字符串中的索引
StringBuffer	insert(int offset，boolean b)：将 boolean 参数的字符串形式插入此序列中
StringBuffer	insert(int offset，char c)：将 char 参数的字符串形式插入此序列中
StringBuffer	insert(int offset，double d)：将 double 参数的字符串形式插入此序列中
StringBuffer	insert(int offset，float f)：将 float 参数的字符串形式插入此序列中
StringBuffer	insert(int offset，int i)：将 int 参数的字符串形式插入此序列中
StringBuffer	insert(int offset，long l)：将 long 参数的字符串形式插入此序列中
StringBuffer	insert(int offset，Object obj)：将 Object 参数的字符串形式插入此字符序列中
StringBuffer	insert(int offset，String str)：将字符串插入此字符序列中
int	length()：返回长度（字符数）
StringBuffer	replace(int start，int end，String str)：使用给定 String 中的字符替换此序列的子字符串中的字符
StringBuffer	reverse()：将此字符序列用其反转形式取代
void	setLength(int newLength)：设置字符序列的长度
String	toString()：返回此序列中数据的字符串表示形式

【例 2-5】　缓冲字符串类 StringBuffer 测试。

```
class StringBuffertest{
  public static void main(String[] args){
    String str1 = "从来富贵都是梦";
    str1 = str1 + "未有圣贤不读书";          //此 str1 的存储的地址已发生变化
    System.out.println(str1);
    StringBuffer sb1 = new StringBuffer("精思生智慧,");
    StringBuffer sb2 = sb1.append("慧可解怨!"); //sb1 和 sb2 指向同一个地址
    sb2.insert(6,"识可转智,");
    System.out.println("sb1 = " + sb1);
    System.out.println("sb2 = " + sb2);
    sb1.append(Math.E);
    System.out.println(sb1);
    System.out.println(sb1.charAt(2));
    System.out.println("sb1 的长度 = " + sb1.length());
    System.out.println("sb1 的容量 = " + sb1.capacity());
  }
}
```

（3）StringBuilder 类是缓冲字符串非同步版本，它的方法如表 2-17 所示。

表 2-17　StringBuilder 类的构造方法

构造方法	描　　述
StringBuilder()	构造一个不带任何字符的字符串生成器，其初始容量为 16 个字符
StringBuilder(CharSequence seq)	构造一个字符串生成器，它包含与指定的 CharSequence 相同的字符
StringBuilder(int capacity)	构造一个不带任何字符的字符串生成器，其初始容量由 capacity 参数指定
StringBuilder(String str)	构造一个字符串生成器，并初始化为指定的字符串内容

StringBuilder 类的方法和 StringBuffer 相同，此处不再赘述。

【例 2-6】　缓冲字符串类 StringBuilder 测试。

```
public class StringBuilderTest {
    public static void main(String[ ] args){
        StringBuilder sb1 = new StringBuilder("LanZhou");
        StringBuilder sb2 = new StringBuilder("LanZhou");
        System.out.println(sb1 == sb2);
        System.out.println("sb2's capacity:" + sb2.capacity());
        StringBuilder sb3 = sb2;
        System.out.println(sb3 == sb2);
        sb3.append(" University");
        System.out.println("sb2 now = " + sb2);
    }
}
```

4. Scanner 类

Scanner 是 JDK 1.5 之后新增的一个类，可以使用该类创建一个输入对象，例如：

```
Scanner keyin = new Scanner(System.in);          //System.in 代表键盘
```

此类常用的方法有 nextByte()、nextDouble()、nextFloat()、nextInt()、nextLong()、nextShort()、nextBoolean()，分别用来输入各种基本数据类型，nextLine()用于输入一行字符串。

【例 2-7】　Scanner 类测试。

```
import java.util.Scanner;                         //导入 Scanner 类
class Scannertest {
    public static void main(String[ ] args) {
        double d;
        float f;
        int i;
        long l;
        boolean b;
        Scanner keyin = new Scanner(System.in);
        System.out.println("请输入一个双精度数:");
        d = keyin.nextDouble();
        System.out.println("请输入一个单精度数:");
        f = keyin.nextFloat();
```

```
        System.out.println("请输入一个整数:");
        i = keyin.nextInt();
        System.out.println("请输入一个长整数:");
        l = keyin.nextLong();
        System.out.println("请输入一个逻辑值:");
        b = keyin.nextBoolean();
        System.out.println("你输入的数分别是:");
        System.out.print("d = " + d + "\nf = " + f + "\ni = " + i + "\nl = " + l + "\nb = " + b);
    }
}
```

5. Math 类

在 Java 中,Math 类封装了各种数学运算的静态方法,包括指数运算、对数运算、开平方根和大量的三角函数运算等。Math 类还有两个静态常量:E(自然对数)和 PI(圆周率)。Math 类是 final 类型的,因此不能产生子类。另外,Math 类的构造方法是 private 类型的,所以 Math 类不能够被实例化。

Math 类常用的方法如表 2-18 所示。

表 2-18　Math 类常用的方法

方法名	功　能
static double abs(double a)	返回 double 值的绝对值
static double cos(double a)	返回角的三角余弦
static double exp(double a)	返回欧拉数 e 的 double 次幂的值
static double floor(double a)	返回最大的(最接近正无穷大)double 值,该值小于或等于参数,并且等于某个整数
static double log(double a)	返回(底数是 e)double 值的自然对数
static double max(double a, double b)	返回两个 double 值中较大的一个
static double min(double a, double b)	返回两个 double 值中较小的一个
static double pow(double a, double b)	返回第一个参数的第二个参数次幂的值
static double random()	返回带正号的 double 值,大于或等于 0.0,小于 1.0
static double sin(double a)	返回角的三角正弦
static double sqrt(double a)	返回正确舍入的 double 值的正平方根
static double tan(double a)	返回角的三角正切

【例 2-8】　Math 类测试。

```
class Mathtest {
    public static void main(String[] args) {
        System.out.println("ceil(2.3) = " + Math.ceil(2.3));
        System.out.println("abs( - 2.3) = " + Math.abs( - 2.3));
        System.out.println("sqrt(2) = " + Math.sqrt(2));
        System.out.println("random() = " + Math.random());
        System.out.println("sin(3.14/6) = " + Math.sin(3.14/6));
        System.out.println("exp(1) = " + Math.exp(1));
        System.out.println("log(2.71828) = " + Math.log(2.71828));
        System.out.println("pow(2,3) = " + Math.pow(2,3));
        System.out.println("toDegrees(3.14/6) = " + Math.toDegrees(3.14/6));
```

JVM 工作原理和 Java 语言基础

```
        }
    }
```

6. 封装类

在某些场合,需要将基本数据类型的数据看成对象,为了把基本类型数据当作对象来使用,Java 针对每个基本类型提供了一个封装类(也称为包装类),如表 2-19 所示。

表 2-19　基本类型对应的封装类

8 种基本类型对应的 8 个封装类:			
byte	Byte	float	Float
short	Short	double	Double
int	Integer	char	Character
long	Long	boolean	Boolean

封装类主要的作用是提供了一种封装手段,提供了一系列实用的方法,例如将字符串解析为相应的基本类型以及各种基本类型之间的转换等。封装类提供的字符串转换方法如表 2-20 所示。

表 2-20　封装类提供的字符串转换方法

封装类和字符串类的转换方法	
Byte. parseByte(String s)	Float. parseFloat(String s)
Integter. parseInt(String s)	Double. parseDouble(String s)
Short. parseShort(String s)	Boolean. parseBoolean(String s)
Long. parseLong(String s)	

注意:字符类 Character 没有对应的字符串转换方法。

除了上表中的解析方法外,封装类还提供了 valueOf()方法将字符串转换成相应的基本类型,提供了 toString()方法返回相应的字符串形式。对于数字型封装类还提供了 xxxValue()方法,其中 xxx 可以是 byte、int、long、short、double、float 中的一种,用来返回对象所表示的相应的值。

【例 2-9】　封装类测试。

```java
class WrapClasstest {
    public static void main(String[] args) {
        Boolean bln = new Boolean(true);
        Byte b = new Byte((byte)1);
        Character c = new Character('c');
        Short s = new Short((short)32);
        Integer i = new Integer(45);
        Long l = new Long(20L);
        Float f = new Float(1.0f);
        Double d = new Double(1.0);
        Integer ii = new Integer("22");
        Double dd = new Double("3.14D");
        int a = Integer.parseInt("123");
        float f1 = Float.valueOf("22.3f");
```

```
        int myint = a + i - 3;                    //在 JDK1.5 后,允许基本类型和封装类型进行混合数学运算
        System.out.println("That's OK!");
    }
}
```

7. 常量池

从 JDK1.5 以后,对于 Byte、Short、Character、Integer、Boolean 等提供了常量池技术,
类似字符串池技术,程序启动时常量池中的常量就已经确定了,这 5 种包装类默认创建了数值[−128,127]的相应类型的缓存数据,但是超出此范围仍然会去创建新的对象。

【例 2-10】 常量池测试。

```
public class WrapClassTest1 {
    public static void main(String[] args) {
        Integer int1 = 120;
        Integer int2 = 120;
        Integer int3 = 129;
        Integer int4 = 129;
        Integer int5 = new Integer(120);
        System.out.println(int1 == int2);         //因为常量池的原因,返回 true
        System.out.println(int3 == int4);         //常量池小于 128
        System.out.println(int1 == int5);         //int 没有采用常量池技术
    }
}
```

8.转换为二进制、八进制等字符串

在 Java 的整型包装类中,提供了把整型数转换为二进制、八进制和十六进制的字符串的静态方法。

【例 2-11】 进制转换测试。

```
public class WrapClassTest2 {
    public static void main(String[] args) {
        Long long1 = new Long(232151681434L);
        System.out.println(Long.toBinaryString(long1));
        System.out.println(Long.toHexString(long1));
        System.out.println(Long.toOctalString(long1));
    }
}
```

2.6 流 程 控 制

视频讲解

流程控制是程序设计的核心,是实现程序预期目标的关键,在计算机程序设计中有 3 种主要的流程结构:顺序结构、分支结构、循环结构,配合方法调用和跳转语句形成了完整的程序设计方法。

2.6.1 顺 序 结 构

第 1 章和本章前面几节的实例使用的都是顺序结构。顺序结构是指程序从开始到结束

顺序执行程序指令,相当于人从生到死这样一个必然过程,是程序的主要控制流程。

【例 2-12】 计算长方形的面积和周长。

```java
import java.util.Scanner;
class Rectangle {
    public static void main(String[] args) {
        double w,l,S,s;
        Scanner keyin = new Scanner(System.in);
        System.out.print("请输入长方形的长:");
        l = keyin.nextDouble();
        System.out.print("请输入长方形的宽:");
        w = keyin.nextDouble();
        S = w * l;                          //计算面积
        s = 2 * (w + l);                    //计算周长
        System.out.println("此长方形的面积:" + S + "\n此长方形的周长:" + s);
    }
}
```

2.6.2 二分支结构

分支是部分程序代码在满足特定条件的情况下才会被执行,其中,二分支结构是程序使用最普遍的分支选择结构,其基本语法如下:

```
if(条件表达式) 语句
if(条件表达式) 语句1 else  语句2
```

注意:在 Java 中,条件表达式的值必须是逻辑值。另外,if 语句可以嵌套,嵌套的 if 语句可以形成多分支结构。

【例 2-13】 求解一元二次方程的根。

```java
class Root {
    public static void main(String[] args) {
        double a,b,c,x1,x2,dt,sb,xb;
        a = 2.0;
        b = 5.0;
        c = 2.0;
        dt = b * b - 4 * a * c;
        if(dt >= 0) {
            x1 = ( - b + Math.sqrt(dt))/(2 * a);
            x2 = ( - b - Math.sqrt(dt))/(2 * a);
            System.out.println("x1 = " + x1);
            System.out.println("x2 = " + x2);
        } else {
            sb = - b/(2 * a);
            xb = Math.sqrt( - dt)/(2 * a);
            System.out.println("x1 = " + sb + " + " + xb + "i");
            System.out.println("x2 = " + sb + " - " + xb + "i");
        }
    }
}
```

【例 2-14】 测试从键盘输入的字符是数字还是字母。

```java
import java.io. * ;
class iftest1 {
    public static void main(String[ ] args) throws IOException {
    int a;
    a = System.in.read();
    if(a > = 48&&a < = 57) {
        System.out.println("数字");
    } else {
        if((a > = 'A'&&a < = 'Z') | |(a > = 'a'&&a < = 'z')) { //嵌套 if 语句
            System.out.println("字母");
        } else {
            System.out.println("其他字符");
        }
    }
  }
}
```

注意：该程序中 if 语句的表达式也可换成 Character.isDigit()和 isLetter()方法判断。

【例 2-15】 从键盘输入一个整数,测试其是否为偶数。

```java
import java.util. * ;
class iftest2 {
  public static void main(String[ ] args) {
    int a;
    Scanner keyin = new Scanner(System.in);
    a = keyin.nextInt();
    if(a % 2 = = 0)
      System.out.println("偶数");
    else
      System.out.println("奇数");
  }
}
```

【例 2-16】 求 $y=\begin{cases} 2x & x>0 \\ 2+\cos(x) & x=0 \\ x^2+1 & x<0 \end{cases}$ 的值。

```java
import java.util.Scanner;
class iftest3 {
  public static void main(String[ ] args) {
    double y,x;
    Scanner keyin = new Scanner(System.in);
    System.out.print("请输入 x 的值:");
    x = keyin.nextDouble();
    if(x > 0) y = 2 * x;
    else
      if(x = = 0) y = 2 + Math.cos(x);                //嵌套 if 语句
      else y = x * x + 1;
    System.out.println("y = " + y);
  }
}
```

注意：① 在 if 语句的测试表达式中,逻辑值应该直接测试,例如 boolean flag,则测试时应采用 if(flag),而不应该用(flag＝＝true)或者(flag＝true)(该表达式没有编译错误,但可能会产生逻辑错误)。

② 浮点数不能用相等进行条件测试,例如需要测试 x＝＝0.5,应该用 Math. abs(x－0.5＜0.000001)来测试其值是否满足特定精度(此处是小数点后 6 位)条件下的近似相等。

视频讲解

2.6.3 多分支结构

虽然嵌套的 if else 可以处理多分支情况,但有时采用 switch 语句会简洁明了,switch 语句又叫开关语句,其语法格式如下:

```
switch(表达式) {
    case  常量 1:
            若干条语句;
            break;
    case  常量 2:
            若干条语句;
            break;
    …   …   …   …
    case  常量 n:
            若干条语句;
            break;
    default:
            若干条语句;
}
```

注意：首先,switch 语句的表达式或常量可以是 byte、short、char、int、enum 和 String 类型；其次,多个 case 语句不能产生二义性；最后,如果一条 case 语句没有 break 语句,则程序会按照顺序执行下一个 case 语句块。

【例 2-17】 计算银行利息的程序(以 2007 年的利率为参考)。

```
class bankaccount {
    String name;
    double benjin;
    int years;
    double rate;
    public double getMoney() {
        switch(years) {
            case 0:rate = 0.81;break;
            case 1:rate = 4.14;break;
            case 2:rate = 4.68;break;
            case 3:
            case 4:rate = 5.40;break;
            case 5:rate = 5.85;break;
            default:rate = 5.85;break;
        }
        double x;
        if(years == 0)
            x = benjin * rate/100 + benjin;
```

```
        else
            x = benjin * rate * years/100 + benjin;
        return x;
    }
}
class switchtest {
    public static void main(String[ ] args) {
        bankaccount zhangsan = new bankaccount( );
        zhangsan.name = "zhangsan";
        zhangsan.benjin = 200000000;
        zhangsan.years = 3;
        System.out.println("zhangsan's Money = " + zhangsan.getMoney( ));
    }
}
```

【例 2-18】 计算中国十二生肖年。

已知 1900 年是鼠年,每十二年生肖轮回一次,编写程序输入年份即可输出生肖年,一种程序代码如下:

```
import java.util.Scanner;
public class ChineseZodiac {
    public static void main(String[ ] args){
        Scanner input = new Scanner(System.in);
        System.out.print("输入一个年份:");
        int year = input.nextInt( );
        String chinesezodiac = "";
        int init = Math.abs(year − 1900);           //1900 年是鼠年,初始参考点
        switch(Math.abs(year % 12 − init)){
            case 0: chinesezodiac = "鼠年";break;
            case 1: chinesezodiac = "牛年";break;
            case 2: chinesezodiac = "虎年";break;
            case 3: chinesezodiac = "兔年";break;
            case 4: chinesezodiac = "龙年";break;
            case 5: chinesezodiac = "蛇年";break;
            case 6: chinesezodiac = "马年";break;
            case 7: chinesezodiac = "羊年";break;
            case 8: chinesezodiac = "猴年";break;
            case 9: chinesezodiac = "鸡年";break;
            case 10: chinesezodiac = "狗年";break;
            case 11: chinesezodiac = "猪年";
        }
        System.out.println("" + year + "年是" + chinesezodiac);
    }
}
```

视频讲解

视频讲解

2.6.4 循环结构

循环是根据特定的条件反复执行某一段语句的流程控制结构,Java 提供了 while、do-while 和 for 这 3 种循环。

注意:Java 的三种循环可以互相代替,并且循环可以嵌套。

1. while 语句

while 语句的一般格式是：

```
while(条件表达式) {
    语句块     //循环体
}
```

【例 2-19】 计算 $1+2+3+\cdots+100$ 的值。

```java
class whiletest {
    public static void main(String[ ] args) {
        int i, sum;
        i = 1; sum = 0;
        while(i <= 100) {
            sum = sum + i;
            i++;
        }
        System.out.println("sum = " + sum);
        System.out.println("i = " + i);
    }
}
```

【例 2-20】 打印 ASCII 码和对应的字符。

```java
class whiletest1 {
    public static void main(String[ ] args) {
        int a = 32;
        while(a <= 127) {
            System.out.print(" " + a + ":" + (char)a);
            a++;
        }
    }
}
```

2. do-while 语句

do-while 语句的格式如下：

```
do{
    语句块        //循环体
}while(条件表达式);
```

【例 2-21】 计算 $1^2+2^2+3^2+\cdots+100^2$ 的值。

```java
class dowhiletest {
  public static void main(String[ ] args) {
    int i = 1;
    int sum = 0;
    do {
        sum = sum + i * i;
        i++;
    }while(i <= 100);
```

```
    System.out.println("sum = " + sum);
  }
}
```

【例 2-22】 将 100 以内是 3 的倍数的数打印出来。

```
class dowhile {
  public static void main(String[ ] args) {
      int i = 1;
      do {
          if(i % 3 == 0) System.out.print(" " + i);
          i++;
      }while(i <= 100);
  }
}
```

3. for 语句

for 语句的一般格式如下：

```
for(初始表达式; 条件表达式; 步进表达式){
    语句块    //循环体
}
```

这里，初始表达式一般为循环变量赋初值；条件表达式用来判断循环是否继续；步进表达式用来对循环变量进行修改。在 JDK 1.5 以后，还可以使用 for-each 循环，可以在不使用索引值的情况下遍历数组或集合。for-each 循环的一般格式如下：

```
for(类型变量: 数组或集合){
    循环体
}
```

【例 2-23】 演示格式控制，打印乘法口诀表。

```
class chengfa {
  public static void main(String[ ] args) {
      int i,j;
      System.out.print(" * ");
      for(i = 1;i <= 9;i++) System.out.print("\t" + i);
      System.out.println();
      for(i = 1;i <= 9;i++) {
        System.out.print(i);
        for(j = 1;j <= i;j++) {
            System.out.print("\t" + i * j);
        }
        System.out.println();
      }
  }
}
```

【例 2-24】 演示格式控制，打印菱形。

```
import java.util.Scanner;
```

```
class lingxing {
    public static void main(String args[]) {
        int row;
        Scanner keyin = new Scanner(System.in);
        System.out.print("请输入菱形的行数:");
        row = keyin.nextInt();
        for(int i = 1;i <= row/2 + 1;i++) {
            repeat('',row/2 + 1 - i);
            repeat(' * ',2 * i - 1);
            System.out.println();
        }
        for(int i = row/2;i >= 1;i -- ) {
            repeat('',row/2 + 1 - i);
            repeat(' * ',2 * i - 1);
            System.out.println();
        }
    }
    public static void repeat(char ch,int m) {      //抽象一个重复字符的方法
        for(int i = 1;i <= m;i++) System.out.print(ch);
    }
}
```

因为菱形由一个上三角和一个下三角组成,分析上三角(设有 4 行)的图形抽象出以下规律,如图 2-12 所示。

行数	空格数	星号数
1	3	1
2	2	3
3	1	5
4	0	7
…	…	…
n	4-n	2*n-1

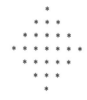

图 2-12　菱形规律

2.6.5　break 语句和 continue 语句

break 语句在循环中用来中断循环,continue 语句则用来短路循环,即结束本次循环进入下一次循环,这两个语句会使程序的执行流程发生跳转,continue 往上跳,break 往下跳。

【例 2-25】　用 break 语句求 1+2+3+… 直到和大于 50000 为止。

```
public class breakdemo {
    public static void main(String[] args) {
        int sum = 0,j;
        for(j = 1;;j++) {
            sum = sum + j;
            if(sum > 50000) break;
        }
        System.out.println("j = " + j);
```

```
            System.out.println("sum = " + sum);
    }
}
```

【例 2-26】 用 continue 语句输出 1～100 的所有素数。

```
class continuetest {
    public static void main(String[ ] args) {
        boolean prime;
        for(int j = 2;j < = 100;j++) {
            prime = true;
            for(int k = 2;k < j;k++) {
                if(j % k!= 0) continue;
                else {
                    prime = false;
                    break;
                }
            }
            if(prime) System.out.println(j + " is prime");
        }}}
```

2.7 方法和方法调用

视频讲解

2.7.1 方法定义

在 Java 中,可以将反复执行的多条语句抽象成一个方法,即方法可用来组织和定义重用的代码块。一个方法的定义由方法名、形式参数、返回值类型以及方法体构成。图 2-13 为方法定义和方法调用示例图。

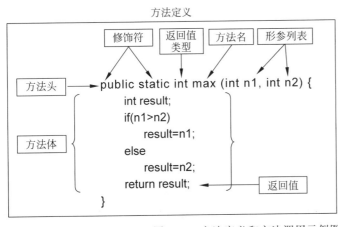

图 2-13　方法定义和方法调用示例图

方法头由修饰符、返回值类型、方法名和形式参数列表构成,其中修饰符说明了方法的一些属性;返回值类型规定了方法应该返回一个什么值,如果没有返回值,则定义为 void;方法名代表该方法的标识符,即如何调用该方法;形式参数列表代表方法调用执行时,需要

61

第2章

传入的参数值。方法体包含了一组语句集合用来实现方法功能。

例如前面定义的用来在屏幕上打印重复字符的方法,该方法不用返回任何值。

```java
public static void repeat(char ch, int m) {
    for(int i = 1; i <= m; i++) System.out.print(ch);
}
```

2.7.2 方法调用

方法调用是指在程序的执行状态下,通过方法名可以调用执行该方法的方法体中的代码集合。当一个方法被调用时,程序的控制权会转到该方法内部执行,只有碰到 return 语句、方法结束或者异常,程序的控制权才会返回调用者。方法可以嵌套调用,此时就会形成一个调用链。

例如,调用前面的 repeat()方法在屏幕上打印 20 个"=",则调用方式如下:

```java
类名.repeat('=',20);   //如果在同一个类中调用,类名可省略
```

又例如前面使用过数学类方法,如 Math.sqrt(2.0)等。后面还可以看到通过另一种方式调用方法,即通过对象名.方法名()来调用。

举例说明,可以将判断一个数是否是素数抽象成一个方法 isPrime(long m),然后通过循环逐个判断 1~100 的数是否是素数,代码如下:

【例 2-27】 用方法判断并输出 1 到 100 之间的所有素数。

```java
public class PrintSushu {
    public static boolean isSushu(long m){
        if(m < 2) return false;
        for(int i = 2; i <= Math.sqrt(m); i++){
            if(m % i == 0) return false;
        }
        return true;
    }
    public static void main(String[] args){
        for(int i = 2; i <= 100; i++){
            if(isSushu(i)) System.out.print(i + " ");
        }
    }
}
```

2.7.3 方法递归

视频讲解

递归是一种编程技术,它为那些难以使用简单循环进行编程的问题提供了优雅的解决方案。假设人们希望查找包含特定单词的目录下的所有文件,那么怎样解决这个问题? 有几种方法可以做到这一点。一个直观而有效的解决方案是通过递归搜索子目录中的文件来使用递归。

使用递归就是使用递归方法进行编程——即使用调用自身的方法。递归是一种有用的编程技术,在某些情况下,它使人们能够为一个困难的问题开发一个自然、直接、简单的解决

方案。所谓递归(recursion),在数学上就是利用自身结构来描述自己。

(1) 自然数: 1 是一个自然数; 一个自然数的后继者是一个自然数。

(2) 阶乘运算: $0!=1$,如果 $n>0$,那么 $n!=n(n-1)!$。

(3) 斐波纳契数列: $f(0)=1, f(1)=1, f(n)=f(n-1)+f(n-2)$。

在 Java 语言程序设计中,在一个方法内部直接或间接地调用自身,称为递归方法。编写递归方法必须要满足以下 3 个条件。

(1) 知道递归公式的描述。

(2) 每次递归调用必须使得其进程逐步接近递归的终止条件。

(3) 必须要有递归终止条件。

【例 2-28】 递归演示。

```java
public class RecursionDemo {
    public static long fac(int n) {
        if (n == 0)                                      //终止条件
            return 1;
        else
            return (n * fac(n - 1));                     // 递归公式
    }
    public static long fbnc(int n) {
        if (n == 0 || n == 1)                            // 终止条件
            return 1;
        else
            return (fbnc(n - 1) + fbnc(n - 2));          // 递归公式
    }
    public static boolean isPalindrome(String s) {
        return isPalindrome(s,0,s.length() - 1);
    }
    //递归辅助方法
    private static boolean isPalindrome(String s, int low, int high){
        if(high <= low)
            return true;
        else if(s.charAt(low)!= s.charAt(high))
            return false;
        else
            return isPalindrome(s,low + 1,high - 1);
    }
    public static void main(String[] args) {
        System.out.println("5!= " + RecursionDemo.fac(5));
        System.out.println("f(20) = " + RecursionDemo.fbnc(20));
        System.out.println("Is moon a palindrome? " + isPalindrome("moon"));
        System.out.println("Is noon a palindrome? " + isPalindrome("noon"));
    }
}
```

【例 2-29】 汉诺(Hanoi)塔问题的递归解法。

Hanoi 塔是一个可以通过递归来求解的问题,用其他方法很难求解。Hanoi 塔问题说的是有三根宝石针固定在一块铜板之上,如图 2-14 所示。分别记为 A 针、B 针和 C 针,在 A

针上从上到下按照从小到大的顺序穿孔放置 64 个金盘,先要求将这 64 个金盘一个一个地移动到 C 针上去,可以借助 B 针中转,但要求移动时必须保证小金盘在大金盘之上,假设每天移动一次,来计算完成这 64 个金盘的移动需要的时间。

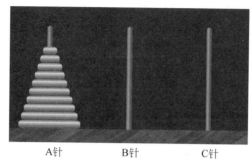

图 2-14   Hanoi 塔演示

此处用程序建模的思想来分析和解决这个问题,即考虑有 n 个金盘,从一根针上移到另一根针上,借助于一个辅助针,始终保持"上小下大"的顺序,那么总共需要移动多少次呢?这个问题用递归方法比较容易理解和解决。通过数学分析归纳,假设金片有 n 片,移动次数是 $f(n)$,则移动次数如表 2-21 所示。

表 2-21   汉诺塔移动次数规律

金片数	所需移动次数 $f(n)$
1	1
2	3
3	7
...	...
n	$2^n - 1$

如表 2-21 所示,当 $n=64$ 时,$f(64) = 2^{64} - 1 = 18446744073709551615$。假如每秒钟一次,共需多长时间呢? 一个平年 365 天大约有 31536000 秒,闰年 366 天有 31622400 秒,平均每年 31556952 秒,简单计算一下 18446744073709551615/31556952=584554049253.855 年。

这表明移动完这些金盘需要 5845 亿年以上,而地球存在至今不过 45 亿年,太阳系的预期寿命据说也就是数百亿年,这远超目前人们的时间认知长度。下面使用递归方法简单地演示 Hanoi 塔移法。

下面使用递归方法简单地演示了 Hanoi 塔移法。

```java
//Hanoi.java
import java.util.Scanner;
public class Hanoi {
    private double counts = 0.0;
    void move(char a, char c) {
        System.out.println("Move a disk from " + a + " to " + c);
        counts++;
    }
    public double getCounts() {
```

```
            return counts;
    }
    void moves(int n, char a, char b, char c) {
        if (n == 1)
            move(a, c);
        else {
            moves(n - 1, a, c, b);
            move(a, c);
            moves(n - 1, b, a, c);
        }
    }
    public static void main(String[] args) {
        int n;
        Scanner keyin = new Scanner(System.in);
        System.out.print("How many disk in here:");
        n = keyin.nextInt();
        Hanoi test = new Hanoi();
        test.moves(n, 'A', 'B', 'C');
        System.out.println("Total number of moves:" + test.getCounts());
    }
}
```

注意：读者还可以在网上看到很多基于图形界面的 Hanoi 塔演示,本书的源代码包中包含了 Bob Kirkland 的基于图形界面和多线程的一个小应用程序的演示。

递归是程序控制的另一种形式,它本质上是没有循环的重复。当人们使用循环时,人们指定了一个循环体,循环体的重复由循环控制结构控制。在递归中,方法本身被反复调用,必须使用选择语句来控制是否递归地调用该方法。

递归需要大量的开销。每次程序调用一个方法时,系统必须为该方法的所有局部变量和参数分配内存,这可能会消耗大量内存,并且需要额外的时间来管理内存。

任何可以使用递归解决的问题都可以通过迭代非递归地解决,只不过解决方法比较复杂。递归方法有一些缺点,它会占用了太多的时间和内存。那么,为什么要使用它呢? 在某些情况下,使用递归可以使问题获得一个清晰、简单的解决方案,否则普通人将很难获得解决方案。例如目录规模问题、汉诺塔问题和分形问题,这些问题如果不使用递归其解决方案将会是极其复杂的。

使用递归或循环的决策应该基于人们试图解决的问题的性质和对该问题的理解。经验法则是最好使用一种能够自然映射到问题域解决方案。如果循环解决方案是显而易见的,那么就使用它,它通常比递归选项更有效。

2.8 数组和命令行参数

视频讲解

2.8.1 数组

数组是一组同类型数据或对象的集合,它提供了一个组织相关信息的简便方法。数组的类型可以是基本类型,也可以是类或接口。使用数组中的元素是通过数组名加上序号来实现的。当数组类型是基本类型时,数组元素的值就是对应类型的一个具体的值,而当数组是复杂类型时,其数组元素的值仅是一个引用(即内存地址),此引用必须要指向一个具体的对象才有意义,例如下面实例中的字符串数组必须要分别指向具体的字符串对象。

```
类型[] 变量名;                        //定义某种数据类型的数组变量,初始值为 null
int[] a = new int[10];              //定义整形数组变量 a,并指向有 10 个整形元素的开始地址
int b[] = {1,3,5,7};                //定义了一个整形数组,并用 1,3,5,7 四个元素初始化
String[] str = new String[3];       //定义了一个指向由 3 个字符串引用组成的字符串数组
String[] str1 = {"aa","bb"};        //定义了一个指向 2 个字符串的数组 str1
```

在 Java 语言中,数组是一种特殊的对象,数组与对象的使用一样,它们都需要定义类型(声明)、分配内存空间(创建)和释放。Java 的数组用 new 运算符创建,通过 new 运算符为数组分配内存空间。数组对象只有一个 length 属性,用来存储数组中的元素个数。并且在 Java 语言中,[]的位置可以放在类型后,也可以放在变量后,兼容 C 语言。

【例 2-30】 数组使用演示。

```java
class ArrayTest {
    public static void main(String[] args) {
        int[] a;
        String[] b;
        a = new int[10];
        b = new String[3];
        for(int i = 0;i < 10;i++) {
            a[i] = (int)(100 * Math.random());
        }
        b[0] = new String(" China!");
        b[1] = "Good morning!";                 //兼容 C 语言的赋值方式
        b[2] = b[0] + b[1];
        for(int i = 0;i < 10;i++) {
            System.out.println("a[" + i + "] = " + a[i]);
        }
        System.out.println(b[0] + "\n" + b[1] + "\n" + b[2]);
        System.out.println("a 中元素个数:" + a.length);
        System.out.println("b 中元素个数:" + b.length);
    }
}
```

在以上程序中,先定义了一个整型数组引用变量 a,又定义了一个复合类型字符串类型数组引用变量 b。注意,基本类型整型数组可以直接赋值为整数,但复合类型数组元素必须要创建对象或将指向实例对象的引用赋给它才可以,如图 2-15 所示。

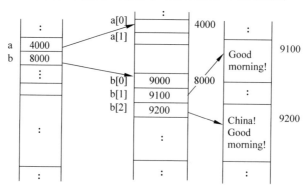

图 2-15　数组存储示意图

【例2-31】 数组及字符串分割演示。

```java
public class StringSpliter {
  public static void print(String[] s) {
     for(int i = 0; i < s.length; i++) System.out.print(s[i] + " ");
     System.out.println();
  }
  public static void main(String[] args) throws Exception {
     String[] result;
     String str = "user = Linda";
     result = str.split(" = ");
     print(result);
     str = "11:23:14";
     result = str.split(":");
     print(result);
     str = "11::14";
     result = str.split(":");
     print(result);
  }
}
```

在 Java 中可以创建多维数组,JDK 编译器将多维数组的上限设为 255。其中一维和二维数组使用最为频繁。下面是一个二维数组演示示例。

【例2-32】 二维数组演示。

```java
public class MultiDimArrayApp {
    public static void main(String[] args) {
        final int MAX_STUDENTS = 50, MAX_SUBJECTS = 3;
        int [][] marks = new int[MAX_STUDENTS][MAX_SUBJECTS];
        for(int i = 0; i < MAX_STUDENTS; i++){
            for(int j = 0; j < MAX_SUBJECTS; j++){
                marks[i][j] = (int)(Math.random() * 100);
            }
        }
        System.out.print("Student \t");
        for(int j = 0; j < MAX_SUBJECTS; j++){
            System.out.print("Subject " + j + "\t");
        }
        System.out.println();
        for(int i = 0; i < MAX_STUDENTS; i++){
            System.out.print("Student " + (i + 1) + "\t");
            for(int j = 0; j < MAX_SUBJECTS; j++){
                System.out.print("\t" + marks[i][j] + "\t");
            }
            System.out.println();
        }
    }
}
```

2.8.2 foreach 循环

针对像数组一样的集合类型,Java 1.5 之后提供了一种新的循环语法,可以更为简便地

遍历集合中的元素,不再采用一个下标变量去访问元素。语法如下:

```
for(elementType e: Collection) {
    System.out.println(e);
}
```

可以理解为通过变量 *e* 遍历集合内的所有元素,下面通过一个程序来演示一下。例如,定义一个有 100 个元素的双精度型数组,用 0~100 的随机数初始化,然后计算求和并找出最大值和最小值,程序代码如下:

【例 2-33】 foreach 循环演示。

```
public class ForeachTest {
    public static void main(String[] args) {
        double[] data = new double[100];
        for(int i = 0; i < data.length; i++) {
            data[i] = (int)(10000 * Math.random()) / 100.0;
        }
        double sum = 0, max = data[0], min = data[0];
        for(double e : data) {
            sum += e;
            if(e > max) max = e;
            if(e < min) min = e;
        }
        System.out.println("sum = " + (int)(100 * sum) / 100.0 + "\nmax = " + max + "\nmin = " +
min);
    }
}
```

视频讲解

2.8.3 命令行参数

命令行参数是操作系统传给 Java 应用程序的参数,是通过命令行进行传递的。

(1) Java 应用程序的 main()函数可以从命令行中接收任意数量的参数。

(2) 每个参数被视为字符串,分别存储在 main()函数的参数数组中。

(3) 可以使用双引号将多个字符串作为一个整体字符串传递。

(4) Java 应用程序的命令行参数可以是数组形式也可以是不定参数形式。

【例 2-34】 命令行参数使用演示(数组方式)。

```
class cmdtest1 {
    public static void main(String[] args) {
        double x, y, result = 0;
        char op;
        x = Double.parseDouble(args[0]);
        y = Double.parseDouble(args[2]);
        op = args[1].charAt(0);
        switch(op) {
          case '+': result = x + y; break;
          case '-': result = x - y; break;
          case '*': result = x * y; break;
          case '/': result = x/y; break;
```

```
        default:System.out.println("Error op!");
    }
    System.out.println("result = " + result);
  }
}
```

【例 2-35】 命令行参数使用演示（可变参数方式）。

```
class cmdtest2 {
  public static void main(String...bb) {
    double sum = 0.0;
    for(int i = 0;i < bb.length;i++) {
        sum = sum + Double.parseDouble(bb[i]);
    }
    System.out.println("sum = " + sum);
  }
}
```

注意：从命令行传进来的参数是字符串类型，要想按照其他类型数据使用，必须在使用前做相应的数据类型转换工作。

2.8.4 可变参数列表

在 Java 语言中，方法可以接受可变长参数列表，在方法声明中，用一个省略号（...）代表可变长参数，例如前面的例 2-34。方法中只能指定一个变长参数，且该参数必须是最后一个参数，任何常规参数都必须在它之前。实际上 Java 编译器将可变长参数视为数组形参，下面的程序再次演示了可变长参数的使用。

【例 2-36】 可变长参数演示。

```
public class VarArgsDemo {
    public static void printMax(double... numbers){
        if(numbers.length == 0) {
            System.out.println("No argument passed");
            return;
        }
        double result = numbers[0];
        for(double e : numbers){
            if(e > result) result = e;
        }
        System.out.println("The max value is " + result);
    }
    public static void main(String[] args) {
        printMax(34,3,3,2,56.5);
        printMax(new double[]{1,2,3,4,5,6,7,8});
    }
}
```

2.9 Java 中的注释和编程规范

良好的编程规范和合理地使用注释是一个合格的程序员必须具备的品质，很多刚开始学习编程的人可能会认为编写程序代码仅是让 CPU 执行的，这是不正确的，尤其在当前计算机程序空前发达的时代。实际上源程序主要是给别人看的,可能是其他程序员,更多的是自己将来要看,要牢牢记住这一点,正因为如此,每一个软件公司都有自己的编程规范。

2.9.1 Sun 公司建议的 Java 语言编程规范

1. 命名规则

1) 基本命名规则

(1) 标识符尽量使用字符集中的 26 个英文字母、0~9 的阿拉伯数字和下画线。在 Java 中,类、字段、方法、变量、常量尽量用字母表达,没有特别的理由不能用任何的其他字符。命名需要有一定的意义,推荐采用问题域中的术语命名,使命名在一定程度上是自描述的。

(2) 命名尽量地短,如果命名太长,可以采用别名的方式,或者缩写来简化命名。缩写一定要有意义,而且需要在整个项目中维护这些缩写的意义。不要用前导下画线,也不要在命名的末尾用下画线。

2) 名称缩写的规则(对于类名、字段名、变量名称、包名称等适用)。

(1) 删除所有的原音字母,压缩重复字母。例如,button 缩写为 btn。

(2) 如果发生命名冲突,则在某一缩写中保留原音。例如,batton,为了不与 button 冲突,可缩写为 batn。

2. 常量命名

(1) 所有的字符都必须大写,采用有意义的单词组合表达,单词与单词之间以下画线隔开。

(2) 命名尽量简短,不要超过 16 个字符。例如:

```
public final int MAX_SIZE = 120;
public final double PI = 3.1415926;
public final int MAX_WIDTH = 100;
public final String PROPERTY_NAME = "menu";
```

3. 变量命名

(1) 避免在命名中采用数字,除非命名意义明确,程序更加清晰,对实例变量的命名中不应该有数字。

(2) 变量名称是名词意义。

(3) 采用有符合问题域意义的单词或单词组合。第一个单词全部小写,后续的每个单词采用首字母大写,其余小写(特殊单词除外,如 URL)。

(4) 命名尽量简短,不要超过 16 个字符。

(5) 除了生命周期很短的临时变量外,避免采用单字符作为变量名,实例变量的命名不要用单字符。常用的单字符变量,如整型用 i、j、k、m、n,字符型用 c、d、e,坐标用 x、y、z。

(6) 如果不是特别的情况,Java 中不推荐采用前缀,而是推荐保持名称的语义。例如:

```
public int width;
public String fileName;
public static ApplicationContext context;
```

4. 方法命名

(1) 采用有符合问题域意义的单词或单词组合。第一个单词采用小写,后续的每个单词采用首字母大写,其余小写(特殊字除外如 URL),没有特别理由不用下画线作为分隔符。

(2) 在 Java 中对属性方法命名遵循 JavaBean(Java 的标准组件)的标准。

① getter 方法:get+属性名,对 boolean 型采用 is+属性名,有些特定的属性名用 has,用 can 代替 is 可能更好。

② setter 方法:set+属性名。

(3) 构造方法的命名与类名一致。

例如:

```
String getName();    boolean isStopped();  void  connect();
```

5. 类和接口的命名

(1) 采用有符合问题域意义的单词或单词组合,每个单词的首字母大写,其余字母小写(特殊字除外如 URL)。

(2) 接口的第一个字符采用 I。

例如:

```
public class Figure
public interface FigureContainer
public class StdFigure                          //std 为 Standard 的缩写
```

6. 包的命名(包的概念将在第 4 章介绍)

(1) 包名所有的字符都为小写。

(2) 两个不同业务的包之间不要双向依赖,可以单向依赖。

(3) 采用逻辑上的层次结构,从而减少依赖。

一般的约定是包名的前缀总是一个顶级域名,通常是 com、gov、edu、mil、net、org,或 1981 年 ISO 3166 标准所指定的标识国家的英文双字符代码。包名的后续部分根据不同机构各自内部的命名规范而不尽相同。这类命名规范可能以特定目录名的组成来区分部门(department)、项目(project)、机器(machine)或注册名(login names)。例如:

```
com.sun.eng
com.apple.quicktime.v2
edu.cmu.cs.bovik.cheese
```

7. 格式编码规范

(1) 为使源程序代码易于阅读,通常采用层次结构,每 4 个空格常被作为缩进排版的一个单位。在编程时应尽量避免一行长度超过 80 个字符,因为很多终端和工具不能很好地处理它。

(2) 当一个表达式无法容纳在一行内时,可以依据以下一般规则断开。

① 在一个逗号后面断开。

② 在一个操作符前面断开。

③ 选择较高级别 (higher-level)的断开,而非较低级别(lower-level)的断开。

④ 新的一行应该与上一行同一级别表达式的开头处对齐。

⑤ 如果以上规则导致代码混乱或者使代码都堆挤在右边,那就代之以缩进 8 个空格。

2.9.2　注　释

Java 语言有两类注释:一般注释(implementation comments)和文档注释(document

comments）。一般注释是那些在 C 语言或 C++语言中出现过的,使用/＊…＊/和//界定的注释。文档注释(被称为 doc comments)是 Java 独有的,由/＊＊…＊/界定。文档注释可以通过 Javadoc 工具转换成 HTML 文件。

一般注释用于注释代码或者实现细节。文档注释从实现自由(implemtentation-free)的角度描述代码的规范。它可以被那些手头没有源代码的开发人员读懂。注释应被用来给出代码的总括,并提供代码自身没有提供的附加信息。注释应该仅包含与阅读和理解程序有关的信息。例如,相应的包如何被建立或位于哪个目录下之类的信息不应包括在注释中。

1. 一般注释的格式

Java 程序可以有 4 种实现注释的风格:块(Block)、单行(single-line)、尾端(trailing)和行末(end-of-line)。

(1) 块注释:通常用于提供对文件,方法,数据结构和算法的描述。块注释被置于每个文件的开始处以及每个方法之前。它们也可以被用于其他地方,比如方法的内部。在功能和方法内部的块注释应该和它们所描述的代码具有一样的缩进格式。

例如:

```
/**
 * This class provides default implementations for the JFC Action
 * interface. Standard behaviors like the get and set methods for
 * Action object properties (icon, text, and enabled) are defined
 * here. The developer need only subclass this abstract class and
 * define the actionPerformed method.
 */
```

(2) 单行注释:短注释可以显示在一行内,并与其后的代码具有一样的缩进层级。如果一个注释不能在一行内写完,就该添加块注释。在单行注释之前应该有一个空行,当使用行头注释//,即在代码行的开头进行注释,主要为了使该行代码失去意义。

例如:

```
// x = x + 1
/ * special case * /
```

(3) 尾端注释:极短的注释可以与它们所要描述的代码位于同一行,但是应该有足够的空白来分开代码和注释。若有多个短注释出现于大段代码中,它们应该具有相同的缩进。

例如:

```
if (a == 2) {
    return TRUE;                        / * special case * /
} else {
    return isPrime(a);                  / * works only for odd a * /
}
```

2. 文档注释

文档注释描述 Java 的类、接口、构造器、方法,以及字段(field)。每个文档注释都会被置于注释界定符/＊＊…＊/之中,一个注释对应一个类、接口或成员。一般用来对类、接口、成员方法、成员变量、静态字段、静态方法、常量进行说明。Javadoc 工具程序可以用它生成 HTML 格式的代码文档,为了可读性,可以有缩进和格式控制。文档注释常采用一些标签进行特定用途描述或链接,常用的 Javadoc 注释标签如下。

① @author:对类的说明,标明开发该类模块的作者。

② @version:对类的说明,标明该类模块的版本。

③ @see:对类、属性、方法的说明,参考转向,也就是相关主题。

④ @param:对方法的说明,对方法中某参数的说明。

⑤ @return:对方法的说明,对方法返回值的说明。

⑥ @exception:对方法的说明,对方法可能抛出的异常进行说明。

例如以下代码示例:

【例 2-37】 文档注释示例。

```
import java.io. * ;
/ * *
* Title:JavaDocdemo 类< br >
* Descripte:这是一使用 javadoc 程序的例子< br >
* Copyright:(c)2004 年 9 月 20 日 www.majun.com.cn < br >
* Company:flyhorsespace(飞马研究中心)< br >
* @author 马俊
* @version 1.00
* /
public class javadocdemo {
  public String name;
/ * *
* 这是 person 对象的构造函数
* @param name javadocdemo 的名字
* /
public javadocdemo(String str){
          name = str;}
/ * *
* 这是 setwork 方法的说明
* @param workarea 工作领域
* @param workage    工龄
* @return 返回修改成功否
* /
public boolean setwork(String workarea, int workage){
    return true;
}
}
```

注意:使用 javadoc-d myapi javadocdemo.java 生成 API 文档。

2.10 Java 语言的主要特点和特别事项

视频讲解

通过前两章的学习,读者对 Java 语言应该有了一个基本的认识,Java 语言能够在今天的信息领域广受欢迎,主要是因为 Java 语言具有以下特点。

(1)面向对象:Java 是纯面向对象编程语言,在 Java 中任何东西都是类或对象,不存在独立于类和对象的变量或方法。因此,在 Java 中应将编写程序的重点放在类的抽象和类的实现上。

（2）平台无关性：对于 Java 程序，不管是 Windows 平台还是 Unix 平台，或者其他平台，只要安装了 Java 运行系统，Java 的字节码程序就可以在其上运行。这些字节码指令由 Java 虚拟机来装入和解析，JVM 装入字节码后将其转换成平台 CPU 能认识的机器码指令集和交由 CPU 执行。

（3）直接支持分布式的网络应用：除了支持基本的语言功能外，Java 还提供了包含广泛的例程库，可处理像 HTTP 和 FTP 这样的 TCP/IP。Java 应用程序可通过一个特定的 URL 来打开并访问对象，就像访问本地文件系统那样简单。

（4）安全性和健壮性：Java 致力于检查程序在编译和运行时的错误，类型检查能够帮助用户检查出许多开发早期出现的错误。同时 Java 提供的自动内存管理也减少了内存出错的概率。Java 还能检测数组边界，避免了覆盖数据的可能。在 Java 语言中，指针和释放内存等功能均被去掉，从而避免了非法内存操作的危险。

（5）直接支持多线程：Java 在其核心类库中提供了 Thread 类和 Runnable 接口，并提供了多线程编程技术的支持，使用户很容易在线程的级别上编写程序。

注意事项：

① 文件名必须和 public 修饰的类名一致，以 .java 作为文件后缀，如果定义的类不是 public 的，则文件名与类名可以不同。

② 一个源程序文件中可以有多个 class，但是只有一个 public 修饰的类。

③ Java 源代码文件编译后，一个类对应生成一个 .class 文件。

④ 一个 Java 应用程序应该包含一个 main() 函数，而且其签名是固定的，它是应用程序的入口方法，可以定义在任意一个类中，不一定是 public 修饰的类。

2.11　程序建模示例

仿真建模是指在实际系统尚不存在或实物实验条件比较困难的情况下对于系统或活动本质的抽象化、模型化或符号化的一种实现。通过对仿真模型进行实验来达到研究系统的目的，或用符号化的计算模型对系统进行虚拟化的、过程化的实验测试过程。从广义上讲，仿真建模就是利用系统的相似性的基本原理，通过模型来研究某种事物或系统的一种方法论。

仿真建模技术在计算机出现之前早已出现，军事沙盘模型、军事地图都是仿真建模的实际例子。随着计算机技术的出现和发展，仿真建模技术有了本质的、突飞猛进式的进展。在计算机问世之前，基于物理模型的实验一般称为"模拟"，它一般附属于其他相关学科。自从计算机（特别是数字计算机）出现以后，其高速的计算能力和巨大的存储能力使得复杂的数值计算成为可能，数字仿真技术得到蓬勃的发展，从而使仿真建模成为一门专门学科——系统仿真学科。

在本书中引入计算机程序仿真建模的基本概念，即通过数据结构模拟系统结构，程序代码模拟系统功能，希望用户通过计算机程序模拟实际问题并解决实际问题，它被称为程序仿真或程序建模，下面举例说明。

【程序建模示例 2-1】　现在有 12 个瓶子，来自同一个模型，它们的外表和形状是完全相同的，但有一个瓶子的质量和其他 11 个瓶子的质量是不同的，称为次瓶子，现在给你一个天秤,只允许使用三次,要求找到那只次瓶子,如图 2-16 所示。

图 2-16 瓶子问题建模

分析:对于这个问题可以使用程序建模的技术来仿真解决,用变量来模拟瓶子,用一次二分支判断来模拟一次天秤操作。首先需要在计算机中构造出一个符合问题的程序模型,用一个含有 12 个元素的整型数组 $a[12]$ 来模拟这 12 个瓶子,给它们赋一个整型值 m 用来模拟瓶子的质量,然后随机抽取一个下标 $k(0=<k<=11)$,将其赋一随机值 $n(2m>=n>=0)$ 并且 $n<>m$,用来模拟一个随机的瓶子和瓶子的质量不等于标准质量,构造的程序如下:

```
class pingzi {
    public static void main(String[ ] args) {
        int i,k;
        int a[ ];
        a = new int[12];
        for(i = 0;i < 12;i++) a[i] = 10;

        i = (int)(12 * Math.random());
        while(a[i] == 10) a[i] = (int)(20 * Math.random());
         for(i = 0;i < 12;i++) System.out.print(" " + a[i]);
    }
}
```

剩下的问题就是编写嵌套不超过三层的 if-else 语句来找到那个值不是标准值的下标元素。当然,此问题的建模和解法不唯一,本书配套的源代码中给出了一种可能的解法。

【程序建模示例 2-2】 模拟双色球彩票。

双色球是中国福利彩票的一种玩法。中国福利彩票"双色球"是一种由中国福利彩票发行管理中心统一组织发行,在全国销售联合发行的"乐透型"福利彩票。2003 年 2 月 16 日起在全国联网销售,图 2-17 为某次开奖仪式。

双色球彩票的游戏规则是有两种颜色的球(红色和蓝色),红色球一共 6 组,每组从 1~33 中抽取一个,6 个互相不重复。然后蓝色是从 1~16 中抽取一个数字,这 7 个数组成的双色球的中奖号码。

现在模拟双色球开奖,编写一个程序分别抽取 6 个红色号码和 1 个蓝色号码,程序列表如下:

图 2-17   双色球开奖

```java
import java.util.Arrays;
public class Duotoneballlottery {
    public static void main(String[] args){
        int[] redballs = new int[34];                          //红色球
        int[] blueballs = new int[17];                         //蓝色球
        for(int i = 1;i < redballs.length;i++){                //红色球编号
            redballs[i] = i;
        }
        for(int i = 1;i < blueballs.length;i++){              //蓝色球编号
            blueballs[i] = i;
        }
        //模拟抽取红色球
        int[] winredballs = new int[6];
        int tmpindex = 0;
        for(int i = 0;i < 6;i++){
            while(redballs[tmpindex] == 0) tmpindex = (int)(1 + Math.random() * 33);
            winredballs[i] = redballs[tmpindex];
            redballs[tmpindex] = 0;
        }
        Arrays.sort(winredballs);                              //排序
        int winblueball = blueballs[(int)(1 + Math.random() * 16)];
        System.out.println("本次中奖的红色球号码是:");
        for(int i = 0;i < 6;i++){
            System.out.printf(" % 5d",winredballs[i]);
        }
        System.out.println("\n 本次中奖的蓝色球号码是:");
        System.out.printf(" % 5d",winblueball);
    }
}
```

执行结果如图 2-18 所示。

图 2-18   双色球彩票模拟开奖

2.12　本章小结

本章介绍了 Java 语言中的基础知识,包括组成 Java 程序的关键字、基本数据类型、变量的定义、运算符、表达式和基本的输入/输出;介绍了程序设计中的流程控制概念,并通过大量的示例程序演示了各种流程控制语句。

递归方法是直接或间接调用自身的方法。要终止递归方法,必须有一个或多个基本用例。递归是程序控制的另一种形式。它本质上是没有循环控制的重复。它可以用于为固有的递归问题编写简单、清晰的解决方案,否则这些问题将很难解决。

本章还介绍了 Java 语言中数组和命令行参数,强调了数组在 Java 语言中的特殊性,数组是最简单的复合数据类型,它是有序数据的集合,数组中的每个元素具有相同的数据类型,可以用一个统一的数组名和下标来唯一地确定数组中的元素。数组元素有一个 length 属性,用来表示数组元素的个数。

最后简单介绍了 Java 语言中的注释和编程规范、主要特点和注意事项以及 Java 语言 API 参考文档的使用,其中编程规范和注释建议读者自己学习。

本章是基础,也是学习的重点,是学习后续知识的起点,所以要尽量掌握。

第 2 章　习　题

一、单选题

1. Java 语言程序的执行模式是(　　)。
    A. 全编译型　　　　　　　　　　B. 全解释型
    C. 半编译和半解释型　　　　　　D. 同脚本语言的解释模式

2. 下列关于虚拟机说法错误的是(　　)。
    A. 虚拟机可以用软件实现
    B. 虚拟机可以用硬件实现
    C. 字节码是虚拟机的机器码
    D. 虚拟机把字节码指令翻译成硬件指令

3. Java 中的 int 数据类型在所有机器的内存中都表示为(　　)。
    A. 2 字节　　　　　　　　　　　B. 4 字节
    C. 8 字节　　　　　　　　　　　D. 可由程序员指定

4. 以下(　　)选项不是 Java 的关键字。
    A. int　　　　　B. switch　　　　　C. NULL　　　　　D. float

5. 以下(　　)选项不是合法标识符。
    A. Tel_Num　　　B. emp1　　　　　C. 8678　　　　　D. batch

6. 以下(　　)选项不是基本数据类型。
    A. boolean　　　B. float　　　　　C. Integer　　　　D. char

7. total＋＝initialvalue＋0.5 * difference,此表达式说明(　　)。
    A. total 等于 initialvalue 加上 0.5 和 difference 的乘积

    B. Total 等于 initialvalue 加 0.5,再乘以 difference

    C. Total 等于 initialvalue 加 difference 的一半,再加 total 本身

    D. Total 等于 difference 的一半加 initialvalue 的两倍

8. 下列声明和赋值语句错误的是(　　　)。

    A. double w＝3.1415;　　　　　　　　B. String strl＝"bye";

    C. boolean truth＝true;　　　　　　　D. float z＝6.74567;

9. 在 Java 中,八进制数以(　　　)开头。

    A. 0x　　　　　　　B. 0　　　　　　　C. 0X　　　　　　　D. 08

10. 以下语句将在标准输出结果中输出(　　　)。

```
System.out.println(5 & 8);
```

    A. 0　　　　　　　B. 5　　　　　　　C. 8　　　　　　　D. 7

11. 分析下列代码行:

```
if(5&7 > 0&&5|2) System.out.println("true");
```

以下说法正确的是(　　　)。

    A. 此代码行编译出错

    B. 此代码行可以编译,但运行时的输出结果中将不显示任何内容

    C. 此代码行可以编译,运行时输出结果为 true

    D. 此代码行可以编译,但运行时出错

12. 类型转换是按优先关系从低数据类型转换为高数据类型,则以下正确的优先次序(从左到右)为(　　　)。

    A. char-int-long-float-double　　　　B. int-long-float-double-char

    C. long-float-int-double-char　　　　D. 以上都不对

13. 在 Java 中,Integer.MAX_VALUE 表示(　　　)。

    A. 整数(short)类型最大值　　　　　　B. 整数(int)类型最大值

    C. 整数(long)类型最大值　　　　　　D. 以上都不对

14. 以下哪一行在编译时不会显示警告或错误?(　　　)

    A. float f＝1.3;　　B. char c＝"a";　　C. byte b＝257;　　D. int I＝10;

15. 1 字节(byte)的大小可以是(　　　)。

    A. −128～127　　　B. $(-2)^7$～2^7　　C. −255～256　　　D. 与硬件有关

16. 下列语句片断中,four 的值为(　　　)。

```
int three = 3;    char one = '1';
char four = (char)(three + one);
```

    A. 3　　　　　　　B. 1　　　　　　　C. 31　　　　　　　D. 4

17. 下列数据类型转换,必须进行强制类型转换的是(　　　)。

    A. byte→int　　　B. short→long　　C. float→double　　D. int→char

18. 关于变量的作用范围,下列说法错误的是(　　　)。

    A. 变量一经定义,就永远有效

B. 局部变量作用域从定义开始到定义该变量的模块结束

C. 成员变量作用域和该成员的生存期相同

D. 方法的形参变量作用域仅为方法体代码段

19. 编译和运行下列程序会出现什么结果？（　　　）

```java
public class TestIf{
    public static void main(String args[]){
        boolean b = false;
        if(b = false) System.out.println("The value of b is" + b);
    }
}
```

A. 运行错误,因为布尔值不能和字符串使用＋

B. 编译错误,因为 if 语句的表达式不能使用＝

C. 编译运行后输出 The value of b is false

D. 编译运行后没有输出

20. 下列哪个变量不能作为 switch 的参数？（　　　）

 A. byte b＝1;   B. int i＝1;

 C. boolean b＝false;   D. char c＝'c';

21. 为了利用数组的长度属性控制循环退出条件,下列哪个是正确的使用格式？（　　　）

 A. myarray. length();   B. myarray. length;

 C. myarray. size;   D. myarray. size();

22. 下列 test 类中的变量 c 的最后结果为（　　　）。

```java
public class test {
    public static void main(String args[]) {
        int a = 10;
        int b;
        int c;
        if(a > 50) { b = 9; }
        c = b + a;
    }
}
```

 A. 10   B. 0   C. 19   D. 编译出错

23. 00101010&00010111 语句的执行结果为（　　　）。

 A. 00000010   B. 11111111   C. 00111111   D. 11000000

24. 在 Java 中语句 37.2％10 的运算结果为（　　　）。

 A. 7.2   B. 7   C. 3   D. 0.2

25. 在 Java 语句中,运算符 && 实现的运算是（　　　）。

 A. 逻辑或   B. 逻辑与   C. 逻辑非   D. 逻辑相等

26. 在 Java 语句中,位运算操作数只能为整型或（　　　）数据。

 A. 实型   B. 字符型   C. 布尔型   D. 字符串型

27. 00101010｜00010111 语句的执行结果为（　　　）。

 A. 00000000   B. 11111111   C. 00111111   D. 11000000

28. ～0b00010101 语句的执行结果为（　　）。

    A. 11101010　　　　B. 00010101　　　　C. 11111111　　　　D. 00000000

29. 关于 while 和 do-while 循环,下列说法正确的是（　　）。

    A. 两种循环除了格式不同外,功能完全相同

    B. 与 do-while 语句不同的是,while 语句的循环至少执行一次

    C. while 语句首先计算终止条件,当条件满足时才去执行循环体中的语句

    D. 以上都不对

二、多选题

1. 以下对数组的定义中,哪两项是正确的？（　　）

    A. int integer[2]＝{5,6};　　　　　　　B. char charray＝new char[10];

    C. char charray[]＝new char[10];　　　D. int integer[]＝{5,6};

2. 下列使用 String 类的语句中哪几个是正确的？（　　）

    A. String s[]＝{"Zero","One","Two","Three","Four"};

    B. String s[5]＝new String[]{"Zero","One","Two","Three","Four"};

    C. String s[]＝new String[]{"Zero","One","Two","Three","Four"};

    D. String s[]＝new String[]＝{"Zero","One","Two","Three","Four"};

3. 下列表达式中哪些条件表达式的结果是真？（　　）

    A. (36＋6)/7＞＝5％4＋7

    B. !false&&!(4％2－4＝＝4)&&7＊4－5＞20

    C. !(4＞2&&4＜6)

    D. !(45＞23&&70/7＝＝0)

三、编程题

1. 编写一个应用程序,给出汉字"你""我""他"在 unicode 表中的位置。

2. 编写一个 Java 应用程序,用户从键盘只能输入整数(输入 0 代表结束输入),程序输出这些整数的乘积。

3. 编写一个计算圆周率 π 的近似值(保留 4 位精度),使用以下公式：π＝4＊(1－1/3＋1/5－1/7＋1/9－1/11＋…)

4. 编程求解鸡兔问题,鸡、兔共有 49 只,但有 100 条腿,计算鸡和兔各多少只。

5. 编写一个程序输出以下列表：

```
a   a^2   a^3
1   1     1
2   4     8
3   9     27
4   16    64
5   25    125
```

6. 输入一组大于 0 的浮点数,输入－1.0 表示结束,计算这些数的个数、平均值、最大值以及最小值并输出。

7. 输入 1000～5000 的一个年份,判断并输出该年是否是闰年。

8. 编程计算 $\sum_{k=1}^{20} k!$，并输出计算结果。

9. 输入两个正整数 m 和 n，计算它们的最大公约数和最小公倍数并输出。

10. 用迭代法计算 $y=\sqrt{x}$，输入一个大于 0 的 x 值，输出 y 的值，求平方根的迭代公式为 $y_{n+1}=\left(y_n+\dfrac{x_n}{y_n}\right)/2$，要求前后两次求出的 y 的差的绝对值小于 10^{-5}。

11. 输入一行字符，分别统计出其中英文字母、空格、数字和其他字符的个数。

12. 输入 20 个数，以数组的形式存放，将这 20 个数按递减顺序排序后输出。

13. 输入 10 个整数，将这组数以输入顺序的逆序方式输出。

14. 一个球从 100m 高度自由落下，每次落地后反跳回原高度的一半，再落下，求它在第 10 次落地时共经过多少米？第 10 次反弹多高？

15. 输入一个字符串，将字符串中的字符按照逆序形式输出，例如输入 morning，则输出 gninrom。

16. 利用克莱姆法则求解二元一次方程组，二元一次方程克莱姆法则如下：

$$\begin{cases} ax+by=e \\ cx+dy=f \end{cases}$$

则

$$\begin{cases} x=\dfrac{ed-bf}{ad-bc} \\ y=\dfrac{af-ec}{ad-bc} \end{cases}$$

试写一个程序求解以下二元一次方程的解。

$$\begin{cases} 3.4x+50.2y=44.5 \\ 2.1x+0.55y=5.9 \end{cases}$$

17. 如果知道飞机的加速度 a 和起飞速度 v，就可以计算出飞机起飞所需跑道的最小长度 length，用公式 length$=\dfrac{v^2}{2a}$，写一个程序输入 v 和 a，输出 length。

18. 利用公式计算日历（0：Saturday，1：Sunday，…），写一个程序输入年、月、日，输出星期几。

$$\text{weekday}=\left(\text{day\_in\_month}+\dfrac{26*(\text{month}+1)}{10}+\dfrac{21*\text{century}+5*\text{year\_in\_century}}{4}\right)\%7$$

注意：1 月和 2 月在公式中被记为 13 和 14，同时年份用上一年份计算。

19. 写一个程序计算以下代数式的值：

$$\dfrac{1}{1+\sqrt{2}}+\dfrac{1}{\sqrt{2}+\sqrt{3}}+\cdots+\dfrac{1}{\sqrt{624}+\sqrt{625}}$$

20. 已知 java.util 包中有 Calendar 类、TimeZone 类、Locale 类，可以获得日历对象、时区对象、本地语言等对象，请编写程序输出当前北京时间（格式为年月日星期 时:分:秒）。

四、简答题

1. Java 的基本数据类型有哪些？

2. float 型常量和 double 型常量在表示上有什么区别?

3. Java 中有哪些运算符? 这些运算符的优先关系是怎样的?

4. 将下列陈述或公式转换成 Java 对应的表达式。

(1) x 是一个正的偶数。

(2) x 是一个能被 3 整除的正数。

(3) y 不是一个闰年。

(4) z 是一个在 1~100 且能被 7 整除的偶数。

(5) 求根公式 $x_{1,2} = \dfrac{-b \pm \sqrt{b^2 - 4ac}}{2a}$。

(6) 求三角形面积公式 $S = \dfrac{1}{2} ab \sin\theta$。

(7) 求向心力的公式 $F = m \dfrac{4\pi^2}{T^2} R$。

(8) $5.5 \times (r + 2.5)^{2.5+t}$。

(9) $\dfrac{4}{3(r+34)} - 9(a+bc) + \dfrac{3+d(2+a)}{a+bd}$。

5. 下列两个语句的作用是等价的吗?

```
char x = 97;
char x = 'a';
```

6. Java 中数组是基本类型吗? 怎样获取数组的长度?

7. 下列两个语句的作用等价吗?

```
int[ ] a = {1,2,3,4,5,6,7,8};
int[ ] a = new int[8];
```

8. 试说明 String 类和 StringBuffer 类的区别。

9. 试说明 Java 中数组的使用特点以及与其他语言的区别?

10. 试解释 Java 程序中命令行参数的意义和用法。

第3章　面向对象程序设计

正如第 1 章所提到的,最初的计算机程序设计语言主要集中在指令和语义的抽象上,并将操作指令和被操作的数据隔离开,分为代码段和数据段。随着程序复杂度越来越高,这种方法的局限性越来越大,后来计算机科学家将程序设计中模块化的思想进一步地强化,将待操作的数据和相应的操作指令组织在一起,形成了著名的面向对象程序设计方法。在面向对象设计中,人们可以借鉴人类研究和认识世界的诸多理论和方法,将世界中的具体对象经过分类和抽象后变成一个个符号化的模板类,类中有描述对象内部结构状态的数据部分,还有描述此对象具有的功能和行为的指令部分。而在程序运行过程中,又将符号化模板类转换为的具体的时空化的实例对象,用一个设计好的类可以创建许多对象。用计算机术语讲,类就是对象的代码抽象,是创建对象的代码模板,对象是进程中的类的具体实例。对象比结构化程序设计中讲到的函数、过程更具有实际意义,人类认识世界的基础就是从一个可观测、具体的对象开始的,所以,面向对象程序设计具有现实的认知基础。

从世界观的角度来看,面向对象的基本哲学认为世界是由各种各样具有独特的运动规律和内部结构状态的对象所组成的,对象和系统环境既保有联系又保持独立,即对象必须依赖系统才能存在,但同时它又是一个独立的、可观察的个体。正是不同对象之间的相互作用和通信构成了一个完整的系统。因此,程序员应当按照现实世界的本来面貌来理解程序系统,直接通过对象及其相互关系来反映进程系统和客观世界,这样建立起来的系统才能接近和满足客观世界的真实需求。

从方法论的角度来看,面向对象的方法是面向对象的世界观在程序开发方法中的直接运用。它强调系统的结构应该直接与现实世界的结构相对应,应该围绕现实世界中的对象来构造系统,而不是围绕功能来构造系统。

从程序设计的角度考虑,程序对象应该是将组成对象的数据代码和对象具备的功能代码封装成一个整体,符合强内聚和弱耦合的原则。当然,面向对象的程序设计语言必须有描述对象内部结构及其相互之间关系的语法和规则。

3.1　面向对象程序设计的基本概念

对象和类是面向对象程序设计的核心概念,程序员使用对象和类进行程序设计。类可以分成两种,一种是程序员可以直接使用的类,是由 JDK 提供的或其他人写好的;另一种需要程序员自行设计。设计一个类大致可分为以下两步。

(1) 对现实世界的实体进行抽象,抽取其合适的状态和行为,形成思维中的类。

(2) 用 Java 语言来描述思维中的类,使思维中的类变成一个 Java 语言类。

视频讲解

对象是类的实例,同一个类可以建立多个对象实例,通过对象的使用可以达到程序设计的目的。对象和类既有区别又有联系,类是创建实例对象的代码模板,而对象则是按照类创建出来的一个个实例,有点像汽车的设计图纸和汽车的关系。采用面向对象程序设计技术的原因主要有两个,一是我们认识、研究乃至于改造世界都是以"对象"为基本单位进行的,将这一人类活动衍生到计算机编程中顺理成章;二是为了提高程序设计的效率,尤其是在越来越复杂的问题环境中解决模块的颗粒度问题,即内聚性和耦合性的分界线问题。

3.1.1　对象

在现实世界中,对象一般指的是一个独立的客观实体,它一般都有一定的内部结构,对外表现出一定的属性和行为,并且和周围的世界有一定的交互性,至少占有一定空间和时间。

在面向对象程序设计中,对象就是数据结构加上指令代码,或称数据与代码的组合,它是理解面向对象程序设计技术的关键。为了理解这一点,先来研究现实世界中的对象。我们周围的汽车、电视机、狗、猫、书桌、自行车等都是现实世界中的物理实体,也就是通常所说的客观对象。现实世界中的对象具有 3 个特征:即状态、行为和事件响应能力,例如,自行车有状态(传动装置、步度、两个车轮和齿轮的数目等)和行为(刹车、加速等)。对事件的响应能力是对象通过行为或功能方法实现的,它代表了一个对象和周围世界或其他对象的一种交互能力。程序对象是现实世界的对象在计算机内部的模拟化产物,它们也有状态和行为,程序对象把状态用数据来表示并存放在变量中,而行为则用方法(指令集合)来实现。

把一个对象的数据加以包装并置于其方法的保护之下称为封装,所谓封装,就是对象对内部数据和结构的一种隐藏和隔离。封装实现了把数据和操作这些数据的代码包装成一个对象,将数据和操作细节(方法)隐藏起来,只暴露必要的交互接口,这和客观世界中对象是类似的,例如小狗、小猫等。和对象的交互必须符合接口标准选择和限制,观察小狗、小猫和小鸟等动物对象就可以理解,这使得与对象的交互可按照统一的方式进行,这样就能比较容易地产生更为统一和健壮的系统程序。

面向对象程序设计还体现了另外一个哲学思想,即意识和物质的不可分性,行为和肉体的不可分性。以人的大脑为例,如果没有了大脑的神经元细胞物质组成部分,也就无所谓意识,这样的人是不会存在的,因为意识没有载体。同样,如果一个人的大脑的物质组成正常,但将其意识行为去掉,这样的人也只是"植物人",不是一个真正的人。所以,物质结构决定了行为,行为又改变着物质结构,它们是不可分的一体两面。

在计算机程序设计中,只有设计出精巧的数据结构再配以合适的方法代码(即抽象和封装),加上继承和多态,才是真正的面向对象程序设计。

3.1.2　类

在物理或生物世界中,类代表一种抽象概念,例如猫作为一类动物的统称,它们都具有一些基本的、相同的属性和行为。在科学研究中使用类属概念将世界分门别类,再进行归纳、演绎和研究。

在计算机程序设计中,类是一个蓝图或模板,定义了某种类型的所有对象具有的数据特征和行为特征。在 Java 语言中,程序设计的基本单位就是类,也就是说,一个 Java 程序是由许多设计好的类组成的。而对象实际是程序运行时通过类创建的一个个实例,生成对象的过程叫作"实例化"。一个实例化的对象实际上是由若干个成员变量和成员方法组成的封装体。当创建一个对象时,系统将为该实例中的成员变量分配内存,然后利用成员方法去和系统或其他对象交互。

为了更好地理解类和对象的概念,这里用生命现象中的相关概念进行类比。如果将胚胎细胞中的 DNA 分子链看成是由 4 种基本的核糖核酸 ATGC 组成的编码序列,是一种代码模版,对应的就是此处讲的类代码模板。那么经过了胚胎发育,最后成长为一个生命体。例如,人、鸡、猫、狗、马、蛇等,就是 DNA 代码模板创建的一个个实例对象。生命对象具有生命周期,计算机程序中的程序对象也有构造、初始化、功能交互、死亡等周期。

3.1.3 类设计的 Java 语法

类是创建对象的代码模板,一般由两部分组成,即描述对象状态和结构的成员变量和描述对象行为的成员方法。在 Java 语言的语法中,类由两部分组成:类声明和类体。其基本格式如下:

[修饰符] class 类名 [extends 父类名] [implements 接口名] {类体的内容}

其中,[修饰符]可以用 public 代表公开,private 代表私有,class 是定义类的关键字,extends 是继承关键字,implements 是实现接口的关键字,类体部分代表此类的主体部分,又包括以下两部分。

1. 成员变量(用来描述对象的属性)

[修饰符] 类型 变量名 [= 初值] [,变量名 [= 初值] …];

说明:

(1) 类型:可以是 Java 的基本类型,例如 int、float 等,也可以是复杂类型,如自己定义的类,或者数组、接口等。

(2) 变量名:必须是合法的 Java 标识符。

(3) 修饰符:说明变量的访问权限和某些使用规则。可以是 public、private、protected、static、final 等,后面会一一讲到。

(4) 当成员变量含有自己的初始化表达式时,可以对变量初始化,即赋初值。

2. 成员方法(用来描述对象的行为)

方法是对对象功能行为的描述,对象通过执行它的方法对传来的消息做出响应。方法的定义只能在类中定义,它是完成某种功能的程序块,一个类或对象可以有多个方法。

方法的定义指描述方法的处理过程及其所需的参数,并用一个方法名来标识这个处理过程。方法定义中的形式参数并没有实际值,仅仅是为了描述处理过程而引入的占位符。

方法的使用就是通过向实例对象发送消息执行方法所定义的处理功能。在使用方法时给出参数的实际值,这些实际值称为实际参数(简称为实参)。

[修饰符] 返回类型 方法名([形式参数列表])[throws 异常列表]
{ 方法体 }

说明:

(1) 返回类型：说明此方法执行完后会返回一个值,这里指的是返回值的数据类型,可以是基本类型,也可以是复杂类型。如果返回类型为 void,表示返回值为 null,即不返回任何值。

(2) 方法名：方法的名称,必须是合法的 Java 标识符。

(3) 形式参数列表：说明使用此方法所需要的参数列表,可以有 0 个或多个,多个参数间用逗号(,)隔开。在方法执行时,调用者会将调用时的实际参数值复制(传递)一份到形参变量中(也称按值传递),传递过程是按照顺序依次对应传递的。

(4) 修饰符：说明此方法的访问权限和某些使用规则。可以是 public、private、protected、static、abstract 和 final 等。

(5) 方法体：用一对花括号({})括起来,包含局部变量定义和相应的执行语句。

(6) 异常列表：说明本方法有可能产生的异常,需要调用者处理,在后面会详细讲解。

举例说明,我们需要抽象一个复数类,读者在数学中应该学过,一个复数由两部分组成,即一个实部一个虚部,组成形如 $a+bi$ 的形式,复数的各种运算读者也应该清楚,则一种可能的抽象如下例所示,图 3-1 对该类的结构进行了说明。

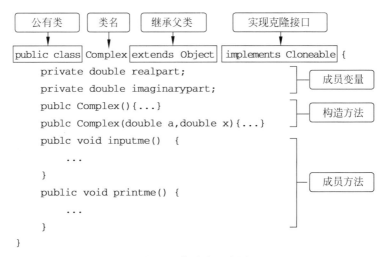

图 3-1 类设计示意图

【例 3-1】 复数类抽象。

```java
import java.util.Scanner;
public class Complex extends Object implements Cloneable{
    private double realpart;
    private double imaginarypart;
    public Complex(){realpart = 0;imaginarypart = 0;}          //默认构造方法
    public Complex(double s,double x){realpart = s;imaginarypart = x;} //构造方法
    public void inputme() {
        Scanner keyin = new Scanner(System.in);
        System.out.print("real:");
        realpart = keyin.nextDouble();
        System.out.print("imaginary:");
        imaginarypart = keyin.nextDouble();
    }
```

```
public void printme() {
        String str = "" + realpart;
        if(imaginarypart < 0.0) str = str + imaginarypart + "i";
        else str = str + " + " + imaginarypart + "i";
        System.out.println(str);
    }
}
```

注意：和现实世界中对象一样，进程中的每个对象也需要一个构造过程（对应于现实世界中对象的生产过程），构造方法用来完成这一过程，对象一经创建，就可以和其他对象或系统进行交互，交互一般通过方法调用进行。在类中直接定义的变量并且没有 static 修饰符，被称为对象的成员变量，在创建对象后，每个对象都会有一份。

3.1.4 消息

由于不存在孤立系统，在进程中，一个孤独的对象是没有用的。对象往往是作为一个组员出现在包含有许多其他对象的大程序或应用软件之中，通过这些对象的相互作用，可以实现高层次的操作和更复杂的功能。在进程中，对象通过向其他对象发送消息与其他对象进行交互和通信。例如，当对象 A 要执行对象 B 中的方法时，对象 A 便发送一个消息给 B。有时，接收消息的对象需要更多的信息以便能精确地知道做什么。消息以参数的形式传递给某个方法。一个消息通常由以下 3 个部分组成。

（1）接收消息对象的名称。

（2）要执行方法的名称。

（3）方法需要的参数。

举例说明，胡亥给李斯打电话，叫他准备明天早上 10 点起床。在这里，胡亥是消息的发送者，李斯是消息的接收者，将要执行的方法是"起床"，参数是第二天早上 10 点。

消息的优点在于提供了对象交互的统一手段。不同进程中或不同计算机上的对象也可以通过消息相互作用。在计算机程序中，消息实际上就是一个方法调用过程，是一个类或对象调用其他对象或类方法的过程，可以理解为消息是方法调用的专署名词，适用于面向对象领域。

例如我们要测试前面定义的复数类 Complex，可用以下测试类来进行测试。

【例 3-2】 测试复数类 TestComplex。

```
public class TesstComplex {
public static void main(String[ ] args) {
    Complex m1 = new Complex(3.4,8.0);
    m1.inputme();                    //调用 inputme()方法，即给 m1 对象发输入请求的消息
    m1.printme();                    //调用 printme()方法，即给 m1 对象发打印输出的消息
    }
}
```

视频讲解

3.1.5 引用和引用变量

在第 2 章中已经介绍过引用，此处进一步阐述。引用就像现实世界中的空间地址，可以通过地址来找一个具体对象。Java 中的引用类似于 C 语言中的指针概念，但在 C 语言中，

第 3 章

面向对象程序设计

指针是一个内存地址,用一个大于 0 的正整数来表示,可以进行加减运算。Java 中的引用本质上也是内存地址,但是不能进行加减运算,用来说明此地址处有一个对象,理论上它也代表一个对象在内存中开始地址,其中 null(即 0)代表空引用,即此引用目前不指向任何有效对象。

如果用一个类定义一个变量,或通过数组形式定义的变量,或后面讲到的通过接口定义的变量,则该变量就是一个引用类型变量,可以存储一个内存地址了。基本类型变量和引用类型变量的存储结构示意图参考第 2 章的图 2-9 和图 2-10。

在 Java 中通常会通过 new 来创建一个对象和引用进行关联,如例 3-2 中的:

```
Complex m1 = new Complex(3.4,8.0);
```

这样不仅创建了一个对象和引用 m1 进行关联,同时也进行初始化。如果定义了一个引用,但没有指向任何对象,如用例 3-2 中的复数类定义一个变量 Complex myvar,此时 myvar 的值为 null,即没有指向任何实际对象。如果调用它的成员方法或访问成员变量就会导致异常发生,因为对象还不存在,所以对象的属性和方法都不存在。

引用可以作为方法的参数,通过引用来传递对象,从而可以改变对象的内部状态,类似于户口本中的地址信息,派出所可以通过地址信息定位、找人,并可以修改户口或身份信息,例如从未婚修改为已婚等,但引用本身并不发生变化。

注意:如果用类来定义数组,则该数组变量也是一个引用变量,因为 Java 语言中数组为对象,同时每一个数组元素又都是存储对象的引用,用来指向该类的一个实例对象,所以 Java 中用类或接口定义的数组,类似于 C 语言中的指针数组概念。

3.1.6 this 关键字

Java 用 this 引用指向对象自己,也就是说,当一个对象创建好后,Java 虚拟机就会给它分配一个引用自身的符号 this。在使用对象的成员变量和成员方法时,如果没有指定相应的对象约束,则默认使用的就是 this 引用。

程序中一般在以下情况使用 this 关键字。

(1) 在类的构造方法中,通过 this 语句调用这个类的另一个构造方法。

(2) 在一个非静态成员方法中,如果局部变量或形参变量与非静态成员变量同名,成员变量被屏蔽,要使用 this. varname 这种形式来指代成员变量。

(3) 在一个方法调用中,可以使用 this 将当前实例的引用作为参数进行传递。

【例 3-3】 测试 this 关键字。

```
public class TestThis {
  int x;                          //对象成员变量
  TestThis( int x) {              //形参变量,局部变量
    this.x = x;
  }
  public void passingValue(){
    System.out.println("x 等于 " + x);   //成员变量,即 this.x
  }
  public static void main(String args[]) {
    TestThis test = new TestThis(10);
```

```
        test.passingValue();
    }
}
```

对例 3-1 中的复数类进行改进,增加了加减乘除方法,在下例中综合演示了 this、引用
变量、方法调用(即消息)等方面。

【**例 3-4**】 复数类的进化版及其测试。

```
//Complex1.java
import java.util.Scanner;
public class Complex1 extends Object implements Cloneable{
    private double realpart;
    private double imaginarypart;
    public Complex1() {
        realpart = 0;
        imaginarypart = 0;
    }                                      // 默认构造方法
    public Complex1(double s, double x) {
        realpart = s;
        imaginarypart = x;
    }                                      // 构造方法
    public void inputme() {
        Scanner keyin = new Scanner(System.in);
        System.out.print("real:");
        realpart = keyin.nextDouble();
        System.out.print("imaginary:");
        imaginarypart = keyin.nextDouble();
    }
    public String toString() {
        String str = "" + realpart;
        if (imaginarypart < 0.0)
            str = str + imaginarypart + "i";
        else
            str = str + "+" + imaginarypart + "i";
        return str;
    }
    public double getRealpart() {
        return realpart;
    }
    public void setRealpart(double realpart) {
        this.realpart = realpart;
    }
    public double getImaginarypart() {
        return imaginarypart;
    }
    public void setImaginarypart(double imaginarypart) {
        this.imaginarypart = imaginarypart;
    }

    public Complex1 add(Complex1 other) {         // 复数加法
        return new Complex1(this.realpart + other.realpart, this.imaginarypart + other.
```

第
3
章

面向对象程序设计

```
imaginarypart);
    }
    public Complex1 sub(Complex1 other) {          // 复数减法
        return new Complex1(this.realpart - other.realpart, this.imaginarypart - other.
imaginarypart);
    }

    public Complex1 mut(Complex1 other) {          // 复数乘法
        double r = this.realpart * other.realpart - this.imaginarypart * other.
imaginarypart;
        double i = this.imaginarypart * other.realpart + this.realpart * other.
imaginarypart;
        return new Complex1(r, i);
    }

    public Complex1 div(Complex1 other) {          // 复数除法
        double denominator = other.realpart * other.realpart + other.imaginarypart *
other.imaginarypart;
        double r = (this.realpart * other.realpart + this.imaginarypart * other.
imaginarypart) / denominator;
        double i = (this.imaginarypart * other.realpart - this.realpart * other.
imaginarypart) / denominator;
        return new Complex1(r, i);
    }
}
```

3.1.7 匿名对象

所谓匿名对象,就是创建的对象没有特定引用指向它。如下例所示:

```
//TestAnonymous.java
  public class TestAnonymous {
    public static void main(String[] args) {
        new Complex1(3.0,5.0).printme();          //创建匿名对象并调用 printme 方法
    }
}
```

匿名对象在使用完后,即变成垃圾对象,等待垃圾回收器回收。

视频讲解

3.1.8 方法重载

在同一个类中有多个同名的方法,但方法参数列表不同,执行代码也不同,称为方法重载。Java 中的方法重载也是实现多态性的方法之一,但方法重载是静态绑定的,即在编译时已确定好要执行的方法代码。方法重载主要通过实参列表和形参列表的配对来确定要使用哪个方法。

【例 3-5】 方法重载演示。

```
class Calculation {
  public void add( int a, int b) {
    int c = a + b;
```

```
            System.out.println("两个整数相加得 " + c);
      }
    public void add( float a, float b) {
        float c = a + b;
        System.out.println("两个浮点数相加得" + c);
      }
    public void add( String a, String b) {
        String c = a + b;
        System.out.println("两个字符串相加得 " + c);
      }
    public void add(Complex1 a, Complex1 b) {
            Complex1 f1 = new Complex1(a.getRealpart() + b.getRealpart(), a.getImaginarypart() +
    b.getImaginarypart());
            System.out.println("两个复数相加得 " + f1);
        }
            System.out.println("两个复数相加得 " + f);
      }
}
class CalculationDemo {
    public static void main(String args[]) {
        Calculation c = new Calculation();
        c.add(10,20);
        c.add(40.0F, 35.65F);
        c.add("早上", "好");
        Complex1 f1 = new Complex1(3.4,2.8);
        Complex1 f2 = new Complex1(1.6, -7.8);
        f1.display();
        f2.display();;
        c.add(f1,f2);
      }
}
```

3.1.9 构造方法设计和对象的创建

前面已讲过,对象是类实例化后的产物,所谓实例化是按照类的设计创建对象的过程,就是给此对象分配内存空间并初始化,即要进行一系列的构造工作,使其变成一个合适的、可用的对象,这就是构造方法所完成的工作,类似于现实世界中动物对象的分娩或孵化过程。

注意:① 构造方法是类中一个特殊的方法,特殊之处在于此方法要与类名同名,并且不能有返回类型。

② 构造方法不能有返回类型并不能代表它不能有返回值,实际上它要返回对象在内存中的开始地址。

③ 构造方法可以重载,没有任何参数的构造方法称为默认构造方法。

如例 3-1 中的 Complex()是默认构造方法,而 Complex(double s,double x)则是带有两个形参的构造方法。在 Java 中,如果程序员没有提供构造方法,则 Java 编译器会自动提供一个默认的构造方法,如果程序员提供了构造方法,则 Java 编译器不再提供任何构造方法。

除了特殊的设计模式以外,建议读者最好提供一个默认的构造方法。例如抽象一个学生类和班级类：

【例 3-6】 学生类 Student。

```
//Student.java
public class Student {
    private String name;
    private char sex;
    private int age;
    private String[] coursenames;
    private double[] coursescores;
    public Student(){                              //默认构造方法
        name = "unknown name!";
        sex = 'M';
        age = 0;
        coursenames = new String[3];
        coursescores = new double[3];
        coursenames[0] = new String("语文");
        coursenames[1] = new String("数学");
        coursenames[2] = new String("英语");
        coursescores[0] = coursescores[1] = coursescores[2] = 0.0;
    }
    public Student(String n,char s,int a){         //带参数的构造方法
        name = n;
        sex = (s == 'F')?s:'M';                     //过滤数据
        if(a >= 0&&a <= 40) age = a;                //过滤数据
        else age = 18;
        coursenames = new String[3];
        coursescores = new double[3];
        coursenames[0] = new String("语文");
        coursenames[1] = new String("数学");
        coursenames[2] = new String("英语");
        coursescores[0] = coursescores[1] = coursescores[2] = 0.0;
    }
    public void introduceMe() {
        System.out.println("我的名字是:" + name);
        System.out.println("我的性别和年龄分别是:" + sex + " 和 " + age);
        System.out.println("我的成绩还没有输入!");
    }
}
```

在定义完类后，就可以用类来创建对象并使用对象。关键字 new 通常称为创建运算符，用于分配对象内存，并将该内存初始化为默认值，然后调用构造方法来执行对象具体初始化。例如下例：

```
//TestStudent.java
public class TestStudent {
    public static void main(String[] args) {
        Student stu1 = new Student();               //调用默认构造方法
        Student stu2 = new Student("张三",'M',23); //调用带参数的构造方法
        stu1.introduceMe();
```

```
        stu2.introduceMe();
    }
}
```

在 new 分配内存后,各种类型变量的默认初始值如表 3-1 所示,也就是调用构造方法之前的值。

表 3-1　成员变量的默认值

类　　型	默认值	类　　型	默认值
byte	(byte)0	char	'\u0000 '
short	(short)0	float	0.0F
int	0	double	0.0D
long	0L	对象引用	null
boolean	false		

注意:如果一个构造方法通过关键字 this 调用另一个构造方法,则该调用语句必须出现在第一句。

3.1.10　getter 方法和 setter 方法设计

前一节已初步设计好 Student 类,对它内部的数据做了封装,使得类外不能直接访问。例如,在 StudentTest 类中的 main 方法中,如果想直接给 stu1 对象的年龄 age 赋值,即"stu1.age=200;",这是错误的,这种破坏封装的语句在 Java 编译时就不允许通过。封装带来两个好处,一是被封装的数据对外是不可见的,二是通过提供一系列的 getter 方法和 setter 方法去读写这些数据,通过这些方法中可以过滤传进来的数据,就像人的消化系统一样,所有的食物经过消化系统后部分转化成了对人有用的营养,而非法数据则被过滤,这就是对象对外提供的交换接口。

getter 方法和 setter 方法的编写也很简单,一般以 get 和 set 开头,后面单词的第一个字母一般大写。例如,给 Student 类加上合适的 setter 和 getter 方法。

```
public String getName(){return name;}
public void setName(String n){name = n;}
public char getSex(){return sex;}
public void setSex(char s){sex = (s == 'F')?s:'M';}
public int getAge(){return age;}
public void setAge(int a){age = (a >= 0&&a <= 40)?a:18;}
public String[] getCoursenames(){return coursenames;}
public String getCoursename(int i){return coursenames[i];}
public void setCoursenames(String[] cn){coursenames = cn;}
public void setCoursename(String cn, int i)    {
    coursenames[i] = cn; }
public double[] getCoursescores(){return coursescores;}
public double getCoursescore(int i){return coursescores[i];}
public void setCoursescores(double[] cs){coursescores = cs;}
public void setCoursescore(double cs, int i){coursescores[i] = cs;}
```

注意:针对具有多值的成员变量,一般是数组或集合,应该至少提供两套 getter 方法和 setter 方法,如上例所示。

3.1.11 toString( )方法和 equals( )方法设计

在上一章介绍了 Object 类,说 Object 类是 Java 中所有其他类的根,也可以说它是所有类的一个框架设计,在此类中有两个重要的方法。

(1) toString()方法:用来将一个对象转换成字符串描述形式。

(2) equals()方法:用来比较两个对象的内容是否一样。

它们的原始实现非常简单,没有实际用处,所以在类中,要给出更有意义的、更具体的实现代码,在面向对象程序设计理论中这叫作方法重写,在继承中还会讲到。

```java
public boolean equals(Object obj) {
    student anotherstu = (student)obj;
    boolean flag = true;
    if(!name.equals(anotherstu.getName())) flag = false;
    else if(age!= anotherstu.getAge()) flag = false;
    else if(sex!= anotherstu.getSex()) flag = false;
    return flag;
}
public String toString() {
    String myinfo = "  name:" + name + "\tsex:" + sex + "\tage:" + age;
    myinfo = myinfo + "\n ===================================== \n";
    for(int i = 0;i < coursenames.length;i++) {
        myinfo = myinfo + "    " + coursenames[i] + "  \t";
    }
    myinfo = myinfo + "\n";
    for(int i = 0;i < coursescores.length;i++) {
        myinfo = myinfo + "    " + coursescores[i] + "  \t";
    }
    myinfo = myinfo + "\n ===================================== ";
    return myinfo;
}
```

【例 3-7】 复数类完善版,添加了 getter 方法、setter 方法、equals()和 toString()方法。

```java
//Complex2.java
import java.util.Scanner;
public class Complex2 {
    private double realpart;
    private double imaginarypart;
    Complex2(){realpart = 0;imaginarypart = 0;}
    Complex2(double s,double x){realpart = s;imaginarypart = x;}
    public double getRealpart(){ return realpart;}
    public double getImaginarypart(){ return imaginarypart;}
    public void setRealpart(double r){ realpart = r;}
    public void setImaginarypart(double i){ imaginarypart = i; }
    public boolean equals(Complex2 another) {
        return (this.realpart == another.realpart
&& this.imaginarypart == another.imaginarypart);
    }
    public String toString() {
        String str = "" + realpart;
```

```java
        if(imaginarypart < 0.0) str = str + imaginarypart + "i";
        else str = str + " + " + imaginarypart + "i";
        return str;
    }
    public void inputme() {
      Scanner keyin = new Scanner(System.in);
      System.out.print("real:");
      realpart = keyin.nextDouble();
      System.out.print("imaginary:");
      imaginarypart = keyin.nextDouble();
    }
    public void printme() {
        System.out.println(toString());
    }
    public Complex2 add(Complex2 other){
            return new Complex2(this.realpart + other.realpart, this.imaginarypart + other.
imaginarypart);
    }
    public Complex2 sub(Complex2 other){
            return new Complex2(this.realpart - other.realpart, this.imaginarypart - other.
imaginarypart);
    }
    public Complex2 mut(Complex2 other){
            double r = this.realpart * other.realpart - this.imaginarypart * other.
imaginarypart;
            double i = this.imaginarypart * other.realpart + this.realpart * other.
imaginarypart;
            return new Complex2(r,i);
    }
    public Complex2 div(Complex2 other){
            double denominator = other.realpart * other.realpart + other.imaginarypart *
other.imaginarypart;
            double r = (this.realpart * other.realpart + this.imaginarypart * other.
imaginarypart)/denominator;
            double i = (this.imaginarypart * other.realpart - this.realpart * other.
imaginarypart)/denominator;
            return new Complex2(r,i);
    }
    public static void main(String[] args) {
        Complex2 m1 = new Complex2(3.4,8.0);
        Complex2 m2 = new Complex2(3.4,8.0);
        System.out.println("m1 == m2 = " + (m1 == m2));
        System.out.println("m1.equals(m2) = " + m1.equals(m2));
        Complex2 m3 = new Complex2(4.4, - 8.9);
        System.out.println("m1 = " + m1);
        System.out.println("m3 = " + m3);
        Complex2 m4 = m2.add(m3);
        m4.printme();
    }
}
```

3.1.12 其他功能方法设计

在类的设计中,除了针对封装属性提供的接口和重写从父类中继承的方法外,每一个类都应该有自己独特的功能方法,如前面的复数类 Complex1 的加减乘除等方法,又比如针对学生类 Student 可以添加求总分以及输入数据等方法,代码如下:

```java
public double total() {
    double sum = 0.0;
    for(int i = 0;i < coursescores.length;i++) {
        sum += coursescores[i];
    }
    return sum;
}
public void inputData() {
    Scanner in = new Scanner(System.in);
    System.out.println("请输入" + name + "的成绩:");
    for(int i = 0;i < coursescores.length;i++) {
        System.out.print(coursenames[i] + ":");
        coursescores[i] = in.nextDouble();
    }
}
```

至此,读者应该学到要设计一个类,需要抽象数据成员,需要构造方法、getter 方法、setter 方法、toString 方法、equal 方法以及一些其他和业务相关的功能方法设计,这样的类才算完善,才能用来构造真正的业务程序,参考源代码 Student 类、Myclass 类、TestStudent 类、TestMyclass 类、MyclassTest 类的设计。有了这些基础知识,下面再来细化理解面向对象程序设计的几个基本原理。

3.2 面向对象程序设计的基本原理

视频讲解

从前面的叙述来看,面向对象程序设计其实就是在程序设计的发展历史中逐渐形成的一套设计理论,并且还在继续完善中。目前来说,整个面向对象程序设计理论主要建立在以下几条原理之上。

(1) 抽象原理。

(2) 封装原理。

(3) 继承原理。

(4) 多态原理。

(5) 组合原理。

3.2.1 抽象原理

抽象就是从大量的、普遍的、具体的个体中抽象出共有的属性和行为,从而形成一般化概念或符号化的过程。例如,植物、动物、质量、能量等。在现实世界中,人们正是通过抽象来理解复杂的事物。例如,人们并没有把汽车当作成百上千的零件组成来认识,而是把它当作具有特定行为的对象。人们可以忽略发动机、液压传输、刹车系统等如何工作的细节,而习惯于把汽车当作一个整体来认识,从整体的视角来描述和表述汽车对象。而在面向对象程序设计中,抽象的作用是把事物、系统或概念用数据和指令的方式进行编码,以便在计算机的进程中能够模拟系统或解决问题。

如何进行抽象?每个人都有不同的理解,并且这需要大量的实践锻炼才行。抽象能力似乎是人类具备的一种特殊能力,人类正是通过抽象和分类才发展出当前的文明水平。总而言之,在一个系统设计中,人们需要从特定视角和层次对系统中涉及的对象和概念进行分析和归类,然后抽取需要的数据描述和功能描述,再用程序编码的方式进行表述,这就是抽象原理在面向对象程序设计中的应用。

下面通过一个示例来展示抽象原理,假设在屏幕上用"＊"打印矩形,可以把此矩形看成一个对象,用面向对象的思维来进行分析和抽象,所有的矩形都有宽(w)和高(h),并且在屏幕上有一个位置,而位置是由形如(x,y)的坐标标识出来的,所以最简单的抽象就是通过(w、h、x、y)来定义一个矩形类(Rectangle),然后提供一个 printme() 方法在屏幕上打印出这个矩形。如图 3-2 所示,参考 Java 代码示例如下:

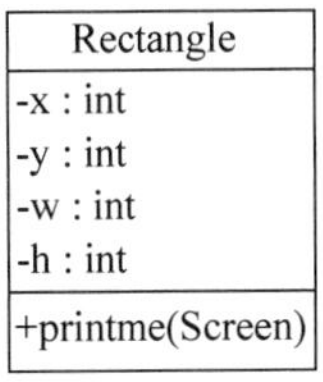

Rectangle
-x : int
-y : int
-w : int
-h : int
+printme(Screen)

图 3-2　Rectangle 类

【例 3-8】　矩形类 Rectangle 抽象。

```java
public class Rectangle {
    int x, y, w, h;
    Rectangle() {
        this(0,0,1,1);
    }
    public Rectangle(int x, int y, int w, int h) {
      this.x = x;
      this.y = y;
      this.w = w;
      this.h = h;
    }

    public void printme(Screen myscreen) {
        myscreen.setY(y);
        for(int i = 1; i <= h; i++)          {
          myscreen.setX(x);
          myscreen.repeat('＊', w);
            myscreen.println();
        }
    }
}
```

从上面的分析中可以看到一个频繁出现的名词"屏幕",并且在打印方法中要使用"屏幕"的接口方法来完成打印操作,所以"屏幕"应该也是一个对象,那么屏幕对象如何抽象呢?和矩形对象一样,经过分析会发现每一个屏幕需要一个宽度和高度,在屏幕上应该有一个表示当前输入/输出的位置信息,还要包含存储屏幕内容的存储空间(此处假设屏幕只处理文本字符),所以也可以简单的抽象出 Screen 类,通过(w, h, x, y, data)来定义,并提供相应的

第 3 章

面向对象程序设计

一些功能方法如定位、打印、显示等,如图 3-3 所示,参考 Java 代码如下:

【例 3-9】 屏幕类 Screen 抽象。

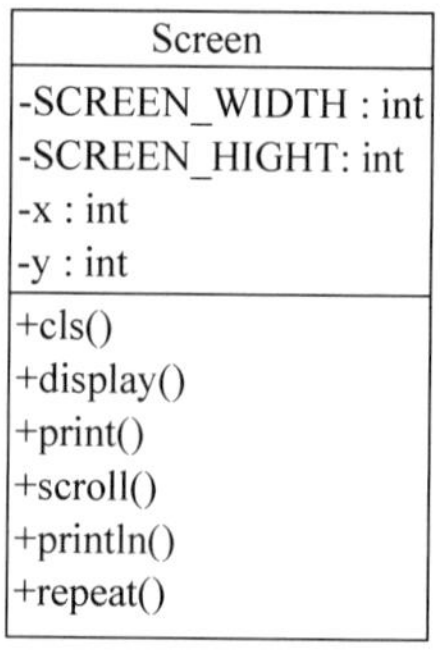

Screen
-SCREEN_WIDTH : int
-SCREEN_HIGHT: int
-x : int
-y : int
+cls()
+display()
+print()
+scroll()
+println()
+repeat()

图 3-3 Screen 类

```java
public class Screen {
    int SCREEN_WIDTH;
    int SCREEN_HEIGHT;
    int x, y;
    char[][] data;
    int getX() {
        return x;
    }
    public void setX(int x) {
        this.x = x;
    }
    public int getY() {
        return y;
    }
    public void setY(int y) {
        this.y = y;
    }
    public Screen() {
        SCREEN_HEIGHT = 50;
        SCREEN_WIDTH = 80;
        data = new char[SCREEN_HEIGHT][SCREEN_WIDTH];
    }
    public Screen(int r, int c) {
        SCREEN_HEIGHT = r;
        SCREEN_WIDTH = c;
        data = new char[SCREEN_HEIGHT][SCREEN_WIDTH];
    }
    public void cls() {
        for(int i = 0; i < SCREEN_HEIGHT; i++) {
            for(int j = 0; j < SCREEN_WIDTH; j++) {
                data[i][j] = ' ';
            }
        }
    }
    public void display() {
        for(int i = 0; i < SCREEN_HEIGHT; i++) {
            for(int j = 0; j < SCREEN_WIDTH; j++) {
                System.out.print(data[i][j]);
            }
            System.out.println();
        }
    }
    public void repeat(char ch, int m) {
        for(int i = 1; i <= m; i++) print(ch);
    }
    public void print(char ch) {
        if (y < SCREEN_HEIGHT && x < SCREEN_WIDTH) {
```

```
            data[y][x] = ch;
            x++;
            if (x == SCREEN_WIDTH) {
                y++;
                if (y == SCREEN_HEIGHT) {
                    scroll();                      //屏幕上滚一行
                        y = SCREEN_HEIGHT - 1;
                }
                x = 0;
            }
        }else {
            System.out.println("错误:超出屏幕了!");
        }
    }
    public void println() {
        if(++y == SCREEN_HEIGHT) {
        scroll();
        y = SCREEN_HEIGHT - 1;
      }
        x = 0;
    }
    public void scroll() {
        for(int i = 0;i < data.length - 1;i++) {
            data[i] = data[i + 1];
        }
        data[data.length - 1] = new char[SCREEN_WIDTH];
    }
  }
}
```

    示例测试,有了创建对象的矩形类和屏幕类代码模板就可以进行测试了,另外设计一个测试类,提供主方法和测试代码,运行效果如图 3-4 所示。

【例 3-10】 测试类。

图 3-4　屏幕上打印矩形对象

```
public class TestRectangle {
    public static void main(String[] args) {
        Screen myscreen = new Screen();
        Rectangle rc1 = new Rectangle(0,0,6,5);      //第 0 行 0 列的 5 行 6 列的矩形
        rc1.printme(myscreen);
        Rectangle rc2 = new Rectangle(32,4,5,7);      //第 4 行 32 列的 7 行 5 列矩形
        rc2.printme(myscreen);
        myscreen.display();
    }
}
```

3.2.2　封装原理

    一般情况下,人们只能看到物质的“外壳”,而看不到其内部结构,对象的内部数据和结构对外是不可见的。这种将内部结构和功能对外隐藏,只留下必要的接口和外界进行能量

或信息交流的机制就是封装。例如，人类，内脏、血管、神经都被封装在皮肤里面，对外表现出来的仅仅是皮肤和五官接口，也就是说人类都是内聚性很强的对象个体，但又留有眼、耳、鼻、口等接口，通过这些接口在这个世间生存和忙碌。仔细观察动物世界中的各种动物、人造物品（如手机、打印机、汽车）等都具有很好的封装性。

在程序设计的发展历史中，人们发现模块的内聚性越强，耦合性越弱，对程序的设计和协同开发越好，可以大大提高程序软件的可维护性和扩展性，所以在面向对象程序设计中，将对象的内部数据和结构对外做信息隐藏，让外部不可访问，提供一系列的公有接口用来进行信息和能量交换如图 3-5 所示，这就是封装原理在面向对象程序设计中应用。

对于提供了私有属性的对象，如何访问和修改其值呢？一般情况下应该根据需要提供相应的 getter 方法（读取值）和 setter 方法（修改值），读值方法和赋值方法的基本理念就是对数据进行必要的隔离和过滤，使外界无法直接访问和修改这些数据。因为其他对象不应该直接操作另一个对象中数据，而该对象的读值方法和赋值方法可提供对内部数据的访问，访问时进行必要过滤和限制，甚至复杂的解码过程，类似于动物的消化系统接口。读值方法和赋值方法有时又被称为访问方法（即 getter 方法）和设值方法（即 setter 方法）。

在上一节中抽象了屏幕类（Screen）、矩形类（Rectangle），并且用一个测试程序完成了测试。但有个问题，如果在测试程序中，直接修改矩形对象的内部数据，就会造成数据混乱，这些矩形对象已经不是原来的矩形对象了。

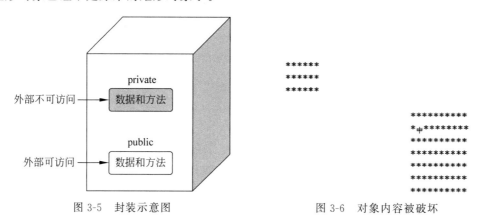

图 3-5　封装示意图　　　　　　　　图 3-6　对象内容被破坏

【例 3-11】　没有封装的对象程序演示。

```java
public class TestNoEnCapsulation {
    public static void main(String[] args) {
        Screen myscreen = new Screen();
        myscreen.init();
        Rectangle rc1 = new Rectangle(0,0,6,5);
        rc1.h = 3;                                    //数据被任意修改,对象被破坏
        rc1.x = 10;
        rc1.printme(myscreen);
        Rectangle rc2 = new Rectangle(32,4,5,7);
        rc2.w = 10;
        rc2.printme(myscreen);
```

```java
        myscreen.data[5][33] = '中';                //数据被非法修改,对象内容被破坏
        myscreen.display();
    }
}
```

如果修改屏幕对象数据是非法或出错的(如将前例中屏幕对象的宽带修改为−3,则程序就会出错),那么矩形对象就无法显示了,如图 3-7 所示。

```
Exception in thread "main" java.lang.ArrayIndexOutOfBoundsException: 80
        at myjava2019.chap3.test0.Screen.init(Screen.java:39)
        at myjava2019.chap3.test0.Test.main(Test.java:7)
```

图 3-7　没有封装数据被其他类修改后出错

【例 3-12】　无封装对象数据修改后出错。

```java
public class TestNoEnCapsulation1 {
    public static void main(String[] args) {
        Screen myscreen = new Screen();
        myscreen.init();
        myscreen.SCREEN_WIDTH = 100;               //相当于创建好的屏幕对象拉宽
        Rectangle rc1 = new Rectangle(0,0,6,5);
        rc1.printme(myscreen);
        Rectangle rc2 = new Rectangle(32,4,5,7);
        rc2.printme(myscreen);
        myscreen.display();
    }
}
```

想要防止数据被非法修改,就需要使用封装技术。在 Java 语言中,实现封装的关键字是 private,提供公有接口的关键字是 public。实现封装需要两步:第一步,将对象内部的属性数据用 private 修饰,这样其他对象就无法直接访问和修改了,并且有些属性在对象创建后再不允许修改,则此类属性应该定义为常量;第二步,对于需要访问的属性提供读值方法getter,并需要特定代码对数据进行处理,根据安全需要可隐藏某些数据,对于需要修改的属性提供写值方法 setter,并且在方法中提供约束和过滤代码,保证合法数据进入,阻挡非法数据进入。实现封装后屏幕类的代码如下。

【例 3-13】　屏幕类的封装版。

```java
public class Screen {
    private final int SCREEN_WIDTH;
    private final int SCREEN_HEIGHT;
    private int x;
    private int y;
    private char[][] data;
    public int getX() {
        return x;
    }
    public void setX(int x) {
        if (x < SCREEN_WIDTH)     this.x = x;
```

面向对象程序设计

```java
    }
    public int getY() {
        return y;
    }
    public void setY(int y) {
        if (y < SCREEN_HEIGHT)      this.y = y;
    }
    public Screen() {
        SCREEN_HEIGHT = 50;
        SCREEN_WIDTH = 80;
        data = new char[SCREEN_HEIGHT][SCREEN_WIDTH];
    }
    public Screen(int r, int c) {                        //通过判断对输入的数据进行过滤
        if (r >= 1 && r <= 1000)
            SCREEN_HEIGHT = r;
        else
            SCREEN_HEIGHT = 50;
        if (c >= 1 && c <= 1000)
            SCREEN_WIDTH = c;
        else
            SCREEN_WIDTH = 80;
        data = new char[SCREEN_HEIGHT][SCREEN_WIDTH];
    }

    public void init() {
        for (int i = 0; i < SCREEN_HEIGHT; i++) {
            for (int j = 0; j < SCREEN_WIDTH; j++) {
                data[i][j] = ' ';
            }
        }
    }
    public void display() {
        for (int i = 0; i < SCREEN_HEIGHT; i++) {
            for (int j = 0; j < SCREEN_WIDTH; j++) {
                System.out.print(data[i][j]);
            }
            System.out.println();
        }
    }

    public void repeat(char ch, int m) {
        for (int i = 1; i <= m; i++)
            print(ch);
    }
    public void print(char ch) {
        if (y < SCREEN_HEIGHT && x < SCREEN_WIDTH) {
            data[y][x] = ch;
            x++;
```

```
                if (x == SCREEN_WIDTH) {
                    y++;
                    if (y == SCREEN_HEIGHT) {
                        scroll();
                        y = SCREEN_HEIGHT - 1;
                    }
                    x = 0;
                }
            } else {
                System.out.println("错误:超出屏幕了!");
            }
        }
        public void println() {
            y++;
            if (y == SCREEN_HEIGHT) {
                scroll();
                y = SCREEN_HEIGHT - 1;
            }
            x = 0;
        }
        public void scroll() {
            for (int i = 0; i < data.length - 1; i++) {
                data[i] = data[i + 1];
            }
            data[data.length - 1] = new char[SCREEN_WIDTH];
        }
    }
```

修改后,外部就无法修改屏幕(Screen)类对象的内部数据了,并且相应方法的代码也做了过滤处理,使非法数据无法进入。

3.2.3　继承原理

继承也是存储的另一种形式,是"数据和指令代码"的动态存储方式,人类的学习、工作都依赖于此。继承不是简单的复制,其基本内涵中有发展和改变的含义,所以有继承才有进化,这也是生命是程序的另一个证据。

在面向对象程序设计中,从已存在的类产生新类的机制也被定义为继承。原来存在的类叫父类(或叫基类),新类叫子类(或叫派生类),子类中会自动拥有父类中的设计代码,还可以改写原来的代码或添加新的代码。继承带来的好处有两个方面,一方面可减少程序设计的错误,另一方面做到了代码复用,可简化和加快程序设计的流程,提高工作效率。

继承不仅仅是简单的拥有父类的设计代码,继承机制本身就具有进化的能力,跟生物世界一样,子代总是比父代更能适应环境。通过对父类的设计作一些局部的修改,可以使得子类对象具有更好的适应能力和强大的生存能力。

如果从一个抽象模型中剔除足够多的细节,则它将变得更通用,能适应多种情况或场合,这样的抽象常常在程序设计中非常有用。经过对大量事物的抽象和归类,可以形成相应的类属层次。例如,前面的示例,如果想在屏幕中不但可以打印矩形,还可以打印菱形、直角

面向对象程序设计

三角形、圆形等一系列形状,则应该分层抽象类如图 3-8 所示。

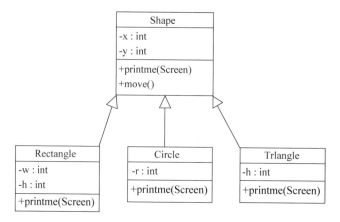

图 3-8   继承示意图

面向对象程序设计的最强大功能之一就是代码重用。面向过程的结构化设计提供的代码重用非常有限,基本上限定在编写一个功能模块,然后在进程中多次调用它,或者是对特定的编码复制粘贴再修改。但是在面向对象的设计中代码重用已经很完善了,通过定义类之间的关系,通过组织和识别不同类之间的共性,不仅可以实现代码重用,还可以指导人们对复杂问题分层抽象、分层处理,继承就是实现该功能的主要原理。

在面向对象程序设计中,如何实现继承,不同语言有不同的实现机制,在 Java 语言中,通过关键字 extends 来指明一个子类从一个父类扩展而来。举例说明,以图 3-8 来演示。

【例 3-14】   继承原理演示。

```
//Shape.java
public class Shape {
    protected int x;
    protected int y;
    public int getX() {
        return x;
    }
    public void setX(int x) {
        if(x >= 0&&x < 1000) this.x = x;
        else this.x = 0;
    }
    public int getY() {
        return y;
    }
    public void setY(int y) {
        if(y >= 0&&y < 1000) this.y = y;
        else this.y = 0;
    }
    public Shape() {}
    public Shape(int x, int y) {
        if(x >= 0&&x < 1000) this.x = x;
        else this.x = 0;
        if(y >= 0&&y < 1000) this.y = y;
```

```java
        else this.y = 0;
    }
    public void printme(Screen sc) {
        sc.setY(y);
        sc.setX(x);
        System.out.println();
    }
    public void move(int x, int y) {
        if(x >= 0&&x < 1000) this.x = x;
        else this.x = 0;
        if(y >= 0&&y < 1000) this.y = y;
        else this.y = 0;
    }
}
//Lingxing.java
public class Lingxing extends Shape {
    private int h;
    public Lingxing() {
        this(0, 0, 7);
    }
    public Lingxing(int x, int y, int h) {
        super(x, y);
        this.h = h;
    }
    public void printme(Screen myscreen) { // 覆盖父类中 printme()方法
        myscreen.setY(y);
        for (int i = 1; i <= (h + 1) / 2; i++) {
            myscreen.setX(x);
            myscreen.repeat(' ', h / 2 + 1 - i);
            myscreen.repeat('*', 2 * i - 1);
            myscreen.println();
        }
        for (int i = h / 2; i >= 1; i-- ) {
            myscreen.setX(x);
            myscreen.repeat(' ', h / 2 + 1 - i);
            myscreen.repeat('*', 2 * i - 1);
            myscreen.println();
        }
    }
}
//Circle.java
public class Circle extends Shape{
    private int r;
    public Circle(int x, int y, int r) {
        super(x, y);
        this.r = r;
    }
    public void printme(Screen sc) {              //覆盖父类中的 printme()方法
        // x * x + y * y = r * r
        sc.setY(y);
        for(int y = 0; y < 2 * r; y += 2) {
```

```java
            int lx = (int)Math.round(r - Math.sqrt(2 * r * y - y * y));
            int len = 2 * (r - lx);
            sc.setX(this.x + lx);
            sc.print('*');
            for(int j = 0; j <= len; j++) {
                sc.print('*');
            }
            sc.print('*');
            sc.println();
        }
    }
}
//Triangle.java
public class Triangle extends Shape{
    private int h;
    public Triangle() {
        this(0,0,7);
    }
    public Triangle(int x, int y, int h) {
        super(x,y);
        this.h = h;
    }
    public void printme(Screen myscreen) {              //覆盖父类中 printme()方法
        myscreen.setY(y);
        for(int i = 1; i <= h; i++)
        {
            myscreen.setX(x + h - i);
            myscreen.repeat('*', 2 * i - 1);
            myscreen.println();
        }
    }
}
//TestInherit.java 测试类
public class TestInherit {
    public static void main(String[] args) {
        Screen myscreen = new Screen(25,80);
        myscreen.cls();
        Lingxing mylx = new Lingxing(0,0,9);
        mylx.printme(myscreen);
        Lingxing mylx2 = new Lingxing(20,1,12);
        mylx2.printme(myscreen);
        Rectangle rc = new Rectangle(14,1,5,7);
        rc.printme(myscreen);
        Triangle tr = new Triangle(56,2,7);
        tr.printme(myscreen);
        Circle c = new Circle(34,0,10);
        c.printme(myscreen);
        myscreen.display();
```

```
        }
    }
```

注意：Java 中实现继承的关键字是 extends。

测试类运行结果如图 3-9 所示。

图 3-9　测试类运行截图

从该示例可以看出，Shape 类可以看成各种图形的抽象父类，从而可以派生出各种具体的图形类，如 Rectangle、Triangle 等，子类自动拥有父类中的成员变量 x、y，同时继承了父类中的各种公有成员方法，各子类有根据自己形状的特点，给出了 printme()方法的覆盖实现，从而为实现多态打好了基础。

继承提供的是 is-a 关系，即父类相对于子类更为抽象，子类更为具体，子类对象同样隶属父类型。生物类是动物类的父类、动物类是人类的父类，张三是一个人类对象，同样的，张三也是一个动物类对象或者生物类对象。

3.2.4　多态原理

多态原理是生物多样性在面向对象程序设计中的应用，指的是在一个系统中同一消息可能会引发多种反应。例如，多个动物面对同样的刺激、消息等，不同的动物的反应是不一样的。在面向对象程序设计中，如果有许多不同的对象，每个对象都具有相应的行为模式（即执行代码），对每个对象发送同样的消息，但每个对象的执行代码是不一样的，这就是面向对象程序设计中的多态原理，多态原理如图 3-10 所示，给不同的打印机发送相同的打印消息，不同的打印机有不同的打印实现方式。

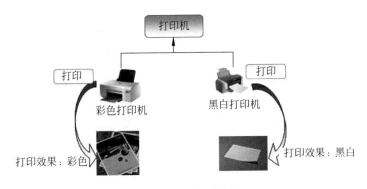

图 3-10　多态示意图

在具体实现上是指程序中定义的引用变量所指向的具体对象和通过该引用变量发出的方法调用在编译时并不确定,只有在程序运行期间才能确定,即一个引用变量到底会指向哪个类的实例对象,该引用变量发出的方法调用到底是哪个类中实现的方法,必须在程序运行期间才能决定。因为在程序运行时才确定具体的对象,这样不用修改源程序代码就可以让引用变量绑定到各种不同的代码实现上,从而导致该引用调用的具体方法代码随之改变,即不修改程序代码就可以改变程序运行时所绑定的具体代码,让程序可以选择不同的代码来运行,这就是多态性实现技术,多态性增强了软件的灵活性和扩展性。

多态性(polymorphism)是面向对象编程的基础属性,它允许多个方法使用同一个接口,从而导致在不同的上下文中对象的执行代码可以不一样。Java 从多个方面支持多态性,其中两个方面最为突出,一是每个方法都可以被子类重写;二是设立 interface 关键字。另外,Java 还支持通过方法重载实现的静态多态方式,即通过在编译时根据方法的参数不同选择编译不同的实现代码来实现多态,在运行时不再根据上下文改变。

由于超类(父类)中的方法可以在派生类(子类)中重写,因此,创建类的层次结构非常重要。在类的层次结构中,每个子类都是它的父类的特殊化(specialization)或具体化。从类属关系上来讲,属于底层类的对象肯定属于高层类。例如,小学生类是学生类的子类,学生类是人类的子类等,如果张三是一个小学生,则张三一定是一个学生,并且张三一定是一个人。在 Java 中,父类的引用可以指向子孙类对象,从而可以通过父类引用来调用子类对象的方法。在 Java 中,多态是通过动态绑定实现的,通过父类的引用调用某子类对象的一个方法时,会自动执行由该子类重写后的版本。因此,可以用父类来定义对象的形式并提供对象的默认实现,而子类根据这种默认实现进行修改,以更好地适应具体情况的要求。总之,在父类中定义的一个接口可以作为多个不同实现的基础。继续用前面的示例程序,重新写一个测试类,采用多态原理,测试类的代码如下:

【例 3-15】 多态原理演示。

```java
//TestPolymorphism.java
public class TestPolymorphism {
    public static void main(String[] args) {
        Screen myscreen = new Screen(25,80);
        myscreen.cls();
        Shape shapes[] = new Shape[5];         //通过父类定义了有 5 个引用变量的数组
        shapes[0] = new Lingxing(0,0,9);       //指向一个菱形对象
        shapes[1] = new Lingxing(20,1,12);
        shapes[2] = new Rectangle(14,1,5,7);   //指向一个矩形对象
        shapes[3] = new Triangle(56,2,7);      //指向一个三角形对象
        shapes[4] = new Circle(34,0,10);       //指向一个圆形对象
        for(int i = 0;i < shapes.length;i++) {
            shapes[i].printme(myscreen);       //方法调用相同,但因对象不同执行代码
                                               //也不同,这就是多态原理
        }
        myscreen.display();
    }}
```

程序运行结果和图 3-9 一样。

3.2.5 组合原理

在现实世界中,一个复杂对象总是由许多子对象构造而成。例如,汽车对象包含了发动机、轮胎、方向盘等子对象,一个宠物狗对象也会包含心、肝、脾、肺等子对象。在面向对象程序设计中,常用组合来完成从简单对象到复杂对象的构造过程,一个复杂对象常常是由多个简单的成员对象组合而成的。相对于继承的 is-a 关系,组合是 has-a 关系,即整体和部分的关系。

使用组合的原因是通过组合可以降低构建系统的复杂性,这也是人们解决复杂问题的通用方式。研究表明在人的短期记忆中一次性最多只能记住 7 组数据,所以人们更喜欢使用抽象概念,每个抽象概念下又由诸多具体数据组合而成。例如,在日常生活中,人们不会说拥有了一个很大的物件,它包括一个方向盘、四个车轮、一个引擎等,人们会说有了一辆车。车就是一个更为抽象化的概念,这有助于交流和保持清醒的头脑。

在现实世界中,人们会为生产的产品组件制定标准,这样一件产品的某个组件出问题了就可以用另一个组件实现同样标准的替换。在面向对象程序设计中,可以使用组合来完成类似的功能,这意味着实现了组件的标准化和重用。例如,抽象一个汽车类,汽车对象中有一个方向盘,只要方向盘的接口都是一样的,那么就无须考虑为具体的汽车对象安装特定的方向盘,只要找一个一样接口的方向盘装上即可。

使用组合的另一个优势是可以分别构建系统和子系统,而且更重要的是这些系统可以被独立测试和维护。毫无疑问,大型软件系统是相当复杂的,为了构建高质量的软件,必须遵循一种规则来取得成功,这个规则就是尽可能地保持简单。和大型工程项目一样,为了能够简化管理和提高效率,人们常常使用分解和分层的技术将复杂的项目分解成一个个容易实现的小项目。类似的,为了让大型的软件系统能够正常工作并且易于维护,必须将其分割为更小且更容易管理的单位。1962 年发表的标题为“架构的复杂性”一文中,作者 Herbert simon 作为诺贝尔奖的获得者总结了以下对稳定的系统的思考。

(1)稳定的复杂系统通常具有一定的层次结构,每个系统由更简单的子系统构建而成,这些子系统又由更简单的子系统构建而成。这种方式是软件开发过程中基本的解耦方式,所以读者要尽可能学习和熟悉它。在面向对象的设计中,组合适用于这条准则,即通过简单的对象来构筑复杂的对象。

(2)稳定的复杂系统是可分解的。这意味着可以识别组成系统的各个部分,以及这些部分之间的交互关系。在稳定的系统中,组成部分之间的交互要少于组成部分内部的交互。例如立体音响系统由更简单的器件组成,即话筒、按钮和扩音器。这种方式比集成系统更稳定,因为集成系统不容易解耦。

(3)稳定的复杂系统往往由不同类型的子系统以不同的方式组合而成。而这些子系统又由更小的部分组合而成。

(4)可工作的复杂系统往往是从可工作的简单系统演化而来。人们往往不会从头建立新系统(即重新发明轮子),而是基于已经经过验证的系统来构建新系统。

在 Java 语言和.NET 框架中,组合概念更加重要。因为对象可以被动态加载,所以解耦设计很重要。例如,如果发布了一个应用程序,后来由于修复缺陷或者维护的目的,需要重新创建其中一个类文件,那么只需用重新发布这个特定的类文件即可。如果所有的代码都在单个文件中,则需要重新发布整个应用程序。

组合通常有两种方式,即联合和聚合。这些方式代表了对象之间不同的协作关系。任何组合类型都是 has-a 关系。然而,联合和聚合的微小区别在于部分如何构成整体。在聚合中,通常只看到整体,如手机或电视机,而在联合中,通常看到的是组成整体的部分,如计算机、打印机、鼠标、键盘构成的办公系统,音响、功放、麦克风、DVD 播放机、电视机等构成的家庭音响和影院系统等。

1. 聚合及其实现技术

组合最直观的方式就是聚合,聚合意味着一个复杂的对象由许多小对象构成。例如,智能手机,外表看就是一个整体对象,但实际上它是由许多小部件组合而成,再比如电视机是

图 3-11　简易计算机

进行娱乐活动的统一平台,当看电视时,人们只看到了一个电视机,但电视机内部由很多子系统如音频子系统、显像子系统、信号接收子系统和解码子系统等组合而成。简单地讲,聚合往往是一个整体的封装对象,对象内部又可以分解为许多的标准小部件,每个小对象又都是具有特定功能和标准接口的封装体。下面用面向对象式的思维来设计一个简易的、具有简单计算功能的 Computer 类,该简易计算机拥有中央处理器 CPU、存储器 Memory、显示屏和一个小键盘,它们组装在一起形成了一个整体设备如图 3-11 所示,为用户提供计算服务。

【例 3-16】　聚合演示。

```java
//CPU.java
public class CPU {                              //抽象的计算控制模块
    private double ax, bx;
    private String instruct;
    private Memory memo;
    public CPU(Memory memo) {
        ax = bx = 0;
        instruct = " + ";
        this.memo = memo;
    }
    public String getInstruct() {
        return instruct;
    }
    public void setInstruct(String instruct) {
        this.instruct = instruct;
    }
    public void calculate() {
        ax = memo.getFirstnum();
        bx = memo.getSecondnum();
        switch (instruct) {
        case " + ":
            ax = ax + bx;
            break;
        case " - ":
```

```
                ax = ax - bx;
                break;
            case " * ":
                ax = ax * bx;
                break;
            case "/":
                ax = ax / bx;
                break;
            default:
            }
            memo.setResult(ax);
        }
    }
//Memory.java
public class Memory {                                    //抽象的存储子模块
    private double firstnum;
    private double secondnum;
    private double result;
    @Override
    public double getFirstnum() {
        return firstnum;
    }
    public void setFirstnum(double firstnum) {
        this.firstnum = firstnum;
    }
    public double getSecondnum() {
        return secondnum;
    }
    public void setSecondnum(double secondnum) {
        this.secondnum = secondnum;
    }
    public double getResult() {
        return result;
    }
    public void setResult(double result) {
        this.result = result;
    }
}
//Keyboard.java
import java.util.Scanner;
public class Keyboard {                                  //抽象输入键盘模块
    private Scanner keyin = new Scanner(System.in);
    public double inputDouble() {
        return keyin.nextDouble();
    }
    public String inputString() {
        return keyin.next();
    }
}
//Screen.java
import java.io.PrintStream;
```

面向对象程序设计

```java
public class Screen {                                    //抽象屏幕显示模块
    private PrintStream out;
    public Screen() {
        this.out = System.out;
    }
    public Screen(PrintStream out) {
        this.out = out;
    }
    public void print(String str) {
        out.print(str);
    }
    public void println(String str) {
        out.println(str);
    }
    public void println() {
        out.println();
    }
    public PrintStream getOut() {
        return out;
    }
    public void setOut(PrintStream out) {
        this.out = out;
    }
}
//Computer.java
public class Computer {                                  //抽象的聚合后的简易计算机
    private CPU cpu;                                     //组合子对象 cpu 处理计算
    private Memory memory;                               //组合子对象 memory 处理存储
    private Keyboard keyboard;                           //组合子对象 keyboard 处理输入
    private Screen screen;                               //组合子对象 screen 处理输出
    public Computer() {
        memory = new Memory();
        cpu = new CPU(memory);
        keyboard = new Keyboard();
        screen = new Screen();
    }
    public Computer(CPU cpu, Memory memory, Keyboard keyboard, Screen screen) {
        super();
        this.cpu = cpu;
        this.memory = memory;
        this.keyboard = keyboard;
        this.screen = screen;
    }
    public void doWork() {                               //模拟计算机开机工作方法
        screen.print("第一个操作数:");
        memory.setFirstnum(keyboard.inputDouble());
        screen.print("运算符:");
        cpu.setInstruct(keyboard.inputString());
        screen.print("第二个操作数:");
        memory.setSecondnum(keyboard.inputDouble());
        cpu.calculate();
```

```java
        screen.println("计算结果:" + memory.getResult());
    }
}
//TestComputer.java
public class TestComputer {
    public static void main(String[] args) {
        Computer mycomputer = new Computer();        //创建一个 Computer 对象
        mycomputer.doWork();                         //执行计算任务
    }
}
```

从该例演示来看,一个 Computer 对象聚合了 4 个子对象,但通过封装后看到的只是一个整体的 Computer 对象,看不到内部的子对象和组成结构,4 个内部子对象协同工作完成整个 Computer 对象工作。

2. 联合及其实现技术

联合代表若干独立的对象可以连接成一个更复杂、功能更强大的对象。例如,家庭影院系统中,电视机、音响、DVD 播放机等各种各样的组件都是独立的,都可以提供特定的功能,但通过一些插接线连接后构成了一个功能更强大系统。同样的,计算机、打印机、麦克风、音响、摄像头等也都是独立存在的小对象,将它们连接在一起就会组成功能更丰富、效率更高的复杂对象。简单地说,联合是将若干独立的子对象连接起来形成具有复杂功能的大对象。例 3-17 抽象了打印机、摄像头、音箱、麦克风等小对象,通过联合可完成更复杂的功能。

【例 3-17】 联合演示。

```java
//Printer.java
public class Printer {
    private String brand;
    public Printer(String brand) {
        this.brand = brand;
    }
    public void print(String msg) {
        // TODO Auto-generated method stub
        System.out.println("在" + brand + "打印机上打印:" + msg);
    }
}
//Camera.java
public class Camera {
    private String brand;
    public Camera(String brand) {
        this.brand = brand;
    }
    public byte[] getData() {
        String data = "从" + brand + "摄像头上获取的视频字节流";
        return data.getBytes();
    }
}
//SoundBox.java
public class SoundBox {
    private String brand;
```

```
        public SoundBox(String bd) {
            brand = bd;
        }
        public void play() {
            System.out.println("在" + brand + "上播放歌曲让世界充满爱.....");
        }
    }
//Microphone.java
public class Microphone {
    private String brand;
    public Microphone(String brand) {
        this.brand = brand;
    }
    public byte[] getData() {
        String msg = "在" + brand + "麦克风上获取的音频数据流";
        return msg.getBytes();
    }
}
//Computer1.java
public class Computer1 {
    private String brand;
    private Disk mydisk = new Disk("西部数据");        //磁盘为聚合对象
    public Computer1(String brand) {
        this.brand = brand;
    }
    public void playMusic(SoundBox sb) {
        sb.play();
    }
    public byte[] inputVideo(Camera cm) {
        return cm.getData();
    }
    public void print(Printer out,String msg) {
        out.print(msg);
    }
    public byte[] inputAudio(Microphone mh) {
        return mh.getData();
    }
    public void saveData(byte[] data) {
        mydisk.saveData(data);
    }
}
//TestUnion.java
public class TestUnion {
    public static void main(String[] args) {
        Computer1 mycomputer = new Computer1("联系昭阳450电脑");
        Printer myprinter = new Printer("Brother DCP-7057打印机");
        Camera mycamera = new Camera("奥尼剑影摄像头");
        SoundBox mysound = new SoundBox("好牧人V8音箱");
        Microphone mymc = new Microphone("飞利浦麦克风");

        mycomputer.playMusic(mysound);                // 通过音箱播放音乐
```

```
        mycomputer.saveData(mycamera.getData());
        mycomputer.print(myprinter, "摄像头输入的数据被保存到磁盘上了!");
        mycomputer.saveData(mymc.getData());
        mycomputer.print(myprinter, "麦克风输入的数据也被保存到磁盘上了!");
    }
}
```

从上面的演示可以看出,在联合中每个对象都是独立的,摄像头、打印机、音箱等都不是计算机的组成部分,但通过引用把它们连接起来,就可以在计算机对象中调用打印机的方法或从摄像头获取数据流。

总而言之,聚合是指一个复杂对象由其他子对象组合而成,内聚强、耦合强。而当一个对象需要其他独立对象的服务时,则建议使用联合,联合内聚弱(或者没有),耦合弱。

3.3 Java 语言中的访问权限修饰符

视频讲解

初步学习了面向对象的基本原理后,再来系统学习 Java 语言中的访问修饰符。Java 语言采用访问控制修饰符来控制类及成员方法和成员变量的访问权限,Java 中的访问控制分为以下 4 个级别。

(1) 公开级别:用 public 修饰,对外完全公开。

(2) 受保护级别:用 protected 修饰,对子类及同一个包中的类公开。

(3) 默认级别:没有访问控制修饰符,对同一个包的类和对象公开。

(4) 私有级别:用 private 修饰,只有本类对象可以访问,不对外公开。

注意,访问级别仅仅适用于类及类的成员,而不适用于局部变量。局部变量只能在方法内部被访问,不能用 public、protected 或 private 来修饰。

成员变量、成员方法和构造方法可以处于 4 个级别中的一个。而类又分为顶层类和内部类,顶层类只可以处于公开或默认级别,因此不能用 private 和 protected 类修饰。内部类可以有各种访问权限。表 3-2 列出了 Java 语言中的访问权限。

表 3-2　4 种访问级别的访问范围

访问控制	private 成员	默认的成员	protected 成员	public 成员
同一类中的成员	√	√	√	√
同一包中的其他类	×	√	√	√
不同包中的子类	×	×	√	√
不同包中的非子类	×	×	×	√

在 Java 中,封装是通过 private 修饰符实现,公开接口是通过 public 修饰符实现的,protected 修饰符一般用在继承体系中,用来给子类公开方法或数据成员。

3.4 Java 的垃圾回收机制

垃圾回收作为一种内存管理技术已经存在了很长时间,但是 Java 使它焕发出崭新的活力。在 C++ 等语言中,内存必须由人负责管理,程序员必须显式地释放不再使用的对象。这是问题产生的根源,因为忘记释放不再使用的资源,或者释放了正在使用的资源都是很常见的事情。在 Java 语言中,JVM 代替程序员完成了这些工作,从而防止了此类问题的发生。在 JVM 中,所有的对象都是通过引用访问的,这样,当垃圾回收器发现一个没有引用的对象时,就知道此对象已经不被使用,并且可以回收了。如果 Java 允许对象的直接访问(与简单数据类型的访问方式类似),那么这种有效的垃圾回收方法将无法实现。

Java 的垃圾回收策略在普遍意义上反映了 Java 的理念,那就是简化 Java 程序员的工作复杂度,提高程序员的编程效率。程序设计人员花费大量的精力来防止程序中经常出现的失误问题,例如经常忘记释放资源,或者错误地释放正在使用的资源。因此,Java 使用垃圾回收策略有效地避免了此类问题的发生。

Java 的垃圾回收具有以下特点。

(1)只有当对象不再被程序中的任何引用变量引用时,它的内存才可能被回收。

(2)程序无法迫使垃圾回收器立即执行垃圾回收操作。

(3)当垃圾回收器将要回收无用对象的内存时,先调用该对象的 finalize()方法,该方法释放对象所占的相关资源,但也有可能使对象复活,不再回收该对象的内存。

3.5　程序建模示例

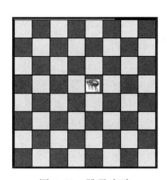

图 3-12　跳蚤实验

【程序建模示例 3-1】　一个房间内铺有 m 行 n 列瓷砖,如图 3-12 所示,一个跳蚤随机从一个瓷砖开始,每次随机选择一个方向,前进一个瓷砖,当碰到墙时,代表此方向不能前进,试编程模拟此过程,当跳蚤遍历所有瓷砖时,输出每块瓷砖被经历的次数和跳蚤跳跃的总次数。

分析:我们抽象一个房子类,保存有 m 和 n 的值,以及一个模拟地板瓷砖的二维数组,用二维数组每一个元素的值纪录跳蚤经过此瓷砖的次数。再抽象一个跳蚤类,保存有跳蚤所在的瓷砖位置,然后随机产生一个方向进行跳跃。一种可能的程序模拟如下:

```java
//Tiaozao.java
class House{
    private int m;
    private int n;
    private int[][] a;
    public House(){
        m = 10;n = 10;
        a = new int[m][n];
        for(int i = 0;i < m;i++)
            for(int j = 0;j < n;j++) a[i][j] = 0;
    }
    public House(int m,int n){
        this.m = m;this.n = n;
        a = new int[m][n];
        for(int i = 0;i < m;i++)
```

```
      for(int j = 0;j < n;j++) a[i][j] = 0;
    }
  public int getM(){return m;}
  public int getN(){return n;}
  public int[][] getA(){return a;}
  public int getElement(int i,int j){return a[i][j];}
  public void setElement(int i,int j,int v){ a[i][j] = v; }
  public boolean checkZero(){
    for(int i = 0;i < m;i++)
      for(int j = 0;j < n;j++) {
        if(a[i][j] == 0) return true;
      }
    return false;
  }
  public void display() {
    for(int i = 0;i < m;i++){
      for(int j = 0;j < n;j++) {
        System.out.print("" + a[i][j] + " ");
      }
      System.out.println();
    }
  }
}
public class Tiaozao{
    private static final int UP = 0;
    private static final int DOWN = 1;
    private static final int RIGHT = 2;
    private static final int LEFT = 3;
    private int x,y;
    private int totals;
    private House ahouse;
    public Tiaozao(House h){
      ahouse = h;
      totals = 0;
      x = (int)(Math.random() * ahouse.getM());
      y = (int)(Math.random() * ahouse.getN());
    }
    public int getTotals(){return totals;}
    public boolean walk(int direction)   {
      System.out.println("x = " + x + ",y = " + y + ",direction = " + direction);
      switch(direction)     {
        case UP: if(y == 0) return false;
                 else {
                   ahouse.setElement(x,y,ahouse.getElement(x,y) + 1);
                   y = y - 1;
                 }
                 return true;
        case DOWN: if(y == ahouse.getN() - 1) return false;
                   else {
                     ahouse.setElement(x,y,ahouse.getElement(x,y) + 1);
                     y = y + 1;
```

第
3
章

面向对象程序设计

```
                }
                return true;
    case LEFT: if(x == 0) return false;
              else {
                ahouse.setElement(x, y, ahouse.getElement(x, y) + 1);
                x = x - 1;
              }
              return true;
    case RIGHT: if(x == ahouse.getM() - 1) return false;
               else {
                 ahouse.setElement(x, y, ahouse.getElement(x, y) + 1);
                 x = x + 1;
               }
               return true;
    default: System.out.println("非法移动!"); return false;
    }
  }
  public void move() {
      int nextdirection;
      boolean success;
      do{
        nextdirection = (int)(Math.random() * 4);
        success = walk(nextdirection);
        if(success) totals++;
      }while(ahouse.checkZero());
  }
  public static void main(String[] args) {
      House ahouse = new House(4, 4);
      Tiaozao atiaozao = new Tiaozao(ahouse);
      atiaozao.move();
      ahouse.display();
      System.out.println("Totals = " + atiaozao.getTotals());
  }
}
```

程序的一次执行结果如图 3-13 所示。

【程序建模示例 3-2】 采用面向对象的方式抽象一个能够处理多项式的类 Polynomial,该类对象可以表示有限次幂多项式如图 3-14 所示,系数为实数、指数为正整数。请编写程序实现多项式的表示、加法、减法和乘法等操作,可以比较两个多项式是否相等,可以将其转换为字符串,可以修改多项式的某一项。建议另外抽象一个类用来表示单个幂项,例如抽象一个 Item 类, Item(10, 5) 就表示 $5x^{10}$, Item(20, 6) 表示 $6x^{20}$ 等,给 Polynomial 类提供一个 add(Item item) 方法用来修改多项式的某一项。

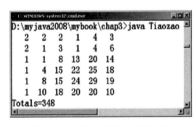

$$p(x) = 5x^{10} + 9x^7 - x - 10$$

图 3-13 跳蚤程序执行结果   图 3-14 多项式抽象

```java
//Polynomail.java
import java.util.Arrays;
public class Polynomial {
    private int maxindex;
    private double[] coefficient;
    public Polynomial() {
        maxindex = 0;
        coefficient = new double[1];
        coefficient[0] = 0.0;
    }
    public Polynomial(int m, double... c) {
        maxindex = m;
        coefficient = new double[maxindex + 1];
        int j = 0;
        for (int i = maxindex; i >= 0 && j < c.length; i--) {
            coefficient[i] = c[j++];
        }
    }

    public Polynomial(int... arg) {
        if (arg.length > 0) {
            maxindex = arg[0];
            coefficient = new double[maxindex + 1];
            int j = 1;
            for (int i = maxindex; i >= 0 && j < arg.length; i--) {
                coefficient[i] = arg[j++];
            }
        }
    }

    public String toString() {
        StringBuilder str = new StringBuilder();
        if(maxindex == 1) {
            str.append(coefficient[maxindex] + "*x");
        }else if(maxindex == 0){
            str.append(coefficient[maxindex]);
        }else {
            str.append(coefficient[maxindex] + "*x^" + maxindex);
        }

        for (int i = maxindex - 1; i >= 0; i--) {
            if (coefficient[i] > 0) {
                str.append("+" + coefficient[i]);
                if (i > 0) {
                    if (i == 1) {
                        str.append("*x");
                    } else {
                        str.append("*x^" + i);
                    }
                }
```

面向对象程序设计

```java
            } else if (coefficient[i] < 0) {
                str.append(coefficient[i]);
                if (i > 0) {
                    if (i == 1) {
                        str.append("*x");
                    } else {
                        str.append("*x^" + i);
                    }
                }
            }
        }
        return str.toString();
    }

    public void add(Item item) {
        if (item.getIndex() > maxindex) {
            int newmaxindex = item.getIndex();
            double[] newcoefficient = new double[newmaxindex + 1];
            for (int i = 0; i <= maxindex; i++) {
                newcoefficient[i] = coefficient[i];
            }
            for (int i = maxindex + 1; i < newmaxindex; i++) {
                newcoefficient[i] = 0;
            }
            newcoefficient[newmaxindex] = item.getCoefficient();
            maxindex = newmaxindex;
            coefficient = newcoefficient;
        } else {
            coefficient[item.getIndex()] += item.getCoefficient();
        }
        normalize();                              // 最高系数为 0,规范化处理
    }

    public void normalize() {
        if (maxindex == 0)
            return;
        int i = maxindex;
        while (i > 0 && Math.abs(coefficient[i]) < 1e - 5) {
            i--;
        }
        maxindex = i;
    }

    public Polynomial add(Polynomial another) {
        int newmaxindex = Math.max(maxindex, another.maxindex);
        double[] newcoefficient = new double[newmaxindex + 1];
        int i = newmaxindex, j = 0;
        while (i > another.maxindex) {
            newcoefficient[j++] = coefficient[i--];
        }
```

```java
        while (i > maxindex) {
            newcoefficient[j++] = another.coefficient[i--];
        }
        while (i >= 0) {
            newcoefficient[j++] = coefficient[i] + another.coefficient[i];
            i--;
        }

        Polynomial tmp = new Polynomial(newmaxindex, newcoefficient);
        tmp.normalize();
        return tmp;
    }

    public Polynomial sub(Polynomial another) {
        int m = another.maxindex;
        for (int i = m; i >= 0; i--) {
            another.coefficient[i] = -another.coefficient[i];
        }
        return add(another);
    }

    public Polynomial mut(Polynomial another) {
        int m = maxindex;
        int n = another.maxindex;
        int newmaxindex = m + n;
        double[] newcoefficient = new double[newmaxindex + 1];
        Polynomial p = new Polynomial(newmaxindex, newcoefficient);
        for (int i = m; i >= 0; i--) {
            double thisco = coefficient[i];            // 系数
            for (int j = n; j >= 0; j--) {
                double anotherco = another.coefficient[j];
                double newco = thisco * anotherco;
                int newindex = i + j;
                Item item = new Item(newindex, newco);
                p.add(item);
            }
        }
        return p;
    }
    // 用递归方法解决除法
    // 如果最高幂次小于 another 的最高次幂,则结束递归,返回商和余数
    // 否则,求出该对象最高次幂和 another 对象的最高次幂的差值,构造一个 Polynomial 对象
obj,只包含一项 item,将其添加到商 results[0]中,然后调用 sub(another.mut(obj)),消除最高次幂
项,得余式 results[1]
    // 继续递归调用 results[1].div(results,another);
    private Polynomial[] div(Polynomial[] results, Polynomial another) {
        if(this.maxindex < another.maxindex) {
            return results;
        }else{
            int newindex = this.maxindex - another.maxindex;
            double newcoefficient = this.coefficient[this.maxindex]/another.coefficient
```

面向对象程序设计

```
                [another.maxindex];
                        Item item = new Item(newindex,newcoefficient);
                        Polynomial obj = new Polynomial();
                        obj.add(item);
                        results[0].add(item);
                        results[1] = this.sub(another.mut(obj));
                        results[1].div(results,another);          //余项继续递归除法
                    }
                return results;
            }
        public Polynomial div(Polynomial another) {
            Polynomial[] results = new Polynomial[2];
            results[0] = results[1] = new Polynomial();
            results = div(results,another);
//          System.out.println("商:" + results[0]);
//          System.out.println("余式:" + results[1]);
            return results[0];
        }


        @Override
        public int hashCode() {
            final int prime = 31;
            int result = 1;
            result = prime * result + Arrays.hashCode(coefficient);
            result = prime * result + maxindex;
            return result;
        }


        @Override
        public boolean equals(Object obj) {
            if (this == obj)
                return true;
            if (obj == null)
                return false;
            if (getClass() != obj.getClass())
                return false;
            Polynomial other = (Polynomial) obj;
            if (!Arrays.equals(coefficient, other.coefficient))
                return false;
            if (maxindex != other.maxindex)
                return false;
            return true;
        }
    }
//TestPolynomail.java
public class TestPolynomial {
    public static void main(String[] args) {
        Polynomial p = new Polynomial(10, 5, 0, 0, 9, 0, 0, 0, 0, 0, -1, -10);
        Polynomial p1 = new Polynomial(10, 6, 0, 0, 0, 15, 0, 0, 3, 0, -1, 20);
        System.out.println("多项式 p:" + p);
        Item item = new Item(9, 11);
```

```
            p.add(item);
            System.out.println("添加 11x^9 后的多项式 p:" + p);
            item = new Item(11, 20);
            p.add(item);
            System.out.println("添加 20x^11 后的多项式 p:" + p);
            System.out.println("多项式 p1:" + p1);
            Polynomial p2 = p.add(p1);
            System.out.println("p2 = " + p2);
            Polynomial p3 = p.sub(p1);
            System.out.println("p3 = " + p3);
            Polynomial p4 = p.mut(p1);
            System.out.println("p4 = " + p4);
            /**************************************************/
            Polynomial dividend = new Polynomial(3,1,1,7,9);      //x^3 + x^2 + 7x + 9
            System.out.println("dividend = " + dividend);
            Polynomial divisor = new Polynomial(2,1,5,6);         //x^2 + 5x + 6
            System.out.println("divisor = " + divisor);          //x - 4
            Polynomial results = dividend.div(divisor);          //21x + 33
            System.out.println("商:" + results);
        }
    }
```

3.6　本 章 小 结

本章详细介绍了面向对象程序设计的基本概念、基本原理及其实现技术,包括抽象原理、封装原理、继承原理、多态原理和组合原理。介绍了对象和类的基本概念,类和对象的关系以及类设计的一般规则。类是 Java 语言程序设计的基本元素,它定义了一个对象的结构和功能,类中主要包含属性和方法。本章通过程序实例演示了如何进行抽象、类的封装技巧、方法重载、getter 方法、setter 方法以及其他功能方法的设计技术。

如果一个对象公共接口的所有特性都与这个对象表示的概念有关,则称这个类的设计是内聚的。如果一个类可以通过具体的设计变得更具体,则应该采用继承思想,通过该类派生出一个子类,在子类中可以添加新属性或新方法,也可以在子类中重写从父类中继承下来的方法。如果一个对象的方法以某种方式使用了另一个对象,则说明两个类之间有依赖关系,需要采用联合模式。如果一个对象由许多小对象组成,则该类的设计中需要采用组合模式。

最后介绍了内存管理中的一种策略,即垃圾回收策略。Java 语言通过 JVM 实现了用垃圾回收策略代替 C 语言中的程序员需要自己管理内存的方案。

第 3 章　习　　题

一、单选题

1. 下列不属于面向对象原理的是(　　　　)。

　　A. 封装　　　　　　B. 代理　　　　　　C. 多态　　　　　　D. 继承

2. (　　　　)是一组有相同属性、共同行为和共同关系的对象的抽象。

　　A. 类　　　　　　　B. 方法　　　　　　C. 属性　　　　　　D. 以上都不对

3. (   )是指在调用一个方法时,每个实际参数"值"的副本都将被传递给此方法形参。

    A. 按引用传递   B. 按值传递   C. 按对象传递   D. 按形参传递

4. java.lang 包中的 Object 类的(   )方法将比较两个对象的内容是否相等,如果相等则返回 true,不相等则返回 false。

    A. toString()   B. compare()   C. equals()   D. none of above

5. 当编译并运行下列程序段时,将会发生什么情况?(   )

```
class VarField {
  int i = 99;
  void amethod(){
    int i;
    System.out.println(i);
  }
}
public class VarInit{
  public static void main(String args[])  {
    VarField m = new VarField();
    m.amethod();
  }
}
```

    A. 输出 99   B. 输出 0   C. 编译时出错   D. 执行时出错

6. 对下列定义的类,如何修改 salary 属性使得它既能被封装,又能被访问和修改?(   )

```
class Staff{
    int salary;
}
```

    A. 将属性 salary 定义为 private

    B. 将属性 salary 定义为 public

    C. 将属性 salary 定义为 private,并且定义 public 的 get 和 set 方法访问属性 salary

    D. 将属性 salary 定义为 public,并且定义 public 的 get 和 set 方法访问属性 salary

7. 关于对象的删除,下列说法正确的是(   )。

    A. 必须由程序员完成对象的清除

    B. Java 把没有引用的对象作为垃圾收集起来并释放

    C. 只有当程序中调用 System.gc()方法时才能进行垃圾收集

    D. Java 中的对象都很小,一般不进行删除

8. 关于构造方法,下列说法错误的是(   )。

    A. 构造方法可以重载

    B. 构造方法用来初始化该类的一个新的对象

    C. 构造方法具有和类名相同的名称

    D. 构造方法不返回任何数据

9. 在 Java 中,为了使一个名为 Example 的类成功地编译和运行,必须满足以下哪个条件?(   )

A. Example 类必须定义在 Example.java 文件中

B. Example 类必须声明为 public 类

C. Example 类必须定义一个正确的 main()方法

D. Example 类必须导入 java.lang 包

10. 给出以下代码,该程序的输出结果是什么?(　　　)

```java
class Example{
    public static void main(String[] args)  {
        Float f1 = new Float("10.4F");
        Float f2 = new Float("10.4f");
        System.out.print(f1 == f2);
        System.out.print("\t" + f1.equals(f2));
    }
}
```

    A. true false   B. true true   C. false true   D. false false

11. 编译并执行下列程序段,将会输出什么结果?(　　　)

```java
class Test1{
    private int i = 100;
    public Test1(){}
    public void putI(int n){i = n; }
    public int getI(){return i; }
}
class Test2{
    public void method1(){
        int i = 200;
        Test1 obj1 = new Test1();
        obj1.putI(20);
        method2(obj1, i);
        System.out.print(obj1.getI());
    }
    public void method2(Test1 v, int i){
        i = 0;
        v.putI(30);
        Test1 obj2 = new Test1();
        v = obj2;
        System.out.print(v.getI() + "," + i + ",");
    }
}
public class Main{
    public static void main(String[] args){
        Test2 obj = new Test2();
        obj.method1();
    }
}
```

    A. 20,200,0   B. 100,30,0   C. 100,0,30   D. 200,30,0

12. 下列哪一个选项能较好地体现面向对象的封装性?(　　　)

A. 类中的方法全部是私有的,以避免意外地修改成员变量的值

B. 类中的属性都是公有的,以便其他对象方便地访问

C. 类中的所有属性都是私有的,以防止意外地被修改

D. 一般情况下,类的属性是私有的,方法是公有的,通过公有方法来访问或修改私有属性

二、编程题

1. 设计一个 Timer 类,属性包括时、分、秒,然后编写含有 main 方法的类创建一个 Timer 对象进行测试。

2. 对学生成绩管理系统进行完善,补充修改、删除等功能。

3. 编写一个类,用该类创建的对象可以计算等差数列的和,输入等差数列的开始数、个数 n、等差 d,输出该等差数列的和。

4. 试对平面直角坐标上的点、线段、三角形等图形编写一个程序,并在程序中求出对应图形的面积和周长。

5. 编程打印出杨辉三角形(要求打印出 10 行,如下图所示)。

6. 设计一个名为 MyInteger 的类。该类包含:

(1) 一个名为 value 的 int 数据字段,存储由该对象表示的 int 值。

(2) 为指定的整型值创建 MyInteger 对象的构造函数。

(3) 返回整型值的 getter 方法。

(4) isEven()、isOdd()和 isPrime()方法如果该对象中的值是偶数、奇数或素数,则分别返回 true。

(5) 方法 equals(int)和 equals(MyInteger),如果该对象中的值等于指定的值,则返回 true。

(6) toString()方法,返回该整型值的字符串形式。

设计一个测试类,对以上属性或方法进行测试。

三、简答题

1. 什么是对象? 什么是类? 类和对象有什么关系?

2. 如何定义一个类? 类中包含哪几个部分?

3. 如何创建对象? 如何对对象进行初始化?

4. 请说明当比较两个对象时,使用"=="比较两个引用变量和使用 equals()方法比较两个引用变量时的区别。

5. 类的实例变量在什么时候会被分配内存空间?

6. 什么是封装? Java 中如何实现封装?

7. 什么是继承和多态?

8. 什么是组合？有哪些实现方式？

9. 什么是匿名对象？

10. 解释 Java 的内存垃圾回收机制。

11. 为什么下列代码会导致 NullPointerException?

```
public class Test {
    private String text;
    public Test(String s) {
        String text = s;
    }
    public static void main(String[] args) {
        Test test = new Test("ABC");
  System.out.println(test.text.toLowerCase());
    }
}
```

<table>
<tr><td>第 4 章</td><td>Java 特殊关键字学习和
面向对象原理进阶</td></tr>
</table>

通过观察生物世界可以发现,生物从受精卵到胚胎再到成熟的个体都是从一套遗传基因 DNA 编码开始的,生命本质其实就是一个复杂的进程。生命体中的每一个细胞都可以看作是一个小对象,构造此细胞对象的代码存储在 DNA 编码中,同时维持细胞生命现象的指令代码也存储在 DNA 编码中,即 DNA 编码中既有构成细胞结构的数据编码,例如构成线粒体、高尔基体、细胞膜等各种细胞器的蛋白组织,同时也有控制细胞新陈代谢的各种化学反应指令代码,如酶蛋白、mRNA 等。将数据和指令封装在一起形成简单对象,再由简单对象通过复合、协同工作构成复杂对象,这是自然界构造对象的基本特点。与之可以形成对应的是计算机领域中程序员设计的软件程序也是在做同样的工作。

上一章介绍了面向对象的基本概念和原理,本章继续对面向对象设计进行研究和进阶,以深化理解类、接口、继承、多态等概念,并给出 Java 语言中的实现机制。Java 对关键字的定位和使用比以往的计算机语言更为贴切和到位,本章首先介绍 Java 语言针对面向对象原理给出的一些特殊关键字,例如 static、final 等。同时给出 Java 语言中一些特殊的设计——接口和包,接口和包的概念在人类社会生活中被广泛地使用,接口类似于协议标准,包类似于组织单位。

视频讲解

4.1 static 关键字

static 是静态的意思。在 Java 语言中,static 关键字用来修饰类层次的成员,是属于所有对象共享的。在类装入后,可通过类名直接访问,不需要先创建对象才能使用,static 有下面 3 种用法:

(1) static 修饰成员变量,为类成员变量。

(2) static 修饰成员方法,为类成员方法。

(3) static 代码块,用来初始化类成员变量,当虚拟机加载类时自动执行此代码块。

注意: static 还有一种用法是修饰内部类,此内部类相当于一个普通的类,创建对象的方式为(new 外部类名.内部类的构造方法())。

4.1.1 类变量

在设计类时,由 static 关键字修饰的成员变量称为静态成员变量或类层次成员变量,此变量在内存中只有一份,为所有对象所共享,不用创建对象就可以通过类名访问,所以没有

this 指针,即不能通过 this 来访问。

一般地,将没有 static 修饰符修饰的变量称为实例变量或对象层次的变量,它们和类变量的区别如下所述。

(1) 对于类变量(类层次),内存中只有一份,可通过类名或对象引用来访问。

(2) 对于实例变量(对象层次),每创建一个对象,就会分配一次内存,即每个对象有一份内存。

(3) 类变量主要用来在各个对象之间共享数据或传递信号,实例变量主要描述的是对象特有的属性或数据。

注意:一般建议应通过类名来访问类变量,通过对象名访问实例变量,不建议通过对象名来访问类变量,因为容易导致混淆。

【例 4-1】 静态变量测试。

```
class staticvartest {
    int a;                       //对象层次成员变量,每个对象一份
    static int b;                //类层次成员变量,所有对象共享一份
    staticvartest(){a = 20;b = 30;}
    public static void main(String args[ ] ) {
        statictest1 ss = new statictest1();
        statictest1 sb = new statictest1();
        ss.a = 60;ss.b = 80;
        sb.a = 100;sb.b = 10000;
        System.out.println("ss.a = " + ss.a);
        System.out.println("ss.b = " + b);
        System.out.println("sb.a = " + sb.a);
        System.out.println("sb.b = " + b);
    }
}
```

4.1.2 类方法

用 static 修饰的方法称为类方法或静态方法,在静态方法中不能使用 this 关键字,也不能直接访问所属类的实例变量和实例方法,但是可以直接访问所属类的静态变量和静态方法,类方法同样建议通过类名来访问。

前面已学过 JDK 类库中的大量的静态方法,例如 Math. sqrt()、Math. sin()、Math. cos()、Double. parseDouble()、System. exit()等,它们都是不用创建对象,直接通过类名来访问的。因为在类刚开始加载时还没创建对象,而类方法可以不通过对象调用,所以主方法 main 必须定义成静态的,这样就可以直接运行了,这也是在第 2 章中定义的方法大都是静态方法的原因。

【例 4-2】 静态方法测试。

```
class Staticmethod {
public static int add( int x, int y) {
    return x + y;
}
public static void main(String[ ] args) {
```

```
    int result = Staticmethod.add(10,20);        //调用静态方法
    System.out.println("result = " + result);
  }
}
```

4.1.3 static 代码块

类中还可以包含静态代码块，即用 static 修饰的代码块，它不存在于任何方法中。JVM 加载类时会自动执行这些静态代码块。如果类中包含多个静态代码块，那么 Java 虚拟机将按照它们在类中出现的顺序依次执行，静态代码块只执行一次。

静态代码块与静态方法一样，因为没有创建对象，所以没有 this 指针，也就不能直接访问类的实例变量和实例方法，静态代码块的作用主要是初始化类变量。

【例 4-3】 静态代码块测试。

```
class Staticblock {
  static int[] values = new int[10];        //静态数组成员
  static {
    System.out.println("运行初始化块");
    for(int i = 0;i < values.length;i++)
      values[i] = (int)(100 * Math.random());
  }
  void listValues() {
    System.out.println();
    for(int i = 0;i < values.length;i++)   {
      System.out.print(" " + values[i]);
    }
  }
  public static void main(String[] args) {
    Staticblock test = new Staticblock();
    System.out.println("\n 第一个对象:");
    test.listValues();
    test = new Staticblock();
    System.out.println("\n 第二个对象:");
    test.listValues();
  }
}
```

【例 4-4】 static 关键字综合演示。

```
public class Voter {
  private static int MAX_COUNT = 100;               //静态变量,最大投票数
  private static int count;                         //静态变量,已投票数
  private static Voter[] voters = new Voter[MAX_COUNT];
  private String name;
  public Voter(String name){this.name = name;}
  public String getName(){return name;}
  public void voteFor(){
    if(count == MAX_COUNT){
      System.out.println("投票活动已经结束");
      return;
```

```
        }
        if(isExisted(this))
            System.out.println(name + " :你不允许重复投票");
        else {
            votersadd(this);
            System.out.println(name + " :感谢你投票");
        }
    }
    public static boolean isExisted(Voter obj) {        //判断是否已投过票了
        for(int i = 0;i < count;i++) {
            if(voters[i].getName().equals(obj.getName())) {
                return true;
            }
        }
        return false;
    }
    public static void votersadd(Voter obj){            //将已投票人加入数组
        voters[count++] = obj;
    }
    public static void printVoteResult(){
        System.out.println("当前投票数为:" + count);
        System.out.println("参与投票的选民如下:");
        for(int i = 0;i < count;i++)
            System.out.println(voters[i].getName());
    }
    public static void main(String[] args) {
        Voter majun = new Voter("马俊");
        Voter flyhorse = new Voter("云中飞马");
        Voter mike = new Voter("Mike");
        Voter majian = new Voter("马健");
        majun.voteFor();
        flyhorse.voteFor();
        mike.voteFor();
        mike.voteFor();                                 //测试一个人是否可以多次投票
        majian.voteFor();
        Voter.printVoteResult();
    }
}
```

如何决定一个成员变量或成员方法应该是一个实例层次还是一个类层次？判断的依据一般是看该成员是否依赖于特定对象,不依赖于特定对象的变量或方法应该是类成员。例如,每个圆都有自己的半径,一个半径取决于一个特定的圆。因此,radius 是 Circle 类的一个实例变量。因为 getArea 方法依赖于半径,所以它是一个实例方法。数学类中的任何方法(例如 random、pow 和 cos)都不依赖于特定的实例对象。因此,这些方法是类方法。主方法应该是静态的,可以直接从类中调用。

4.1.4　封装进阶和单态设计模式

访问修饰符 public、private、protected 只能用于成员变量和成员方法,不能修饰局部变量或形参变量等。在局部变量上使用 public 和 private 修饰符会导致编译错误。

在大多数情况下,构造函数应该是公共的。但是,如果希望禁止用户创建类的实例,则应该私有化构造方法。例如,没有理由从 Math 类创建实例,因为它的所有数据字段和方法都是静态的。为了防止用户从 Math 类中创建对象,java. lang 中的 Math 类构造方法就被定义为私有的,其构造方法定义如下:

```
private Math() {
}
```

结合私有构造方法和 static 关键字有一个经典的应用,那就是单态设计模式。单态设计模式是指设计的类不能随意地通过 new 来创建对象,在程序运行期间,只存在一个对象,该对象可完成所有的相关逻辑操作,不需要另外的对象。单态设计模式有很多写法,在这里仅介绍一种饿汉模式。

【例 4-5】 单态设计模式。

```
//SingletonObject.java
public class SingletonObject {
    private static SingletonObject obj = new SingletonObject();   //类成员变量,加载时自己调
                                                                  //用构造方法创建对象
    private SingletonObject() {                      //私有构造方法,外部无法访问
    }
    public static SingletonObject getInstance() {    //公有类方法,通过类名可以访问
        return obj;
    }
    public void printinfo() {                        //公有实例方法,通过实例对象访问
        System.out.println("Hi, I am a SingletonObject!");
    }
}
//TestSingletonObject.java
public class TestSingletonObject {
    public static void main(String[] args) {
        //SingletonObject objref = new SingletonObject();        //构造方法私有,无法创建对象
        SingletonObject objref = SingletonObject.getInstance(); //通过类方法 getInstance()
                                                                //获得对象引用
        objref.printinfo();                                     //通过引用调用方法
    }
}
```

单态模式(单例模式)的设计技巧如下:

(1) 将构造方法私有化,这样外部就无法访问构造方法,也就无法创建对象。

(2) 定义一个该类的静态类成员引用变量,在类加载时自动调用构造方法创建一个对象,有时需要使用静态代码块完成复杂的构造过程。

(3) 再定义一个静态成员方法,例如上例中的 getInstance(),用来在需要时返回已经创建好的实例引用。

通过多种设计模式的灵活运用可提高对象的封装性,提升类的可维护性和可扩展性,读者可以参考设计模式相关的参考资料。

4.1.5 不可变对象和类

可以定义不可变的类来创建不可变的对象,不可变对象的内容不能更改。通常创建一个对象会允许稍后更改其内容。然而有时需要创建一个对象,其内容一旦创建就不能被更改,这在某些场景下时可取的。这样的对象称为不可变对象,它的类称为 immutable 类。例如在 Java 中,String 类就是不可变的。

如果一个类是不可变的,那么它的所有数据字段都必须是私有的,并且它不能包含任何数据字段的公共 setter 方法。但拥有所有私有数据字段且没有修改器的类不一定是不可变的,例如,Student 类拥有所有私有数据字段且没有 setter 方法,但它不是不可变的类。如例 4-6 所示,使用 getDateCreated()方法返回 dateCreated 数据字段。这是对 Date 对象的引用。通过这个引用可以更改日期记录的内容。

【例 4-6】 不可变对象和类演示。

```java
//Student.java
import java.util.Date;
public class Student {
    private int id;
    private String name;
    private Date dateCreated;

    public Student(int ssn,String newName) {
        id = ssn;
        name = newName;
        dateCreated = new Date();
    }
    public int getId() {
        return id;
    }
    public String getName(){
        return name;
    }
    public Date getDateCreated() {              //此方法破坏该对象的不可变性
        return dateCreated;
    }
}
//TestStudent.java
import java.util. * ;
public class TestStudent {
    public static void main(String[] args) {
        Studnet student = new Student(111222,"张三");
        Date dateCreated = student.getDateCreated();
        dateCreated.setTime(200000);            //修改数据
    }
}
```

如果一个类是不可变的,它必须满足以下要求。

(1) 所有的成员变量必须是私有的。

（2）成员变量不能有任何形式的修改方法。

（3）任何访问方法都不能返回对可变数据字段的引用。

注意：不论是单态设计模式还是不可变对象设计技术都是对封装原理的进阶应用。

4.2　继　承　进　阶

视频讲解

4.2.1　深入理解 Java 继承

前面的章节已经讲过,继承是面向对象的基本设计原理,主要目的是代码复用。在 Java 语言中,用 extends 关键字来表示一个类继承了另一个类,例如:

```
public class Sub extends Base{   类体   }
```

此段代码表明 Sub 类继承了 Base 类。那么 Sub 类到底继承了 Base 类的哪些东西呢? 这需要分为以下两种情况。

（1）当 Sub 类和 Base 类位于同一个包中时,Sub 类继承 Base 类中 public、protected 和默认访问级别的成员变量和成员方法。

（2）当 Sub 类和 Base 类位于不同的包中时,Sub 类继承 Base 类中 public 和 protected 访问级别的成员变量和成员方法。

假定 Sub 和 Base 类位于同一个包中,以下程序演示了在 Sub 类中可继承 Base 类的哪些成员变量和方法。

【例 4-7】 继承的细化演示。

```
public class Base{
  public int publicVarOfBase = 1;          //public 访问级别
  private int privateVarOfBase = 1;        //private 访问级别
  int defaultVarOfBase = 1;                //默认访问级别
  protected void methodOfBase(){}          //protected 访问级别
}
public class Sub extends Base{
  public void methodOfSub(){
  publicVarOfBase = 2;                      //合法,可以访问 Base 类的 public 类型的变量
  defaultVarOfBase = 2;                     //合法,可以访问 Base 类的默认访问级别的变量
  //privateVarOfBase = 2;                   //非法,不能访问 Base 类的 private 类型的变量
  methodOfBase();                           //合法,可以访问 Base 类的 protected 类型的方法
}
public static void main(String args[]){
  Sub sub = new Sub();
  sub. publicVarOfBase = 3;                 //合法,Sub 类继承了 Base 类的 public 类型的变量
  //sub. privateVarOfBase = 3;              //非法,Sub 类不能继承 Base 类的 private 类型的变量
  sub. defaultVarOfBase = 3;                //合法,Sub 类继承了 Base 类的默认访问级别的变量
  sub. methodOfBase();                      //合法,Sub 类继承了 Base 类的 protected 类型的方法
  sub. methodOfSub();                       //合法,这是 Sub 类本身的实例方法
  }
}
```

Java 语言不支持多重继承,只支持单一继承,即一个类只能有一个直接父类。例如以

下代码会导致编译错误。

```
class Sub extends Base1,Base2,Base3{ … }   //编译错误
```

Java 的继承和生物的继承一样,也是通过继承形成类的层次模型,如图 4-1 所示,Animal 是 Dog、Cat、Tiger 的父类,Creature 是 Animal 和 Vegetation 的父类,而 Creature 的父类是 Object。

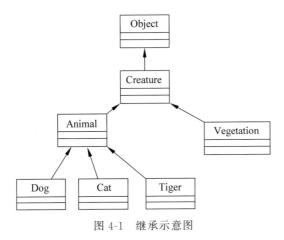

图 4-1　继承示意图

所有的 Java 类都直接或间接地继承了 java. lang. Object 类。Object 类是所有 Java 类的祖先,在这个类中定义了所有的 Java 对象都具有的相同行为,假如在定义一个类时,没有使用 extends 关键字,那么这个类直接继承 Object 类。例如,以下 Sample 类的直接父类为 Object 类。

```
public class Sample{ … }
```

4.2.2　super 关键字

前面讲过,this 关键字代表对象本身。在类的继承关系中,用 super 关键字代表父类对象,通过 super 可以访问被子类对象覆盖了的方法或隐藏了的属性。

在程序中,在以下情况下一般会使用 super 关键字。

(1) 在类的构造方法中,通过 super 语句调用这个类的父类的构造方法。

(2) 在子类中访问父类的被覆盖的方法和被隐藏的属性。

注意:如果在子类的构造方法中通过 super()调用父类的构造方法,则此调用必须出现在子类构造方法的可执行语句的第一句。如果程序员没有明确地调用父类的构造方法,编译器会自动加一条调用父类的默认构造方法。所以,除特殊情况外,一般建议应该对每一个类都给一个默认的构造方法。

4.2.3　方法覆盖和属性隐藏

方法覆盖(方法重写)是指在子类中对父类中继承下来的方法给出一套新的实现代码,并要求子类中的方法和父类中的方法的方法名、返回类型、参数个数和类型相同,否则就变成了方法重载。属性隐藏是指在子类中重新定义了父类中的成员变量,在子类对象中看不

到父类中的成员变量。子类通过方法覆盖和成员变量隐藏以及增加新的方法和属性完成类的进化和完善,尤其对父类中比较抽象的行为给出更具体的、符合自身的行为规范。

【例 4-8】 super 关键字和属性隐藏、方法覆盖演示。

```java
class Base {
  String var = "Base's Variable";
  void method(){System.out.println("call Base's method"); }
}
class Sub extends Base {
  String var = "Sub's variable";                        //隐藏父类的 var 变量
  void method(){                                        //覆盖父类的 method()方法
    System.out.println("call Sub's method");
  }
  void test(){
    String var = "Local variable";                      //局部变量
    System.out.println("var is " + var);                //打印 method()方法的局部变量
    System.out.println("this.var is " + this.var);      //打印 Sub 实例的实例变量
    System.out.println("super.var is " + super.var);    //打印 Base 类中的实例变量
    method();                                           //调用 Sub 实例的 method()方法
    this.method();                                      //调用 Sub 实例的 method()方法
    super.method();                                     //调用在 Base 类中定义的 method()方法
  }
  public static void main(String args[]) {
    Sub sub = new Sub();
    sub.test();
  }
}
```

在 Java 继承机制中要注意以下 7 点。

(1) 构造方法不能被继承。

(2) private 类型的成员变量和成员方法不能被继承。

(3) 覆盖方法时不能缩小父类方法的访问权限,但可扩大。

(4) 覆盖方法时不能抛出比父类方法更多的异常(异常参看第 5 章)。

(5) 不能将静态方法覆盖为非静态方法,也不能将非静态方法覆盖为静态方法。

(6) 由于私有方法不能继承,所以不存在覆盖的问题。

(7) protected 修饰的成员对其他包的子类是公开访问权限的,非子类不可访问。

4.2.4 方法覆盖与方法重载的异同

方法覆盖指的是在继承关系中,子孙类对从父类中继承下来的方法进行了重写,是在不同的类中,而方法重载指的是在同一个类中,有多个同名的方法,但方法的实现代码各不相同。方法覆盖要求子孙类中的方法声明和父类中的方法声明完全一样,而方法重载则要求这些重载的方法的参数列表不一样。

被覆盖的方法在程序运行时才能决定调用哪一个方法,即动态绑定。而重载的方法是在编译时决定执行哪一个方法的代码,即静态绑定。

【例 4-9】 方法重写和方法重载综合演示。

```java
//Phone.java
public class Phone {
    public void send() {
        System.out.println("I can send sound msg");
    }
    public void send(String msg) {
        System.out.println("I can send text msg");
    }
}
//MobilePhone.java
public class MobilePhone extends Phone {
    public void send() {
        System.out.println("I can send sound msg.");
        System.out.println("I can send an encrypted audio msg.");
    }
    public void send(String msg) {
        System.out.println("I can send text msg.");
        System.out.println("I can send an encrypted msg.");
    }
    public void send(byte[] mms) {
        System.out.println("I can send a multimedia msg.");
    }
}
```

方法重写

方法重载

方法重载

方法重写

图 4-2　方法重载和方法重写示意图

4.2.5　抽象进阶和 abstract 关键字

视频讲解

在继承层次结构中,随着层次下移,类变得更加具体。如果继承层次上移,则类将变得更加一般化和抽象,这非常类似于生物科学研究中分类,从人类到动物类再到生物类,越来越抽象。在计算机程序设计中,继承体系的设计应确保超类包含其子类的公共特性,而子类可拥有超类没有的具体特性。特别的,当超类抽象到无法用于创建任何特定实例时,这样的类被称为抽象类。

在面向对象方法中,抽象类主要用来进行类型隐藏。构造出一个具有相同行为模式的抽象描述,但是这些行为却能够有任意个可能的具体实现方式。这种抽象描述就形成了抽象类,而对这些行为的某种具体实现则表现为一个派生类。为了能够实现面向对象设计的一个最核心的原则 OCP(Open-Closed Principle),抽象类是其中的关键。

在 Java 语言中,抽象用 abstract 关键字来说明,可以修饰类和方法,分别称为抽象类和抽象方法。抽象类虽不能实例化,不能生成抽象类的对象,但能定义一个引用,引用可以指向具体子类的对象。在程序设计中,抽象类就相当于一个类的半成品,需要子类继承并覆盖其中的抽象方法,这时子类才有创建实例的能力,如果子类没有实现父类的抽象方法,那么子类也变成了抽象类。抽象类一般位于继承树的顶层,表示此类的设计还不具体、不完善,必须在子类中进一步完善后才可创建对象实例。

用 abstract 修饰的方法,称为抽象方法,用来描述对象具有什么行为,但不提供具体的实现。抽象方法代表了某种接口标准,在子类中去具体实现功能。在设计中,如果父类方法中的某段代码不确定,可以留给子类实现,采用抽象方法的设计。

【例 4-10】　抽象类和抽象方法测试。

```java
abstract class Employee {
    int basic = 2000;
    abstract void salary();                    //抽象方法
```

Java 特殊关键字学习和面向对象原理进阶

```
    }
class Manager extends Employee {
    void salary() {
      System.out.println("薪资等于 " + basic * 5);
      System.out.println(" ******************* ");
    }
  }
  class Worker extends Employee {
    void salary() {
        System.out.println("薪资等于 " + basic * 2);
          System.out.println(" ================== ");
    }
  }
  class abstracttest {
    public static void main(String [] args) {
      Manager m = new Manager();
      Worker w = new Worker();
      m.salary();
      w.salary();
    }
  }
```

使用 abstract 修饰符需要注意以下规则:

(1) 抽象类中可以没有抽象方法,即定义类时有 abstract 修饰符。但不管有没有 abstract 修饰符,只要一个类包含了抽象方法,则此类自动变成抽象类。类中的抽象方法有 3 种获得方式。

① 自己定义,即有 abstract 修饰符,没有实现代码。

② 从父类继承而来。

③ 从接口继承而来。

(2) 没有抽象的构造方法,也没有抽象的静态方法。

(3) 抽象类可以有构造方法,在子类调用构造方法时会级联调用到。

(4) 抽象类及抽象方法不能被 final 修饰符修饰,但抽象类可包含 final 方法。

(5) abstract 和 private、final、static 连用是无意义的,会导致编译错误。

4.3 final 关键字

视频讲解

在 Java 中,定义常量或不可变的类和方法可用 final 关键字,final 是最终的意思,可修饰类、方法、变量。

(1) final 修饰的类为最终类,此类不能派生子类。

(2) final 修饰的方法为最终方法,此方法不允许在子类中重写。

(3) final 修饰的变量为最终变量,此变量不允许修改。

4.3.1 final 类

出于安全或效率的考虑,可以将类声明为 final 类型,使得这个类不能被继承。在 JDK

提供的类库中有大量的 final 类,例如 String 类、Math 类等。

【例 4-11】 最终类测试。

```
final class TestFinal {                    //最终类
    int i = 7;
    int j = 1;
    void f() {}
}
class Further extends TestFinal {}          //错误,必须去掉 TestFinal 类的 final 修饰符
```

4.3.2 final 方法

在某些情况下,出于安全的原因,父类不允许子类覆盖某个方法,此时可以把这个方法声明为 final 类型。例如在 java. lang. Object 类中,getClass()方法为 final 类型,而 equals() 方法不是 final 类型。

```
public class Object {
    public final Class getClass(){...}
    public boolean equals(Object o){...}
       … …
}
```

一个 final 方法只能被实现一次,final 类的所有方法默认为 final 方法。

```
class TestFinal {
    final void f() {}                       //最终方法
}
class Further extends TestFinal {
    final void f(){}                        //错误
}
```

4.3.3 final 变量

被 final 修饰的变量就会变成常量,一旦赋值就不能改变。常量可以在初始化时直接赋值,也可以在构造方法里赋值,并且只能在这两种方法里二选一,不能不为常量赋值。编译以下代码就会产生编译错误。

```
class FinalDemo {
public static void main(String args[]){
        final int noChange = 20;            //定义常量
        noChange = 30;                      //错误
    }
}
```

4.3.4 由 final 想到的继承和进化的关系

前面学习了面向对象的基本设计原理中的继承原理,同时 Java 程序设计和运行机制非常类似于生命世界中 DNA 程序的运行机制,自然地,Java 语言继承也就类似于生命体系中的继承机制。生命世界中的继承机制是进化的先决条件,按照达尔文的进化理论,新物种总

是在继承了父辈的遗传信息的基础上,保留适合外部环境的变异从而实现进化。在 Java 程序设计中,子类也是在父类的基础上进行相应的方法覆盖从而实现子类的进化设计,使得子类对象更适合新的程序运行环境。

final 关键字给出的另一种机制,即进化终止信号。当用 final 修饰一个类时,可以认为此类的进化终止了,即到了进化的终点了。当用 final 修饰一个方法时,可以认为此类行为的进化终止了,不能再变异了。类似于生物中的进化树,在某一个进化分支上,进化最终会终止,final 给出了面向对象程序设计中的进化终止的实现技术。

视频讲解

4.4 interface 关键字和接口

在 Java 语言中,interface 关键字用来定义接口或界面,此接口实际上是一种规范或标准。Java 语言取消了其他面向对象语言中的多继承的机制,采用单一继承机制,有点类似生物世界,就拿人类来举例说明:张三是一个农民,他生了一个儿子张小三,张小三长大后要当农民、律师、会计师或运动员,按照早期面向对象语言的多路继承机制,张小三必须要同时有几个父亲,即一个农民、一个律师、一个会计师和一个运动员。而在现实生活中,这是不可能的,从生物遗传的角度来看,他只能有一个生物学意义上的父亲。那么,这个农民的儿子难道就不能成为律师、会计师或科学家吗? 当然可以,在 Java 语言中采用了接口这样一个概念,和现实世界是一样的,农民的子女也可以成为律师、科学家,律师的子女也可以成为运动员、音乐家等,只要他们努力学习达到了这个行业的认可的标准就即可。张小三只要通过学习和考试,拿到律师资格证,就可以当律师,拿到注册会计师证,就可以当会计师。同样,国家制定了大量的国家标准和规范。例如,电视机的标准,不管是哪个厂生产的电视,实现的原理是什么,都能够接入中国的 220 伏电压,能够播放各个电视台播放的电视节目。

换句话说,接口就是法规、标准、规范、资格等。例如,要当律师,就要拿到律师资格证,要当会计师,就要考取注册会计师,要当教师,就要取得教师资格证等;换到设备制造领域也是如此,要生产电视机,就要参考相应的行业标准,要生产电脑主板,就要留有合适的插口等。

在 Java 中也是如此,interface 是设计或制定的接口规范,制定时不关心细节,只关心功能和相应的数据指标要求,所以在 Java 的 interface 接口中只存在公有抽象的方法和公有静态的常量。换句话说,不管程序员是否明确地给出相应的修饰符,Java 编译器都会自动添加这些修饰符。

4.4.1 Java 接口的定义和编译

接口的定义和类的定义很相似,语法如下:

```
interface 接口名 [extends 父接口列表] {
    //接口体,只包含公有抽象方法和常量
}
public interface myinterface {
    public abstract void add( int x, int y);
    public abstract void volume( int x, int y, int z);
    public static final double price = 1450.00;
        public static final int counter = 5;
}
```

注意：Java 中接口之间是可以继承的，并且可以是多继承。如下所示：

```
interface superinterface1{}
interface superinterface2{}
interface interface_multi_father extends superinterface1,superinterface2{}
```

接口的编译和类是一样的，使用 javac 进行编译，如图 4-3 所示。接口编译完后生成的还是字节码文件，所以在 Java 中自定义的类型可以分为两种，一种是类类型，一种是接口类型。

图 4-3　接口的编译

在 Java 中，接口的出现使得面向对象程序的设计理念又向前推进了一大步，也使得面向对象程序设计技术更接近现实世界。Smalltalk、C++等面向对象程序设计语言采用多继承，Java 语言采用单继承，也许不久的将来会出现一种与生物世界中的 DNA 一样的程序设计语言，支持双继承机制，对应于生物世界中的双性繁殖。

4.4.2　Java 接口的使用

一个类通过使用关键字 implements 声明自己实现了一个或多个接口。如果实现多个接口，用逗号隔开。也就是说，虽然类的继承是单一的，但可以实现多个接口。例如：

```
class demo implements myinterface
class demo implements Mycalc, Mycount
```

如果一个类实现了某个接口，跟继承机制一样，此类自动会拥有接口中定义的常量和抽象方法。常量可以直接使用，但方法是抽象的，必须在类中提供具体的方法体，类才可以使用，否则类就变成了抽象类，不能创建对象。

一个 Java 源程序文件就是由类或接口组成的。

【例 4-12】 接口示例 1。

```
interface A {
  double g = 9.8;                        //注意,公有的静态的常量
  void show( );                          //公有的抽象的方法
}
class B implements A {
  public void show( ) {
    g = 23.4;                            //错误,不能改变
    System.out.println("g = " + g);
  }
}
class InterfaceTest {
```

```
    public static void main(String args[ ]) {
        B a = new B( );                      //定义引用并创建对象
        a.show( );                           //调用方法
    }
}
```

前面已讲过,接口也是类型,所以可以定义引用,但不能创建对象,那么接口定义的引用要指向什么对象呢? 跟继承机制中的父类引用指向子类对象一样,接口定义的引用可指向实现了此接口的类创建的对象,并通过此引用可调用接口中定义的方法。将上例做一些改动,通过接口引用指向对象如例 4-13 所示。

【例 4-13】 接口示例 2。

```
interface A {
    double g = 3.14;                      //注意,公有的静态的常量
    void show( );                         //公有的抽象的方法
}
class B implements A {
    public void show( ) {
      g = 23.4;                           //错误,不能改变
        System.out.println("g = " + g);
    }
}
class InterfaceTest {
    public static void main(String args[ ]){
        A a = new B( );                   //定义接口引用,指向对象
        a.show( );                        //通过接口引用调用方法
    }
}
```

【例 4-14】 接口多态示例。

```
interface Computable {
    int M = 10;
    int f(int x);
    public abstract int g(int x,int y);
}
class A implements Computable {
  public int f(int x){ return M + 2 * x;}
  public int g(int x,int y){return M * (x + y);}
}
class B implements Computable {
    public int f(int x){return x * x * x;}
    public int g(int x,int y){return x * y * M;}
}
public class interfacedemo {
  public static void main(String[] args){
    Computable a = new A();                //可换为 A a = new A();
    Computable b = new B();                //可换为 B b = new B();
    System.out.println(a.M);
    System.out.println("" + a.f(20) + ", " + b.g(12,2));
```

```
        System.out.println(b.M);
        System.out.println("" + b.f(20) + ", " + b.g(12,2));
    }
}
```

接口(interface)可以看成是抽象类的一种特例,接口中的所有方法都必须是抽象的。接口中的方法定义默认为 public abstract 类型,接口中的成员变量类型默认为 public static final。但接口和抽象类还是有区别的,下面比较两者在使用上的区别。

(1) 抽象类可以有构造方法,接口中不能有构造方法。

(2) 抽象类中可以有普通成员变量,接口中没有普通成员变量。

(3) 抽象类中可以包含非抽象的普通方法,接口中的所有方法必须都是抽象的,不能有非抽象的普通方法。

(4) 抽象类中可以包含静态方法,接口中不能包含静态方法。

(5) 抽象类和接口中都可以包含静态成员变量,抽象类中的静态成员变量的访问类型可以任意,但接口中定义的变量只能是 public static final 类型,并且默认为 public static final 类型。

(6) 一个类可以实现多个接口,但只能继承一个抽象类。

(7) 抽象类定义子类的公共行为,而接口可用于定义类的公共行为(包括不相关的类)。

接口更多的是在系统架构设计方面发挥作用,主要用于定义模块之间的通信契约。而抽象类在代码实现方面发挥作用,可以实现代码的重用和架构体系设计。

4.4.3 Java 中常用的接口

在 Java 语言核心包 java. lang 中,提供了几个标准的接口,此处介绍 2 个常用的接口 Cloneable 和 Comparable。

有时需要创建对象副本,只要在设计类时实现 Cloneable 接口,则该类的对象就可以通过 clone()方法创建副本对象。虽然前面说接口应该包含常量和抽象方法,但 Cloneable 接口是一种特殊情况,其定义如下:

```
public interface Cloneable {   }
```

这个接口是空的。具有空主体的接口被引用为标记接口。标记接口不包含常量或方法。它被用来表示一个类拥有某些特有的属性。实现 Cloneable 接口的类被标记为可复制的,并且可以使用 Object 类中定义的 clone()方法复制它的对象。

【例 4-15】 复制示例,以先前所述的 Complex 类来演示。

```
//CloneableComplex. java
import java.util.Scanner;
public class CloneableComplex extends Object implements Cloneable{
    private double realpart;
    private double imaginarypart;
    public CloneableComplex(){realpart = 0;imaginarypart = 0;}        //默认构造方法
    public CloneableComplex(double s,double x){realpart = s;imaginarypart = x;} //构造方法
    public void inputme() {
        Scanner keyin = new Scanner(System. in);
```

```
            System.out.print("real:");
            realpart = keyin.nextDouble();
            System.out.print("imaginary:");
            imaginarypart = keyin.nextDouble();
        }
        public void printme() {
            String str = "" + realpart;
            if(imaginarypart < 0.0) str = str + imaginarypart + "i";
            else str = str + "+" + imaginarypart + "i";
            System.out.println(str);
        }
        @Override                              //实现复制方法
        public CloneableComplex clone() throws CloneNotSupportedException {
            return (CloneableComplex)super.clone();
        }
    }
//TestCloneable.java
public class TestCloneable {
    public static void main(String[] args) throws CloneNotSupportedException {
        CloneableComplex obj1 = new CloneableComplex(3.0,4.0);
        obj1.printme();
        CloneableComplex obj2 = obj1.clone();  //调用复制方法创建对象副本
        obj2.printme();
        if(obj1 == obj2) {
            System.out.println("obj1 和 obj2 是同一个对象!");
        }else {
            System.out.println("obj1 和 obj2 不是同一个对象!");
        }
    }
}
```

在程序中,经常需要对对象进行比较大小,假设要设计一个通用方法来查找相同类型的两个对象中较大的那个,例如两个学生、两个数据、两个圆、两个矩形或两个正方形。为了实现这一点,这些对象必须是可比较的,对此,Java 提供了 Comparable 接口。该接口定义如下:

```
public interface Comparable < E > {
    public int compareTo(E o);
}
```

compareTo 方法确定此对象与指定对象 o 的顺序,如果该对象小于、等于或大于 o,则返回一个负整数、零或正整数。Comparable 接口是一个通用接口,实现此接口时,泛型类型 E 将被具体类型替换,Java 库中的许多类通过实现 Comparable 来定义对象的自然顺序。

【例 4-16】 可比较接口演示。

```
//ComparableComplex.java
import java.util.Scanner;
public class ComparableComplex implements Comparable < ComparableComplex > {
    private double realpart;
    private double imaginarypart;
```

```java
    public ComparableComplex(){realpart = 0;imaginarypart = 0;}    //默认构造方法
    public ComparableComplex(double s,double x){realpart = s;imaginarypart = x;}    //构造方法
    public void inputme() {
        Scanner keyin = new Scanner(System.in);
        System.out.print("real:");
        realpart = keyin.nextDouble();
        System.out.print("imaginary:");
        imaginarypart = keyin.nextDouble();
    }
    public void printme() {
            String str = "" + realpart;
            if(imaginarypart < 0.0) str = str + imaginarypart + "i";
            else str = str + " + " + imaginarypart + "i";
            System.out.println(str);
    }
    public double modulus() {
            return Math.sqrt(realpart * realpart + imaginarypart * imaginarypart);
    }
    @Override
    public int compareTo(ComparableComplex o) {        //实现比较算法
        if(modulus() > o.modulus()) {
            return 1;
        }else if(modulus() < o.modulus()) {
            return -1;
        }else {
            return 0;
        }
    }
}
//TestComparableComplex.java
public class TestComparableComplex {
    public static void main(String[] args) {
        ComparableComplex obj1 = new ComparableComplex(3.0,4.0);
        ComparableComplex obj2 = new ComparableComplex(6.0,1.0);
        int i = obj1.compareTo(obj2);
        if(i > 0) {
            System.out.println("obj1 对象大于 obj2 对象!");
        }else if(i < 0) {
            System.out.println("obj1 对象小于 obj2 对象!");
        }else {
            System.out.println("obj1 对象和 obj2 对象相等!");
        }
    }
}
```

视频讲解

4.5 多 态 进 阶

在上一章曾经讲过,在面向对象程序设计中,多态原理是一个基本的设计原理,所谓多态就是针对不同的对象发同样的消息,这些对象的响应是不一样的。多态在生物界表现出来的就是生物的多样性。

如图 4-4 所示,因为要地震了,A 地区的所有动物都收到了一个消息,让它们统统迁移

到 B 地区,接到消息后,各种动物的移动方式都不一样,有的在空中飞,有的在地上跑,有的在地上爬,还有的在水里游,这就是生物的多样性,对应到面向对象程序设计就是多态。

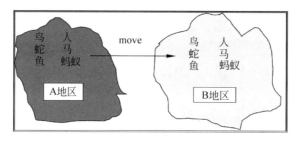

图 4-4   多态示意图

在 Java 语言中如何体现多态呢?一般认为有两种方式,一种是通过方法重载,静态联编的方式实现,一种是通过方法覆盖(或方法重写),动态联编的方式实现。现在多态更多的是指动态的方式,即在运行时决定使用哪一段执行代码。在 Java 语言中,主要是通过父类引用或接口引用去调用子类对象的各种方法来实现多态,如例 4-17 所示。

【例 4-17】 通过抽象类来实现多态演示。

```java
// shape. java
import java.awt.Graphics;
abstract class shape {
        public abstract void drawme(Graphics g);
        public abstract double area();
        public abstract double length();
        public abstract String getName();
}
class point extends shape {
    int x, y;
    point(int x, int y){this.x = x;this.y = y;}
    public void drawme(Graphics g){g.fillOval(x,y,5,5);}
    public double area(){return 0;}
    public double length(){return 0;}
    public String getName(){return "Point";}
}
class triangle extends shape {
    point a,b,c;
    triangle(point aa,point bb,point cc){a = aa;b = bb;c = cc;}
     public void drawme(Graphics g)    {
            g. drawLine(a. x,a. y,b. x,b. y);
            g. drawLine(b. x,b. y,c. x,c. y);
            g. drawLine(c. x,c. y,a. x,a. y);
    }
    public double area()    {
        double a_b = Math. sqrt((b. x - a. x) * (b. x - a. x) + (b. y - a. y) * (b. y - a. y));
        double a_c = Math. sqrt((c. x - a. x) * (c. x - a. x) + (c. y - a. y) * (c. y - a. y));
        double c_b = Math. sqrt((b. x - c. x) * (b. x - c. x) + (b. y - c. y) * (b. y - c. y));
        double l = (a_b + a_c + c_b)/2;
        double s = Math. sqrt((l - a_b) * (l - a_c) * (l - c_b) * l);
```

```java
            return s;
        }
        public double length()   {
            double a_b = Math.sqrt((b.x − a.x) * (b.x − a.x) + (b.y − a.y) * (b.y − a.y));
            double a_c = Math.sqrt((c.x − a.x) * (c.x − a.x) + (c.y − a.y) * (c.y − a.y));
            double c_b = Math.sqrt((b.x − c.x) * (b.x − c.x) + (b.y − c.y) * (b.y − c.y));
            return a_b + a_c + c_b;
        }
        public String getName(){return "Triangle";}
}
class circle extends shape {
        point c;
        int r;
        circle(point cc, int rr){c = cc;r = rr;}
        public void drawme(Graphics g)   {
                g.drawOval(c.x − r,c.y − r,2 * r,2 * r);
        }
        public double area(){return 3.14159 * r * r;}
        public double length(){return 2 * 3.14159 * r;}
        public String getName(){return "circle";}
}
class rectangle extends shape    {
        point a,b;
        rectangle(point aa,point bb){a = aa;b = bb;}
        public void drawme(Graphics g)   {
                g.drawRect(a.x,a.y,b.x − a.x,b.y − a.y);
        }
        public double area(){return (b.x − a.x) * (b.y − a.y);}
        public double length(){return 2 * (b.x − a.x + b.y − a.y);}
        public String getName(){return "rectangle";}
}
// shapetest.java 文件内容
import java.applet. * ;
import java.awt. * ;
public class shapetest extends Applet {
    shape[ ] myshape;
    public void init() {
        myshape = new shape[5];
        myshape[0] = new point(50,50);
        point a1 = new point(24,24);
        point a2 = new point(100,200);
        point a3 = new point(200,120);
        myshape[1] = new triangle(a1,a2,a3);
        myshape[2] = new circle(a2,50);
        myshape[3] = new circle(a3,100);
        myshape[4] = new rectangle(new point(100,100),new point(200,200));
    }
public void paint(Graphics g) {
        for(int i = 0;i < myshape.length;i++) {
    myshape[i].drawme(g);        System.out.println(myshape[i].getName() + ":" + myshape[i].area
()
```

```
            + "," + myshape[i].length());
        }
    }
}
```

此处借用 Java 早期的 Applet 来演示图形效果,需要使用 appletviewer 对嵌入了 shapetest 对象的 HTML 网页进行模拟浏览器执行,对应的 HTML 网页文件的内容如下。

```
< html >
< body >
< applet code = "shapetest.class" width = 400 height = 400 >
</applet >
</body >
</html >
```

执行效果如图 4-5 所示。

同样,多态也可以通过接口实现。

【例 4-18】 通过接口来实现多态。

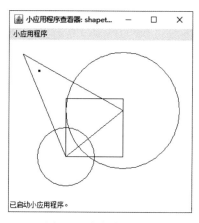

图 4-5　多态演示效果

```
//shape.java
import java.awt.Graphics;
public interface shape {      //将例 4-17 中的抽象类
                              //改为接口
        void drawme(Graphics g);
        double area();
        double length();
        String getName();
}
class point implements shape {
        int x,y;
        point(int x,int y){this.x = x;this.y = y;}
        public void drawme(Graphics g){g.fillOval(x,y,5,5);}
        public double area(){return 0;}
        public double length(){return 0;}
        public String getName(){return "Point";}
}
class triangle implements shape {
        point a,b,c;
        triangle(point aa,point bb,point cc){a = aa;b = bb;c = cc;}
        public void drawme(Graphics g)    {
                g.drawLine(a.x,a.y,b.x,b.y);
                g.drawLine(b.x,b.y,c.x,c.y);
                g.drawLine(c.x,c.y,a.x,a.y);
        }
        public double area() {
            double a_b = Math.sqrt((b.x - a.x) * (b.x - a.x) + (b.y - a.y) * (b.y - a.y));
            double a_c = Math.sqrt((c.x - a.x) * (c.x - a.x) + (c.y - a.y) * (c.y - a.y));
            double c_b = Math.sqrt((b.x - c.x) * (b.x - c.x) + (b.y - c.y) * (b.y - c.y));
            double l = (a_b + a_c + c_b)/2;
            double s = Math.sqrt((l - a_b) * (l - a_c) * (l - c_b) * l);
            return s;
```

```java
        }
        public double length() {
            double a_b = Math.sqrt((b.x - a.x) * (b.x - a.x) + (b.y - a.y) * (b.y - a.y));
            double a_c = Math.sqrt((c.x - a.x) * (c.x - a.x) + (c.y - a.y) * (c.y - a.y));
            double c_b = Math.sqrt((b.x - c.x) * (b.x - c.x) + (b.y - c.y) * (b.y - c.y));
            return a_b + a_c + c_b;
        }
        public String getName(){return "Triangle";}
}
class circle implements shape {
        point c;
        int r;
        circle(point cc, int rr){c = cc; r = rr;}
        public void drawme(Graphics g)   {
                g.drawOval(c.x - r, c.y - r, 2 * r, 2 * r);
         }
        public double area(){return 3.14159 * r * r;}
        public double length(){return 2 * 3.14159 * r;}
        public String getName(){return "circle";}
}
   class rectangle implements shape {
        point a, b;
        rectangle(point aa, point bb){a = aa; b = bb;}
        public void drawme(Graphics g) {
                g.drawRect(a.x, a.y, b.x - a.x, b.y - a.y);
        }
        public double area(){return (b.x - a.x) * (b.y - a.y);}
        public double length(){return 2 * (b.x - a.x + b.y - a.y);}
        public String getName(){return "rectangle";}
}
// shapetest.java
import java.applet.*;
import java.awt.*;
public class shapetest extends Applet {
    shape[] myshape;
    public void init()   {
        myshape = new shape[5];
        myshape[0] = new point(50, 50);
        point a1 = new point(24, 24);
        point a2 = new point(100, 200);
        point a3 = new point(200, 120);
        myshape[1] = new triangle(a1, a2, a3);
        myshape[2] = new circle(a2, 50);
        myshape[3] = new circle(a3, 100);
        myshape[4] = new rectangle(new point(100, 100), new point(200, 200));
    }
    public void paint(Graphics g) {
```

第
4
章

```
            for(int i = 0;i < myshape.length;i++)  {
               myshape[i].drawme(g);
               System.out.println(myshape[i].getName() + ":" +
      myshape[i].area() + "," + myshape[i].length());
            }
         }
      }
```

对应的 HTML 网页文件的内容和前面抽象类的写法一样,执行效果也一样。

视频讲解

4.6　枚举、自动装箱和拆箱

在 JDK 1.5 以后,Java 语言引入了枚举和自动装箱机制。可以利用枚举给一个变量或者方法创建一系列的有效值,在使用 enum 时,可以很容易地限制程序只能采用其中的某一个有效值。而自动装箱和拆箱机制大大简化了程序编程中重复的类型转换工作。

4.6.1　enum 类型

与其他语言中的枚举类型相比,Java 中的 enum 类型更加强大,其提供的 enum 是完整的类,所以提供了类可以得到的所有好处,允许添加任意的方法和字段,以及实现任意的接口等。enum 类型的对象可以彼此比较,也可以被序列化。

例如,要创建一周中各天的列表,用枚举声明如下:

```
enum WeekDays {
    MONDAY, TUESDAY, WEDNESDAY, THURSDAY, FRIDAY, SATURDAY, SUNDAY;
}
```

这个声明把整数序数赋给各个常量,即 MONDAY=0,TUESDAY=1,以此类推。并可以添加 toString 方法或其他需要的方法,如下演示:

【例 4-19】　枚举演示。

```
public class WeekDaysList {
    public static void main(String[] args){
        System.out.println("Days of week: ");
        for(DaysOfTheWeek day:DaysOfTheWeek.values()){
            System.out.print(" " + day);
        }
        System.out.println();
    }
}
enum DaysOfTheWeek {
    MONDAY,TUESDAY,WENDSDAY,THURSDAY,FRIDAY,SATURDAY,SUNDAY;
    @Override
    public String toString(){
        String s = super.toString(); //only captialize the first letter
        return s.substring(0,1) + s.substring(1).toLowerCase();
    }
}
```

当定义一个枚举类时,编译器就会创建一个扩展 java. lang. Enum 类的类定义。这个类是 java. lang. Object 的一个直接后代。与普通类不同的是,枚举类具有以下属性。

(1) 没有公开的构造器,因此不可能把它实例化。

(2) 隐式为 static。

(3) 每个枚举常量只是一个实例对象,是加载类时自动创建的。

(4) 可以调用枚举类中的方法。

4.6.2　自动装箱和拆箱

自动装箱(autoboxing)和拆箱(unboxing)用于自动地在基本数据类型及其封装类对象之间进行转换。在编程过程中,对于简单的任务使用基本类型很方便,因为可以对它们应用许多运算符而不必调用方法。但在有些场合,基本类型无法直接使用,只能使用封装对象,例如在数据集合中,这时基本数据要做装箱后才能使用,例如以下代码:

```
Integer a = new Integer(100);          //装箱
int b = 2 * a. intValue();             //拆箱
```

从 JDK 1.5 开始,不再需要这种显式的装箱和拆箱操作了,现在装箱和拆箱是隐式自动地进行,由编译器协助完成,例如下面的实例演示:

【例 4-20】　自动装箱和拆箱演示。

```
public class Autobox{
    public static void main(String args[]) throws Exception{
        System. out. println("Demonstrating power of autoboxing/unboxing");
        Integer a = 100;                 //自动装箱
        int b = 200;
        int c = a + b;                   //自动拆箱并计算
        System. out. println("Autoboxing in action: arithmetic expressions");
        System. out. printf("%d + %d = %d%n%n",a,b,c);
        System. out. println("Autoboxing in action: method parameters and return types");
        System. out. printf("%d + %d = %d%n",a,b,adder(a,b));
    }
    private static Integer adder(Integer a,Integer b){
        return a + b;
    }
}
```

4.7　内部类和匿名类

4.7.1　内部类

内部类是指在一个外部类的内部再定义一个类。内部类作为外部类的一个成员,是依附于外部类而存在的。内部类可以是静态的,可用 protected 和 private 修饰(外部类只能使用 public 和默认的包访问权限)。内部类主要有成员内部类、局部内部类、静态内部类、匿名内部类。内部类允许把一些逻辑相关的类组织在一起,并且能控制内部类代码的可视性,将包含此内部类的类称为外部类或顶层类。

【例 4-21】 内部类演示 1。

```
class A {
    int a;
    public A(){a = 29;}
    public void print() {
        System.out.println("a = " + a);
        B myb = new B();                    //使用内部类创建对象
        myb.display();
    }
    class B {                               //内部类,默认访问级别
        int b;
        B(){b = 78;}
        public void display() {
            System.out.println("a = " + a); //可以直接访问外部类的成员变量
            System.out.println("b = " + b);
        }
    }
}
class innertest {
    public static void main(String[] args) {
        A mya = new A();
        mya.print();
        A.B innerobj = new A().new B();     //在其他类中创建内部类对象
        innerobj.display();
    }
}
```

【例 4-22】 内部类演示 2。

```
class innerouter {
  private class inner {                     //内部类,私有访问级别
    private String name;
    private int age;
    public int step;
    inner(String s, int a) {
      name = s;
      age = a;
      step = 0;
    }
    public void run() {
        step++;
    }
  }
  public static void main (String args[]) {
    innerouter a = new innerouter();        //创建外部类对象
    innerouter.inner d = a.new inner("Tom",3); //创建内部类对象
    d.step = 25;                            //访问内部类的属性
    d.run();                                //调用内部类的方法
    System.out.println(d.step);
  }
}
```

注意：如果一个内部类由 static 修饰，则此类会自动变成和顶层类同级。即不能再直接访问外部类非静态成员变量。内部类要访问的局部变量必须定义成 final 类型。

4.7.2 匿名类

匿名内部类(简称匿名类)就是没有名字的内部类。匿名类是一种特殊的内部类，这种类没有名字，通过 new 关键字直接创建某一个类的匿名子类的对象来使用。在什么情况下需要使用匿名内部类？如果满足下面的条件，使用匿名内部类是比较合适的。

(1) 只用到类的一个实例。

(2) 类在定义后马上用到。

(3) 类非常小(Sun 公司推荐是在 4 行代码以下)。

(4) 给类命名并不会导致代码更容易被理解。

在使用匿名内部类时，用户要记住以下几个原则。

(1) 匿名内部类不能有构造方法。

(2) 匿名内部类不能定义任何静态成员、方法和类。

(3) 匿名内部类不能是 public,protected,private,static。

(4) 只能创建匿名内部类的一个实例。

(5) 一个匿名内部类一定是在 new 的后面，用其隐含实现一个接口或实现一个类。

(6) 因匿名内部类为局部内部类，所以局部内部类的所有限制都对其生效。

下例用于演示匿名类的使用技巧。

【例 4-23】 匿名类演示。

```
class Anonymousedemo {                     //普通类
    Anonymousedemo(){
        System.out.println("默认构造方法!");
    }
    Anonymousedemo(int x){
        System.out.println("带一个参数的构造方法!");
    }
    void method(){
        System.out.println("一成员方法");
    }
    public static void main(String[] args)
    {
        new Anonymousedemo().method();          //创建匿名对象并调用成员方法
        Anonymousedemo a = new Anonymousedemo(){ //匿名内部类,实际上是子类
            void method(){
                System.out.println("匿名类中的成员方法");
            }
        };
        a.method();
    }
}
```

匿名类和匿名对象在 GUI 程序设计中，尤其在事件监听处理中用的比较多，第 7 章 GUI 编程中有很多示例。

视频讲解

4.8　package 关键字和包

1. 包的作用

在 Java 语言中提供了管理类和其他资源的包关键字 package。包主要有以下 3 个作用。

(1) 包允许将类组合成较大的管理单元。

(2) 有助于避免命名冲突。

(3) 包允许在更广的范围内保护类、数据和方法。

2. 包的定义方式与使用

包可以是类、接口和子包的集合。包的定义方式如下：

```
package  mypackage;                        //mypackage 是包名
```

如果源程序中定义了包,则此 package 语句必须出现在 Java 源程序的第一句(指有效语句)。在 Java 语言中,包还可以包含子包,子包用 "." 分开,例如 www.flyhorse.com。

在 Java 语言中,包的层次严格对应于操作系统的目录结构,换句话说,Java 编译器和虚拟机要找到某一个包中的类,首先要找到相应的目录,在目录中再去找类和装入字节码。

(1) 包的使用分以下两种方式。

① 包名.类名：例如 mypackage. My_Class。

② import 包名.类名或 import 包名. * ：导入某一个类或所有类, * 为通配符。

(2) 对于带有包的 Java 程序的编译和运行,一般采用以下方式。

① javac -d 路径 -classpath 路径列表java 源程序文件。

② java -classpath 路径列表 包名.类。

注意：在①中,Java 编译器要将 Java 源程序编译后生成的字节码文件存储在-d 参数指定的路径中去,如果此源程序是包,编译器会自动按照包名结构创建目录结构;如果在编译过程中需要用到其他类,则应该到-classpath 参数指定的路径列表中去搜索,如果-classpath 参数省略,就用操作系统的环境变量 classpath 的值作为搜索路径。

在②中,JVM 要到-classpath 参数指定的路径列表中去找以包名命名的目录,然后在此目录中寻找类并装入执行。如果一classpath 参数省略,就用操作系统的环境变量 classpath 的值作为搜索路径。

【例 4-24】　Java 的包测试 1。

```java
package mypg;
public class packtest {
  public void display() {
      System.out.println("Math.sqrt(2.0) = " + Math.sqrt(2.0));
  }
}
class B {
  public static void main(String [ ] args) {
      packtest a = new packtest();
      a.display();
  }
}
```

假设要把编译后的字节码放在 C:\lls 目录下,编译前如图 4-6 所示。

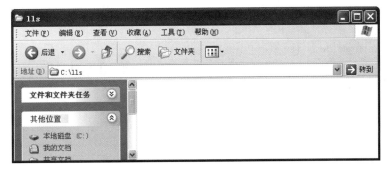

图 4-6　编译前的目录内容

编译过程如图 4-7 所示,编译后生成的目录结构如图 4-8 所示。

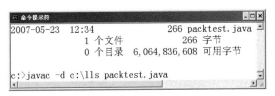

图 4-7　编译带包的类

图 4-8　编译生成的目录结构

执行 mypg.B 类的结果如图 4-9 所示。

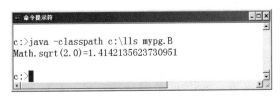

图 4-9　包使用示意图

【例 4-25】　不同包中类的使用测试。

```
package mypack;                              //包 mypack
public class A {
    public void print()   {
```

```
        System.out.println("In AAAAAA");
    }
}
class B {
    public static void main(String[] args) {
        A a = new A();                          //同一个包可直接访问使用
        a.print();
    }
}
package mypg;                                    //包 mypg
class testpack {
    public static void main(String[] args) {
        mypack.A a = new mypack.A();            //带包名使用
        System.out.println("in Testpack");
        a.print();
    }
}
```

【例 4-26】 不同包中类的使用导入测试。

```
package mypg;                                    //包 mypg
import mypack.A;                                 //导入包 mypack 中的 A
class testpack {
    public static void main(String[] args) {
        A a = new A();                          //直接使用
        System.out.println("in Testpack");
        a.print();
    }
}
```

视频讲解

4.9 程序建模示例

【程序建模示例 4-1】 有理数建模。

程序建模是训练逻辑思维和抽象思维的有效工具。本案例将展示如何设计 Rational 类来表示和处理有理数。有理数是整数(正整数、0、负整数)和分数的统称,是整数和分数的集合。有理数可以统一看成分数形式 a/b,其中 a 为分子,b 为分母。例如,1/3、3/4 和 10/4 是有理数。有理数的分母不能是 0,但分子可以是 0。每个整数 i 都等于有理数 $i/1$。有理数用于分数的精确计算——例如,1/3 = 0.33333……此数字无法使用数据类型 double 或 float 以浮点格式精确表示。为了得到准确的结果,有时必须使用有理数。

Java 为整数和浮点数提供了数据类型,但没有为有理数提供数据类型,下面将展示如何设计一个 Java 类来表示有理数。

```
//Rational.java
public class Rational extends Number implements Comparable<Rational> {
    private long numerator = 0;
    private long denominator = 1;
    public Rational() {
```

```java
        this(0,1);
    }
    public Rational(long numerator,long denominator) {
        long gcd = gcd(numerator,denominator);
        this.numerator = ((denominator > 0)?1: - 1) * numerator/gcd;
        this.denominator = Math.abs(denominator)/gcd;
    }
    public static long gcd(long n,long d) {
        long n1 = Math.abs(n);
        long n2 = Math.abs(d);
        int gcd = 1;
        for(int k = 1;k < = n1&&k < = n2;k++) {
            if(n1 % k == 0 && n2 % k == 0)
                gcd = k;
        }
        return gcd;
    }
    public long getNumerator() {
        return numerator;
    }
    public long getDenominator() {
        return denominator;
    }
    public Rational add(Rational secondRational) {
        long n = numerator * secondRational.getDenominator() +
denominator * secondRational.getNumerator();
        long d = denominator * secondRational.getDenominator();
        return new Rational(n,d);
    }
    public Rational subtract(Rational secondRational) {
        long n = numerator * secondRational.getDenominator() -
denominator * secondRational.getNumerator();
        long d = denominator * secondRational.getDenominator();
        return new Rational(n,d);
    }
    public Rational multiply(Rational secondRational) {
        long n = numerator * secondRational.getNumerator();
        long d = denominator * secondRational.getDenominator();
        return new Rational(n,d);
    }
    public Rational divide(Rational secondRational) {
        long n = numerator * secondRational.getDenominator();
        long d = denominator * secondRational.getNumerator();
        return new Rational(n,d);
    }
    public String toString() {
        if(denominator == 1)
            return numerator + "";
        else
            return numerator + "/" + denominator;
    }
```

```java
        public boolean equals(Object other) {
            if((this.subtract((Rational)(other))).getNumerator() == 0)
                return true;
            else
                return false;
        }
        public int intValue() {
            return (int)doubleValue();
        }
        public float floatValue() {
            return (float)doubleValue();
        }
        public double doubleValue() {
            return numerator * 1.0/denominator;
        }
        public long longValue() {
            return (long)doubleValue();
        }
        public int compareTo(Rational o) {
            if(this.subtract(o).getNumerator()> 0)
                return 1;
            else if(this.subtract(o).getNumerator()< 0)
                return -1;
            else
                return 0;
        }
}
//TestRational.java
public class TestRational {
    public static void main(String[] args) {
        Rational r1 = new Rational(1,5);
        Rational r2 = new Rational(4,2);
        Rational r3 = new Rational(2,3);
        System.out.println(r1 + " + " + r2 + " = " + r1.add(r2));
        System.out.println(r2 + " + " + r3 + " = " + r2.add(r3));
        System.out.println(r1 + " - " + r2 + " = " + r1.subtract(r2));
        System.out.println(r2 + " + " + r3 + " = " + r2.subtract(r3));
        System.out.println(r2 + " * " + r3 + " = " + r2.multiply(r3));
        System.out.println(r2 + " + " + r3 + " = " + r2.divide(r3));
        System.out.println(r1 + " * " + r2 + " = " + r1.multiply(r2));
        System.out.println(r3 + " is " + r3.doubleValue());
    }
}
```

【程序建模示例 4-2】 利益最大化的程序模拟。

这是一道很有趣的推理题。题目如下:

n 个海盗抢到了 100 颗宝石,每一颗价值连城,为了利益最大化,他们决定这么分配。

(1) 抽签决定自己的号码(1,2,3,4,5,…)

(2) 首先,由 1 号提出分配方案,然后大家一起进行表决,当且仅当半数和超过半数的人同意时，按照他的提案进行分配，否则他将被扔入大海喂鲨鱼。

（3）1号死后，再由2号提出分配方案，然后再进行表决，当且仅当半数和超过半数的人同意时，按照他的提案进行分配，否则他将被扔入大海喂鲨鱼。

（4）以此类推。

本问题还给出了一个附加条件：每个海盗都是很聪明的人，都能很理智地判断得失，从而做出符合理智的选择。现在提出的问题是：第一个海盗提出怎样的分配方案才能够使自己的收益最大化？换句话说，如果你是第一个海盗，你如何分配才能使你自己得到最大的利益，当然不能丢掉性命！

首先通过分析，用递推法找出一定的规律，然后再用程序建模来解决该问题，经过分析得到一张表，如表4-1所示。

表 4-1　海盗钻石分配表

海盗数	第一个海盗需要票数	分配方案					
1	需要1票	100					
2	需要1票	100	0				
3	需要2票	99	0	1			
4	需要2票	99	0	1	0		
5	需要3票	98	0	1	0	1	
…	…	…					
n	需要 $n/2-1$ 票	$100-n/2+1$	0	1	0	1	0…

首先，设计一个类来模拟海盗，抽象出他的编号以及已开始的分配方案，设计出他的投票行为。再设计一个裁判类，用来对某一个海盗的方案进行评估，使得票数必须大于或等于总人数的一半，程序设计如下：

```java
//MaxInterest.java
import java.util.*;
class Pirate {
    private String name;
    private int[] schemes;
    private int index;
    public Pirate(int t,int i){
        name = "unknown";
        index = i;
        schemes = makeSchemes(t);
    }
    public String getName(){return name;}
    public void setName(String s){name = s;}
    public int getIndex(){return index;}
    public int[] getSchemes(){return schemes;}
    public int handvote(int table[]){
        return myhandvote(table,index);
    }
    private int myhandvote(int[] t,int i) {
        if(t[i] == 0) return 0;
        else if(i == 1) return 0;
```

```java
            else { return 1; }
        }
        public int[] makeSchemes(int t){
                int vote = 0;
                schemes = new int[t - index];
                do{
                    int needvote = (int)Math.ceil((float)(t - index)/2) - 1;
                    schemes[0] = 100 - needvote;
                    for(int i = 1; i < schemes.length; i++){
                      schemes[i] = (i + 1) % 2;
                    }
                    for(int i = 0; i < schemes.length; i++){
                        vote = vote + myhandvote(schemes, i);
                    }
                }while(!(2 * vote > = t/2));
                return schemes;
        }
    }
    class Judger {
        int[] allot;
        Pirate[] pirates;
        public Judger(Pirate[] pirates, int[] a){
            this.pirates = pirates;
            allot = a;
        }
        public int[] getAllot(){return allot;}
        public void setAllot(int[] a){ allot = a;}
        public Pirate[] getPirates(){return pirates;}
        public void setPirates(Pirate[] p){pirates = p;}
        public boolean evaluate()   {
            int vote = 0;
            for(int i = 0; i < pirates.length; i++) {
                vote += pirates[i].handvote(allot);
            }
            if(2 * vote > = pirates.length) return true;
            else return false;
        }
    }
    class MaxInterest{
        public static void main(String[] args){
            int piratecounts = 5;
            Pirate[] pirates = new Pirate[piratecounts];
            for(int i = 0; i < piratecounts; i++){
                pirates[i] = new Pirate(piratecounts, i);
                pirates[i].setName("name" + i);
            }
            int[] table = pirates[0].getSchemes();
            Judge ajudge = new Judge(pirates, table);
            if(ajudge.evaluate()){
                int[] scheme = ajudge.getAllot();
                for(int i = 0; i < scheme.length; i++) System.out.print(" " + scheme[i]);
            }
        }
    }
```

4.10 本章小结

本章讲述 Java 语言中的一些特殊的关键字,例如 static、final、abstract、extends、interface、package 等,并讲述 Java 语言中的继承机制、多态机制以及 Java 特有的接口模型。

static 用来修饰静态变量或方法,类中的静态变量或静态方法属于类所有,并为所有的实例对象共享,一般通过类名来访问这些类变量和类方法。

final 用来定义常量、最终方法和最终类,abstract 用来定义抽象方法和抽象类。

Java 中的接口代表一个标准或规范,它只包含公有抽象的方法和公有的常量。而多态指的是多个对象对于同样的消息响应是不一样的。

Java 中的内部类指的是在一个类的内部定义另一个类,该类可以直接访问外部类的成员,匿名类指的是通过继承机制或实现接口的方式定义的内部类,没有类名。

Java 中的包是组织类和资源的基本单位,它是类、接口和其他子包的集合,要注意的是 Java 中的包对应于操作系统的目录结构。

第4章 习 题

一、单选题

1. 下面是关于类及其修饰符的一些描述,不正确的是( )。

    A. abstract 类只能用来派生子类,不能用来创建 abstract 类的对象

    B. final 类不但可以用来派生子类,也可以用来创建 final 类的对象

    C. abstract 不能与 final 同时修饰一个类

    D. abstract 方法必须在 abstract 类中声明,但 abstract 类定义中可以没有 abstract 方法

2. 关键字 super 的作用是( )。

    A. 用来访问父类被隐藏的成员变量   B. 用来调用父类中被重写的方法

    C. 用来调用父类的构造函数   D. 以上都是

3. 若需要定义一个类变量或类方法,应使用哪种修饰符?( )

    A. static   B. package   C. private   D. public

4. 若在某一个类定义中定义有如下的方法:

```
abstract void performDial( );
```

则该方法属于( )。

    A. 本地方法   B. 最终方法   C. 静态方法   D. 抽象方法

5. 设有下面两个类的定义:

```
class Person {                          class Student extends Person {
    long    id;     //身份证号             int  score;   // 入学总分
    String  name;   //姓名                    int  getScore(){
    char sex;       //性别                        return score; }
}                                           }
```

则类 Person 和类 Student 的关系是(　　　)。

    A. 包含关系　　　　　　　　　　　B. 继承关系

    C. 关联关系　　　　　　　　　　　D. 无关系,上述类定义有语法错误

6. 在 Java 中,一个类可同时定义许多同名的方法,这些方法的形式参数的个数、类型或顺序各不相同,传回的值也可以不相同。这种面向对象程序特性称为(　　　)。

    A. 方法隐藏　　　　　　　　　　　B. 方法覆盖

    C. 方法重载　　　　　　　　　　　D. Java 不支持此特性

7. 下列说法正确的是(　　　)。

    A. Java 中包的主要作用是实现跨平台功能

    B. package 语句只能放在 import 语句的后面

    C. 包(package)由一组类(class)和界面(interface)组成

    D. 可以用 ♯include 关键词标明来自其他包中的类

8. 当编译并运行下列程序段时,将会发生什么情况?(　　　)

```
class VarInBase{
    int i = 10;
    public void print(){
        System.out.println("i = " + i);
    }
}
class VarInSub extends VarInBase{
    int i = 100;
    public void print(){
        int i = 1000;
        System.out.println("i = " + i);
    }
}
public class Main{
    public static void main(String args[]){
        VarInBase m = new VarInSub();
        m.print();
    }
}
```

    A. 输出 i=10　　　B. 输出 i=100　　　C. 输出 i=1000　　　D. 编译错误

9. (　　　)是指子类中的一个方法与父类中的方法有相同的方法名,并具有相同参数和类型的参数列表。

    A. 重载方法　　　B. 覆盖方法　　　C. 强制类型转换　　　D. 以上都不对

二、多选题

1. 以下哪些代码能够编译通过?(　　　)

    A. class Fruit { }

       public class Orange extends Fruit {

       public static void main(String[] args){

       Fruit f = new Fruit();

       Orange o = f;

       }};

B. class Fruit {}
```java
public class Orange extends Fruit {
public static void main(String[] args){
Orange o = new Orange();
Fruit f = o;
}};
```

C. interface Fruit {}
```java
public class Apple implements Fruit {
public static void main(String[] args){
Fruit f = new Fruit();
Apple a = f;
}};
```

D. interface Fruit {}
```java
public class Apple implements Fruit {
public static void main(String []args){
Apple a = new Apple();
Fruit f = a;
}};
```

E. interface Fruit {}
```java
class Apple implements Fruit {}
class Orange implements Fruit {}
public class MyFruit {
public static void main(String []args){
Orange o = new Orange();
Fruit f = o;
Apple a = f;
}}
```

2. 下面哪些是合法的语句(以下 Panel、Applet 和 Frame 类来自于 java.awt 包,请查阅相关的 JavaDoc 文档来了解它们是否有继承关系)?(   )

A. `Object o = new String("abcd");`
B. `Boolean b = true;`
C. `Panel p = new Frame();`
D. `Applet a = new Panel();`
E. `Panel p = new Applet();`

三、编程题

1. 编写一个定义了包 mytest.mypg 的类,在该类中通过方法 print()输出"Hello",然后再定义另一个包 mytest.mainpg,其中有主类,使用 import 语句引入前一个类,并在主类的 main()方法中创建一个该类的对象,调用 print()方法。

2. 编写一个类,该类有一个方法 public int f(int a,int b){返回 a 和 b 的最大公约数}然后编写一个该类的子类,要求子类重写方法 f(),而且重写的方法将返回两个整数的最小公倍数。要求:在重写的方法的方法体中首先调用被隐藏的方法返回 a 和 b 的最大公约数 m,然后将 $(a * b)/m$ 返回;在应用程序的主类中分别使用父类和子类创建的对象,并分别调用 f()计算两个正整数的最大公约数和最小公倍数。

3. 定义一个坐标类 Pointer,属性包括 x 和 y,以及一个统计有多少个 Pointer 对象的类成员变量 counts;并设置 setX、setY、getX、getY、display 以及构造方法、toString 方法、equals 方法;还应包括静态方法 distance 用来计算两点间的距离,getCounts 方法返回有多少个点对象。设计一个测试类,在类的 main 方法中创建两个 Pointer 对象并计算两点坐标之间的距离并输出点的个数和距离值。

4. 某个公司采用公用电话传递数据,数据是 4 位的整数,在传递过程中是加密的,加密规则如下:每位数字都加上 5,然后用和除以 10 的余数代替该数字,再将第一位和第四位交换,第二位和第三位交换,试编程模拟此过程。

5. 定义一个 BookShop 类,属性包括书名、出版社、单价、出版年份、作者,定义默认的构造方法和带参数的构造方法,定义相应的 get 方法和 set 方法,定义 equals 方法和 toString 方法,最后定义一个 main()方法来进行测试。

6. 写一个程序,提示用户输入一个整数 m,对 m 分解质因数,并输出所有的质因数乘积的形式。如下示例:

```
输入一个正整数: 90
90 = 2 * 3 * 3 * 5
90 共有 4 个质因数: [2, 3, 3, 5]
```

[输入样例]

```
输入一个正整数: 650
```

[输出样例]

```
650 = 2 * 5 * 5 * 13
650 共有 4 个质因数: [2, 5, 5, 13]
```

7. 写一个程序,提示用户输入一个整数 m,找到最小的整数 n,使得 $m*n$ 是一个完美的平方数(提示:利用上题的结果,n 是在质因数列表中出现奇数次的因子的乘积。例如,假设 $m = 90$,质因数列表为 2、3、3、5,其中 2 和 5 在列表中出现奇数次,所以 n 是 $2*5=10$)。下面是运行示例:

```
请输入一个正整数: 90
找到最小的正整数 n: 10
可以使得 m * n 为一个完美平方数: m * n = 900
```

[输入样例]

```
请输入一个正整数: 90
```

[输出样例]

```
找到最小的正整数 n: 10
可以使得 m * n 为一个完美平方数: m * n = 900
```

四、简答题

1. 继承有哪些优点和缺点?

2. 方法覆盖必须满足哪些规则?

3. 父类的 final 方法可以被子类重写吗?

4. 可以包含有 abstract 方法的有哪些?

5. 以下代码能否编译通过?假如能编译通过,运行时将得到什么打印结果?

```
Object o = new String("abcd");
String s = o;
System.out.println(s);
System.out.println(o);
```

6. 以下代码能否编译通过？假如能编译通过,运行时将得到什么打印结果?

```
class Base{
abstract public void myfunc();
public void another(){
System.out.println("Another method");
}}
public class Abs extends Base{
public static void main(String argv[]){
Abs a = new Abs();
a.amethod();
}
public void myfunc(){
System.out.println("My func");
}
public void amethod(){
myfunc();
}}
```

7. 试解释 Java 语言中接口的特点。

8. 抽象类和接口有哪些区别?

9. 简述 Java 语言中包(package)的使用规则。

10. 请将以下程序补充完整。

```
_____ class C {
abstract void callme();
void metoo {
    System.out.println("类 C 的 metoo()方法");
  }
}
class D _____ C {
    void callme() {
        System.out.println("重载 C 类的 callme()方法");
      }
  }
public class Abstract {
      public static void main(String args[]){
  }
C c = _____ D();
c.callme();
c.metoo();
  }}
```

11. 以下程序代码中有什么错误?

```
public class TestObjectArray {
```

```
public static void main(String[] args) {
    Integer[] list1 = { 12, 24, 55, 1 };
    Double[] list2 = { 12.4, 24.0, 55.2, 1.0 };
    int[] list3 = { 1, 2, 3 };
    printArray(list1);
    printArray(list2);
    printArray(list3);
}
public static void printArray(Object[] list) {
    for (Object o : list)
        System.out.print(o + " ");
    System.out.println();
}
```

12. 应该使用什么修饰符成员变量,以便其他包中的类不能访问该成员变量,但其他包中该类的子类可以访问它?

13. 如何防止类被扩展? 如何防止方法被覆盖?

第 5 章　Java 异常处理和日志技术

由于在软件设计中存在错误，于 1996 年 6 月 4 日发射的阿丽亚娜 5 型飞行器 501（Ariane 5 Flight 501）在发射后 40s 内就失败了，损失了 5 千万美元。原因仅是一个细小的软件错误造成的，这个错误就是一些本来为之前版本的阿丽亚娜 4 型飞行器编写的程序代码抛出了异常，该程序段在飞行中并不是真正需要的，但是被遗留下来了。该段程序计算出了非常大的数字，并试图保存到很短的数据存储空间中，从而造成了溢出。但程序没有提供处理程序来捕获和处理这种情况。这种特殊情况本应该不会轻易发生，即使提供空的错误处理程序，也将有可能拯救这种失败，但是在缺少错误处理程序的情况下，错误传送到了操作系统，中止了该进程。遗憾的是该程序是火箭的引导程序，火箭就这样自我毁灭了。

从以上的故事中可以看出异常处理的重要性，用户在设计和开发软件时，事先无论如何仔细考虑，或多或少都会出现一些意想不到的问题或错误，这就使得程序员在软件开发过程中越来越重视测试环节。在编程过程中，经常会出现的错误有语法错误、逻辑错误以及异常情况。

5.1　异常的概念和处理机制

视频讲解

5.1.1　异常的定义

异常是一项工作流程中的非正常状况，它会改变事先设计好的流程，导致错误的结果，或者流程无法进行等。在计算机的进程中一旦引发异常，该进程将突然中止，且对 CPU 的控制权将返回给操作系统，而在发生异常后，此前分配的其他资源都将保留在相同的状态，这将导致资源漏洞。

在程序中试图处理这些异常就称为异常处理。Java 语言提供了一套比较完善的异常处理机制，正确地运用这套机制，有助于提高程序的健壮性。所谓程序的健壮性，就是指程序在多数情况下能够正常运行，返回预期的正确结果，如果偶尔遇到异常情况，程序也能采取周到的解决措施。而不健壮的程序则没有事先充分预计到可能出现的异常，或者没有提供强有力的异常解决措施，导致程序在运行时经常莫名其妙地终止，或者返回错误的运行结果，而且难以检测出现异常的原因。

5.1.2　异常的处理机制

Java 语言采用了面向对象的思想来处理异常，这使得程序具有更好的可维护性。即正在运行的 Java 应用程序在发生异常时，会创建异常对象来封装错误信息并将其抛出，程序的控制权会发生转移,转移到捕获代码处并尝试捕获此异常对象,如果捕获成功,则程序的控制权会转移到此处继续执行,以便进行相应的异常分析和异常处理。如果没有成功捕获异常对象,异常会沿着调用堆栈向上传递,在调用方法中再进行异常的捕获处理,如果还是没能成功捕获和处理,则继续向上传递,直到 JVM 终止退回到操作系统。Java 异常处理机制具有以下优点。

(1) 把各种不同类型的异常情况进行分类,用 Java 类来表示异常情况,这种类被称为异常类。把异常情况表示为异常类,可以发挥类的可扩展性和可重用性的优势。

(2) 异常流程代码和正常流程代码分离,提高了程序的可读性,简化了程序的结构。

(3) 可以灵活地处理异常,如果当前方法有能力处理异常,就捕获异常并处理它,否则只需要抛出异常对象,由方法调用者来处理它。

在 Java 中采用了 5 个关键字来处理异常。

(1) try:尝试执行的代码段。

(2) catch:用来捕获异常对象代码段。

(3) finally:不管是否有异常,最终都要执行的代码段。

(4) throw:用来明确地抛出异常对象。

(5) throws:用来声明方法可能会出现的异常。

一般情况下,异常流程由 try-catch-finally 语句来控制。如果程序中还包含 return 和 System. exit()语句,就会使流程变得更加复杂。所以,在异常处理模块中,尽量不要出现 return 或 System. exit()的语句。

5.1.3 程序中的异常分类

在 Java 中,可以抛出和捕获的异常可以分为两大类:

(1) 内部错误(或称重量级异常)是由 Error 类的子类产生,错误发生时程序无法继续执行,它们有时也被称为硬错误。这种类型的典型实例就是 OutOfMemoryError,通常这些类型的致命错误由 Java API 或 Java 虚拟机本身抛出。

(2) 轻量级的异常也被称为非致命错误,即程序出现异常但不是那么严重,并且应用程序在绝大多数情况下是可以解决的。这类异常又可以分为以下 2 种。

① 由 RuntimeException 及其子类产生的异常对象,如 IndexOutOfBoundsException 或 IllegalArgumentException 类型的异常对象,这种异常对象一般只能发生在进程中,也称这些异常为非检查异常,编译器一般不检查这类异常。

② 除 RunTimeException 类系外的其他异常都是检查异常,这些异常是由程序之外的某些外部原因导致的,例如磁盘错误或网络连接中断导致的 IOException。编译器在编译时会检查这类异常,确保它们已经得到了处理,如果程序中有没有处理的检查类异常,程序将无法通过编译。

5.2 Java 语言中的异常类层次

在程序运行中,任何中断正常流程的因素都被认为是异常。按照面向对象的思想,Java 语言用异常类对象来封装错误发生时的现场信息及可能的情况信息。所有异常类的祖先类

视频讲解

为 java.lang.Throwable 类,它指向的实例表示具体的异常对象,可以通过 throw 语句抛出。Throwable 类提供了访问异常信息的一些方法,常用的方法如下。

(1) getMessage():返回 String 类型的异常信息。

(2) printStackTrace():打印跟踪方法调用栈而获得的详细异常信息。在程序调试阶段,此方法可用于跟踪错误。

JDK 提供的异常类层次如图 5-1 所示。

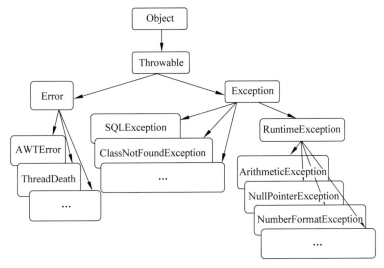

图 5-1 异常类的层次图

可以看到,在 Java 中所有的异常类都是 Throwable 的子类,它派生出两个类,Exception 类表示程序本身可以处理的轻量级异常,即程序运行时会出现这类异常,程序可以捕获并应该尽可能地处理,使程序能够恢复执行;Error 类及其子类表示仅靠程序本身无法修复的重量级异常,例如内存空间不足,或者 JVM 方法调用栈溢出。在大多数情况下,当遇到这样的错误时,建议终止程序运行。表 5-1 列出了 Java 语言中常见的异常类及其说明。

表 5-1 常见的异常类及其说明

异 常 类 名	说　　明	备　　注
Exception	发生异常	轻量级异常类的父类(熟练掌握)
ClassNotFoundException	找不到类	编译或运行时检查类异常(常用)
InterruptedException	线程被打断	运行时异常(线程中用)
IllegalAccessException	非法访问异常	违法访问规则
NoSuchMethodException	找不到方法	编译或运行时检查类异常
RuntimeException	运行时发生异常	运行时异常的父类
ArithmeticException	数学溢出异常	运行时异常类的子类(熟练掌握)
IllegalArgumentException	非法参数异常	方法传递的参数有误
IllegalThreadStateExcepton	线程状态异常	IllegalArgumentException 的子类
IndexOutOfBoundsException	下标越界异常	RuntimeException 的子类
ArrayStoreException	数组存储异常	在读写数组数据时发生异常
NumberFormatException	数字格式异常	字符串转换为数字时发生异常

异 常 类 名	说　明	备　注
ArrayIndexOutOfBoundsException	数组下标越界异常	IndexOutOfBoundsException 的子类(常用、熟练掌握)
NegativeArraySizeException	数组大小为负数异常	RuntimeException 的子类
NullPointerException	空引用异常	RuntimeException 的子类(常用)
SecurityException	安全类异常	RuntimeException 的子类
IOException	输入输出类异常	进行输入输出时的异常
FileNotFoundException	找不到文件异常	运行时异常
SQLException	SQL 查询类异常	数据库操作时发生异常
AWTException	抽象窗口类异常	在图形界面中发生画图异常

注: 建议初学者应首先掌握粗体标识的基本异常类。

Java 语言中可用的处理异常方式有以下两种。

(1) 自行处理: 将可能引发异常的语句封入在 try 块内,而将处理异常的相应语句封入 catch 块内。

(2) 回避异常: 在方法声明中包含 throws 子句,通知潜在调用者,如果发生了异常,必须由调用者处理。

5.2.1　自行异常处理

为了在程序中捕获轻量级的异常,Java 提供了名为 try-catch 的语句结构。将运行时可能产生异常的可疑代码放到 try 代码块中,将处理异常的代码放到对应的 catch 块中,其基本结构的语法如下:

```
try {
    //可能引起异常的代码段
}catch(Exception e) {
    //处理异常 e
}
```

当 try 代码块中出现一个异常时,这个代码块的剩余部分将终止执行,程序会生成并抛出一个异常对象,然后转入 catch 模块捕获异常,当捕获到异常对象时,则转入对应的 catch 代码块执行。如上所示,catch 代码块中的参数 e 类似于方法定义中的形参 e,当 catch 捕获到一个异常对象时,引用 e 就会指向此异常对象,并可以使用相应的方法。

【例 5-1】　演示 try…catch 结构。

```
public class trycatch {
    public static void main(String[] args) {
        int x = 12; int y = 0;
        try {
            x = x/y;
            System.out.println("You won't see this!");
        }catch(Exception e){
            System.out.println("Catch a Exception!");
            e.printStackTrace();                        //打印调用堆栈
        }
```

```
        }
    }
```

有时,单个代码片段可能会引起多个异常,这种情况下可提供多个 catch 块分别处理各种异常类型。比如在一个跨国高速公路的出口处,需要同时设置好几个检查站,有海关部门、缉毒部门、刑侦部门、卫生防疫部门等,根据不同的异常情况可由不同的部门进行处理。

【例 5-2】 演示多 catch 结构。

```java
import java.util.Scanner;
public class trycatchdemo {
    public static void main(String[] args) {
        int a = 0, b = 0, c = 0;
        try {
            a = Integer.parseInt(args[0]);
            b = Integer.parseInt(args[1]);
            c = a/b;
            System.out.println("c = " + c);
            System.out.println(" ****** 正常执行 ****** ");
            System.out.println("实数的除法不产生数学类异常:3.0/0.0 = " + (3.0/0.0));
        }
        catch(ArrayIndexOutOfBoundsException e1)  {
            System.out.println("此程序要输入两个参数!");
        }
        catch(NumberFormatException e2) {
            System.out.println("必须输入数字! ");
        }
        catch(ArithmeticException e3) {
            System.out.println("除数不能为 0!");
            System.out.print("请重新输入除数:");      //演示如何补救
            Scanner in = new Scanner(System.in);
            b = in.nextInt();
            c = a/b;
            System.out.println("c = " + c);
        }
    }
```

注意:在多个 catch 的情况下,子类异常应该出现在父类异常之前,否则子类异常永远不会捕获到,因为第 4 章讲过,父类引用可以指向子类对象。

5.2.2 回避异常处理

回避异常是指在异常发生的方法中不使用 try-catch 做异常处理,而是将异常交给调用者来处理,通常在定义此方法时要用 throws 声明可能抛出的异常类型,在代码中用 throw 明确地抛出一个异常对象。

【例 5-3】 演示 throw 和 throws 配合处理异常。

```java
class ThrowsDemo {
    public static void main(String [] args) {
        Person zhangsan = new Person();
        try     {
```

```
                    zhangsan.setName("张三");
                    zhangsan.setAge(20);
                    zhangsan.display();
            }
            catch(Exception e) {
                System.out.println(e.getMessage());
            }
        }
    }
class Person {
    private int age;
    private String name;
    public int getAge(){return age;}
    public String getName(){return name;}
    public void setAge(int a) throws Exception {
        if(a < 0)
            throw new Exception("出现异常:年龄不能小于零!");
        if(a > 150)
            throw new Exception("出现异常:年龄大于 150 的概率很小!");
        age = a;
    }
    public void setName(String nn){name = nn;}
    public void display(){
        System.out.println("我叫" + name + "\n" + "我今年" + age + "岁!");
    }
}
```

注意：throws 可以抛出多种类型的异常,异常类型之间以逗号分隔。

5.2.3　异常情况下的资源回收和清理工作

视频讲解

前面已经说过,当异常发生时已经分配的资源会保持原来的状态,不能被释放。为了避免这种情况,Java 提供了 finally 关键字用来修饰一个代码块,此代码块不管有没有异常发生都要执行,该代码块主要用来释放和清理有关的资源或善后工作,完整的 try-catch-finally 语法如下所示。

```
try {
    尝试执行的代码块
}catch(异常类 变量名){
    异常处理代码块
}
finally {
    总是要执行的代码块
}
```

可以将 finally 和 try 结合使用而无须 catch 块。换言之,在程序代码中完全可以省略 catch 块。finally 的演示示例如下所示。

【例 5-4】　演示 finally 关键字。

```
class FinallyDemo {
```

```java
    int no1,no2;
    FinallyDemo(String args[])      {
    try {
        no1 = Integer.parseInt(args[0]);
        no2 = Integer.parseInt(args[1]);
        System.out.println("相除结果为 " + no1/no2);
    }
    catch(ArithmeticException i) {
        System.out.println("不能除以 0");
    }
    catch(ArrayIndexOutOfBoundsException e1) {
            System.out.println("此程序要输入两个参数!");
        }
        catch(NumberFormatException e2) {
            System.out.println("必须输入数字! ");
        }
    finally {
        System.out.println("Finally 已执行,用来做清理工作!");
    }
    }
    public static void main(String args[]) {
        new FinallyDemo(args);
    }
}
```

注意：当代码中的 return 语句被执行时，不影响 finally 块的执行，即在返回调用方法前，finally 块还是要执行的。finally 块中如果出现 break、continue 语句可能会逻辑混乱，即如果有 finally 的情况下，try 中的 break 或 continue 都不会立即执行，程序会将 finally 中的语句执行完，所有一般不要再跨 try 模块使用 break 或 continue。try 块可以有 0 个或多个 catch 块，但最多只能有一个 finally 块。

5.2.4　带资源的 try 语句

为了简化编程，Java SE 7 又给 try 块增加了新的语法，从而提供更简单的方法来清理资源。使用这种新的语法，可在 try 语句中打开资源，当语句执行结束时会自动清理或关闭资源，可在 try 块中包含多个资源，每一个资源用分号隔开，如下例程序所示。

【例 5-5】 演示带资源的 try 语句。

```java
import java.io.*;
public class FileCopy {
    public static void main(String[] args){
        try (InputStream fis = new FileInputStream(new File("src.txt"));
            OutputStream fos = new FileOutputStream(new File("dest.txt"))) {
            byte[] buf = new byte[8192];
            int i;
            while((i = fis.read(buf))!= -1){
                fos.write(buf,0,i);
            }
        }catch(Exception e){
```

```
                e.printStackTrace();
            }
        }
    }
```

最新版本的 try 语句可以不带 catch 或 finally 子句,可以通过方法声明中的 throws 直接上传抛出的异常对象。

视频讲解

5.3 自定义异常

JDK 提供的异常类不可能涵盖所有的异常类型,所以在特定的问题领域可以通过扩展 Exception 类或其子类来创建自定义的异常类,以适合特定的商业逻辑,例如在 ATM 上取款,单日累计不能超过 20000,计算机不会因为 20000 或 20001 产生错误,这是人的逻辑,所以需要自定义异常。自定义异常类应该包含了和异常相关的信息,有助于负责捕获异常的 catch 代码块正确地分析并处理异常。自定义异常类通常都是通过创建异常对象,然后用 throw 抛出该异常对象。

【例 5-6】 演示通过 Exception 的子类派生的自定义异常类。

```
class ArraySizeException extends NegativeArraySizeException{
    ArraySizeException() {
        super("您传递的是非法的数组大小");
    }
}
class UserExceptionDemo {
    int size, array[];
    UserExceptionDemo(int s) {
    size = s;
     try {    checkSize();    }
     catch(ArraySizeException e) {System.out.println(e);}
}
void checkSize() throws ArraySizeException {
    if(size < 0)      throw new ArraySizeException();
    array = new int[size];
    for(int i = 0; i < size; i++) {
        array[i] = i + 1;
    System.out.print(array[i] + " ");
}}
public static void main(String arg[]) {
    new UserExceptionDemo(Integer.parseInt(arg[0]));
}
```

【例 5-7】 演示 Exception 类派生的自定义异常类。

```
class myexception extends Exception {
    String mymsg = "我自己定义的异常!";
    double mynum = 2.0;
    myexception(){super("首字母不能为A!");}
    myexception(String msg){super(msg);}
```

```
        public void displayme(){System.out.println(mymsg);}
        public double mymethod(){return Math.sqrt(mynum);}
}
class exceptiontest {
        public static void main(String[] args) {
            try {
                if(args[0].charAt(0) == 'A') {
                    myexception e = new myexception();
                    System.out.println("kkkk:" + e.mymethod());
                    e.displayme();
                    System.out.println("*********in try*********");
                    throw e;
                }
                else if(args[0].charAt(0) == 'B') {
                    throw new myexception("第一个字符不应是 B!");
                }else{System.out.println(args[0]);}
            }
            catch(myexception aaaa) {
                System.out.println(aaaa.getMessage());
                aaaa.displayme();
                System.out.println("" + aaaa.mymethod());
            }
            catch(ArrayIndexOutOfBoundsException e){
                System.out.println("命令行参数个数错!");
            }
        }
}
```

从此例可以看出,异常类的设计和普通的类的设计区别不大,只不过异常类对象可以用 throw 关键字抛出,由 catch 捕获而已。

5.4 使用异常的指导原则

如何明智地、有效地使用异常处理,是每一个资深程序员必须要掌握的技巧。异常处理的黄金法则如下。

(1) 要具体。

(2) 早抛出。

(3) 晚捕获。

进行简单的检查就可以避免抛出异常,应尽量使用检查语句。例如,在一个空对象上调用方法会抛出 NullPointerException 异常,用 if(ref! =null) {...}要比用 try-catch 语句有效得多;再比如执行堆栈上的弹出操作时,必须确认堆栈不为空,简单地进行检查将会发现这种情况,这比异常处理的效率更高。

初学者喜欢将 try-catch 块放到程序代码中任何可能的地方,使用过多的 try-catch 将导致代码凌乱,并可能掩盖程序的主要逻辑。在单个 try 块组织所有可疑的语句,并为这个 try 块提供多个 catch 处理程序。如果喜欢,可以抛出异常对象给调用者,然后集中所有的异常处理。

另外,永远不要使用空的异常处理语句,即 catch(Exception e){},因为在任何时候如果出现异常,异常将会被悄悄地忽略。而忽略异常将导致不可预知的程序状态,这将是很难诊断和修复的。

而且不幸的是,Java 的异常在实现上有一个小缺陷。尽管异常是程序中出现危机的迹象,并且不应该被忽略,但是在 Java 中异常也有可能丢失。这种情况在使用 finally 子句的特定配置时可能发生,或者在新的异常对象覆盖旧的异常对象时发生。

如果从构造方法中抛出异常,这些清理行为可能无法正常发生。这意味着在编写构造方法时必须仔细斟酌。

【例 5-8】 异常丢失示例。

```java
class VeryImportantException extends Exception {  //重要的异常
  public String toString() {
    return "A very important exception!";
  }
}
class HoHumException extends Exception {            //不太重要的异常
  public String toString() {
    return "A trivial exception";
  }
}
public class LostMessage {
  void f() throws VeryImportantException {
    throw new VeryImportantException();
  }
  void dispose() throws HoHumException {
    throw new HoHumException();
  }
  public static void main(String[] args) {
    try {
      LostMessage lm = new LostMessage();
      try {
        lm.f();                          //抛出重要的异常对象
      } finally {
        lm.dispose();                    //抛出不重要的异常对象,原来的异常对象丢失了
      }
    } catch(Exception e) {
      System.out.println(e);
    }
  }
}
```

程序运行时前面先抛出的异常对象丢失了,所以在处理异常时一定要正确地构造和传递异常信息。

5.5 日　志

每个 Java 程序员都熟悉向程序中插入 System.out.println()调用的过程,用来检查程序的执行过程,但这些会扰乱程序正常的执行过程,当然,如果程序能够正常执行,可以删除这些插入的打印语句。这会带来不小的代码工作开销,并且容易出错,Java 提供日志 API

的设计就是为了解决这个问题,其主要优势如下。

(1) 很容易隐藏所有的日志记录,或者只是那些低于某个级别的日志记录,同样也很容易把它们打开。

(2) 被抑制的日志代码开销非常小,因此在发布的软件系统代码中,遗留的日志记录代码的影响基本上可以忽略不计。

(3) 可以将日志记录定向到不同的处理程序,用于在控制台中显示或写入到文件等。

(4) 日志记录器和处理程序都可以过滤记录,过滤器可以使用用户提供的标准选择来丢弃日志记录。日志记录可以采用不同的格式,例如纯文本或 XML 格式。

(5) 应用程序可以使用多个日志记录器,这些日志记录器具有层次化的名称,例如 com. mycompany. myapp,类似于包名。

(6) 默认情况下,日志配置由配置文件控制,应用程序如果需要,可以替换这个机制。

5.5.1　日志简单使用

对于简单的日志使用,类似于 System. out. println 方法,使用 java. util. logging 包中 Logger 类的静态方法获取一个日志记录器对象,然后调用 info()方法输出日志。

```
Logger.getGlobal().info("简单日志记录");
```

默认情况下,日志记录的输出如下:

四月 27, 2020 3: 43: 12 下午 chap05. SimpleLogging main
信息: 简单日志记录

但如果设置了日志记录级别,例如 Logger. getGlobal(). setLevel(Level. OFF),则后面的日志就被忽略了。

【例 5-9】　简单日志演示。

```
import java.util.logging.Level;
import java.util.logging.Logger;
public class SimpleLogging {
    public static void main(String[] args) {
        Logger.getGlobal().setLevel(Level.OFF); //后面日志的记录可用 Level.ON 或 Level.OFF
                                                 //控制
        System.out.println("普通输出语句");
        Logger.getGlobal().info("简单日志记录");
    }
}
```

5.5.2　日志高级使用

前面已经讲解了简单的日志记录,下面介绍一下高级日志记录。在专业应用程序中,不希望将所有记录都记录到一个全局记录器中。相反,可以定义自己的日志记录器。调用 getLogger 方法来创建或检索一个日志程序,并给日志对象起一个日志名称,例如“Logger myLogger = Logger. getLogger("com. mycompany. myapp");”与包名类似,日志名也是层次化的。事实上,它们比包更具有层次结构。包和它的父包之间没有语义关系,但是

第 5 章

Java 异常处理和日志技术

logger 父包和子包共享某些属性。例如,如果在日志记录器 com 上设置日志级别,子日志记录器就会继承了这个级别,日志级别如表 5-2 所示。

表 5-2　Java 中日志级别

SEVERE	严　　重
WARNING	警告
INFO	信息
CONFIG	配置
FINE	良好
FINER	较好
FINEST	最好
ALL	开启所有级别日志记录
OFF	关闭所有级别日志记录

默认情况下,前 3 个级别是被记录的。可以设置一个不同的日志级别,如"logger.setLevel(Level.Fine);"Fine 上的所有级别的日志都会被记录。也可以使用 Level.ALL 打开所有级别的日志记录器。可以采用方法记录日志,所有级别都有对应的日志记录方法,例如 log.warning(message)、logger.fine(message)等,或者可以使用 log 方法并提供级别,例如用 log.log(Level.Fine,message)来记录日志。

默认情况下,日志记录器将记录发送到一个 ConsoleHandler,后者将记录打印到系统中的错误流(System.err)。要将日志记录发送到其他地方,需要添加其他日志处理程序。日志 API 为此提供了两个有用的处理程序: FileHandler 和 SocketHandler。SocketHandler 将记录发送到指定的主机和端口,FileHandler 在文件中收集日志记录。可以简单地将记录发送到一个默认的文件处理程序,例如以下代码:

```
FileHandler handler = new FileHandler();
logger.addHandler(handler);
```

这些记录被发送到用户主目录下的 java％d.log 文件中,其中％d 是使文件唯一的数字。在实际应用中可以指定日志文件的路径,经处理器同意后可以设置日志记录级别,默认的日志文件是 XML 格式,代码如下所示:

```
< record >
  < date > 2020 - 04 - 27T18:47:12 </date >
  < millis > 1587984432426 </millis >
  < sequence > 3 </sequence >
  < logger > javasoft.blog </logger >
  < level > SEVERE </level >
  < class > chap05.TestLogging </class >
  < method > main </method >
  < thread > 1 </thread >
  < message >严重</message >
</ record >
```

日志的一个常见的用途是记录意外的异常。有两个方法常用来处理包括异常信息描述和日志中记录异常信息。

```
void throwing(String className, String methodName, Throwable t)
void log(Level l, String message, Throwable t)
```

典型的使用方式如下：

```
try {
  if(...){
    IOException exception = new IOException("....");
    logger.throwing("com.flyhorsespace.www","read",exception);
    throw exception;
  }
  ...


}catch(IOException e){
  logger.("com.flyhorsespace.www").log("Level.WARNING, "装入图像",e);
}
```

throwing 调用日志记录器并抛出一条带有异常信息的异常对象，在捕获异常的处理代码中用 log 方法记录相关信息。以下程序演示了日志的常用 API。

【例 5-10】 日志高级使用演示。

```
import java.io.IOException;
import java.util.logging.ConsoleHandler;
import java.util.logging.FileHandler;
import java.util.logging.Level;
import java.util.logging.Logger;
public class TestLogging {
    public static void main(String[] args) throws IOException {
        Logger log = Logger.getLogger("javasoft");
        log.setLevel(Level.INFO);
        Logger log1 = Logger.getLogger("javasoft");
        System.out.println(log == log1);         // true
        Logger log2 = Logger.getLogger("javasoft.blog");
        ConsoleHandler consoleHandler = new ConsoleHandler();
        consoleHandler.setLevel(Level.FINE);
        log1.addHandler(consoleHandler);
        FileHandler fileHandler = new FileHandler("d:/temp/testlog%g.log");
        log2.addHandler(fileHandler);
        log2.setLevel(Level.FINEST);
        log1.severe("严重");
        log1.warning("警告");
        log1.info("信息");
        log1.config("配置");
        log1.fine("良好");
        log1.finer("较好");
        log1.finest("最好");
        log2.severe("严重");
        log2.warning("警告");
        log2.info("信息");
        log2.config("配置");
        log2.fine("良好");
```

```
        log2.finer("较好");
        log2.finest("最好");
    }
}
```

5.6　类设计指导原则

到现在为止,类的基本设计原理和 Java 语言的基本语法已经介绍完了,可以尝试开发一些具有实用价值的程序,接下来总结一些类设计中指导原则。

5.6.1　内聚

一个类应该抽象成一个单独的实体类型,并且所有的类操作应该在逻辑上结合在一起以支持一个一致的目的。例如,可以为学生使用一个类,但是不应该将学生和职员合并到同一个类中,因为学生和职员是不同的实体。

一个具有许多职责的实体可以被分成几个类来分割职责。例如,String、Stringbuilder 和 Stringbuffer 类都处理字符串,但它们的职责不同。String 类处理不可变的字符串,Stringbuilder 类用于创建可变字符串,而 StringBuffer 类与 Stringbuilder 类似,只是 StringBuffer 包含用于更新字符串的同步方法。

5.6.2　一致

应遵循标准的 Java 编程风格和命名约定,为类、数据字段和方法选择信息丰富的名称。一种流行的风格是将数据声明放在构造函数之前,将构造函数放在方法之前。

让名称保持一致。为类似的操作选择不同的名称不是一个好的实践。例如,length()方法返回字符串、Stringbuilder 和 Stringbuffer 的大小。如果在这些类中对这个方法使用了不同的名称,那么它将是不一致的。

通常,应该始终如一地提供一个公共的无参数构造函数来构造默认实例。如果一个类不支持无参数构造函数,记录下原因。如果没有显式定义构造函数,则假定为具有空主体的公共默认无参数构造函数。

如果希望阻止用户为类创建对象,可以在类中声明私有构造函数,与 Math 类相同。

5.6.3　封装

类应该使用私有修饰符来隐藏它的数据,不让客户端直接访问,这使得类很容易维护。

只有在希望数据字段可读的情况下才提供 getter 方法,只有在希望数据字段可更新的情况下才提供 setter 方法。例如,在上一章的有理数建模案例中,Rational 类为分子和分母提供了一个 getter 方法,但是没有提供 setter 方法,因为 Rational 对象是不可变的。

5.6.4　清晰

内聚性、一致性和封装是实现设计清晰性的良好指导原则。一个类应该有一个清晰的契约,易于解释和理解。

用户可以在不同的场合中用不同的顺序、不同的方式组合任意组合使用类。因此应该设计一个类,对如何或何时使用没有限制,允许用户可以随意使用它,设计属性时,让用户可以以任何顺序和值的组合来设置其值;设计方法时,方法应该独立于它们调用的顺序。例如,学生类包含属性姓名、性别、年龄等属性,可以按任何顺序设置这些属性的值。

应该直观地定义方法,而不引起混淆。例如,java. lang 包中的 String 类中的 substring (int beginindex, int endindex)方法有点令人困惑。该方法将一个子字符串从 beginindex 返回到 endindex-1,而不是返回到 endindex。将一个子字符串从 beginindex 返回到 endindex 会更直观一些。

不应该声明可以从其他数据字段派生的数据字段。例如,下面的 Person 类有两个数据 birthdate 和 age。由于年龄可以从出生日期派生,所以不应该将年龄声明为数据字段。

```java
public class Person {
    private Date birthdate;
    private int age;                           //没有必要
    ...
}
```

5.6.5 完整

类是为许多不同的用户设计的。为了在广泛的应用程序中发挥作用,抽象的类应该是自我独立和完整的,可以能通过属性和方法提供各种功能,基本不需要二次编码去实现特定功能。例如,String 类包含 40 多个用于各种应用程序的方法。

5.6.6 合理区分实例和静态

依赖对象的具体属性的变量或方法必须是实例变量或方法。一个类的所有实例对象共享的变量应该声明为静态的。始终从类名(而不是引用变量)中引用静态变量和方法,以提高可读性并避免错误。不要从构造函数中传递参数来初始化静态数据字段,最好使用 setter 方法来更改静态数据字段。

实例和静态是面向对象编程的组成部分。一个变量或方法是对象层次(实例)或类层次(静态)的,应该依赖于应用场景或需求。不要错误地忽略类方法和类变量设计,当需要定义一个类方法时却定义为实例方法是一个常见的设计错误。例如,计算 n 的阶乘的 factorial (int n)方法应该被定义为静态的,因为它独立于任何特定的实例。

构造函数总是实例方法,因为它用于创建特定的实例。可以从实例方法调用静态变量或方法,但不能直接从类方法调用实例变量或方法,必须先创建实例对象后,通过对象访问。

5.6.7 继承和聚合

继承和聚合之间的区别就是 is-a 关系和 has-a 关系之间的区别。例如,苹果是一种水果;因此可以使用继承来建模类 Apple 和 Fruit 之间的关系。一个汽车有发动机,因此,应该使用聚合来建模类 Car 和 Engine 之间的关系。

5.6.8 接口与抽象类

接口和抽象类都可用于指定对象的公共行为。如何决定是使用接口还是使用类？一般地，一个强的 is-a 关系可以明确地描述父子关系，其应该使用抽象类和继承来建模。例如，由于橘子是水果，它们之间的关系应该使用类继承来建模。弱 is-a 关系，也称为 is-kind-of 关系，表示一个对象具有某种属性。弱 is-a 关系可以使用接口来建模。例如，所有字符串都是可比较的，所以 String 类实现了 Comparable 接口。圆形或矩形是几何对象，因此 Circle 可以设计为 Shape 的子类。圆是不同的，可以根据它们的半径或面积进行比较，所以 Circle 可以实现 Comparable 接口。

接口比抽象类更灵活，因为子类只能扩展一个超类，但可以实现任意数量的接口。但是，接口不能包含具体的方法。抽象类通过创建接口和实现接口，可以将接口和抽象类的优点结合起来。然后可以通过方便的方式使用接口或抽象类。

视频讲解

5.7 程序建模示例

【程序建模示例 5-1】 处理输入错误示例。

假设有一个程序要求用户提供一个文件名。这个文件应当包含数据值，文件的第一行包含数值的个数。其余各行包含具体的数据。一个典型的输入文件如下：

```
3
2.45
 - 2.5
2.89
```

程序运行时可能会出什么问题？有以下两个主要风险。

（1）输入的文件可能不存在。

（2）这个文件中的数据可能格式不正确。

设计的程序应该能检测和处理这些问题。当文件不存在时，Scanner 类构造方法会抛出一个 FileNotFoundException 异常，可以解决第一个问题。对第二个问题，当文件数据的格式不正确时应该抛出一个 BadDataException，这应该是一个定制的检查异常类。之所以使用一个检查异常类是因为数据文件的破坏超出了程序员的控制范围。

```java
//DataAnalyzer.java
package chap05;
import java.io.FileNotFoundException;
import java.io.IOException;
import java.util.Scanner;

public class DataAnalyzer {
    public static void main(String[] args) {
        Scanner in = new Scanner(System.in);
        DataSetReader reader = new DataSetReader();

        boolean done = false;
```

```java
        while(!done) {
            try {
                System.out.println("Please enter the file name: ");
                String filename = in.next();

                double[] data = reader.readFile(filename);
                double sum = 0;
                for(double d:data) {sum = sum + d;}
                System.out.println("The sum is " + sum);
                done = true;
            }catch(FileNotFoundException e) {
                System.out.println("File not found.");
            }catch(BadDataException ex) {
                System.out.println("Bad data: " + ex.getMessage());
            }catch(IOException ex) {
                ex.printStackTrace();
            }
        }
    }
}
//DataSetReader.java
package chap05;
import java.io.File;
import java.io.IOException;
import java.util.Scanner;
/**
 * 从文件中读取一个数据集,文件必须有以下格式:
 * numberOfValues
 * value1
 * value2
 * ....
 * @author Majun
 */
public class DataSetReader {
    private double[] data;
    public double[] readFile(String filename) throws IOException {
        File inFile = new File(filename);
        try (Scanner in = new Scanner(inFile)){
            readData(in);
            return data;
        }
    }
    private void readData(Scanner in) throws BadDataException {
        // TODO Auto-generated method stub
        if(!in.hasNextInt()) {
            throw new BadDataException("Length expected");
        }
        int numberOfValues = in.nextInt();
        data = new double[numberOfValues];
        for(int i = 0;i < numberOfValues;i++) {
            readValue(in, i);
```

Java 异常处理和日志技术

```
        }
        if(in.hasNext()) {
            throw new BadDataException("End of file expected!");
        }
    }
    private void readValue(Scanner in, int i) throws BadDataException {
        // TODO Auto-generated method stub
        if(!in.hasNextDouble()) {
            throw new BadDataException("Data value expected!");
        }
        data[i] = in.nextDouble();
    }
}
//BadDataException.java
package chap05;
import java.io.IOException;
public class BadDataException extends IOException {
    public BadDataException() {}
    public BadDataException(String message) {
        super(message);
    }
}
```

在程序中,可以检查出两个潜在的错误,即文件可能不是以一个整数开始的,或者读取了所有值之后可能还有额外的数据。对应的处理流程如下所述。

(1) DataAnalyzer.main 调用 DataSetReader.readFile 方法。

(2) readFile 调用 readData 方法。

(3) readData 调用 readValue 方法。

(4) readValue 没有找到期望的值,抛出一个 BadDataException 异常对象。

(5) readValue 没有这个异常的处理器,立即终止。

(6) readData 没有这个异常的处理器,立即终止。

(7) readFile 没有这个异常的处理器,关闭 Scanner 对象后立即终止。

(8) DataAnalyzer.main 方法中有 BadDataException 处理器。这个处理器向用户打印一个消息,之后向用户提供另一个机会来输入一个文件名。注意计算值总和的语句。

【程序建模示例 5-2】 试建模一个年历程序,在字符界面输入年份,在屏幕上显示如图 5-2 所示的万年历,该程序的要点是格式控制,图形界面出现之前的早期计算机程序都是采用这种基于字符的输出控制完成程序设计的。

分析:如果直接使用输出语句在屏幕上进行格式控制并打印输出将非常困难,此处采用构造字符串数组的方式,将图 5-2 屏幕上的每一行看成是一行字符。首先在程序中抽象月份类,在类中抽象存储日历的二维数组,该月第一天的星期日历以及该月总的天数等。然后在构造方法中通过传来的参数构造字符串形式的日历数组,并编写一次在屏幕上打印两个月的方法。在主方法中通过 JDK 提供的 Calendar 类取得相关日历数据来构造 12 个月份对象,然后调用相应的打印方法即可,源代码如下。

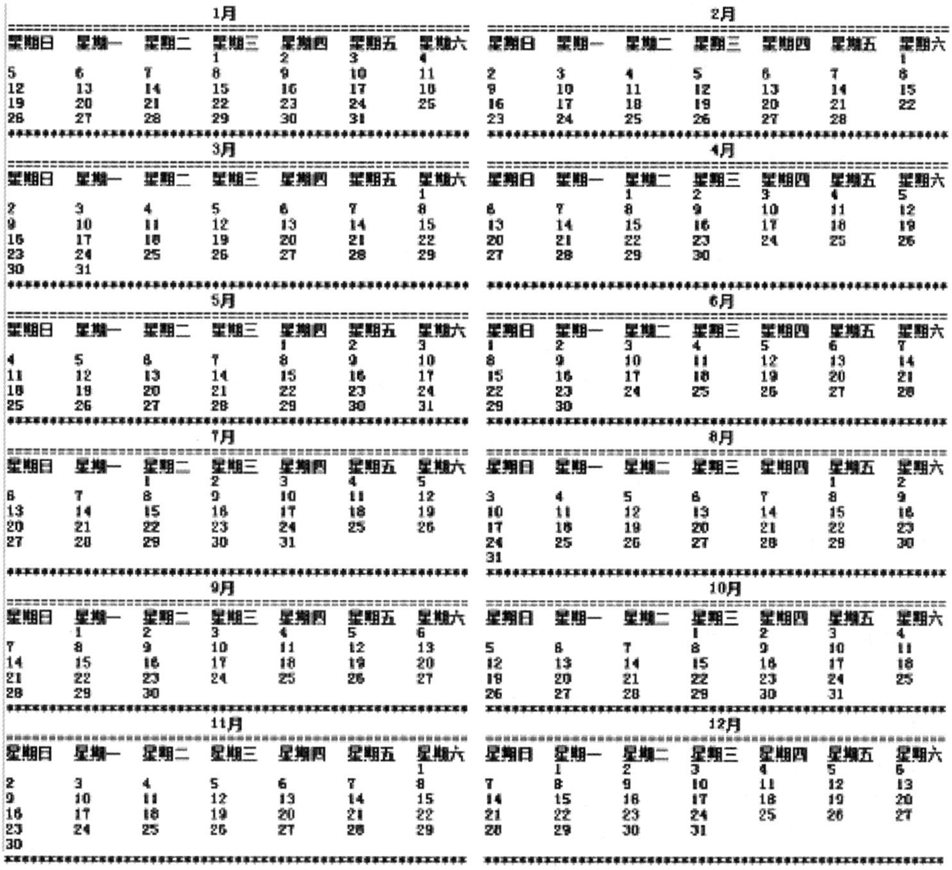

图 5-2　打印年历

```java
import java.util. * ;
import java.text.DateFormatSymbols;
class MyMonth{
    private int month;
    private int start_of_week;
    private int days_in_month;
    public static String[ ] weekdayNames = new
            DateFormatSymbols().getShortWeekdays();
    private String[][] data = new String[7][8];
    public MyMonth(int m,int s,int d){
        month = m;
        days_in_month = d;
        start_of_week = s;
        for(int j = 1;j < 8;j++){
            data[0][j] = new String(MyMonth.weekdayNames[j]);
        }
        int days = 1,day_of_week = start_of_week,r = 1;
        do{
            data[r][day_of_week] = String.valueOf(days);
            days++;
```

```
                    day_of_week++;
                    if(day_of_week == 8) {
                        day_of_week = 1;
                        r++;
                    }
                }while(days <= days_in_month);
        }
        public void display(){
            System.out.println("\t\t\t" + (month + 1) + "月");
System.out.println(" ============================================ ");
                for(int i = 0;i < 7;i++){
                    for(int j = 1;j < 8;j++){
                        if(data[i][j] == null)System.out.print("\t");
                        else System.out.print(data[i][j] + "\t");
                    }
                    System.out.println();
                }
System.out.println(" ******************************************** ");

        }
        public int getMonth(){return month + 1;}
        public int getDaysInMonth(){return days_in_month;}
        public String[][] getData(){return data;}
}
class MyCalendarTest{
    public static void main(String[] args){
        Calendar d = Calendar.getInstance();
        Scanner keyin = new Scanner(System.in);
        System.out.print("请输入要显示年历的年份:");
        int year = keyin.nextInt();
        d.set(Calendar.YEAR,year);
        MyMonth[] mymonth = new MyMonth[12];
        for(int i = 0;i <= Calendar.DECEMBER;i++){
            d.set(Calendar.MONTH, i);
            d.set(Calendar.DAY_OF_MONTH, 1); //set d to start date of the month
            mymonth[i] = new
    MyMonth(i,d.get(Calendar.DAY_OF_WEEK),d.getActualMaximum(Calendar.DAY_OF_MONTH));
        }
        for(int i = 0;i <= Calendar.DECEMBER;i += 2){
            displayTwoMonth(mymonth[i],mymonth[i + 1]);
        }
    }
    public static void displayTwoMonth(MyMonth mon1,MyMonth mon2){
        System.out.print("\t\t\t" + mon1.getMonth() + "月");
        System.out.println("          \t\t\t\t\t  " + mon2.getMonth() + "月");
System.out.print(" ============================================ ");
System.out.println(" ============================================= ");
        String[][] d1 = mon1.getData();
        String[][] d2 = mon2.getData();
        for(int i = 0;i < 7;i++){
            for(int j = 1;j < 8;j++){
```

```
            if(d1[i][j] == null)System.out.print("\t");
            else System.out.print(d1[i][j] + "\t");
        }
        for(int j = 1;j < 8;j++){
            if(d2[i][j] == null)System.out.print("\t");
            else System.out.print(d2[i][j] + "\t");
        }
        System.out.println();
    }
    System.out.print(" ******************************************* ");
    System.out.println(" ******************************************* ");
    }
}
```

5.8　本章小结

本章介绍了 Java 程序中异常处理的相关知识。正在运行的程序可能会遇到错误,甚至可能崩溃。在程序中提供异常处理代码可以最大限度地减少发生这种情况的概率。Java 将异常分为重量级异常和轻量级异常,重量级异常通常超出了程序员的控制并通常导致应用程序崩溃。轻量级异常则可以被程序员捕获并及时处理。

Java 的异常处理使用了 5 个关键字,即 try、catch、throw、throws、finally。异常处理流程由 try、catch 和 finally 3 个代码块组成。其中,try 代码块包含了可能发生异常的程序代码;catch 代码块紧跟在 try 代码块后面,用来捕获并处理异常;finally 代码块用于释放被占用的相关资源。

Java 提供了完整的多层次异常类库,Throwable 类表示可抛出的异常类的父类,派生出的 Error 类表示严重的错误,无法单由程序来处理;而 Exception 类表示程序中出现的轻量级异常,是可由程序捕获并能处理的异常。在无法找到内置的异常类能用来充分说明异常的情况下,程序员可以提供自己的异常类。

Java 的异常处理有两种方式,一种是在本方法中通过 try－catch 中处理,另一种通过 throws 来声明此方法有可能抛出异常,需要调用者来处理。

Java 提供了日志 API,它可以详细地记录程序的执行过程,可以分为多个记录级别。

最后介绍了在设计类时常用的指导原则,内聚、封装、清晰和完整是程序软件在设计中追求的主要目标。

第 5 章　习　　题

一、单选题

1. 在 Java 中需要监测异常的代码放在(　　　)。

　　A. try 块　　　　　　　　　　　　　　　B. catch 块

　　C. finally 块　　　　　　　　　　　　　D. 以上选项都不正确

2. 在编写异常处理的程序段中,每个 catch 语句块都应该与(　　　)语句块对应,如果捕获成功则使用该语句块来启动相应的处理流程。

    A. if-else   B. switch   C. try   D. throw

3. 在 Java 的异常处理中,不管有没有异常,总要执行的代码块是(   )。

    A. try 块   B. catch 块   C. finally 块   D. throws 块

4. 语句"System. out. println(args[i]);"有可能引发什么异常? (   )

    A. ArithmaticException   B. ArrayIndexOutOfBoundsException

    C. NumberFormatException   D. FileNotFoundException

5. 下列程序编译或执行的结果是(   )。

```
public static void main(String[]args){
    try{
        return;
        }finally{System.out.println("Finally"); }
    }
```

    A. 程序正常运行,但不输出任何结果

    B. 程序正常运行,并输出"Finally"

    C. 编译能通过,但运行时会出现一个异常

    D. 因为没有 catch 语句块,所以不能通过编译

6. Java 中用来抛出异常的关键字是(   )。

    A. try   B. catch   C. throw   D. finally

7. 关于 Java 中的异常,下列说法正确的是(   )。

    A. 异常是一种对象

    B. 一旦程序运行,异常将被创建

    C. 为了保证程序运行速度,要尽量避免异常控制

    D. 以上说法都不对

8. 下面哪一个类是所有异常类的父类? (   )

    A. Throwable   B. Error   C. Exception   D. AWTError

9. 用 java MultiCatch 执行下列程序,说法正确的是(   )。

```
1. class MultiCatch {
2.     public static void main(String args[])      {
3.         try {
4.             int a = args.length;
5.             int b = 42/a;
6.             int c[ ] = {1};
7.             c[42] = 99;
8.             System. out. println("b = " + b);
9.         }catch(ArithmeticException e) {
10.             System. out. println("除 0 异常: " + e);
11.         }catch(ArrayIndexOutOfBoundsException e) {
12.             System. out. println("数组越界异常: " + e);
13.         } catch(Exception e){}
14.     }
15. }
```

A. 程序没有输出

B. 程序在第 10 行出错

C. 程序将输出"除 0 异常：java. lang. ArithmeticException：/ by zero"

D. 程序将输出"数组越界异常：java. lang. ArrayIndexOutOfBoundsException：42"

10. 关于 Java 中日志的使用,下列说法正确的是( )。

A. Java 中不支持日志记录

B. Java 中默认的日志类 Logger 在 java. util 包中

C. Java 中默认的日志类 Logger 在 java. util. logging 包中

D. Java 日志只能记录严重错误

二、编程题

1. 输入一个以 24 小时为周期的时间,将其转换为 12 小时为周期的时间,例如 23：12,转换为 11：12PM。如果输入时间非法,则抛出一个异常。

2. 读取一个字符串,字符串中的单词以空格分隔,分离单词并将其转换为整型量,如果单词中出现非 0~9 的字符或者无法转换成整数类型,则抛出异常,然后继续处理后续单词。

3. 编写一个带 throws 子句的检查方法,用来检查字符串是否仅由英文字符和数字组成,如果是空字符串或包含非法字符则抛出异常对象,并编写测试方法进行测试。

4. 设计一个类,提供二进制和十进制的转换方法 bin2Dec（String binaryString）和 dec2Bin(String decimalString),并定义一个名为 NumberStringException 的自定义异常类。在转换方法中,如果字符串不是二进制字符串或十进制字符串,则抛出 NumberStringExceptioin 异常对象。

三、简答题

1. 什么是异常? 什么是重量级异常? 什么是轻量级异常?

2. 简述 Java 的异常处理机制。

3. 简述 throw 和 throws 关键字的区别。

4. 如果在一个方法内出现了一个异常并抛出异常,方法内又没有异常处理代码块,将会发生什么情况?

5. 下列程序段的输出结果是什么?

```
public class test{
  public static void main(String args[]){
    int flag = 90;
    try{
      System. out. println("try - catch entered");
      if(flag >= 0)
      throw new Exception("The grade is A");
       System. out. println("Exception is: " + e. getMessage());
       }finally{
          System. out. println("after catch - block");
              }
    }
}
```

输出结果是什么? 如果修改 flag 为 80,结果又是什么?

6. 在下面程序段中的合适位置加上 throws 关键字,使程序正确。

```
public static void procedure(int n){
    if(n<0)   throw new Exception("negative number");
}
```

7. 下面程序抛出了一个"异常"并捕捉它,请在横线处填入适当内容完成程序。

```
class TrowsDemo {
  static void procedure() throws IllegalAccessExcepton   {
    System.out.println("inside procedure");
    throw _____ IllegalAccessException("demo");
  }
public static void main(String args[]) {
    try {
        procedure();
     }_____ {
        System.out.println("捕获: " + e);
     }
    }
```

8. 假设在下面的程序段中,statement2 导致了一个异常,请回答下列问题。

```
try {
 statement1;
 statement2;
 statement3;
}
catch (Exception1 ex1) {
}
catch (Exception2 ex2) {
}
statement4;
```

(1) 语句 statement3 会执行吗?

(2) 如果异常没有被捕获,语句 statement4 会执行吗?

(3) 如果异常在 catch 中被捕获成功,语句 statement4 还会执行吗?

第6章　Java 输入/输出基础

到第 5 章为止,已经学习了面向对象程序设计的基本原理和基本抽象技巧,也学习了
Java 语言的基本语法、类、接口、数组以及其他和语言相关的内容。前面的章节介绍的多数
示例程序使用的类大都来自 java.lang 包,这个包中的类在程序设计时是自动导入的,从本
章开始将介绍 JDK 提供的其他常用包中的类和相关编程知识。

一个完整的应用程序应该由数据输入、数据处理、结果输出三部分组成。针对数据输
入/输出,Java 语言提供了专门用于文件操作和输入/输出功能的包 java.io 和 java.nio,其
中 java.io 包是 Java 语言的核心包之一,其中包含许多类和接口,有大量的方法用来访问文
件系统、创建文件和目录、读取文件信息、处理文件的数据以及存储数据到文件中等。还提
供了大量经过优化的、使用简便的 API 用于对磁盘文件系统进行操作和维护,以及利用输
入/输出流进行的网络或设备的输入/输出等操作。而 java.nio 包提供了更接近底层抽象和
更灵活的使用接口,主要是面向缓存的(buffer oriented)。它们的区别在于面向流意味着一
次读取一或者一组字节,然后处理这些字节,在读取和处理这些字节时当前线程是阻塞的,
不能做其他事情。面向缓存意味着把一些字节读到缓存里面,选择了读取的字节之后,当前
线程可以去做其他事情,以后再去处理缓存里面的字节也可以,也就是线程非阻塞。

视频讲解

6.1　流机制概述

在本章中将会讲述用来操作文件和目录的类和方法以及那些对文件内容进行读/写操
作的类和方法。输入输出技术本身并不能使人兴奋,但假如不具备读/写数据的能力,应用
程序的功能便会受到限制。作为程序员应该知道,程序的主要任务是处理数据,一个典型的
程序运行模型如图 6-1 所示。

图 6-1　数据流向图

在 Java 语言中,对数据的输入/输出是以流的方式组织的,即字节或字符像水流一样源
源不断地流入程序内存或流出程序内存或者在两块内存之间流动。根据数据的流动方向,
可以把流分为输入流和输出流两种,应用程序从输入流读取数据,向输出流写入数据。

一般情况下，流要么使用数据，要么提供数据，并常常被链接到物理设备上，Java 语言为数据流提供了针对设备的统一接口。在输入流的例子中，连接的设备可能是物理磁盘、网络连接、键盘等；在输出流的例子中，可能连接到控制台、物理磁盘、网络等。

如果数据流处理的单位是字节，称为字节流，如果数据流处理的单位是字符，称为字符流。在 Java 的 I/O 类库中，java. io. InputStream 和 java. io. OutputStream 分别表示字节输入流和字节输出流，java. io. Reader 和 java. io. Writer 分别表示字符输入流和字符输出流。Java 以这 4 个抽象类为基础衍生出了一系列具体的类，利用这些类，几乎程序员每一种想到的输入/输出过程都可以完成。

Java 语言处理文件流、管道流、网络流以及对设备的数据访问都使用了流的机制，即串行处理的方式，所以只要掌握基本的输入/输出流的访问机制，就可以直接使用同样的机制去访问网络或其他设备。

6.2　字 节 流 类

字节流用于直接读/写二进制数据，如图像和声音文件等。Java 语言中所有字节流类的抽象父类为 java. io. InputStream 类和 java. io. OutputStream 类，再由它们派生出了其他的具体的字节流类。

6.2.1　字节流类的层次结构和常用方法

1. 字节输入流类的层次结构（如图 6-2 所示）

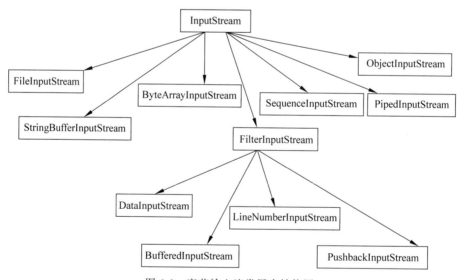

图 6-2　字节输入流类层次结构图

2. 字节输出流类的层次结构（如图 6-3 所示）

由于前面已经初步介绍了面向对象程序设计的基本理论和 Java 语言的基本语法，并且从上一章异常开始，学习的重点就转到 JDK 提供的基本类库上，也就是说需要掌握一个个类和类中的方法，然后在这些基础上才能设计类和应用程序。

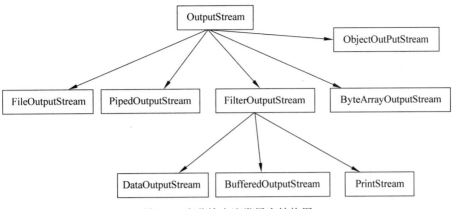

图 6-3 字节输出流类层次结构图

3. InputStream 类中常用的方法(如表 6-1 所示)

表 6-1 InputStream 类中的方法

方 法	说 明
abstract int read()	从流中读取下一字节,返回此字节对应的整数(0~255)
int read(byte[] b)	读取若干字节填充到 b 字节数组,返回的是实际读取的字节数
int read(byte[] b,int off, int len)	从流中读取 len 数量的字节填充到 b 字节数组的 off 开始位置,返回的是实际读取的字节数
long skip(long n)	在流中跳过 n 字节,返回实际跳过的字节数目
int available()	返回此流中剩余的字节数
void close()	关闭流对象并释放和流对象关联的系统资源
void mark(int readlimit)	在流中的当前位置作标记
void reset()	返回到流中的上一个标记位置
boolean markSupported()	测试此流是否支持标记操作

4. OutputStream 类常用的方法(如表 6-2 所示)

表 6-2 OutputStream 类中的方法

方 法	说 明
abstract void write(int n)	向流中写入 1 字节,将整数的低字节(0~255)写出到流中
void write(byte[] b)	将 1 字节数组写入到流中
void write(byte [] b,int off,int len)	将 1 字节数组从 off 开始,长度 len 字节写入到流中
void close()	关闭流对象并释放和流对象关联的系统资源
void flush()	将缓冲区中的数据写入到流中,并清空缓冲区

其他的字节流类都是这两个类的子类,都继承了这些方法,并有特定的实现,所以可以利用多态机制使用这些方法。

6.2.2 FileInputStream 类

FileInputStream 类是 InputStream 的子类,称为文件字节输入流。文件字节输入流按字节读取文件中的数据,该类的所有方法都是从 InputStream 类继承来的。

FileInputStream 类有 3 个构造方法。

(1) FileInputStream(String name)
(2) FileInputStream(File file)
(3) FileInputStream(FileDescriptor fd)

第一个构造方法使用给定的字符串作为文件名创建文件输入流对象,第二个构造方法使用 File 对象创建文件输入流对象,第三个构造方法使用 FileDescriptor 对象创建文件输入流对象。其中 File 类后面会详细讲述,对于 FileDescriptor 在此不作讲解,感兴趣的读者可以查看有关资料。下面举例说明,例如要编写一个显示文本文件内容的 Java 程序来模拟操作系统提供的命令 type 或 cat,如图 6-4 所示。

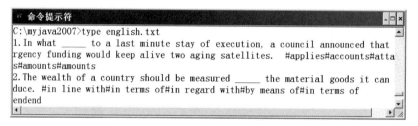

图 6-4　显示文件内容

分析:编写此程序,必须从命令行输入要显示的文件名,如果操作员没有输入文件名,则要捕获数组下标越界异常并显示提示信息,其他需要捕获的异常是文件不存在异常、输入输出异常等,程序的具体实现如下所述。

【例 6-1】　显示文本文件内容。

```java
import java.io. * ;
class mytype {
  public static void main(String[ ] args) {
     try{
        FileInputStream fin = new FileInputStream(args[0]); //使用命令行参数创建输入流对象
        int ch = fin.read();            //读入一字节
        while(ch!= -1) {                //如果读到 -1,代表流结束
           System.out.print((char)ch);  //转换成字符输出
           ch = fin.read();
        }
        fin.close();
     }catch(ArrayIndexOutOfBoundsException e1) {
        System.out.println("使用格式错误!正确格式是:java mytype 文本文件名");
        System.exit(0);
     }
     catch(FileNotFoundException e2){System.out.println("文件不存在!");}
     catch(IOException e3){System.out.println("输入流异常!");}
  }
}
```

FileInputStream 流顺序地读取文件,只要不关闭流,每次调用 read()方法就顺序地读取文件中的下一字节,如果到达流的末尾,则返回 -1。

6.2.3 FileOutputStream 类

与 FileInputStream 类相对应的类是 FileOutputStream 类。FileOutputStream 类提供了基本的文件写入能力,是 OutputStream 的子类,称为文件字节输出流。文件字节输出流按字节将数据写入到文件中。常用的构造方法有以下 4 种。

(1) FileOutputStream(String name)
(2) FileOutputStream(File name)
(3) FileOutputStream(String name,boolean append)
(4) FileOutputStream(File name,boolean append)

文件字节输出流可以使用从 OutputStream 类中继承下来的方法 write()将字节写到流中。也可以编写类似于操作系统提供的复制文件命令 copy,如图 6-5 所示。

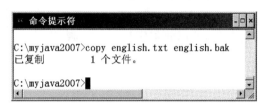

图 6-5 复制文件

分析:同前面显示文件内容一样,也需要从命令行输入源文件名和目标文件名,也要处理相应的异常,具体实现代码如下:

【例 6-2】 复制文件。

```java
import java.io. * ;
public class Copy {
    public static void main(String[] args) {
        int numberRead = 0;
        InputStream in = null;
        OutputStream out = null;
        byte buf[] = new byte[512];        //早期磁盘扇区大小的典型值
        if(args.length!= 2){
            System.out.println("Usage: java Copy sourcefile destfile");
            System.exit(0);                //终止程序,退出 JVM
        }
        try {
            in = new FileInputStream(args[0]);
            out = new FileOutputStream(args[1]);
            while((numberRead = in.read(buf))!= - 1){
                out.write(buf,0,numberRead);
            }
        }catch(FileNotFoundException fe){
            System.out.println(args[0] + " not found.");
            System.exit(0);
        }catch(IOException ioe){
            System.out.println("Error reading/writing file.");
        }finally{
```

```
        try {
            in.close();
            out.close();
        }catch(Exception e){
            e.printStackTrace();
        }
    }
    System.out.println("1 file copied.");
    }
}
```

还可以在复制的基础上使用简单的加密技术对文件进行加密和解密。

分析：加密是从一个文件中读取一字节后，先对这个字节做加密变换，然后将其再写出到加密文件；解密正好相反，将读取的字节做解密运算，然后再写出到解密文件。下面的程序只是将读入的字节和口令字的长度作异或运算。异或运算有个特点，就是一个数和另一个数异或两次就会得到自身的值，所以此程序是一个伪加密。

【例 6-3】 加密文件。

```
import java.io. * ;
class jmcopy {
  public static void main(String[] args) {
      int ch;
      FileInputStream fin;
      FileOutputStream fout;
      try {
          fin = new FileInputStream(args[0]);
          fout = new FileOutputStream(args[1]);
          int key = args[2].length();
          ch = fin.read();
          while(ch!= - 1) {
              fout.write(ch^key);
              ch = fin.read();
          }
          fin.close();fout.close();
        }catch(ArrayIndexOutOfBoundsException e1) {
      System.out.println("格式错误!正确格式为:java mycopy 源文件名 目标文件名 密码");
      System.exit(0);
        }
        catch(FileNotFoundException e3){System.out.println("文件没有找到!");}
        catch(IOException e2){System.out.println("流错误!");}
    }
}
```

【例 6-4】 解密并显示文件内容。

```
import java.io. * ;
class jmtype {
  public static void main(String[] args) {
      try{
        FileInputStream fin = new FileInputStream(args[0]);
```

```
        int key = args[1].length();
        int ch = fin.read();
        while(ch!=-1) {
            System.out.print((char)(ch^key));
            ch = fin.read();
        }
        fin.close();
    }catch(ArrayIndexOutOfBoundsException e1) {
        System.out.println("使用格式错误!正确格式是:java mytype 解密文件名 密码");
        System.exit(0);
    }
    catch(FileNotFoundException e3){System.out.println("文件没有找到!");}
    catch(IOException e2){System.out.println("输入流异常!");}
    }
}
```

6.2.4　ByteArrayInputStream 类和 ByteArrayOutputStream 类

ByteArrayInputStream 类创建的对象称字节数组输入流,该流从内存中的字节数组读取数据,构造方法有下面两种。

(1) ByteArrayInputStream(byte[] buf):参数 buf 指定要读取的字节数组。

(2) ByteArrayInputStream(byte[] buf,int offset, int length):参数 buf 指定字节数组类型的数据源,offset 指定从数组中开始读取数据的起始下标位置,length 指定要读取的字节数。

和它对应的是 ByteArrayOutputStream 类,其创建的字节数组输出流对象向内存中的字节数组写入数据,构造方法有下面两种。

(3) ByteArrayOutputStream():创建一个新的字节数组输出流。

(4) ByteArrayOutputStream(int size):创建一个新的字节数组输出流,它具有指定大小的缓冲区容量,以字节为单位。

【例 6-5】　编写程序从字节数组读取数据。

```
import java.io.*;
public class ByteArrayTester {
    public static void main(String agrs[])throws IOException{
        byte[] buff = new byte[]{1,115,107,-2,-9,89};
        ByteArrayInputStream in = new ByteArrayInputStream(buff,1,4);
        int data = in.read();
        while(data!=-1) {
            System.out.print(data + " ");
            data = in.read();
        }
        in.close();
    }
}
```

该程序的字节数组输入流从字节数组 buff 的下标为 1 的元素开始读,一共读取 4 个元素。对于读到的每一个字节类型的元素,都会转换为非负整型值,所以运行的结果为

115 107 254 247。

【例 6-6】 编写程序测试字节数组输出流。

```
import java.io. * ;
public class ByteArrayOutputStreamTester {
    public static void main(String agrs[])throws IOException{
        ByteArrayOutputStream out = new ByteArrayOutputStream();
        out.write("中国人民".getBytes("UTF-8"));       //按 UTF-8 编码写到字节数组中
        byte[] buff = out.toByteArray();             //获得字节数组
        out.close();                          //ByteArrayOutputStream 的 close()方法不执行任何操作
        ByteArrayInputStream in = new ByteArrayInputStream(buff);
        int len = in.available();
        byte[] buffIn = new byte[len];
        in.read(buffIn);           //把 buff 字节数组中的数据读入到 buffIn 中
        in.close();                //ByteArrayInputStream 的 close()方法不执行任何操作
        System.out.println(new String(buffIn, "UTF-8"));    //由字符编码创建字符串
    }
}
```

以上程序把字符串"中国人民"的 UTF-8 字符编码写到一个字节数组中。然后用 ByteArrayOutputStream 类创建的对象 out 的 toByteArray()方法返回这个字节数组引用。再通过 ByteArrayInputStream 从字节数组中读取 UTF-8 字符编码,按照特定的字符编码创建一个 String 对象打印输出。

6.2.5 BufferedInputStream 类和 BufferedOutputStream 类

BufferedInputStream 类覆盖了基类中的读数据行为,利用缓冲区来提高读数据的效率。BufferedInputStream 类先把一批数据读入到缓冲区,接下来 read()方法只需要从缓冲区内获取数据就能减少物理性读取数据的次数。该类的构造方法有下面两种。

(1) BufferedInputStream(InputStream in) 参数 in 指定需要被缓冲的输入流。

(2) BufferedInputStream(InputStreamin,int size)参数 in 指定需要被缓冲的输入流,参数 size 指定缓冲区的大小,以字节为单位。

缓冲流利用内存的读写速度远高于磁盘或其他外设读写速度的原理,如果没有缓冲,每次都是逐字节地读写,有了缓冲机制,访问外设 1 次就可以读写几千字节或几万字节,可以大大节省时间。当数据源为文件或键盘时,可以用 BufferedInputStream 类做缓冲,从而提高 I/O 操作的效率。

其对应的输出流类为 BufferedOutputStream,它覆盖了基类中的写数据行为,同样利用缓冲区来提高写数据的效率,BufferedOutputStream 类先把数据写到缓冲区,在默认情况下,只有当缓冲区满时才会把缓冲区的数据真正写到目的地,这样能减少物理写数据的次数。该类的构造方法有下面两种。

(1) BufferedOutputStream(OutputStream out):参数 out 指定需要被缓冲的输出流。

(2) BufferedOutputStream(OutputStream out,int size):参数 out 指定需要被缓冲的输出流,参数 size 指定缓冲区的大小,以字节为单位。

注意:使用缓冲输出流时,要用到 flush()方法及时地将缓冲区的内容输出到外存中。

6.2.6　PipedInputStream 类和 PipedOutputStream 类

PipedInputStream 类和 PipedOutputStream 类是 JDK 提供的管道流,管道流是不同线程或进程之间直接传输数据的基本手段。一个线程通过它的输出管道发送数据,另一个线程从自己的输入管道读取数据,只要将这两个线程的管道相连接就可以了。管道输入/输出流可以用下面两种方式进行连接。

(1) 在构造方法中进行连接。

① PipedInputStream(PipedOutputStream pos);
② PipedOutputStream(PipedInputStream pis);

(2) 通过各自的 connect()方法连接。
① 在类 PipedInputStream 中,调用"connect(PipedOutputStream pos);"。
② 在类 PipedOutputStream 中,调用"connect(PipedInputStream pis);"。

【例 6-7】　简单地演示管道流的使用。

```java
import java.io. * ;
class pipedstream {
    public static void main(String args[]) throws IOException  {
        byte aByteData1 = (byte)123,aByteData2 = (byte)111;
        PipedInputStream pis = new PipedInputStream();
        PipedOutputStream pos = new PipedOutputStream(pis);
        System.out.println("PipedInputStream");
        try {
            pos.write(aByteData1);
            pos.write(aByteData2);
            System.out.println((byte)pis.read());
            System.out.println((byte)pis.read ());
        }
        finally {
            pis.close();
            pos.close();
        }
    }
}
```

6.2.7　DataInputStream 类和 DataOutputStream 类

前面讲的节点流,表示流的起终点为设备或文件,是数据的来源或终点。而过滤流本身不产生数据,数据来自其他流,即过滤流要求节点流作为基础,过滤流的父类有 FilterInputStream 和 FilterOutputStream,常用的过滤流有 BufferedInputStream、BufferedOutputStream、DataInputStream、DataOutputStream、LineNumberInputStream、PushbackInputStream、PrintStream。

常用的过滤流 DataInputStream 类和 DataOutputStream 类分别实现了 DataInput 和 DataOutput 接口,用于读取基本类型数据,例如 int、float、long、double 等。此外还提供了专门读/写 UTF-8 字符编码字符串的 readUTF()和 writeUTF()方法。DataInputStream

类和 DataOutputStream 类提供的常用方法如表 6-3 所示。

表 6-3　DataInputStream 类和 DataOutputStream 类的部分方法

方　　法	说　　明
readBoolean()	读取一个布尔值
readByte()	读取一字节
readChar()	读取一个字符
readDouble()	读取一个双精度浮点数
readFloat()	读取一个单精度浮点数
readInt()	读取一个 int 型整数
reaadLong()	读取一个 long 型整数
readShort()	读取一个 short 型整数
readUnsignedByte()	读取一个无符号字节型数
readUnsignedShort()	读取一个无符号短整型数
readUTF()	读取一个 UTF 字符串
skipBytes(int n)	跳过给定数量的字节
writeBoolean(boolean v)	把一个布尔值作为单字节值写入
writeByte(int v)	写入一字节
writeBytes(String s)	以字节方式写入一个字符串
writeChar(int c)	写入一个字符
writeChars(String s)	以字符方式写入一个字符串
writeDouble(double v)	写入一个双精度浮点数
writeFloat(float v)	写入一个单精度浮点数
writeInt(int v)	写入一个整型数
writeLong(long v)	写入一个长整型数
writeShort(int v)	写入一个短整型数
writeUTF(String s)	写入一个 UTF 字符串

以下程序演示了这些方法的使用。

【例 6-8】　输出各种基本数据类型数据。

```java
import java.io. * ;
class data_output {
public static void main(String args[]) throws IOException {
    FileOutputStream fos = new FileOutputStream("datatest.dat");
    DataOutputStream dos = new DataOutputStream (fos);
    try{
        dos.writeBoolean(true);
            dos.writeByte((byte)123);
            dos.writeChar('J');
            dos.writeDouble(3.141592654);
            dos.writeFloat(2.7182f);
            dos.writeInt(1234567890);
            dos.writeLong(998877665544332211L);
            dos.writeShort((short)11223);
            dos.writeUTF("中华人民共和国");
    }finally{ dos.close(); fos.close();}
```

```
        }
    }
```

【例 6-9】 将例 6-8 程序输出的各种基本数据类型读入内存。

```
import java.io. * ;
class data_input {
public static void main(String[ ] args) throws IOException {
    DataInputStream dis = new DataInputStream
      (new FileInputStream("datatest.dat"));
    try{ System.out.println("\t " + dis.readBoolean());
        System.out.println("\t " + dis.readByte());
        System.out.println("\t " + dis.readChar());
        System.out.println("\t " + dis.readDouble());
        System.out.println("\t " + dis.readFloat());
        System.out.println("\t " + dis.readInt());
        System.out.println("\t " + dis.readLong());
        System.out.println("\t " + dis.readShort());
        System.out.println("\t " + dis.readUTF());
    }finally{dis.close();}
  }
}
```

6.2.8 PrintStream 类

PrintStream 类创建的输出流能够输出格式化的数据,前面使用的 System.out 对象就是 PrintStream 类的对象,PrintStream 类的构造方法有下面 3 种。

(1) PrintStream(File name):创建向某指定文件输出且不带自动刷新的新打印流。

(2) PrintStream(OutputStream out):创建向 out 输出流输出且不带自动刷新的新打印流。

(3) PrintStream(String filename):创建向某指定文件输出且不带自动刷新的新打印流。

PrintStream 类的写数据方法大部分以 print 开头,如表 6-4 所示。

表 6-4 PrintStream 的部分方法

方　　法	说　　明
print(int I)	向输出流写入一个 int 类型数据
print(long l)	向输出流写入一个 long 类型的数据
print(float f)	向输出流写入一个 float 类型的数据
print(String s)	向输出流写入一个 String 类型的数据,采用本地操作系统的默认字符编码
print(double d)	向输出流写入一个 double 型的数据
print(char c)	向输出流写入一个 char 型字符
print(char[] s)	向输出流写入一个字符数组,用默认的字符编码
print(Object o)	向输出流写入一个对象的字符串形式

除了表 6-4 中的 print 方法以外还有 println 方法、append 方法、printf 方法等,其中 println 方法和 print 方法的区别在于一个换行一个不换行,而 printf 方法完全兼容 C 语言

的 printf 函数。

6.2.9　流链

Java 中提供了原始的字节流,但这种原始的字节流无法直接读/写各种类型的数据,并且没有缓冲。为了能够按照特定的数据类型读写数据,为程序员屏蔽数据类型和字节数组的转换,Java 提供了大量的过滤流。区别于节点流,过滤流要以其他流作为参数。有时数据从节点流开始到最终的处理进程会形成一个流链,例如以下代码

```
FileInputStream f = new FileInputStream("data.dat");
BufferedInputStream b = new BufferedInputStream(f);
DataInputStream d = new DataInputStream(b);
```

数据从磁盘文件 data.dat 开始读取,到文件输入字节流 f,到缓冲流 b,再到数据流 d 就形成了一个流链。当用 d.readInt() 从数据流 d 读取一个整形数时,会从缓冲流 b 读取 4 字节的内容,缓冲流会从文件字节流 f 读取若干字节,而文件字节流最终通过操作系统从磁盘文件 data.dat 读取若干字节。

6.3　System 类与标准数据流

java.lang 包中的 System 类是一个有用的系统类,它不能被实例化,但提供了大量的静态方法(也称类方法)和 3 个静态流对象,分别代表标准输入流、标准输出流和错误输出流。可以直接使用这些流对象进行输入/输出。例如,之前的例子使用过的 System.out 和 System.in,也可以使用静态方法完成对外部定义的属性和环境变量的访问、加载文件、还有快速复制数组、标准流的重定向等。

表 6-5 列出了 System 类中提供的标准数据流对象,它们都是由 Java 虚拟机创建的,存在于程序运行的整个生命周期中,并且始终处于打开状态,除非程序显式地关闭它们,只要程序没有关闭这些流,在程序运行的任何时候都可以通过它们输入或输出数据。

表 6-5　System 类中的输入/输出对象

static PrintStream err	标准错误输出流,默认监视器
static InputStream in	标准输入流,默认是键盘
static PrintStream out	标准输出流,默认是监视器

6.3.1　标准输入/输出重定向

在默认情况下,标准输入流从键盘读取数据,标准输出流和标准错误输出流向控制台(监视器)输出数据。System 类提供了一些用于重定向流的静态方法,如表 6-6 所示。

表 6-6　System 类中的流方法

static void setErr(PrintStream err)	重定向标准错误输出流
static void setIn(InputStream in)	重定向标准输入流
static void setOut(PrintStream out)	重定向标准输出流

【例 6-10】 把标准输入流重定向到 C:\test. txt 文件,把标准输出流重定向到 C:\out. txt 文件,把标准错误输出流重定向到 C:\err. txt 文件。

```java
import java.io. * ;
public class Redirecter {
  /** 为标准 I/O 重定向 */
  public static void redirect(InputStream in,PrintStream out,PrintStream err){
    System.setIn(in);
    System.setOut(out);
    System.setErr(err);
  }
  /** 把来自标准输入流的数据写到标准输出流和标准错误输出流 */
  public static void copy() throws IOException {
    InputStreamReader reader = new InputStreamReader(System. in);
    BufferedReader br = new BufferedReader(reader);
    String data;
    while((data = br. readLine())!= null && data. length()!= 0){
      System. out. println(data);          //向标准输出流写数据
      System. err. println(data);          //向标准错误输出流写数据
    }
  }
  public static void main(String args[ ])throws IOException{
    InputStream standardIn = System. in;
    PrintStream standardOut = System. out;
    PrintStream standardErr = System. err;
    InputStream in = new BufferedInputStream(new
FileInputStream("C:\\test. txt"));
    PrintStream out = new PrintStream(
new BufferedOutputStream(new FileOutputStream("C:\\out. txt")));
    PrintStream err = new PrintStream
(new BufferedOutputStream(new FileOutputStream("C:\\err. txt")));
    redirect(in,out,err);                //把标准 I/O 重定向到文件
    copy();              //把 C:\test. txt 文件中的数据复制到 C:\out. txt 和 C:\err. txt 文件中
    //对于用户创建的流,不再使用它们时应该关闭
    in. close();
    out. close();
    err. close();
    redirect(standardIn,standardOut,standardErr);    //使标准 I/O 采用默认的流
    copy();              //把从键盘输入的数据输出到控制台
  }
}
```

6.3.2 System 类的其他常用方法

System 类除了前面讲到的标准输入/输出流重定向外,还提供了其他一些方法,例如数组复制、返回当前时间和基准时间之差、退出 Java、获取系统环境变量、获取系统属性等,如表 6-7 所示。

表 6-7 System 类的常用方法

方 法	说 明
static void arraycopy(Object src, int src_position, Object dst, int dst_position, int length)	复制一个数组到另一个数组,它从源数组的指定位置开始,复制到目标数组的指定位置
static long currentTimeMillis()	返回从时间 1970 年 1 月 1 日 00:00:00 时起到当前时间所历经的毫秒数
static void exit(int status)	终止 Java 当前运行的虚拟机
static void gc()	运行垃圾回收器
static String getenv(String name)	获取 name 所对应的系统环境变量
static Properties getProperties()	获取系统属性
Static String getProperty(String key)	获取由给定的 key 确定的系统属性值
static void setProperties(String props,String value)	设置指定键指示的属性值
static void setProperties(Properties props)	设定系统属性为指定值

【例 6-11】 编写程序显示部分系统属性。

```java
public class Propertieshow {
    public static void main(String[] args) {
        String[ ]names = {"java.home","java.version","os.arch","os.name","os.version","user.dir", "user.home","user.name"};
        for(int i = 0;i < names.length;i++) {
            System.out.println("The key names[i] + "'s values = " +
            System.getProperty(names[i]));
        }
    }
}
```

视频讲解

6.4 字 符 流 类

由于字节流不能方便地操作各种字符,Java 专门提供了字符流,一次可以读取或写入多字节,即一个特定编码集的字符,因此可以使用字符流直接读/写包括汉字在内的各种字符。java.io.Reader 和 java.io.Writer 就是 JDK 中提供的字符流的抽象父类。由于 Reader 类和 Writer 类采用了字符编码转换技术,Java I/O 系统能够正确地访问采用各种字符编码的文本文件。另外,在为字符分配内存时,Java 虚拟机对字符统一采用 Unicode 字符编码,因此 Java 程序处理字符具有平台独立性。

字符输入流类的层次结构和字节输入流类的层次结构比较相似,如图 6-6 所示。

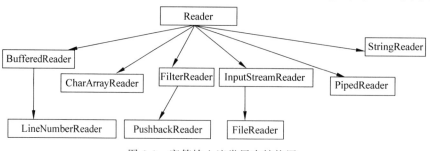

图 6-6 字符输入流类层次结构图

字符输出流类的层次结构和字节输出流类的层次结构相似，如图 6-7 所示。

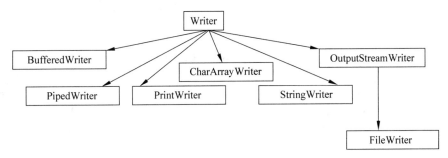

图 6-7　字符输出流类层次结构图

6.4.1　FileReader 类和 FileWriter 类

FileReader 类是 Reader 的子类，称为文件字符输入流。FileWriter 类提供了字符的文件写入能力，是 Writer 类的子类，称为文件字符输出流。它们都是顺序流，只要不关闭流，就可以通过 read()方法和 write()方法顺序地从流中读/写字符。它们的构造方法和文件字节流类似，只要将字节换成字符就可以了。

【例 6-12】　演示 FileReader 和 FileWriter 类的使用。

```java
import java.io. * ;
class filereader {
    public static void main(String args[]) {
        File file = new File("hello.txt");
        char b[ ] = "Hello World! 世界真精彩!".toCharArray();
        try {
            FileWriter out = new FileWriter(file);
            out.write(b);
            out.close();
            FileReader in = new FileReader(file);
            int ch = 0;
            while((ch = in.read())!= - 1) {
                System.out.print((char)ch);
            }
            in.close();
        }catch(IOException e){System.out.println(e);}
    }
}
```

【例 6-13】　利用 FileWriter 类向 sin.txt 输出正弦函数表。

```java
import java.io. * ;
class FileWrite {
    public static void main(String[ ] args) throws IOException {
        FileWriter myfile = new FileWriter("sin.txt");
        for(int i = 0;i < = 90;i++) {
            myfile.write("sin(" + i + ") = " + Math.sqrt(i) + "\n\r");
        }
```

205

第
6
章

```
            myfile.close();
    }
}
```

6.4.2 BufferedReader 类和 BufferedWriter 类

BufferedReader 类和 BufferedWriter 类是基于字符流的缓冲流类,和字节缓冲流一样,可以提高流的输入/输出效率。并且在 BufferedReader 类中提供了 readLine( )方法,可以一次读取一行文本;BufferedWriter 类提供了 newLine( )方法,可以向输出流写入一个换行符。

6.4.3 InputStreamReader 类和 OutputStreamWriter 类

InputStreamReader 是字节流通向字符流的桥梁,它使用指定的 charset 读取字节并将其解码为字符。它使用的字符集可以由名称指定或显式给定,否则接受平台默认的字符集。每次调用 InputStreamReader 中的一个 read( ) 方法都会导致从基础输入流读取一或多字节。如果要启用从字节到字符的有效转换,可以提前从基础流读取更多的字节,使其超过满足当前读取操作所需的字节。其构造方法如下:

```
InputStreamReader(InputStream in);                //默认编码规则
InputStreamReader(InputStream in, String enc);    //指定编码规则 enc
```

OutputStreamWriter 是字符流通向字节流的桥梁,它使用指定的 charset 将要向其写入的字符编码为字节。它使用的字符集可以由名称指定或显式给定,否则接受平台默认的字符集。每次调用 write( ) 方法都会针对给定的字符(或字符集)调用编码转换器。在写入基础输出流之前,得到的这些字节会在缓冲区累积。用户可以指定此缓冲区的大小,不过,默认的缓冲区对多数用途来说已足够大。其构造方法如下:

```
OutputStreamWriter(OutputStream out);                //默认编码规则
OutputStreamWriter(OutputStream out, String enc);    //指定编码规则 enc
```

【例 6-14】 演示将一种字符编码的文件转换成另一种字符编码。

```
import java.io. * ;
public class FileUtil {
  /** 从一个文件中逐行读取字符串,采用本地平台的字符编码 */
  public void readFile(String fileName)throws IOException {
    readFile(fileName,null);
  }
/** 从一个文件中逐行读取字符串,参数 charsetName 指定文件的字符编码 */
  public void readFile(String fileName, String charsetName)throws IOException {
    InputStream in = new FileInputStream(fileName);
    InputStreamReader reader;
    if(charsetName == null)
      reader = new InputStreamReader(in);
    else
      reader = new InputStreamReader(in,charsetName);
    BufferedReader br = new BufferedReader(reader);
```

```
        String data;
        while((data = br.readLine())!= null)              //逐行读取数据
            System.out.println(data);
    br.close();
}
/* 把一个文件中的字符内容复制到另一个文件中,并且进行了相关的字符编码转换 */
public void copyFile (String from, String charsetFrom, String to, String charsetTo) throws
IOException {
    InputStream in = new FileInputStream(from);
    InputStreamReader reader;
    if(charsetFrom == null)
        reader = new InputStreamReader(in);
    else
        reader = new InputStreamReader(in,charsetFrom);
    BufferedReader br = new BufferedReader(reader);
    OutputStream out = new FileOutputStream(to);
    OutputStreamWriter writer = new OutputStreamWriter(out,charsetTo);
    BufferedWriter bw = new BufferedWriter(writer);
    PrintWriter pw = new PrintWriter(bw,true);
    String data;
    while((data = br.readLine())!= null)
        pw.println(data);                                 //向目标文件逐行写数据
        br.close();
        pw.close();
}
public static void main(String args[])throws IOException {
    FileUtil util = new FileUtil ();
    util.readFile("test.txt");                            //按照本地平台的字符编码读取字符
    util.copyFile("test.txt",null,"out.txt","UTF-8");     //把 test.txt 文件中的字符内容复
                                                          //制到 out.txt 中,out.txt 采用 UTF-8
                                                          //编码
    util.readFile("out.txt");                             //按照本地平台的字符编码读取字符,读到错误的数据
    util.readFile("out.txt","UTF-8");                     //按照 UTF-8 字符编码读取字符
    }
}
```

注意:字符流中的 PrintWriter 类自动采用 ISO-8859-1 编码。ISO-8859-1 系列定义了 13 个字符的编码表来代表几种语言字符集,每个字符编码最多可以有 256 个字符。ISO-8859-1 也称 Latin-1,包括 ASCII 字符集,并具有音调字符和一些其他符号。

6.5 随机访问和对象的序列化

视频讲解

6.5.1 随机访问流类 RandomAccessFile

前两节介绍的都是顺序文件的操作,其读/写操作总是从文件的起始位置开始,向文件尾部顺序进行,直至文件结束。顺序读/写方式比较直观且容易理解,但操作效率较低。无论程序需要访问文件中的哪个字节,都需要从文件的首字节开始读取。即便是要读取末字节,也必须依次读取前面的所有字节。而随机方式则不同,它可以在指定的位置随机地进行

读/写。Java 语言中的 java. io. RandomAccessFile 类提供了随机访问的特性。表 6-8 给出了常用的 RandomAccessFile 类的方法。

表 6-8　RandomAccessFile 类中的部分方法

方　　法	说　　明
close()	关闭文件流
getFilePointer()	获取当前文件指针的位置
length()	获取文件的长度
read()	从文件中读取 1 字节,返回整型
readBoolean()	从文件中读取一个布尔值
readByte()	从此文件读取一个有符号的 8 位值,返回字节型
readChar()	从文件中读取一个字符
readDouble()	从文件中读取一个双精度数
readFloat()	从文件中读取一个单精度数
readInt()	从文件中读取一个整型数
readLong()	从文件中读取一个长整型数
readShort()	从文件中读取一个短整型数
readUTF()	从文件中读取一个 UTF 字符串
seek(long n)	设置文件指针到特定位置
skipBytes(int n)	跳过 n 字节
write(byte[] b)	将一个字节数组写出到文件中
writeBoolean(Boolean v)	将一个布尔值写出到文件中
writeByte(int v)	将 1 字节写出到文件中
writeBytes(String s)	将一个字符串以字节的方式写出到文件
writeChar(char c)	将一个字符写出到文件中
writeDouble(double d)	将一个双精度数写出到文件中
writeFloat(float f)	将一个浮点数写出到文件中
writeInt(int v)	将一个整型数写出到文件中
writeLong(long v)	将一个长整型数写出到文件中
writeShort(int v)	将一个短整型数写出到文件中
writeUTF(String s)	将一个 UTF 字符串写出到文件中

RandomAccessFile 类有下面两个构造方法。

(1) RandomAccessFile(File file，String mode)：创建随机存取文件流对象,对应的读/写文件由 File 参数指定,读/写方式由 mode 指定。

(2) RandomAccessFile(String name，String mode)：创建随机存取文件流对象,对应的读/写文件由字符串参数指定,读/写方式由 mode 指定。

【例 6-15】　将一个整型数组写出到文件中,再使用 seek()方法以倒序方式读取并输出到终端。

```
import java.io. * ;
public class randomaccess {
    public static void main(String args[]) {
        int data_arr[] = {85,66,56,21,37,1,43,65,4,99};
        try {
```

```
                RandomAccessFile randf = new RandomAccessFile("temp.dat","rw");
                for (int i = 0;i < data_arr.length;i++)
                        randf.writeInt(data_arr[i]);
                for(int i = data_arr.length - 1;i > = 0;i -- ) {
                        randf.seek(i * 4);
                        System.out.println(randf.readInt());
                }
                randf.close();
            }catch (IOException e){
                System.out.println("File access error: " + e);
            }
        }
    }
```

【例 6-16】 再次演示了 RandomeAccessFile 类的使用。

```
import java.io. * ;
public class RandomTester {
  public static void main(String args[]) throws IOException {
    RandomAccessFile rf = new RandomAccessFile("c:\\test.dat","rw");
    for(int i = 1;i <= 10;i++) {
      rf.writeLong(i * 1000);
    }
    rf.seek(5 * 8);
    rf.writeLong(4321);
    rf.seek(0);
    for(int i = 1;i <= 10;i++)
      System.out.println("Value " + i + ": " + rf.readLong());
    rf.close();
  }
}
```

6.5.2　序列化和对象流(ObjectInputStream 类和 ObjectOutputStream 类)

在 Java 中,实现了 Serializable 接口的类的对象可以直接写入一个流或从流中读出,称为序列化和反序列化。Java 序列化(也称串行化)技术可以将一个对象的状态写入一个字节流中,并且可以从其他地方把该字节流中的数据读出来,重新构造一个相同的对象。这种机制允许用户将对象通过网络进行传播,并可以随时把对象持久化到数据库、文件等系统中。Java 的序列化机制是 RMI、EJB 等技术的技术基础。

需要注意的是,Serializable 接口中既没有定义抽象方法也没有特定的常量,仅用于标识可序列化的语义,Java 中将这种没有方法和常量的接口称为标记性接口。

支持对象输入/输出的流称为对象流,由 ObjectInputStream 类和 ObjectOutputStream 类创建。JDK 中提供的大部分类都是序列化的,用户自己定义的类需要实现 Serializable 接口才能支持序列化和反序列化操作。

ObjectInputStream 和 ObjectOutputStream 都是中间流,不能够直接输入/输出到文件或网络,必须先创建节点流,再创建对象流。例如:

```
FileOutputStream fileout = new FileOutputStream("majun.dat");
```

```
ObjectOutputStream objectout = new ObjectOutputStream(fileout);
FileInputStream filein = new FileInputStream("majun.dat");
ObjectInputStream objectin = new ObjectInputStream(filein);
```

在操作对象流时,主要使用 readObject 和 writeObject 方法来读/写对象,writeObject 和 readObject 方法本身是线程安全的,传输过程中是不允许被并发访问的,所以对象能一个一个接连不断地传过来。

【例 6-17】 编写一个简单的学生成绩管理系统,使用文件系统作为后端的存储系统。

分析:使用面向对象编程技术,首先要抽象学生类,然后抽象班级类,再使用菜单提供用户界面,文件系统作为后端存储,利用对象流作为输入/输出。

抽象的学生类 student.java 和第 3 章的学生类基本相同,不同之处在于在这里 student 类实现了 Serializable 接口,在本书的源代码中有完整的代码。抽象班级类 myclass.java 和第 3 章的班级类大同小异,为了能够进行对象的输出,需要加几个方法,代码如下:

```
public void inputData(String filename) {
    try {
        FileInputStream fi = new FileInputStream(filename);
        ObjectInputStream si = new ObjectInputStream(fi);
        counts = (Integer)si.readObject().intValue();
        stus = new Student[counts];
        for(int i = 0;i < counts;i++) {
            Stus[i] = (Student)si.ReadObject();
        }
        si.close();
        fi.close();
    }
    catch(Exception e) {
        System.out.println(e) ;
    }
}
    public void outputData(String filename) {
        try {
            FileOutputStream fo = new FileOutputStream(filename);
            ObjectOutputStream so = new ObjectOutputStream(fo);
            so.writeObject(new Integer(counts));
            for(int i = 0;i < counts;i++)  {
                So.writeObject(stus[i]);
            }
            so.close();
            fo.close();
        }
        catch(Exception e) {
            System.out.println(e) ;
        }
    }
}
```

为了使用方便,增加了显示菜单的主控类 menu.java,代码如下:

```java
import java.io. * ;
import java.util. * ;
class menu {
    public static void main(String args[]) throws Exception {
        int i;
        while(true) {
            i = display();
            switch(i) {
                case 1:
                    createbj();break;
                case 2:
                    managebj();break;
                case 3:
                    System.exit(0);break;
                case 4:
                default:
                {System.out.println("选择有误!");break;}
            }
        }
    }
    public static int display() {
        System.out.println("\t\t * * * * * * * * * * * * * * * * * * * * * * * * * * * * * * ");
        System.out.println("\t\t *      1 ----- 创建新的班级!         * ");
        System.out.println("\t\t *      2 ----- 显示某班级学生成绩!   * ");
        System.out.println("\t\t *      3 ----- 退出!                 * ");
        System.out.println("\t\t * * * * * * * * * * * * * * * * * * * * * * * * * * * * * * ");
        try {
            int choice = System.in.read();
            if(choice > = 49&&choice < = 52)
            { return choice - 48;}
            else {
                return 0;
            }
        }
        catch(IOException e){ System.out.println("Error!");return 0;}
    }
    public static void createbj() throws Exception {
        Scanner in = new Scanner(System.in);
        System.out.println("请输入班级名:");
        String classname = "";
        while(classname.trim().equals("")){
            classname = in.nextLine();
        }
System.out.println("请输入班级人数:");
int rs = in.nextInt();
Myclass myclass = new Myclass(classname,rs);
        myclass.inputData();
        myclass.outputToFile();
        myclass.outputData();
    }
    public static void managebj() throws Exception {
```

```
Scanner in = new Scanner(System.in);
System.out.println("请输入班级名:");
String classname = "";
while(classname.trim().equals("")){
    classname = in.nextLine();
}
Myclass myclass = new Myclass();
myclass.inputData(classname);
myclass.outputData();
}}
```

序列化只能保存对象的非静态成员变量,不能保存任何成员方法和静态成员变量,并且保存的只是变量的值,对于变量的任何修饰符都不能保存。

对于某些类型的对象,其状态是瞬时的,这样的对象是无法保存其状态的,例如 Thread 对象或流对象,对于这样的成员变量,必须用 transient 关键字标明,否则编译器将报错。任何用 transient 关键字标明的成员变量,都不会被保存。

另外,串行化可能涉及将对象存放到磁盘上或在网络上发送数据,这时会产生安全问题。对于一些需要保密的数据,不应保存在永久介质中(或者不应简单地不加处理地保存下来),为了保证安全,应在这些变量前加上 transient 关键字。

如果一个对象是可序列化的实例,但是它包含不可序列化的实例数据字段,那么它可以被序列化吗? 答案是否定的。为了使对象能够序列化,使用 transient 关键字标记这些数据文件相当于告诉 JVM 在将对象写入对象流时忽略它们。考虑以下类别:

```
Public class C implements Java.io.Serializable {
    Private int v1;
    Private static double v2;
    Private transient A v3 = new A();
}
Class A { }                                    //A is not serializable
```

当一个 C 类对象被序列化时,只有变量 v1 被序列化,变量 v2 没有被序列化,因为它是一个静态变量,而变量 v3 没有被序列化,因为它被标记为瞬态。如果 v3 没有被标记为瞬态,那就是 Java.io.NotSerializableException 会发生。

【例 6-18】 演示序列化对 transient 关键字的使用技术。

```
import java.io. * ;
import java.util. * ;
public class Logon implements Serializable {
    private Date date = new Date();
    private String username;
    private transient String password;
    Logon(String name, String pwd) {
            username = name;
            password = pwd;
    }
    public String toString() {
        String pwd = (password == null) ? "(n/a)" : password;
        return "logon info: \n  " + "username: " + username +
```

```
            "\n  date: " + date + "\n  password: " + pwd;
    }
    public static void main(String[] args) throws IOException,
    ClassNotFoundException {
        Logon a = new Logon("flyhorse", "horsefly");
        System.out.println( "logon a = " + a);
        ObjectOutputStream o = new ObjectOutputStream(
                    new FileOutputStream("Logon.out"));
        o.writeObject(a);
        o.close();
        System.out.println(" **************************** ");
        ObjectInputStream in = new ObjectInputStream(
                new FileInputStream("Logon.out"));
        System.out.println("Recovering object at " + new Date());
        a = (Logon)in.readObject();
        System.out.println( "logon a = " + a);
    }
}
```

如果一个对象被多次写入一个对象流,它会被存储在多个副本中吗? 不会的,当一个对象第一次写入时,会为它创建一个序列号。JVM 将对象的完整内容连同序列号一起写入对象流。在第一次之后,如果写入相同的对象,则只存储序列号。当对象被读回时,它们的引用是相同的,因为只有一个对象是在内存中创建的。

可以通过对象的序列化和反序列化实现复制,可以实现真正的深度复制。在本章的案例研究中通过一个程序来演示。

6.6　文 件 管 理

java. io 包中的 File 类提供了对文件系统的访问和操作,包括判断文件是否存在、文件大小、最后修改时间、访问时间、读/写以及隐藏属性等,File 类属于包 java. io,但不是流类,它不负责数据的输入/输出,专门用于磁盘文件或目录的管理。表 6-9 给出了文件类 File 的常用方法。

表 6-9　File 类中的常用方法

方　　　法	说　　　明
File(String pathname)	构造方法,形参为字符串,代表路径名或文件名
File(File parent,String name)	构造方法,形参为父路径 File 对象和文件名字符串
boolean canRead()	测试文件或目录是否可读
boolean canWrite()	测试文件或目录是否可写
boolean createNewFile()	当文件不存在时,创建新文件并返回 true,否则返回 false
File createTempFile(String pfx, String sfx)	在临时目录中创建一个临时文件,文件名的前缀和后缀由形式参数定义
boolean delete()	删除此文件,如果成功,返回 true,否则返回 false
boolean deleteOnExit()	在虚拟机终止时,删除此文件或目录
boolean exists()	如果文件或目录存在,返回 true,否则返回 false

方 法	说 明
String getAbsolutePath()	返回文件或目录的绝对路径
String getName()	返回文件名或目录名
String getParent()	返回父目录名
String getPath()	返回相对文件或路径名
boolean isDirectory()	如果对象是一个目录,返回 true,否则返回 false
boolean isFile()	如果对象是一个文件,返回 true,否则返回 false
boolean isHidden()	如果对象是隐藏文件或隐藏目录,返回 true,否则返回 false
long lastModified()	返回文件或目录的最后修改时间
long length()	返回文件的长度,单位是字节
String[] list()	以字符串数组的形式返回当前目录中的文件清单
File[] listFiles()	以文件对象数组的形式返回当前目录中的文件列表
boolean renameTo(File f)	重命名文件或目录
boolean setReadOnly()	设置文件为只读
boolean setLastModified()	设置文件最后的修改时间

可以编写一个类似于操作系统中显示文件目录清单的命令 dir,如图 6-8 所示。

分析:首先从命令行取得要显示的路径,如果没有给出路径,则显示当前工作目录的目录清单,如果给出了目录或文件,则显示相应的目录清单或文件信息。

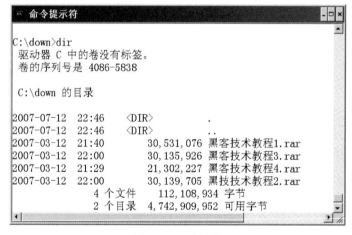

图 6-8   显示目录

【例 6-19】   显示目录信息。

```
import java.io. * ;
import java.util. * ;
class mydir {
    public static void main(String[] args) throws IOException {
        File file;
if(args. length == 0) {
        file = new File(".");
} else {
```

```
            file = new File(args[0]);
    }
    if(file.isFile()) {
            Date filedate = new Date(file.lastModified());
            System.out.println("" + filedate + "\t" + file.length() +
              "\t" + file.getName());
        } else {
            String[] dirlist = file.list();
            File currentfile = null;
            for(int i = 0;i < dirlist.length;i++) {
                currentfile = new File(file.getAbsolutePath() + "/" + dirlist[i]);
                Date filedate = new Date(currentfile.lastModified());
                if(currentfile.isFile()) {
                    System.out.println("" + filedate + "\t" + currentfile.length() +
                    "\t" + dirlist[i]);
                } else {
                    System.out.println("" + filedate + "\t" + "< DIR > " + "\t" + dirlist[i]);
                }
            }
        }
    }
}
```

6.7　程序建模示例

【程序建模示例 6-1】　文件型通讯录。

　　现代通信产业十分发达,不论当下的智能手机,还是稍早时期的基本通话型手机,通讯录或地址簿都是必备的功能,而且当下的智能手机其通讯录可以备份到云服务器上,还可以在不同的手机上进行数据交换。这一切从程序员的视角来看并不是很难,经过本章的学习读者也可以制作一个文件型通讯录管理程序。如下程序示例。

```
import java.io. * ;
import java.util.Scanner;
class Person {
    private String name;
    private char sex;
    private String homePhone;
    private String officePhone;
    private String memo;
    public Person(){
        name = "";
        sex = 'M';
    }
    public Person(String name){
        this.name = name;
        sex = 'M';
    }
    public Person(String name,String homePhone){
```

```java
            this.name = name;
        }
        public Person(String name, char sex, String homePhone){
            this.name = name;
            this.sex = sex;
            this.homePhone = homePhone;
        }
        public String getName(){ return name;}
        public void setName(String s){name = s;}
        public char getSex(){return sex;}
        public void setSex(char c){sex = (c == 'M')?'M':'F';}
        public String getHomePhone(){return homePhone;}
        public void setHomePhone(String hp){homePhone = hp == null?"":hp;}
        public String getOfficePhone(){return officePhone;}
        public void setOfficePhone(String op){officePhone = op == null?"":op;}
        public String getMemo(){return memo;}
        public void setMemo(String m){memo = m == null?"":m;}
        public String toString(){
            String personinfo = " ========================================= \n";
            personinfo += "姓名: " + name + " 性别:" + (sex == 'M'?'男':'女') + "\n";
            personinfo += "电话(H): " + homePhone + "\n";
            personinfo += "电话(O): " + officePhone + "\n";
            personinfo += "备注信息:" + memo + "\n";
            personinfo += " ========================================= ";
            return personinfo;
        }
        public void display(){
            System.out.println(toString());
        }
        public void writeToStream(BufferedWriter out) throws IOException{
            out.write(name + "," + (sex == 'M'?"男":"女") + ",");
            if(homePhone != null) out.write(homePhone + ",");
            else out.write(",");
            if(officePhone != null) out.write(officePhone + ",");
            else out.write(",");
            if(memo != null)out.write(memo);
            out.newLine();
        }
        public boolean readFromStream(BufferedReader in) throws IOException{
            String str = in.readLine();
            if(str.equals("end.")) return false;
            String[] info = str.split(",");
            this.setName(info[0]);
            info[1].charAt(0) == '男'?sex = 'M':sex = 'F')
            if(info[2] != null) this.setHomePhone(info[2]);
            if(info[3] != null) this.setOfficePhone(info[3]);
            if(info[4] != null) this.setMemo(info[4]);
            return true;
        }
        public void inputData(){
            Scanner in = new Scanner(System.in);
```

```java
            System.out.print("姓名:");if(in.hasNext()) setName(in.next());
            System.out.print("性别(M/F):");setSex(in.next().charAt(0));
            System.out.print("电话(H):");setHomePhone(in.next());
            System.out.print("电话(O):");setOfficePhone(in.next());
            System.out.print("备注:");setMemo(in.next());
            System.out.println(toString());
        }
    }
public class AddressBookTest {
    public static int displayMenu() {
        System.out.println("\t\t*******************************");
        System.out.println("\t\t*    1----- 创建新的通讯录      *");
        System.out.println("\t\t*    2----- 显示存在的通讯录    *");
        System.out.println("\t\t*    3----- 退出               *");
        System.out.println("\t\t*******************************");
        try {
            int choice = System.in.read();
            System.in.skip(2);
            if(choice >= 49&&choice <= 52)
            { return choice - 48;}
            else    {
                return 0;
            }
        }
        catch(IOException e){ System.out.println("Error!");return 0;}
    }
    public static void main(String args[]) throws Exception {
        int i;
        while(true) {
            i = displayMenu();
            switch(i) {
                case 1:
                    newAddressBook();break;
                case 2:
                    displayAddressBook();break;
                case 3:
                    System.exit(0);break;
                case 4:
                default:
                {System.out.println("选择有误!");break;}
            }
        }
    }
    public static boolean yesno(String msg){
        Scanner keyin = new Scanner(System.in);
        System.out.print(msg);
        char ch = keyin.nextLine().charAt(0);
        if(ch == 'y' || ch == 'Y') return true;
        else return false;
    }
    public static void newAddressBook() {
```

```
            System.out.println(" ========>建立一个新的通讯录<======== ");
            System.out.println("注意:通讯录的初始容量为 200 条!");
            Person[] addressbook = new Person[200];
            int i = 0;
            boolean yesno = true;
            while(i < 200){
                Person tmpPerson = new Person();
                tmpPerson.inputData();
                yesno = yesno("正确吗(Y/N)?");
                if(yesno){
                    addressbook[i] = tmpPerson;
                } else {
                    System.out.println("请重新输入!");
                    continue;
                }
                yesno = yesno("继续吗(Y/N)?");
                if(!yesno) {     break;    }
                i++;
            }
            BufferedWriter addressFile = null;
            try {
                addressFile = new BufferedWriter(new FileWriter("addressbook.txt"));
                for(int k = 0;k <= i;k++){
                    addressbook[k].writeToStream(addressFile);
                }
                addressFile.write("end.");
            }catch(IOException e){
                e.printStackTrace();
            }catch(Exception e1){
                e1.printStackTrace();
            }finally{
                try {
                    if(addressFile!= null) addressFile.close();
                }catch(Exception e2){
                    e2.printStackTrace();
                }
            }
        System.out.println("新通讯录已建立好!");
    }
    public static void displayAddressBook(){
        Person[] addressbook = new Person[200];
        BufferedReader filein = null;
        try {
            filein = new BufferedReader(new FileReader("addressbook.txt"));
            int i = 0;
            Person tmpPerson = new Person();
            boolean flag = tmpPerson.readFromStream(filein);
            while(flag){
                addressbook[i] = tmpPerson;
                addressbook[i].display();
                i++;
```

```
                tmpPerson = new Person();
                flag = tmpPerson.readFromStream(filein);
            }
            filein.close();
        }catch(IOException e1){
            e1.printStackTrace();
        }catch(Exception e2){
            e2.printStackTrace();
        }finally{
            try {
                if(filein!= null) filein.close();
            }catch(Exception e){}
        }
        System.out.println("通讯录显示结束!");
    }
}
```

【**程序建模示例 6-2**】 基于序列化和反序列化实现复制,前面介绍过通过 Cloneable 接口和提供 clone()方法实现复制,但是这种复制是浅复制,要想实现深度复制,必须深入编程细节,下面通过基于对象流的序列化和反序列化技术来实现深度复制,假设有一个 Person 类,Person 类聚合了 Car 类对象,代码如下:

```
//Person.java
import java.io.Serializable;
public class Person implements Serializable {
    private static final long serialVersionUID = - 1011L;
    private String name;                        // 姓名
    private String ID;                          //身份证
    private int age;                            // 年龄
    private Car car;                            // 座驾
    public Person(String name,String id, int age, Car car) {
        this.name = name;
        this.ID = id;
        this.age = age;
        this.car = car;
    }
    public String getID() {
        return ID;
    }
    public void setID(String iD) {
        ID = iD;
    }
    public String getName() {
        return name;
    }
    public void setName(String name) {
        this.name = name;
    }
    public int getAge() {
        return age;
    }
}
```

```
        }
        public void setAge(int age) {
            this.age = age;
        }
        public Car getCar() {
            return car;
        }
        public void setCar(Car car) {
            this.car = car;
        }
        public String toString() {
            return "Person [name = " + name + ", ID = " + ID + ", age = " + age + ", car = " +
car + "]";
        }
    }
//Car.java
import java.io.Serializable;
public class Car implements Serializable {
    private static final long serialVersionUID =  - 2345L;
    private String brand;                            // 品牌
    private int maxSpeed;                            // 最高时速
    public Car(String brand, int maxSpeed) {
        this.brand = brand;
        this.maxSpeed = maxSpeed;
    }
    public String getBrand() {
        return brand;
    }
    public void setBrand(String brand) {
        this.brand = brand;
    }
    public int getMaxSpeed() {
        return maxSpeed;
    }
    public void setMaxSpeed(int maxSpeed) {
        this.maxSpeed = maxSpeed;
    }
    public String toString() {
        return "Car [brand = " + brand + ", maxSpeed = " + maxSpeed + "]";
    }
}
//CloneTest.java
class CloneTest {
    public static void main(String[] args) {
        try {
            Person p1 = new Person("马俊","620102197210015338", 40, new Car("宝马", 300));
            Person p2 = CloneUtil.clone(p1);        // 深度复制
            Person p3 = CloneUtil.clone(p1);
            p2.getCar().setBrand("BYD");p2.getCar().setMaxSpeed(150);
            p3.setAge(45);p3.setName("张鑫");
            System.out.println(p1);
            System.out.println(p2);
            System.out.println(p3);
        } catch (Exception e) {
```

```
                e.printStackTrace();
        }
    }
}
```

执行后输入结果如图 6-9,可以看到 p2 和 p3 都是从序列化对象 p1 反序列化而来,内容和 p1 完全一致,但引用不同,因为修改 p2 和 p3 并不影响 p1 的内容。

```
Person [name=马俊, ID=6201021972100153338, age=40, car=Car [brand=宝马, maxSpeed=300]]
Person [name=马俊, ID=6201021972100153338, age=40, car=Car [brand=BYD, maxSpeed=150]]
Person [name=张鑫, ID=6201021972100153338, age=45, car=Car [brand=宝马, maxSpeed=300]]
```

图 6-9   序列化和反序列化实现深度复制

6.8   本 章 小 结

输入/输出是程序设计语言的一个重要功能,是程序与用户之间、程序与计算机文件系统之间沟通的桥梁。Java I/O 类库对各种常见的数据输入/输出处理过程进行了抽象。应用程序不必知道最终的数据源头或目的地是一个磁盘上的文件还是一个内存中的数组,都可以按照统一的接口来处理程序的输入和输出。

Java I/O 类库具有以下两个对称性。

(1) 输入和输出对称。

① InputStream 和 OutputStream 对称。

② FilterInputStream 和 FilterOutputStream 对称。

③ DataInputStream 和 DataOutputStream 对称。

④ Reader 和 Writer 对称。

⑤ InputStreamReader 和 OutputStreamWriter 对称。

⑥ BufferedReader 和 BufferedWriter 对称。

(2) 字节流和字符流对称,例如 InputStream 和 Reader 分别表示字节输入流和字符输入流,OutputStream 和 Writer 分别表示字节输出流和字符输出流。

字符流 FileReader 和 FileWriter 可以处理文本文件,RandomAccessFile 可以随机读写文件。Serializable 序列化技术可以从对象流中直接读写对象。

java.io 类库中的 File 类是用来管理文件系统的一个类,当一个 File 对象被创建后,它所代表的文件或目录有可能在文件系统中存在,也有可能不存在,可以使用 File 类提供的相应的方法判断文件是否存在或者创建相应的文件或目录。

第 6 章   习   题

一、单选题

1. Java 中流的传递方式是(   )。

    A. 并行的   B. 串行的   C. 并行和串行   D. 以上都不对

2. 当处理的数据量很多或向文件写很多次小数据,一般使用哪一个流类?(   )

    A. DataOutputStream   B. FileOutputStream

    C. BufferedOutputStream   D. PipedOutputStream

3. 当把一个程序、线程或代码段的输出连接到另一个程序、线程或代码段的输入时,应使用哪一个流类?(   )

    A. DataOutputStream   B. FileOutputStream

    C. BufferedOutputStream   D. PipedOutputStream

4. 如果要将一个文本文件作为一个数据库访问,读完一个纪录后跳到另一个纪录,当它们在文件的不同地方时,一般使用哪一个流类?(   )

    A. FileOutputStream   B. RandomAccessFile

    C. PipedOutputStream   D. BufferedOutputStream

5. 如果要使用输入/输出类,在程序的起始位置应加入哪条语句,程序才能通过编译?(   )

    A. import java. io. * ;   B. include java. util. * ;

    C. import java. util. * ;   D. include java. io. * ;

6. 在程序中以字符方式读入文件内容时,能够以该文件名作为直接参数的类是(   )。

    A. FileReader   B. BufferedReader

    C. FileInputStream   D. ObjectInputStream

7. java. io 包中的 File 类是(   )。

    A. 字符流类   B. 字节流类   C. 对象流类   D. 非流类

8. 下列描述中,正确的是(   )。

    A. 在 Serializable 接口中没有定义抽象方法,也没有定义常量

    B. 在 Serializable 接口中定义了抽象方法

    C. 在 Serializable 接口中定义了成员方法

    D. 在 Serializable 接口中定义了常量

9. File 类中用来判断一个对象是否为文件对象的方法是(   )。

    A. getPath()   B. getName()   C. isFile()   D. isAbsolute()

10. 当从键盘上输入多个字符时,为了避免回车换行符的影响,一般建议使用下列哪个方法?(   )

    A. write()   B. flush()   C. close()   D. skip()

11. 以对象为单位把某个对象直接写入流,需要使用以下哪个方法?(   )

    A. writeInt()   B. writeObject()   C. write()   D. writeUTF()

12. 若一个类对象能够被整体写入流,则定义该类时必须实现下列哪个接口?(   )

    A. Runnable   B. ActionListener   C. WindowAdapter   D. Serializable

13. 能够把字符串直接写入文件的流类是(   )。

    A. FileOutputStream   B. FileWriter

    C. BufferedWriter   D. OutputStream

14. 能够向流中写入逻辑型数据的类是(   )。

    A. FileOutputStream   B. OutputStream

    C. FileWriter   D. DataOutputStream

15. 以下哪个方法只对使用了缓冲的流类起作用?(   )

    A. read()   B. write()   C. skip()   D. flush()

16. 在用 read()方法读取文件内容时,判断流结束的标志是读到(   )。

    A. 0　　　　　　　　B. 1　　　　　　　　C. −1　　　　　　　　D. 不确定

17. 下列属于对象输出流的是(   )。

    A. ObjectInputStream　　　　　　　　B. ObjectReader

    C. ObjectOutputStream　　　　　　　　D. ObjectWriter

二、多选题

1. 以下哪些是合法的构造 RandomAccessFile 对象的代码?(   )

    A. RandomAccessFile(new File("D：\\myex\\dir1\\..\\test.java"),"rw");

    B. RandomAccessFile("D：\\myex\\test.java","r");

    C. RandomAccessFile("D：\\myex\\test.java");

    D. RandomAccessFile("D：\\myex\\test.java","wr");

2. 以下哪些属于 java.io.File 类对象的功能?(   )

    A. 改变当前目录　　　　　　　　B. 返回父目录的名字

    C. 删除文件　　　　　　　　　　D. 读取文件中的数据

3. 请判断下列哪些陈述是正确的?(   )

    A. FileInputStream 的 seek 方法将用于设置文件的位置

    B. FileInputStream 的 read 方法用于从一个 FileInputStream 中读取字节

    C. FileInputStream 的 get 方法用于从一个 FileInputStream 中读取字节

    D. 一个 FileInputStream 能使用 close()方法关闭

三、编程题

1. 编写一个程序可以将两个文件合并到一个文件,文件名通过命令行参数传入。

2. 试编写一个学生成绩管理系统,学生的成绩信息保存在磁盘的文件中,使用以下菜单:

```
*******************************************
*          1—显示所有学生信息          *
*          2—添加新的学生信息          *
*          3—修改学生成绩信息          *
*          4—删除单个学生信息          *
*          5—退出                      *
*******************************************
```

3. 编程：利用文本编辑软件输入教师的姓名、基本工资、奖金,它们之间用空格分隔,每个教师占一行,然后编写程序读取每个教师的信息,统计所有教师基本工资总额、奖金总额以及基本工资加上奖金的总额。

4. 编程：创建一个文件 myfile.dat,设置其属性为只读,然后输出该文件的创建日期和路径名。

5. 下列程序用于显示指定目录下的子目录及文件名,请填写所缺少的代码。

```
import java.io. * ;
public class test{
    public static void main(String[ ] args){
        String s1,s2[];
        try {
            InputStreamReader in = new InputStreamReader(System.in);
```

```
        BufferedReader bin = new BufferedReader(in);
        System.out.println("please input a File name: ");
        s1 = _____;
        File f = new File(s1);
        System.out.println(f.isDirectory());
        if(_____){      //判读是否为目录
            int n = (f.list()).length;
            s2 = new String[n];
            s2 = _____;        //获取子目录及文件名
            for(int i = 0; i < s2.length; i++){
                System.out.println(s2[i]);
            }
        }
    }catch(IOException e){}
    }
}
```

6. 下列程序实现从当前目录的 date.ser 文件中读取内容并显示出来,如果捕获异常,则打印调用堆栈,请将程序补充完整。

```
import java.io. * ;
import java.util.Date;
public class UnSerializeDate  {
    UnSerializeDate() {
        Date d = null;
        try  {
            FileInputStream f = new _____("date.ser");
            ObjectInputStream s = new
                ObjectInputStream(_____);
            d = (Date) s.readObject();
            f.close();
        }catch(Exception e)   { e. _____;    }
          System.out.println("Unserialized Date object from date.set");
          System.out.println("Date: " + d);
        }
        public static void main(_____)    {
          new UnSerializeDate();
        }}
```

7. 模拟实现传统对称加密技术,假设有一个密钥文件 key.dat,存放56字节的密钥,然后程序运行时,提示用户输入需要加密的文件名和加密后的输出文件名,用输入文件的内容连续和 key.dat 中内容作异或运算,然后输出到加密文件。

四、简答题

1. 什么是流? 根据流的方向,流可以分为哪几种?

2. Java 为什么要使用流链?

3. 相对于抽象父类 InputStream 类,BufferedInputStream 类有什么特点?

4. FileInputStream 流的 read()方法和 FileReader 流的 read()方法有何不同?

5. 怎样使用输入/输出流技术复制对象?

6. File 类有哪些构造方法和常用方法?

7. 文件位置指针的作用是什么? RandomAccessFile 类提供了哪些方法实现对指针的控制?

第7章　GUI 程序设计基础

随着计算机技术的发展,计算机越来越平民化、傻瓜化,这主要归功于图形用户界面的使用和普及。GUI(Graphic User Interface)即图形用户界面,因其特有的亲和力和易用性普遍受到人们的欢迎,也正因为如此,计算机才能够脱离所谓的专家专用,而普及到平民使用。本章主要介绍 Java 语言中功能强大的图形界面编程,主要包括 AWT 包和 Swing 包,以及通过它们处理图形用户界面的概念和方法,并通过实例介绍常见的图形界面组件的使用技巧。

7.1　基 本 概 念

视频讲解

随着 1984 年 Macintosh 计算机的出现,Apple 公司的图形用户界面成为计算机发展的潮流并普及起来。Apple 的图形用户界面起源于 20 世纪 70 年代 Xerox 的 Palo Alto 研究中心所做的工作,现在,图形用户界面已经普及到计算机全域,传统的字符界面基本被淘汰。图 7-1 所示的 Windows 系统下的一个音乐播放器的界面。

归纳起来,这些图形用户界面都具有以下特征。

图 7-1　QQ 音乐播放器

(1) 使用鼠标、触摸屏等指针式输入设备。

(2) 以图形方式显示计算机正在工作或完成任务的窗口。

(3) 以各种图标(icon)表示文件、文件夹(目录)、应用程序等。

(4) 提供用户输入命令的各种菜单、对话框、按钮、滚动条、列表框、组合框等。

(5) 提供用户操作的各种事件监听和处理机制。

Java 早期进行图形用户界面设计时使用 java.awt 包中提供的类,例如 Button、TextField、List、TextArea 等组件,AWT 是 Abstract Window Toolkit(抽象窗口工具包)的缩写。从 JDK1.2 开始增加了一个新的 javax.swing 包,该包提供了功能更为强大的 GUI 的类库。Swing 之所以强大,是因为它提供了一个更好的组件集,AWT 只提供一些较普通的接口组件,并且在实现上依赖操作系统,因此有许多瑕疵,例如在不同平台显示不一致,相比而言,Swing 组件要好用得多。尽管如此,不能完全抛弃 AWT,因为 Swing 依赖 AWT 的事件处理机制和布局管理器(Layout Manager)以及它的各种基本类。

7.2 Java GUI 程序运行原理

GUI 程序的运行过程和命令式程序稍有不同,在图形界面程序中包含 3 部分内容。首先,要产生相应的像素集合组成的图形组件;其次,这些图形组件按照特定的逻辑关系和布局显示到显示器中;再次,程序捕获鼠标、键盘等设备的操作事件,或者系统产生的其他事件,调用相应的组件的事件处理代码,从而完成程序和外界的交互作用以及计算任务。所以,要想成为一名高效的 GUI 程序员,必须掌握以下内容:

(1) 掌握各种 GUI 组件,包括顶层容器(如 JFrame、JDialog 等)以及可以添加到容器中的基本组件(例如 JTextField、JButton 等)。

(2) 掌握布局管理器的使用,学会如何在容器中合理地组织组件。

(3) 掌握事件处理技巧,包括如何编写响应事件的代码,例如按钮单击、鼠标移动、调整窗口尺寸等。

7.3 AWT 包简介

在 JDK1.0 中,Sun 公司发布了最初图形界面开发包 java.awt。该包按照面向对象的思想来创建 GUI,它提供了许多基本组件类、容器类和布局管理器类。其中,Component 类是 Java 语言提供的基本组件类的祖先类,从这个基本组件类派生出了 AWT 包和 Swing 包中其他的组件类。图 7-2 列出了 AWT 包中组件类的层次结构图。

Java AWT 构建图形用户界面的机制包括以下内容:

(1) 提供了一些容器组件(例如 Frame、Panel),用来容纳其他的组件(例如 Button、Checkbox、TextField、Canvas 等)。

(2) 用布局管理器来管理组件在容器上的布局。

(3) 利用监听器来响应各种事件,实现用户与程序的交互。一个组件如果注册了某种事件的监听器,由这个组件触发的特定事件就会被监听器接收和响应。

(4) 提供了一套绘图机制来自动维护或刷新图形界面。

要理解的是在 Java 中,采用了面向对象的方式来开发 GUI 程序,不管是 AWT 包还是 Swing 包,所有图形组件的使用都是基于对象的。通过创建组件类对象,设置相应的属性,通过相应的方法显示和交互。

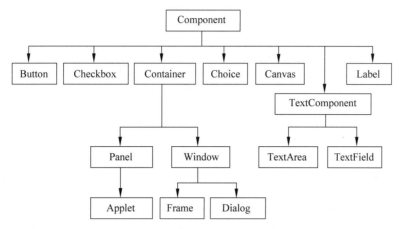

图 7-2　Component 类派生出的基本组件类(部分)

7.3.1　AWT 包中的容器组件

任何一个 Java GUI 程序都是从一个容器组件开始的,容器组件是可以摆放组件的组件,并可以在容器上进行绘制和着色,java.awt 包中的 Container 类可直接或间接地派生出两个常用容器,即框架(Frame 类)和面板(Panel 类),其中,框架是一个带有边框的独立的窗口,面板则是包含在窗口中的一个不带边框的区域。

图 7-3　Frame 和 Panel

【例 7-1】 演示 Frame 和 Panel,效果如图 7-3 所示。

```java
import java.awt. * ;
public class SimpleFrame {
  public static void main(String[ ] args){
    Frame f = new Frame("Hello GUI");      //创建 Frame
    Panel p = new Panel();                 //创建面板对象
    p.setBackground(Color.red);            //改变背景颜色
    f.add(p,BorderLayout.NORTH);           //将面板添加到 Frame 的北边
    f.setSize(200,200);                    //设置 Frame 的大小
    f.setVisible(true);                    //使 Frame 成为可见的
  }
}
```

注意:Window 类、Frame 类、Dialog 类的对象是不依赖其他容器而独立存在的容器对象,Panel 不能单独存在,只能存在于其他容器中,它有一个子类就是著名的 Applet。另外,以上程序没有添加事件处理,所以退出时应该按 Ctrl+C 组合键来中止程序。

容器组件对象都有 setSize()方法用来设置其大小,setLayout()方法用来设置布局管理器,add()方法将其他组件添加到容器中。除了 Panel 类及其子类外,Window 类及其子类都有 setVisible()方法用来设置组件的可见性。

7.3.2 AWT 包中常用的基本组件

如图 7-4 所示,在 AWT 包中提供了常用的各种基本组件类,各类的使用说明如表 7-1 所示。

图 7-4　AWT 包中常用的基本组件

表 7-1　AWT 包中的各种基本组件类

类名	常用构造方法	说　　明
Label	Label(String title)	标签,主要用来显示信息
TextField	TextField() TextField(int m)	文本框,用来接收用户输入,只能接收一行输入
Checkbox	Checkbox() Checkbox(String title)	复选框,用于多选项输入
TextArea	TextArea() TextArea(int rows,int cols)	文本区域,用来接收用户输入,多行输入
Button	Button() Button(String title)	按钮,用来捕捉用户响应操作的简单组件
Choice	Choice()	选择框,用来在一个列表中选择一项或多项输入
Canvas	Canvas()	画布,用来画图

注意:在 AWT 中没有单独提供单选按钮,单选按钮是通过把复选框加入到一个管理组后自动形成的,管理组类为 CheckboxGroup()。

基本组件类的使用演示如下:

【例 7-2】　演示基本组件。

```java
import java.awt. * ;
import java.util. * ;
class myframe {
    public static void main(String[ ] args) {
        Frame myapp = new Frame("图形界面测试!");
        Panel p1 = new Panel();
        p1.setBackground(Color.yellow);
        myapp.add(p1,BorderLayout.NORTH);
        Label lb = new Label("姓名:");
```

```
TextField tf = new TextField(10);
TextArea ta = new TextArea();
p1.add(lb);p1.add(tf);
Button ok = new Button("提交");
Button cc = new Button("取消");
p1.add(ok);p1.add(cc);
Panel p2 = new Panel();
p2.setBackground(Color.cyan);
myapp.add(ta,BorderLayout.CENTER);
Label lb1 = new Label("状态行:            当前时间:" + new Date());
CheckboxGroup cg = new CheckboxGroup();
Checkbox male = new Checkbox("男",cg,true);
Checkbox female = new Checkbox("女",cg,false);
p2.add(male);p2.add(female);
p2.add(lb1);
myapp.add(p2,BorderLayout.SOUTH);
Panel p3 = new Panel();
p3.setBackground(new Color(128,128,0));
Label lb3 = new Label("你喜欢的演员是:");
Choice moviestars = new Choice();
moviestars.addItem("安东尼奥·班德拉斯");
moviestars.addItem("莱昂纳多·迪卡普尼奥");
moviestars.addItem("桑德·布洛克");
moviestars.addItem("休·葛兰特");
moviestars.addItem("朱莉亚·罗菇茨");
p3.add(lb3);p3.add(moviestars);
myapp.add(p3,BorderLayout.EAST);
Button btn = new Button("西部时空");
myapp.add(btn,BorderLayout.WEST);
myapp.setBounds(100,100,600,400);
myapp.setVisible(true);
myapp.setBackground(Color.red);
        }
    }
```

注意:因没有添加事件处理,所以此程序不能正常退出,需按 Ctrl＋C 组合键终止程序。

7.3.3 AWT 包中的布局管理器

为了实现图形界面的平台无关性,需要解决的主要问题是图形组件在屏幕上的显示对系统坐标系的依赖性,在 Java 中使用了一套布局管理器类来帮助用户完成组件在容器中的显示,通过相对坐标和位置避免了对系统坐标的依赖,也就是组件在容器中的位置和尺寸是由布局管理器决定的。所有的容器都会引用一个布局管理器实例,通过它自动进行组件的布局管理。

1. 默认布局管理器

当一个容器被创建后,如果程序员没有为其设置布局管理器,则会使用默认的布局管理器。Window、Frame 和 Dialog 的默认布局管理器是 BorderLayout,Panel 和 Applet 的默

229 第 7 章

认布局管理器是 FlowLayout。

2. 取消布局管理器

如果不希望通过布局管理器来管理布局，可以调用容器的 setLayout(null)方法取消容器的布局管理器。取消了容器的布局管理器后，必须使用组件的 setLocation()、setSize()或 setBounds()方法来为组件定位。需要注意的是，这种手工布局将导致图形界面的布局不再是和平台无关的，也就是这时的图形界面将依赖于操作系统环境，如例 7-3 所示。

【例 7-3】 演示手工布局。

```java
import java.awt. * ;
public class ManualLayout{
  public static void main(String args[]){
    Frame f = new Frame("MenualLayout");
    f.setLayout(null);
    f.setSize(300,100);
    Button b = new Button("测试按钮");
    b.setSize(100,30);              //设置按钮大小
    b.setLocation(40,60);          //设置放置坐标(40,60)
    f.add(b);
    f.setVisible(true);
  }
}
```

执行效果如图 7-5 所示。

3. 布局管理器类

java.awt 包提供了 5 种布局管理器。

FlowLayout：流式布局管理器。

BorderLayout：边界布局管理器。

GridLayout：网格布局管理器。

GridBagLayout：网格包布局管理器。

CardLayout：卡片布局管理器。

图 7-5　手工布局

（1）FlowLayout：流式布局管理器。FlowLayout 是最简单的布局管理器，按照组件的添加顺序将它们从左到右地放置在容器中。当到达容器边界时，组件将放置在下一行中。FlowLayout 允许以左对齐、居中对齐（默认方式）或右对齐的方式排列组件。FlowLayout 的特性如下。

① 不限制它所管理的组件的大小，而是允许它们有自己的最佳大小。

② 当容器被缩放时，组件的位置可能变化，但组件的大小不改变。

FlowLayout 的构造方法有 FlowLayout()、FlowLayout(int align)、FlowLayout(int align,int hgap,int vgap)。其中，参数 align 代表对齐方式，可选值有 FlowLayout. LEFT、FlowLayout. RIGHT、FlowLayout. CENTER，而参数 hgap 和 vgap 分别用于设定组件之间的水平和垂直间距。

【例 7-4】 演示 FlowLayout 布局，效果如图 7-6 所示。

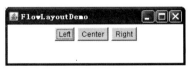

图 7-6　流式布局

```
import java.awt. * ;
public class FlowLayoutDemo{
  public static void main(String[ ] args){
    Frame myapp = new Frame("FlowLayoutDemo");
    FlowLayout fl = new FlowLayout();          //默认居中
    myapp.setLayout(fl);                       //采用 FlowLayout 布局
    Button b1 = new Button("Left");
    Button b2 = new Button("Center");
    Button b3 = new Button("Right");
    myapp.add(b1);myapp.add(b2);
    myapp.add(b3);
    myapp.setSize(300,100);
    myapp.setVisible(true);
  }
}
```

（2）BorderLayout：边界布局管理器。BorderLayout 将容器分为 5 个区域，即东、南、西、北、中，分别用 5 个常量来表示，即 BorderLayout. NORTH、BorderLayout. SOUTH、BoderLayout. EAST、BorderLayout. WEST 和 BorderLayout. CENTER。

BorderLayout 的特性如下：

① 位于东和西区域的组件保持最佳宽度，高度被垂直拉伸至和所在区域一样高；位于南和北区域的组件保持最佳高度，宽度被水平拉伸至和所在区域一样宽；位于中区域的组件的宽度和高度都被拉伸至和所在区域一样大小。

② 当窗口垂直拉伸时，东、西和中区域也拉伸；当窗口水平拉伸时，南、北和中区域也拉伸。

③ 对于容器的东、南、西和北区域，如果某个区域没有组件，则这个区域面积为 0；对于中区域，不管有没有组件，BorderLayout 都会为它分配空间，如果该区域没有组件，中区域显示容器的背景颜色。

④ 当容器被缩放时，组件所在的相对位置不变化，但组件大小会改变。

⑤ 如果在某个区域添加的组件不止一个，则只有最后添加的一个是可见的。

BorderLayout 的构造方法有 BorderLayout()和 BorderLayout(int hgap,int vgap)，参数 hgap 和 vgap 分别用于设定组件之间的水平和垂直间距。当用 add()方法向其中添加组件时，一般要指定组件在容器的位置，如果不指定，则默认是 BorderLayout. Center。

【例 7-5】 演示 BorderLayout 布局，效果如图 7-7 所示。

```
import java.awt. * ;
public class BorderLayoutDemo{
public static void main(String[ ] args)   {
  Frame myapp = new Frame("BorderLayoutDemo");        //默认就是 BorderLayout. Center
  Button btnEast = new Button("东");
  Button btnWest = new Button("西");
  Button btnNorth = new Button("北");
  Button btnSouth = new Button("南");
  Button btnCenter = new Button("中");
  myapp.add(btnEast,BorderLayout.EAST);
  myapp.add(btnWest,BorderLayout.WEST);
```

```
myapp.add(btnNorth,BorderLayout.NORTH);
myapp.add(btnSouth,BorderLayout.SOUTH);
myapp.add(btnCenter,BorderLayout.CENTER);
myapp.setSize(300,300);
myapp.setVisible(true);
  }
}
```

（3）GridLayout：网格布局管理器。GridLayout 将容器分割成多行多列,按照添加的顺序,组件被依次从左到右地放置到每一个网格中,当一行填满时,换到下一行再从左到右放置组件。

GridLayout 的特性如下。

① 组件的相对位置不随容器的缩放而改变,但组件的大小会随之改变。组件始终占据网格的整个区域。

② GridLayout 总是忽略组件的最佳大小,所有组件的宽度相同,高度也相同。

③ 将组件用 add()方法添加到容器中的先后顺序决定它们占据哪个网格,GridLayout 从左到右、从上到下将组件填充到容器的网格中。

GridLayout 的构造方法有 GridLayout()、GridLayout(int rows,int cols)和 GridLayout(int rows,int cols,int hgap,int vgap)。参数 rows 和 cols 分别代表行数和列数,hgap 和 vgap 用于指定网格之间的水平间距和垂直间距。

【例 7-6】 演示 GridLayout 布局,效果如图 7-8 所示。

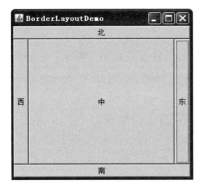

图 7-7　边界布局

图 7-8　网格布局

```
import java.awt. * ;
public class GridLayoutDemo extends Frame{
  private Panel panel;
  private Label label;
  private String[] names = {"7","8","9"," + ","4","5",
  "6"," - ","1","2","3"," * ","0",".","  = ","/"};
  private Button[ ] buttons = new Button[16];
  public GridLayoutDemo(String title){
    super(title);
    label = new Label();
    panel = new Panel();
    panel.setLayout(new GridLayout(4,4));
```

```
        add(label,BorderLayout.NORTH);
        add(panel,BorderLayout.CENTER);

        for(int i = 0;i < buttons.length;i++){
            buttons[i] = new Button(names[i]);
            panel.add(buttons[i]);
        }
        pack();
        setVisible(true);
    }
    public static void main(String[] args){
        new GridLayoutDemo("GridLayoutDemo");
    }
}
```

（4）GridBagLayout：网格包布局管理器。GridBagLayout 在网格的基础上提供了更为复杂的布局，和 GridLayout 不同，GridBagLayout 允许容器中各个组件的大小各不相同，还允许单个组件所在的显示区域占据多个网格，并且组件放置顺序不一定为从左至右和由上至下。如果要使用此布局，必须提供各组件的大小和布局等信息。通过使用 GridBagConstraints 类来配合 GridBagLayout 类定位及调整组件大小所需的全部信息。有关此布局的演示参考 JavaDoc 文档说明。

在使用 GUI 编程时，建议使用嵌套面板的方式来设计复杂的版面，如果使用集成式开发环境，则可先将容器的布局管理器设置为 null，然后使用手动方式排列组件，待整个图形的界面符合要求时，再将此容器的布局管理器设置为 GridBagLayout。

（5）GardLayout：卡片布局管理器

卡片布局管理器现在基本上不再使用，被后来提供的新组件 JTabbedPane 取代，感兴趣的读者可以参考 JavaDoc 文档说明。

7.3.4　AWT 包中的常用辅助类

视频讲解

AWT 包中的组件虽然在 GUI 编程中使用越来越少，但其中还有一些常用辅助类，在 Swing 的图形界面编程中也是必不可少的，所以 Swing 包是建立在 AWT 包的基础上的。

（1）Color 类：表示一种颜色，创建一个 Color 对象很简单，通过将 RGB(Red-Green-Blue)值传递给 Color 类的构造器就可以创建一个颜色对象。例如：

```
Color    color = new Color(222,22,222);
```

Color 类提供了返回一种特定颜色的静态常量，用于表示经常用到的颜色，例如 BLACK、BLUE、GREEN、RED、CYAN、ORANGE、YELLOW 等。可以用以下方式得到颜色对象：

```
Color    color = Color.RED;
```

为了改变一个组件的颜色，可以调用该组件的 setForeGround 和 setBackGround 方法：

```
component.setForeGround(Color.YELLOW);
component.setBackGround(Color.CYAN);
```

233

第 7 章

GUI 程序设计基础

(2) Font 类：表示一种字体，下面是 Font 类的一个构造器。

```
public Font(String name, int style, int size)
```

这里的 name 是字体名称，size 是字体的大小，style 代表字体风格，使用一个整型位掩码，它可以是 PLAIN、BOLD、ITALIC 的组合，例如以下代码所示：

```
int style = Font.BOLD|Font.ITALIC;
Font font = new Font("Arial",style,12);
```

(3) Point 类：表示直角坐标系中的一个点，它有两个成员变量 x 和 y。常用的构造器如下：

```
public Point();
public Point(int x, int y);
public Point(Point b);
```

Point 类的 getX()和 getY()方法分别返回 double 类型的 x 和 y 坐标值。

(4) Dimension 类：以两个 int 值的成员表示一个尺寸，它有两个成员变量 width 和 height。但 getWidth()和 getHeight()方法返回的却是 double 值。构造器如下：

```
public Dimension();                        //创建高和宽都为 0 的 Dimension 对象
public Dimension(Dimension d);
public Dimension(int width, int height);
```

(5) Rectangle 类：表示直角坐标系中的一个长方形的区域。它的 x 域和 y 域用来表示该长方形左上角的坐标，width 和 height 域分别指定长方形的宽度和高度。构造器如下：

```
public Rectangle();
public Rectangle(Dimension d);
public Rectangle(int width, int height);
public Rectangle(int x, int y, int width, int height);
```

(6) Graphics 类：该类是一个抽象类，用来在 AWT 组件或 Swing 组件中画图，它提供了一些基本的作图方法，例如 drawLine()、drawArc()、drawChars()、drawImage()、drawOval()、drawPolyline()、drawPolygon()、drawString()、fillOval()、fillRect()等。

(7) Toolkit 类：该类是所有 Abstract Window Toolkit 实际实现的抽象超类。Toolkit 的子类被用于将各种组件绑定到特定本机工具包实现。它提供了许多可以访问本机资源的方法。注意，该类对象是通过一个静态方法得到的，而不是由 new 来创建，如下所示。

```
Toolkit tool = Toolket.getDefaultToolkit();
```

(8) Image 类：该类是表示图形图像的所有类的超类。必须以特定于平台的方式获取图像，常用 Toolkit 类对象的 getImage()方法装入一幅图像，Java 支持各种常用图片格式的识别、装入。

7.4　Swing 包简介

当用 java.awt 包中的类创建组件对象时，都有一个相应的本地组件在为它工作(称为它的同位体)。AWT 组件的设计原理是把与显示组件有关的许多工作交给相应的本地组件,因此把有同位体的组件称为重组件。基于重组件的 GUI 设计有很多不足之处,例如程序的外观在不同的平台上可能有所不同,而且重组件的类型也不能满足所有 GUI 设计的需要。例如,不可能把一幅图像添加到 AWT 按钮或 AWT 标签上,因为 AWT 按钮或标签外观的绘制是由本地的对等组件(即同位体)完成的,而同位体一般不是用 Java 语言编写的,它的行为是不能被 Java 扩展的。另外,使用 AWT 进行 GUI 设计可能会消耗大量的系统资源。

与 AWT 的重量级组件不同,Swing 中大部分是轻量级组件。Swing 包中的轻量级组件在设计上和 AWT 完全不同,它采用了一种经典的设计模式 MVC,即模型-视图-控制模式,轻量级组件把与显示组件有关的许多工作交给相应的 UI 代理来完成。这些 UI 代理是用 Java 语言编写的类,这些类被增加到 Java 的运行环境中,因此组件的外观不依赖平台,不仅在不同的平台上的外观是相同的,而且更容易控制。正是这个原因,Swing 包几乎无所不能,不仅有各式各样先进的组件,而且更为美观、易用。并且 Swing 包中的组件都实现了 Serializable 接口,即 Swing 包中的组件对象是可以被持久化的,是可以通过网络传输的。图 7-9 描述的是 Swing 包中的类的层次结构。

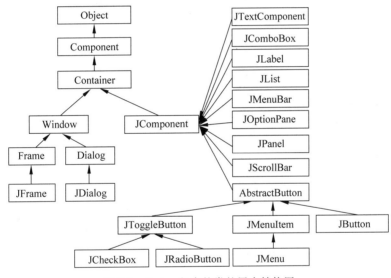

图 7-9　Swing 包中的类的层次结构图

7.4.1　Swing 包中的容器组件

1. 顶级容器类

(1) JFrame 窗体:该类是 java.awt 包中 Frame 类的子类,是用于框架窗口的类,此窗口带有边框、标题,以及用于关闭和最小化窗口的图标等。带 GUI 的应用程序通常至少使用一个框架窗口,和 Frame 不同的是不能直接将组件添加到窗口本身,JFrame 窗体含有一个被称为内容面板的容器,应当把组件添加到内容面板中,通过 getContentPane()可拿到内容面板。

【例 7-7】　JFrame 演示。

```
import java.awt. * ;
```

GUI 程序设计基础

```java
import javax.swing. * ;
public class JFrameTest {
    public static void main(String[] args){
        JFrame mywin = new JFrame("The First Window");   //创建特定标题的窗口
        mywin.setSize(300,200);                          //设置窗口的大小
        mywin.setLocation(50,50);                        //设置窗口的位置
        JLabel mylabel = new JLabel("This is a label");
        mywin.getContentPane().add(mylabel);             //添加组件到内容面板
        mywin.setDefaultCloseOperation(JFrame.EXIT_ON_CLOSE);
        mywin.setVisible(true);
    }
}
```

(2) JDialog:对话窗口是主框架窗口之外的一个独立子窗口,主要用来显示一些临时消息或输入一些临时数据。多数对话框会显示一些错误信息或警告给用户,但对话框也可能显示图像、目录树或者任何其他为 Swing 应用程序所兼容并能管理的东西。

(3) JApplet:java.applet.Applet 的扩展版,它添加了对 JFC/Swing 组件架构的支持,随着互联网及 B/S 架构体系的发展,Java 的这种小应用程序逐渐被淘汰了,此处仅做了解即可。

2. 中间容器组件类

(1) JPanel 面板:用户会经常使用 JPanel 创建一个面板,再向这个面板添加组件,然后把这个面板添加到底层容器或其他中间容器中。JPanel 类的构造方法 JPanel()可以构造一个面板容器对象,其默认布局是 FlowLayout 布局。

(2) JScrollPane 滚动面板:可以把一个组件放到一个滚动面板中,然后通过滚动条来显示这个组件。例如,JTextArea 不自带滚动条,因此需要把文本区域放到一个滚动窗格中。JScrollPane 的构造方法 JScrollPanel(Component c)可以构造一个带有滚动条的面板,当显示的组件内容大于面板大小时,就会出现滚动条。

(3) JSplitPane 窗格面板:顾名思义,拆分窗格就是被分成两部分的容器。拆分窗格有两种类型,即水平拆分和垂直拆分。水平拆分窗格用一条拆分线把容器分成左右两部分,左面放一个组件,右面放一个组件,拆分线可以水平移动。垂直拆分窗格由一条拆分线分成上、下两部分,上面放一个组件,下面放一个组件,拆分线可以垂直移动。JSplitPane 的构造方法 JSplitPane(int a, Component b, Component c)可以构造一个拆分窗格,参数 a 取 JSplitPane 的静态常量 HORIZONTAL_SPLIT 或 VERTICAL_SPLIT,以决定是水平还是垂直拆分,另外两个参数决定要放置的组件。拆分窗格调用 setDividerLocation(double position)设置拆分线的位置。

(4) JLayeredPane 分层面板:如果添加到容器中的组件经常需要处理重叠问题,可以考虑将组件添加到 JLayeredPane 分层面板。JLayeredPane 分层面板将容器分成 5 个层,容器使用 add(Jcomponent com, int layer)方法添加组件 com,并指定 com 所在的层,其中,参数 layer 取值 JLayeredPane 类中的类常量,即 DEFAULT_LAYER、PALETTE_LAYER、MODAL_LAYER、POPUP_LAYER、DRAG_LAYER。

DEFAULT_LAYER 是最底层,添加到 DEFAULT_LAYER 层的组件如果和其他层的组件发生了重叠,将被其他组件遮挡。DRAG_LAYER 层是最上面的层,如果

JLayeredPane中添加了许多组件,当用鼠标移动一个组件时,可以把移动的组件放到DRAG_LAYER层,这样,组件在移动过程中就不会被其他组件遮挡。添加到同一层上的组件,如果发生重叠,后添加的会遮挡先添加的组件。

JLayeredPane对象调用setLayer(Component c,int layer)可以重新设置组件c所在的层,调用getLayer(Component c)可以获取组件c所在的层数。还可以使用moveToFront(Component)、moveToBack(Component)和setPosition()在组件所在层中对其进行重定位。

(5) JTabbedPane卡片面板:一个类似于卡片管理的组件容器,它允许用户通过单击具有给定标题或图标的选项卡,在一组组件面板之间进行切换。

(6) JToolBar工具条容器:JToolBar提供了一个用来显示常用的Action或控件的组件,如图7-10所示。

图 7-10 软件的工具条

7.4.2 Swing 包中常用的标准组件

Swing包中提供的标准组件是在AWT的基础上用纯Java代码重新编写的,所以跟AWT包中的组件大同小异,只不过类名前有大写字母J,并且多提供了一些复杂组件,表7-2列出了Swing包中常用的标准组件。

表 7-2 Swing 包中常用的标准组件

组件名	常用的构造方法	说　　明
JTextField	JTextField(int col)	文本框(单行)
JTextArea	JTextArea(int col,int row)	文本区域(多行)
JPassword	JPassword(int col)	密码框
JLabel	JLabel(String text) JLabel(ImageIcon icon)	标签
JButton	JButton(String text) JButton(ImageIcon icon)	按钮
JCheckbox	JCheckbox(String text) JCheckbox(ImageIcon icon)	复选框
JRadioButton	JRadioButton(String text) JRadioButton(ImageIcon icon)	单选按钮
JComboBox	JComboBox(ComboBoxModel a) JComboBox(Object[] item)	组合框
JList	JList(ListModel a) JList(Object[] item)	列表框
JTable	JTable(int row,int col) JTable(TableModel a) JTable(Object[][] row,Object[][] col)	表格组件

GUI程序设计基础

续表

组件名	常用的构造方法	说　明
JTree	JTree(TreeModel a) JTree(Object[] value)	树组件
JSpinner	JSpinner() JSpinner(SpinnerModel a)	微调组件
JProgressBar	JProgressBar()	进度条组件

【例 7-8】 演示 JTextField、JPassword、JLabel 的使用,效果如图 7-11 所示。

图 7-11　JTextField 的使用

```
import java.awt. * ;
import javax.swing. * ;
import javax.swing.event. * ;
public class TestTexts extends JFrame {
private JLabel label1 = new JLabel("Username:");
private JLabel label2 = new JLabel("Password:");
private JTextField textField;
private JPasswordField pwdField;
private JTextArea textArea;
public TestTexts() {
super("Test Texts");
setDefaultCloseOperation(EXIT_ON_CLOSE);
Container con = getContentPane();
textField = new JTextField(15);
textArea = new JTextArea(5, 15);
textArea.setLineWrap(true);
JPanel p = new JPanel();
p.setLayout(new GridLayout(2,2));
con.add(p,BorderLayout.NORTH);
p.add(label1);p.add(textField);
p.add(label2);p.add(pwdField);
con.add(textArea);
setSize(300, 200);
setVisible(true);
}
public static void main(String[] args) {
    TestTexts tt = new TestTexts();
} }
```

7.4.3　Swing 包中新增加的布局管理器

1. BoxLayout 布局

BoxLayout 布局用 BoxLayout 类可以创建一个布局对象,称为盒式布局。BoxLayout 在 java.swing.border 包中。java swing 包提供了 Box 类,该类也是 Container 类的一个子类,创建的容器称为盒式容器,盒式容器的默认布局是盒式布局,而且不允许更改盒式容器的布局。因此,在策划程序的布局时,可以利用容器的嵌套将某个容器嵌入几个盒式容器,达到布局目的。使用盒式布局的容器将组件排列在一行或一列，这取决于创建盒式布局对象时指定了是行排列还是列排列。

行型盒式布局容器中添加的组件的上沿在同一水平线上，列型盒式布局容器中添加的组件的左沿在同一垂直线上。使用 Box 类的类(静态)方法 createHorizontalBox()可以获得一个具有行型盒式布局的盒式容器；使用 Box 类的类(静态)方法 createVerticalBox()可以获得一个具有列型盒式布局的盒式容器。

如果想控制盒式布局容器中组件之间的距离，就需要使用水平支撑或垂直支撑。Box 类调用静态方法 createHorizontalStrut(int width)可以得到一个不可见的水平 Struct 类型对象，称为水平支撑。该水平支撑的高度为 0、宽度是 width。Box 类调用静态方法 createVertialStrut(int height)可以得到一个不可见的垂直 Struct 类型对象，称为垂直支撑。参数 height 决定垂直支撑的高度，垂直支撑的宽度为 0。

图 7-12　盒式布局

【例 7-9】 演示盒式容器的使用，效果如图 7-12 所示。

```java
import javax.swing. * ;
import java.awt. * ;
import javax.swing.border. * ;
class BoxLayoutTest extends JFrame {
Box baseBox,boxV1,boxV2;
BoxLayoutTest() {
boxV1 = Box.createVerticalBox();
boxV1.add(new JLabel("输入您的姓名"));
boxV1.add(Box.createVerticalStrut(8));
        boxV1.add(new JLabel("输入 email"));
        boxV1.add(Box.createVerticalStrut(8));
        boxV1.add(new JLabel("输入您的职业"));
        boxV2 = Box.createVerticalBox();
        boxV2.add(new JTextField(16));
        boxV2.add(Box.createVerticalStrut(8));
        boxV2.add(new JTextField(16));
        boxV2.add(Box.createVerticalStrut(8));
        boxV2.add(new JTextField(16));
        baseBox = Box.createHorizontalBox();
        baseBox.add(boxV1);
        baseBox.add(Box.createHorizontalStrut(10));
        baseBox.add(boxV2);
        Container con = getContentPane();
        con.setLayout(new FlowLayout());
        con.add(baseBox);
        con.validate();
        setBounds(120,100,300,130);
        setVisible(true);
        setDefaultCloseOperation(JFrame.EXIT_ON_CLOSE);
    }
```

```
    public static void main(String args[]) {
        new BoxLayoutTest();
    }
}
```

2. SpringLayout 布局

SpringLayout 根据一组约束布置其相关容器的子组件，每个由 Spring 对象表示的约束控制着两个组件边之间的垂直距离或水平距离。这两个边属于容器的任一子级，或属于该容器本身。例如，可以使用控制某组件东（右）和西（左）边之间距离的约束表示该组件允许的宽度。某个组件所允许的 y 坐标可以通过约束该组件北（上）边和其容器的北边之间的距离表示。

图 7-13 弹簧布局演示

SpringLayout 控制的容器的每个子级及其容器本身都有一组与其相关的约束。这些约束由一个 SpringLayout.Constraints 对象表示。

【例 7-10】 演示弹簧布局的使用，效果如图 7-13 所示。

```
import java.awt.event. * ;
import javax.swing. * ;
public class SpringDemo extends JFrame {
    private JPanel jp = new JPanel();
    private JLabel jl = new JLabel("请将备注写在这里:");
    private JTextArea jta = new JTextArea();
    private JScrollPane jsp = new JScrollPane(jta);
    private SpringLayout sl = new SpringLayout();
    public SpringDemo() {
    jp.setLayout(sl);
    Spring jlx = Spring.constant(20);
    Spring jly = Spring.constant(10);
    Spring jlw = Spring.constant(150);
    Spring jlh = Spring.constant(15);
    jp.add(jl, new SpringLayout.Constraints(jlx, jly, jlw, jlh));
    Spring jlx1 = Spring.constant(140);
    Spring jly1 = Spring.constant(10);
    Spring jlw1 = Spring.constant(100);
    Spring jlh1 = Spring.constant(15);
    jp.add(new JTextField(10),new SpringLayout.Constraints(jlx1, jly1, jlw1, jlh1));
    Spring jpw = sl.getConstraint(SpringLayout.EAST, jp);
    Spring jph = sl.getConstraint(SpringLayout.SOUTH, jp);
    Spring jls = sl.getConstraint(SpringLayout.SOUTH, jl);
    Spring jspx = Spring.constant(5);
    Spring jspy = Spring.sum(Spring.constant(5), jls);
    Spring jspw = Spring.sum(jpw, Spring.minus(Spring.scale(jspx, 2.0f)));
    Spring jsph = Spring.sum(jph, Spring.minus(Spring.sum(jspx, jspy)));
    jp.add(jsp, new SpringLayout.Constraints(jspx, jspy, jspw, jsph));
    this.add(jp);
    this.setDefaultCloseOperation(JFrame.EXIT_ON_CLOSE);
```

```
this.setTitle("弹簧布局示例");
this.setBounds(100, 100, 300, 200);
this.setVisible(true);
}
public static void main(String[] args){
new SpringDemo();
}
}
```

7.5　图形组件的事件处理

对于图形界面的程序来说,流程控制主要是通过事件驱动来实现的,所以,事件是 GUI 程序设计中非常重要的概念。所谓事件,就是用户和 GUI 程序交互或者系统和程序交互的一种手段。当用户与 GUI 程序交互时,比如移动鼠标、按下鼠标键、单击 Button 按钮、在文本框内输入文本、选择菜单项或者关闭窗口时,GUI 就会接收到相应的事件。

在 JDK1.0 中,事件处理采用层次模式,从 JDK1.1 开始,Java 语言的事件处理采用了授权事件模式(Delegation Event Model)。所谓授权事件模式,是指事件源对象可以把其自身所有可能发生的事件分别授权给不同的事件监听器来处理。

这里通过比喻来理解 Java 语言的授权事件模式(也称委托代理模式)。假设张三是一个商人,张三在生意场上有可能碰到一些法律纠纷,为了能处理这些可能出现的事件,张三便将这类事件委托给一个律师李四,他们签有一个委托合同,没事的时候,他们各自按自己的方式工作和生活。当张三碰到一个合同纠纷需要打官司时,他就给李四打电话,让李四来处理此事件。当然,张三还有可能有很多其他事件,例如得病,他可以将这个事件委托给一个私人医生王五,诸如此类。通过前面章节的学习,读者知道 Java 中所有的东西都是对象或类,所以事件处理也不例外。在 Java 的事件处理过程中,主要涉及以下 3 类对象。

(1)事件源对象(Event Source):发生事件的对象,例如前面的张三,在 Java 中通常是各个图形组件,例如按钮(JButton)、文本框(JTextField)等。

(2)事件对象(Event):用来记录事件源对象状态发生的改变,即事件信息,由事件类创建,例如单击按钮会产生 ActionEvent 类的对象。

(3)事件监听器对象(Event Listener):监听事件源的事件对象,并对其进行处理,例如前面的李四、王五等。

【例 7-11】　演示简单事件处理,执行效果如图 7-14 所示。

```
import java.awt. * ;
import java.awt.event. * ;
import javax.swing. * ;
//监听器类
class WindowDestroyer extends WindowAdapter{
    public void windowClosing(WindowEvent e){
        System.exit(0);
    }
```

图 7-14　事件演示

GUI程序设计基础

```
    }
public class EventDemo {
    public static void main(String[] args) {
        JFrame.setDefaultLookAndFeelDecorated(true);
        JFrame myapp = new JFrame("请单击关闭按钮");        //事件源对象
        myapp.setSize(200,200);
        myapp.setVisible(true);
        WindowDestroyer closer = new WindowDestroyer();   //创建监听器对象
        myapp.addWindowListener(closer);                  //事件源对象委托事件处理给监听器对象
    }
}
```

从上面的例子可以总结出 Java 语言事件处理的一般处理过程(如图 7-15 所示)。

(1) 创建事件源对象。

(2) 根据事件源可能发生的事件类型定义事件监听器类和处理方法。

(3) 创建或拿到监听器对象。

(4) 使用事件源对象的事件注册方法注册监听器对象。

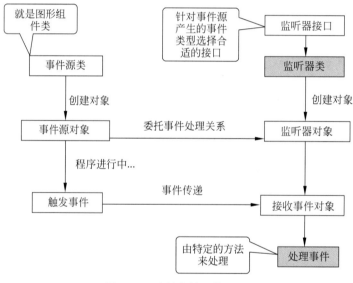

图 7-15　委托事件工作原理

7.5.1　事件源类

在初级学习阶段,事件源类一般就是 AWT 包和 Swing 包中提供的各种图形组件类,如 JButton、JLabel、JTextField 等,每一个事件源对象都有可能产生好几种事件对象,例如 Button 类对象既可以产生 ActionEvent,也可以产生 MouseEvent,还可以产生 KeyEvent 等。将来如果到了高级阶段,用户会发现事件源类、事件类、事件监听器接口都可以自己设计。

其中,注册方法就是事件源类提供的,针对不同的事件类有不同的注册方法。

(1) 注册监听器　public void　add(事件类)Listener (ListenerType listener)。

(2) 注销监听器　public void remove(事件类)Listener (ListenerType listener)。

换言之，事件源对象应该将自己可能发生的各种事件明确地委托给相应的事件监听器对象，这样事件监听器对象才可能处理它的事件。

7.5.2　事件类

在初级学习阶段，事件对象都是系统自动创建的。在 java.awt.event 包中定义了各种事件类、事件监听接口以及事件适配器类，如图 7-16 所示。具体的事件类共有 10 个，可以归为两大类，即低级事件和高级事件。低级事件主要是指基于组件和容器的事件，如一个组件上发生单击、鼠标的进入、拖放等动作时触发的事件。高级事件是基于语义的事件，它可以不和特定的动作相关联，而依赖于触发此事件的类，例如在文本框 TextField 中按 Enter 键会触发 ActionEvent 事件，滑动滚动条会触发 AdjustmentEvent 事件，或是选中项目列表的某一条就会触发 ItemEvent 事件。

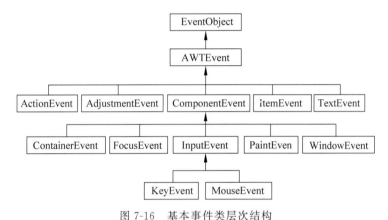

图 7-16　基本事件类层次结构

表 7-3 是 Java 提供的常用事件类的说明。

表 7-3　Java 提供的常用事件类

事件类名	说　　明	事件源类
ActionEvent	通常按下按钮、双击列表项或选中一个菜单项时会生成此事件	Button、List、MenuItem、TextField
AdjustmentEvent	操纵滚动条时会生成此事件	Scrollbar
ComponentEvent	当一个组件移动、隐藏、调整大小或变成可见时会生成此事件	Component
ItemEvent	单击复选框或列表项时，或者当一个选择框或一个可选菜单的项被选择或取消时生成此事件	Checkbox、CheckboxMenuItem、Choice、List
FocusEvent	组件获得或失去键盘焦点时会生成此事件	Component
KeyEvent	接收到键盘输入时会生成此事件	Component
MouseEvent	拖动、移动、单击、按下或释放鼠标或在鼠标进入或退出一个组件时，会生成此事件	Component
ContainerEvent	将组件添加至容器或从中删除时会生成此事件	Container
TextEvent	文本区或文本域的值改变时会生成此事件	TextField、TextArea
WindowEvent	当一个窗口激活、关闭、失效、恢复、最小化、打开或退出时会生成此事件	Window

GUI 程序设计基础

7.5.3 监听器接口

每类事件都有对应的事件监听器接口,在介绍接口时已经说过,在 Java 语言中,接口(Interface)是国家标准或行业规范,虽然不知道每一个法律案件的具体过程,但国家可以规定处理案件的具体流程和必须具备的手续等,事件监听器接口就是这样一类东西。Java 针对每一种事件类型都规定了对应的事件监听器接口,用来指示事件监听器类的设计必须遵循哪些规范或实现哪些方法。

根据特定的事件对象,设计的监听器类必须实现相应的监听器接口,当然要实现接口中提供的方法,否则这个监听器类就变成了抽象类,不能创建对象。当事件源对象产生了一个事件对象后,就会将事件对象传送给监听器对象,监听器对象根据事件对象的相关信息调用不同的方法来处理。表 7-4 列出了 Java 中提供的监听器接口和相关的方法。

表 7-4　Java 中提供的监听器接口和相关的方法

事件类	监听器接口	提供的方法
ActionEvent	ActionListener	actionPerformed
AdjustmentEvent	AdjustmentListener	adjustmentValueChanged
ComponentEvent	ComponentListener	componentResized、componentMoved componentShown、componentHidden
ContainerEvent	ContainerListener	componentAdded、componentRemoved
FocusEvent	FocusListener	focusLost、focusGained
ItemEvent	ItemListener	itemStateChanged
KeyEvent	KeyListener	keyPressed、keyReleased、keyTyped
MouseEvent	MouseListener	mouseClicked、mouseEntered mouseExited、mousePressed mouseReleased
MouseEvent	MouseMotionListener	mouseDragged、mouseMoved
TextEvent	TextListener	textChanged
WindowEvent	WindowListener	windowActivated、windowDeactivated windowClosed、windowClosing windowIconified、windowDeiconified windowOpened

7.5.4 事件适配器类

前面已经看到,在设计事件监听器类时必须要实现监听器接口中提供的所有方法,否则就会变成抽象类,如果监听器接口有很多方法,这给程序员带来不少的工作量。在 JDK2 之后,为了使事件处理变得简单,Java 为具有多个方法的监听器接口提供适配器类。事件适配器类实现并提供了一个事件监听器接口中的所有的方法,但这些方法都是空方法。也就是说,现在设计监听器类可以采用前面的实现监听器接口的方式,还可以采用从事件适配器类继承的方式。当从事件适配器类继承时,只重写那些用户关心的事件处理方法,对其他方法不再重写,减少了程序员的工作量。表 7-5 列出了 Java 提供的常用的适配器类和其对应的接口。

表 7-5　Java 提供的常用适配器类

适配器类	事件监听器接口
ComponentAdapter	ComponentListener
ContainerAdapter	ContainerListener
FocusAdapter	FocusListener
KeyAdapter	KeyListener
MouseAdapter	MouseListener
MouseMotionAdapter	MouseMotionListener
WindowAdapter	WindowListener

例如,要设计一个用来关闭 GUI 应用程序、监听 WindowEvent 事件的一个监听器类,可以用以下两种方法实现。

(1) 用接口实现。

```java
import java.awt.event. * ;
public class WindowCloser implements WindowListener {
  public void windowClosing(WindowEvent){
    System.exit(0);
  }
  public void windowOpened(WindowEvent){}
  public void windowIconified(WindowEvent){}
  public void windowDeiconified(WindowEvent){}
  public void windowClosed(WindowEvent){}
  public void windowActivated(WindowEvent){}
  public void windowDeactivated(WindowEvent){}
}
```

(2) 用适配器类实现。

```java
import java.awt.event. * ;
public class WindowDestroyer extends WindowAdapter {
    public void windowClosing(WindowEvent e) {
        System.exit(0);
    }
}
```

可以看到用适配器类实现的代码简洁好用,程序员只关注用户感兴趣的事件处理,其他的具有多个方法的监听器接口也建议用适配器类实现。

7.6　常用的 Swing 组件类和事件类综合编程演示

视频讲解

本节通过一些简单程序来演示常用的事件源类和事件类的使用,更进一步的学习需要读者参考 JavaDoc 文档和网络资源自学,逐步掌握 Swing 包中每一个类和相关的事件类的使用技术。

1. ActionEvent 事件和 JPanel、JButton 组件。

【例 7-12】　设计一个画 sin、cos 图形的程序,执行效果如图 7-17 所示。

```
import java.awt. * ;
import java.awt.event. * ;
import javax.swing. * ;
class mycanvas extends JPanel {
    private int flag;
    private int x,y;
    mycanvas(){flag = 0;}
    public int getFlag(){return flag;}
    public void setFlag(int i){flag = i;}
    public void paintComponent(Graphics g){
        super.paintComponent(g);
        g.drawLine(1,1,400,1);
        g.drawLine(1,1,1,220);
        g.drawLine(1,110,400,110);
        switch(flag) {
            case 1:
                for(int i = 0;i < 360;i++) {
                    x = i;
                    y = 110 - (int)(100 * Math.sin(x * 3.1415926/180.0));
                    g.drawLine(x,y,x,y);
                }
                break;
            case 2:
                for(int i = 0;i < 360;i++) {
                    x = i;
                    y = 110 - (int)(100 * Math.cos(x * 3.1415926/180.0));
                    g.drawLine(x,y,x,y);
                }
                break;
            case 3:
                for(int i = 0;i < 360;i++) {
                    x = i;
                    y = 110 - (int)(4 * Math.sqrt(x));
                    g.drawLine(x,y,x,y);
                }
                break;
            default:break;
        }
    }
}
public class MyActionEventTest extends JFrame {
    JPanel p1;
    JButton b1,b2,b3;
    mycanvas mc;
    public MyActionEventTest() {
        setTitle("画图演示");
        mc = new mycanvas();
        b1 = new JButton("SIN");
        b2 = new JButton("COS");
        b3 = new JButton("SQRT");
        p1 = new JPanel();
```

图 7-17　按钮事件测试

```
        p1.add(b1);p1.add(b2);p1.add(b3);
        myListener ml = new myListener();
        b1.addActionListener(ml);
        b2.addActionListener(ml);
        b3.addActionListener(ml);
        getContentPane().setLayout(new BorderLayout());
        getContentPane().add(p1,BorderLayout.NORTH);
        getContentPane().add(mc,BorderLayout.CENTER);
    }
    private class myListener implements ActionListener {
        public void
actionPerformed(ActionEvent e) {
            if(e.getSource() == b1) {
                mc.setFlag(1);
                mc.repaint();
            }else if(e.getSource() == b2) {
                mc.setFlag(2);
                mc.repaint();
            }else{
                mc.setFlag(3);
                mc.repaint();
            }
        }
    }
    public static void main(String[] args){
        JFrame.setDefaultLookAndFeelDecorated(true);
        MyActionEventTest myapp = new MyActionEventTest();
        myapp.setSize(400,300);
        myapp.setVisible(true);
        myapp.addWindowListener(new WindowDestroyer());
    }
}
```

2. KeyEvent 事件测试

【例 7-13】 演示键盘事件处理,执行效果如图 7-18
所示。

```
import java.awt.*;
import java.awt.event.*;
import javax.swing.*;
class KeyTest extends JPanel {
    public KeyTest() {
        JTextField tField = new JTextField(20);
        add(tField);
        MyKeyAdapter bAction = new MyKeyAdapter();
        tField.addKeyListener(bAction);
    }
    private class MyKeyAdapter extends KeyAdapter {
        public void keyPressed(KeyEvent kevent) {
            System.out.println("you pressed the key:" + kevent.getKeyText(kevent.getKeyCode()));
            setBackground(Color.blue); repaint();
```

图 7-18 键盘事件测试

GUI 程序设计基础

```
        }
        public void keyReleased(KeyEvent kevent) {
            System.out.println("code:" + kevent.getKeyCode());
            setBackground(Color.red); repaint();
        }
        public void keyTyped(KeyEvent kevent) {
            if (kevent.getKeyChar() == 'x') System.exit(0); }
        }
        public static void main(String[] args){
            JFrame myapp = new JFrame("键盘测试!");
            KeyTest mypanel = new KeyTest();
            myapp.add(mypanel);
            myapp.setSize(300,300);
            myapp.setVisible(true);
            myapp.addWindowListener(new WindowDestroyer());
        }
}
```

3. MouseEvent 事件测试

【例 7-14】 演示鼠标事件，执行效果如图 7-19 所示。

```
import java.awt.*;
import java.awt.event.*;
import javax.swing.*;
class MousePanel extends JPanel {
        int x,y;
        int mx,my;
        String msg = null;
        boolean isRight = false;
        public MousePanel()  {
                MyMouseAdapter mAction = new MyMouseAdapter();
                MyMouseAdapter1 mac = new MyMouseAdapter1();
                this.addMouseListener(mAction);
                this.addMouseMotionListener(mac);
                msg = "I love you!";
        }
        public void paintComponent(Graphics g) {
                super.paintComponent(g);
                if(!isRight)
                    g.fillOval(x,y,10,10);
                else
                    g.drawRect(x,y,10,10);
                    g.drawString(msg,mx,my);
        }
        private class MyMouseAdapter extends MouseAdapter  {
                public void mouseClicked(MouseEvent m) {
                    x = m.getX();
                    y = m.getY();
                    if(m.getClickCount() == 2) {
                        if(msg.equals("I love you!"))
                            msg = "I hate you!!!";
```

图 7-19　鼠标事件测试

```
                else
                    msg = "I love you!";
            }
            if(m.getButton() == m.BUTTON3)
                isRight = true;
            else
                isRight = false;
            repaint();
        }
    }
    private class MyMouseAdapter1 extends MouseMotionAdapter {
        public void mouseMoved(MouseEvent m) {
            mx = m.getX();
            my = m.getY();
            repaint();
        }
    }
}
public class MouseTest {
    public static void main(String args[]) {
        JFrame myframe = new JFrame("鼠标测试");
        MousePanel mp = new MousePanel();
        myframe.add(mp);
        myframe.setSize(400,400);
        myframe.setVisible(true);
        myframe.addWindowListener(new WindowDestroyer());
    }
}
```

通过以上实例演示了最常用的 3 类事件的使用技巧,用户需要注意的是,产生 ActionEvent 类事件的组件很多,例如按钮、文本框、菜单等。ActionEvent 事件类的常用方法如下:

- getActionCommand()   //得到命令字符串
- getModifiers()   //得到组合键,用来测试 Shift、Alt、Ctrl 等键的状态
- getSource()   //得到事件源

在 KeyEvent 事件类中封装了键盘上的所有键,例如 VK_A 代表 A 键、VK_F1 代表 F1 键、VK_LEFT 代表左光标键等。表 7-6 列出 KeyEvent 类中定义的各键的常量,用户可通过类名或对象引用来访问它们,KeyEvent 类的常用方法如下:

- getKeyCode()   //得到键对应的整数代码
- getKeyChar()   //得到键对应的字符
- getKeyText(int keyCode)   //得到键相应的描述
- getSource()   //得到事件源
- isAltDown()   //测试 Alt 键是否按下

表 7-6　常用键的常量表

键常量名	键	键常量名	键	键常量名	键
VK_F1-VK_F12	功能键 F1～F12	VK_LEFT	左箭头	VK_PERIOD	.
VK_A-VK_Z	字母 A～Z	VK_HOME	Home 键	VK_SLASH	/
VK_0-VK_9	数字 0～9	VK_END	End 键	VK_ALT	Alt 键
VK_UP	上箭头	VK_QUOTE	单引号(')	VK_CONTROL	Ctrl 键
VK_DOWN	下箭头	VK_BACK_SLASH	\	VK_ESCAPE	Esc 键
VK_RIGHT	右箭头	VK_SEMICOLON	;	VK_SHIFT	Shift 键
VK_PAUSE	暂停	VK_TAB	Tab 键	VK_INSERT	插入键
VK_ENTER	回车键	VK_SPACE	空格键	VK_DELETE	删除键

在 MouseEvent 事件类中封装了鼠标的 3 个键，其中 BUTTON1 代表左键、BUTTON2 代表中键 BUTTON3 代表右键。MouseEvent 事件类的常用方法如下：

- getButton()　　　　　　　　//得到相应的鼠标键常量
- getClickCount()　　　　　　//得到单击次数
- getX()　　　　　　　　　　//得到鼠标的 X 坐标
- getY()　　　　　　　　　　//得到鼠标的 Y 坐标
- isPopupTrigger()　　　　　//测试是否是该平台的弹出
　　　　　　　　　　　　　　//菜单触发事件

【例 7-15】　演示 Swing 中各种按钮的使用，执行效果如图 7-20 所示。

图 7-20　按钮使用

```java
import javax.swing. * ;
import java.awt.event. * ;
public class TestButtons {
JFrame frame = new JFrame("Test Buttons");
JButton jButton = new JButton("JButton");        //标准按钮
JToggleButton toggle = new JToggleButton("Toggle Button");     //切换按钮
JCheckBox checkBox = new JCheckBox("Check Box");               //复选按钮
JRadioButton radio1 = new JRadioButton("Radio Button 1");      //单选按钮
JRadioButton radio2 = new JRadioButton("Radio Button 2");
JRadioButton radio3 = new JRadioButton("Radio Button 3");
JLabel label = new JLabel("Here is Status, look here.");        //不是按钮,是静态文本
public TestButtons() {
frame.setDefaultCloseOperation(JFrame.EXIT_ON_CLOSE);
frame.getContentPane().setLayout(new java.awt.FlowLayout());
/ * 为一般按钮添加动作监听器 * /
jButton.addActionListener(new ActionListener() {
public void actionPerformed(ActionEvent ae) {
label.setText("You clicked jButton");
}
});
/ * 为切换按钮添加动作监听器 * /
toggle.addActionListener(new ActionListener() {
public void actionPerformed(ActionEvent ae) {
JToggleButton toggle = (JToggleButton) ae.getSource();
if (toggle.isSelected()) {
```

```
label.setText("You selected Toggle Button");
} else {
label.setText("You deselected Toggle Button");
}}
});
/* 为复选按钮添加条目监听器 */
checkBox.addItemListener(new ItemListener() {
public void itemStateChanged(ItemEvent e) {
JCheckBox cb = (JCheckBox) e.getSource();
label.setText("Selected Check Box is " + cb.isSelected());
}
});
/* 用一个按钮组对象包容一组单选按钮 */
ButtonGroup group = new ButtonGroup();
/* 生成一个新的动作监听器对象,备用 */
ActionListener al = new ActionListener() {
public void actionPerformed(ActionEvent ae) {
JRadioButton radio = (JRadioButton) ae.getSource();
if (radio == radio1) {
label.setText("You selected Radio Button 1");
} else if (radio == radio2) {
label.setText("You selected Radio Button 2");
} else {
label.setText("You selected Radio Button 3");
}}};
/* 为各单选按钮添加动作监听器 */
radio1.addActionListener(al);
radio2.addActionListener(al);
radio3.addActionListener(al);
/* 将单选按钮添加到按钮组中 */
group.add(radio1);
group.add(radio2);
group.add(radio3);
frame.getContentPane().add(jButton);
frame.getContentPane().add(toggle);
frame.getContentPane().add(checkBox);
frame.getContentPane().add(radio1);
frame.getContentPane().add(radio2);
frame.getContentPane().add(radio3);
frame.getContentPane().add(label);
frame.setSize(200, 250);
}
public void show() {
frame.show();
}
public static void main(String[] args) {
TestButtons tb = new TestButtons();
tb.show();
}}
```

【例 7-16】 演示高级组件 Spinner 的使用,效果如图 7-21 所示。

GUI 程序设计基础

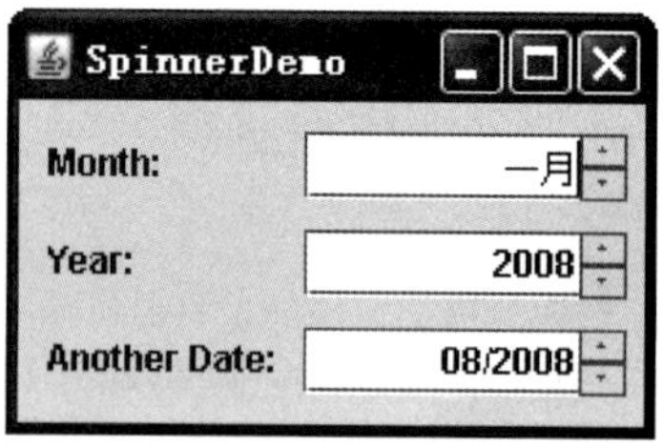

```
import javax. swing. * ;
import java. awt. Color;
import java. awt. Container;
import java. util. Calendar;
import java. util. Date;
public class SpinnerDemo extends JPanel {
    public SpinnerDemo(boolean cycleMonths) {
        super(new SpringLayout());
        String[] labels = {"Month: ", "Year: ",
"Another Date: "};
        int numPairs = labels.length;
        Calendar calendar = Calendar.getInstance();          //获得日历对象
        JFormattedTextField ftf = null;
        String[] monthStrings = getMonthStrings();           //获得月份
        SpinnerListModel monthModel = null;
        if (cycleMonths) {                                   //使用自定义模式
            monthModel = new CyclingSpinnerListModel(monthStrings);
        } else {                                             //使用标准模式
            monthModel = new SpinnerListModel(monthStrings);
        }
        JSpinner spinner = addLabeledSpinner(this,labels[0],monthModel);
        ftf = getTextField(spinner);
        if (ftf != null ) {
            ftf.setColumns(8);                               //设置宽度
            ftf.setHorizontalAlignment(JTextField.RIGHT);
        }
        int currentYear = calendar.get(Calendar.YEAR);
        SpinnerModel yearModel = new SpinnerNumberModel(currentYear, currentYear - 100,
currentYear + 100, 1);
        if (monthModel instanceof CyclingSpinnerListModel) {
            ((CyclingSpinnerListModel)monthModel).setLinkedModel(yearModel);
        }
        spinner = addLabeledSpinner(this, labels[1], yearModel);
        spinner.setEditor(new JSpinner.NumberEditor(spinner, "#"));
        Date initDate = calendar.getTime();
        calendar.add(Calendar.YEAR, -100);
        Date earliestDate = calendar.getTime();
        calendar.add(Calendar.YEAR, 200);
        Date latestDate = calendar.getTime();
        SpinnerModel dateModel = new SpinnerDateModel(initDate, earliestDate, latestDate,
Calendar.YEAR);
        spinner = addLabeledSpinner(this, labels[2], dateModel);
        spinner.setEditor(new JSpinner.DateEditor(spinner, "MM/yyyy"));
        SpringUtilities.makeCompactGrid(this,numPairs, 2,10, 10,6, 10);
    }
    public JFormattedTextField getTextField(JSpinner spinner) {
        JComponent editor = spinner.getEditor();
        if (editor instanceof JSpinner.DefaultEditor) {
            return ((JSpinner.DefaultEditor)editor).getTextField();
        } else {
            System.err.println("Unexpected editor type: "
```

图 7-21　Spinner 组件使用

```
        + spinner.getEditor().getClass() + " isn't a descendant of DefaultEditor");
            return null;
        }
    }
    static protected String[] getMonthStrings() {
        String[] months = new java.text.DateFormatSymbols().getMonths();
        int lastIndex = months.length - 1;
        if (months[lastIndex] == null
            || months[lastIndex].length() <= 0) {
            String[] monthStrings = new String[lastIndex];
            System.arraycopy(months, 0,
                            monthStrings, 0, lastIndex);
            return monthStrings;
        } else {
            return months;
        }
    }
    static protected JSpinner addLabeledSpinner(Container c,
                    String label, SpinnerModel model) {
        JLabel l = new JLabel(label);
        c.add(l);
        JSpinner spinner = new JSpinner(model);
        l.setLabelFor(spinner);
        c.add(spinner);
        return spinner;
    }
    public static void main(String[] args) {
        JFrame frame = new JFrame("SpinnerDemo");
        frame.setDefaultCloseOperation(JFrame.EXIT_ON_CLOSE);
        frame.add(new SpinnerDemo(false));
        frame.pack();
        frame.setVisible(true);
    }
}
```

【例 7-17】 演示高级组件 JProgressBar 的使用,效果如图 7-22 所示。

图 7-22　ProgressBar 组件使用

```
import javax.swing.*;
import java.awt.*;
import javax.swing.border.*;
class ProgressBarDemo extends JFrame {
    JProgressBar pbar1;
    JTextField text1;
    ProgressBarDemo() {
```

```
        pbar1 = new JProgressBar(0,100);
        pbar1.setStringPainted(true);
        text1 = new JTextField(10);
        Container con = getContentPane();
        con.setLayout(new FlowLayout());
        con.add(pbar1);con.add(text1);
        setDefaultCloseOperation(JFrame.EXIT_ON_CLOSE);
        setBounds(10,10,300,100);
        setVisible(true);
        validate();
    }
    public void run() {
            for(int i = 1;i < = 100;i++) {
                    text1.setText("第" + i + "项 = " + f(i));
                    pbar1.setValue(i);
                    try {
                            Thread.sleep(200);
                    }
                    catch(InterruptedException e)    { }
            }
    }
    long f(int n) {
        long c = 0;
        if(n == 1||n == 2)
            c = 1;
        else if(n > 1)
            c = f(n - 1) + f(n - 2);
        return c;
    }
    public static void main(String args[]) {
        ProgressBarDemo win = new ProgressBarDemo();
        win.run();
    }
}
```

【例 7-18】 演示高级组件 JTable 的使用，执行效果如图 7-23 所示。

图 7-23　JTable 组件使用

```
import javax.swing. * ;
import java.awt. * ;
import java.awt.event. * ;
```

```java
class MyTable extends JFrame implements ActionListener {
    JTable table;
    Object a[][];
    Object name[] = {"产品名称","单价","销售量","销售额"};
    JButton computerRows,computerColums;
    JTextField inputRowsNumber;
    int initRows = 1;
    JPanel pSouth,pNorth;
    int count = 0,rowsNumber = 0;
    MyTable() {
        computerRows = new JButton("每件产品销售额");
        computerColums = new JButton("总销售额");
        inputRowsNumber = new JTextField(10);
        computerRows.addActionListener(this);
        computerColums.addActionListener(this);
        inputRowsNumber.addActionListener(this);
        pSouth = new JPanel();
        pNorth = new JPanel();
        pNorth.add(new JLabel("输入表格行数,回车确认"));
        pNorth.add(inputRowsNumber);
        pSouth.add(computerRows);
        pSouth.add(computerColums);
        getContentPane().add(pSouth,BorderLayout.SOUTH);
        getContentPane().add(pNorth,BorderLayout.NORTH);
        getContentPane().add(new JScrollPane(table),BorderLayout.CENTER);
        setSize(370,250);
        setVisible(true);
        getContentPane().validate();
        setDefaultCloseOperation(JFrame.EXIT_ON_CLOSE);
    }
    public void actionPerformed(ActionEvent e) {
        if(e.getSource() == inputRowsNumber) {
            count = 0;
            initRows = Integer.parseInt(inputRowsNumber.getText());
            a = new Object[initRows][4];
            for(int i = 0;i < initRows;i++) {
                for(int j = 0;j < 4;j++)    {
                    a[i][j] = "0";
                }
            }
            table = new JTable(a,name);
            table.setRowHeight(20);
            getContentPane().removeAll();
            getContentPane().add(new JScrollPane(table),BorderLayout.CENTER);
            getContentPane().add(pSouth,BorderLayout.SOUTH);
            getContentPane().add(pNorth,BorderLayout.NORTH);
            validate();
        } else if(e.getSource() == computerRows)    {
            int rows = table.getRowCount();           //获取现有表格的行数
            for(int i = 0;i < rows;i++) {
                double sum = 1;
```

GUI程序设计基础

```
                boolean boo = true;
                for(int j = 1;j <= 2;j++) {
                    try {
                        sum = sum * Double.parseDouble(a[i][j].toString());
                    }catch(Exception ee) {
                        boo = false;
                        table.repaint();                    //表格的更新显示
                    }
                    if(boo == true) {
                        a[i][3] = "" + sum;                 //修改数组中的数据
                        table.repaint();
                    }
                }
            }
        } else if(e.getSource() == computerColums) {
            if(count == 0) {
                rowsNumber = table.getRowCount();           //获取表格目前的行数
                count++;
            } else {
                rowsNumber = table.getRowCount();           ///获取表格目前的行数
                rowsNumber = rowsNumber - 1;                //不要最后一行
            }
            double totalSum = 0;
            for(int j = 0;j < rowsNumber;j++)     {
                totalSum = totalSum + Double.parseDouble(a[j][3].toString());
            }
            Object b[][] = new Object[rowsNumber + 1][4];  //比数组 a 多一行的数组
            for(int i = 0;i < rowsNumber;i++) {             //将数组 a 的数据复制到数组 b 中
                for(int j = 0;j < 4;j++)
                    b[i][j] = a[i][j];
            }
            b[rowsNumber][0] = "一共有" + rowsNumber + "件产品";
            b[rowsNumber][3] = "总销售额:" + totalSum;
            a = b;                                          // 重新初始化 a
            table = new JTable(a,name);
            getContentPane().removeAll();
            getContentPane().add(new JScrollPane(table),BorderLayout.CENTER);
            getContentPane().add(pSouth,BorderLayout.SOUTH);
            getContentPane().add(pNorth,BorderLayout.NORTH);
            validate();
        }
    }
}
public class TableDemo {
    public static void main(String args[ ]) {
        MyTable win = new MyTable();
    }
}
```

【例 7-19】 演示高级组件 JTree 的使用,执行效果如图 7-24 所示。

```
import javax.swing. * ;
import javax.swing.tree. * ;
import java.awt. * ;
import javax.swing.event. * ;
class TreeTest extends JFrame implements
TreeSelectionListener {
    JTree tree;
    public TreeTest() {
       Container con = getContentPane();
       DefaultMutableTreeNode root = new DefaultMutableTreeNode("java 程序设计");
       DefaultMutableTreeNode node = new DefaultMutableTreeNode("组件");   //结点
       DefaultMutableTreeNode nodeson1 = new DefaultMutableTreeNode("树组件");
       DefaultMutableTreeNode nodeson2 = new DefaultMutableTreeNode("按钮组件");
       root.add(node);
       node.add(nodeson1);
       node.add(nodeson2);
       tree = new JTree(root);
       tree.addTreeSelectionListener(this);
       JScrollPane scrollpane = new JScrollPane(tree);
       con.add(scrollpane);
       setDefaultCloseOperation(JFrame.EXIT_ON_CLOSE);
       setVisible(true);
       setBounds(80,80,300,300);
       con.validate();
       validate();
    }
    public void valueChanged(TreeSelectionEvent e) {
        DefaultMutableTreeNode node =
            (DefaultMutableTreeNode)tree.getLastSelectedPathComponent();
        if(node.isLeaf())
            this.setTitle((node.getUserObject()).toString());
    }
    public static void main(String args[]) {
       TreeTest myapp = new TreeTest();
    }
}
```

图 7-24   JTree 组件使用

【例 7-20】   标签式对话框演示,效果如图 7-25
所示。

```
import javax.swing. * ;
import java.awt. * ;
public class TabDemoApp{
    public static void main(String[] args){
        TabFrame frame = new TabFrame("Tab Demo");
        frame.setSize(500,200);
        frame.setVisible(true);
    }
}
class TabFrame extends JFrame{
    public TabFrame(String title){
```

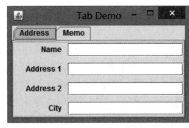

图 7-25   标签式对话框

GUI 程序设计基础

```
            super(title);
            setDefaultCloseOperation(EXIT_ON_CLOSE);
            initGUI();
        }
        public void initGUI(){
            JTabbedPane tabbedPane = new JTabbedPane();
            //Create the "cards".
            tabbedPane.addTab("Address",new AddressPanel());
            tabbedPane.addTab("Memo",new MemoPanel());
            getContentPane().add(tabbedPane,BorderLayout.CENTER);
        }
    }
    class MemoPanel extends JPanel{
        public MemoPanel(){
            setLayout(new BoxLayout(this,BoxLayout.PAGE_AXIS));
            add(new JLabel("Enter Memo"));
            add(new JTextField());
            add(new JButton("OK"));
        }
    }
    class AddressPanel extends JPanel {
        public AddressPanel(){
            setLayout(new BorderLayout(10,0));
            JPanel leftPanel = new JPanel(){

                @Override
                 public Dimension getPreferredSize(){
                     Dimension size = super.getPreferredSize();
                     size.width += 20;
                     return size;
                 }
            };
            leftPanel.setLayout(new GridLayout(4,1,10,10));
            leftPanel.add(new JLabel("Name",JLabel.RIGHT));
            leftPanel.add(new JLabel("Address 1",JLabel.RIGHT));
            leftPanel.add(new JLabel("Address 2",JLabel.RIGHT));
            leftPanel.add(new JLabel("City",JLabel.RIGHT));
            add(leftPanel,BorderLayout.LINE_START);
            JPanel rightPanel = new JPanel();
            rightPanel.setLayout(new GridLayout(4,1,10,10));
            rightPanel.add(new JTextField(20));
            rightPanel.add(new JTextField(10));
            rightPanel.add(new JTextField(15));
            rightPanel.add(new JTextField(5));
            add(rightPanel,BorderLayout.CENTER);
        }
    }
```

注意：AWT 和 Swing 不要混合使用，如果混合使用有可能导致屏幕混乱，如下例所示：

【例7-21】 演示 AWT 和 swing 混合使用后的结果,执行效果如图 7-26 所示。

```java
import javax.swing. * ;
import java.awt. * ;
public class TestPanels extends JFrame {
  public TestPanels() {
    setDefaultCloseOperation(EXIT_ON_CLOSE);
    JPanel panel = new JPanel();
    for (int i = 0; i < 2; i++) {
      panel.add(new JButton("Button 00" + i));
    }
    JTextArea textArea = new JTextArea(5, 15);
    textArea.setLineWrap(true);
    JScrollPane scrollPane = new JScrollPane(textArea);
        getContentPane().add(panel, BorderLayout.NORTH);
        getContentPane().add(scrollPane, BorderLayout.CENTER);
    pack();
  }
  public static void main(String[] args) {
    TestPanels tp = new TestPanels();
    tp.show();
  }
}
```

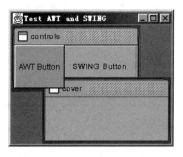

图 7-26　AWT 和 Swing 混用

本节演示示例中的类和方法建议读者通过 Java API 文档查找并完成阅读和学习,也可以通过网络查找一些示例程序进行理解,本书由于篇幅限制,不作具体陈述。

7.7　Swing 中的菜单使用

视频讲解

正式的 GUI 应用程序几乎没有不用菜单的,因为它们在屏幕中实际上只占用了极少的空间,使用起来非常方便。在 Java 的 GUI 程序设计中,菜单也是对象,Java Swing 中的菜单组件分 3 级:菜单栏、菜单、菜单项。在顶级容器的标题栏下可以放置一个菜单栏,在菜单栏中可以放置若干个菜单,在每一个菜单中又可以包含若干个菜单项。在 Java 中,菜单组件类的层次如图 7-27 所示。

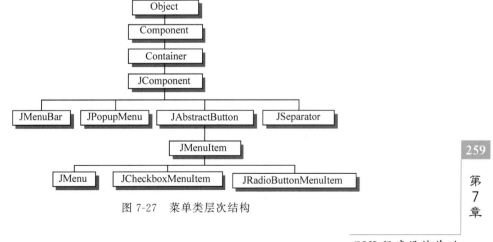

图 7-27　菜单类层次结构

GUI程序设计基础

【例 7-22】 演示菜单的使用,执行效果如图 7-28 所示。

图 7-28　菜单的使用

```java
import javax.swing. * ;
import java.awt. * ;
import java.awt.event. * ;
public class Menutest extends JApplet {
    JMenuItem mi1,mi2,mi3;
    Container con;
public void init() {
    con = getContentPane();
    JMenuBar mb = new JMenuBar();
    JMenu fileMenu = new JMenu("显示");
    JMenu pullRightMenu = new JMenu("问好");
    JMenu colormenu = new JMenu("颜色");
    mi1 = new JMenuItem("红色");
    mi2 = new JMenuItem("蓝色");
    mi3 = new JMenuItem("绿色");
    colormenu.add(mi1);colormenu.add(mi2);
    colormenu.add(mi3);
    myhandle ls = new myhandle();
    mi1.addActionListener(ls);
    mi2.addActionListener(ls);
    mi3.addActionListener(ls);
    fileMenu.add("欢迎");
    fileMenu.addSeparator();
    fileMenu.add(pullRightMenu);
    fileMenu.add("退出");
    pullRightMenu.add(new JCheckBoxMenuItem("早上好!"));
    pullRightMenu.add(new JCheckBoxMenuItem("下午好!"));
    pullRightMenu.add(new JCheckBoxMenuItem("晚安!再见!"));
    mb.add(fileMenu);mb.add(colormenu);  setJMenuBar(mb);
    }
    private class myhandle implements ActionListener {
        public void actionPerformed(ActionEvent e) {
            if(e.getSource() == mi1) con.setBackground(Color.red);
            if(e.getSource() == mi2) con.setBackground(Color.blue);
            if(e.getSource() == mi3) con.setBackground(Color.green);
        }
    }
}
```

【例 7-23】 演示弹出菜单的使用,执行效果如图 7-29 所示。

图 7-29　弹出式菜单的使用

```java
import javax.swing. * ;
import java.awt. * ;
import java.awt.event. * ;
public class PopupMenuDemo extends JFrame {
    private String [ ] colorNames = { " Blue",
```

```
"Yellow","Red"};
    private Color[] colors = {Color.BLUE,Color.YELLOW,Color.RED};
    private JRadioButtonMenuItem items[];
    private JPopupMenu popupMenu = new JPopupMenu();
    private ActionListener itemHandler = new ActionListener(){
        public void actionPerformed(ActionEvent e){
            for(int i = 0;i < items.length;i++)
                if(e.getSource() == items[i]){
                    getContentPane().setBackground(colors[i]);
                    repaint();
                    return;
                }
        }
    };
    public PopupMenuDemo(String title) {
        super(title);
        ButtonGroup colorGroup = new ButtonGroup();
        items = new JRadioButtonMenuItem[3];
        for(int i = 0;i < items.length;i++) {
            items[i] = new JRadioButtonMenuItem(colorNames[i]);
            popupMenu.add(items[i]);
            colorGroup.add(items[i]);
            items[i].addActionListener(itemHandler);
        }
        getContentPane().setBackground(Color.WHITE);
        addMouseListener(new MouseAdapter() {
            public void mousePressed(MouseEvent e){checkForTriggerEvent(e);}
            public void mouseReleased(MouseEvent e){checkForTriggerEvent(e);}
            private void checkForTriggerEvent(MouseEvent e){
                if(e.isPopupTrigger())
                    popupMenu.show(e.getComponent(),e.getX(),e.getY());
            }
        });
        setSize(500,200);
        setVisible(true);
        setDefaultCloseOperation(JFrame.EXIT_ON_CLOSE);
    }
    public static void main(String args[]){
        new PopupMenuDemo("Hello");
    }}
```

7.8 Swing 中的对话框类

7.8.1 JDialog 类的使用

JDialog 类和 JFrame 都是 Window 的子类,两者有相同之处也有不同之处。不同之处主要在于对话框必须依赖于某个窗口或组件,当它所依赖的窗口或组件消失时对话框也将消失,而当它所依赖的窗口或组件可见时,对话框又会自动恢复。

对话框分为无模式对话框和有模式对话框两种,有模式对话框要求用户必须完成此对话框的操作并关闭对话框后,才能激活它所依赖的窗口或组件,并且它将堵塞当前线程的执行。无模式对话框处于激活状态时,程序仍能激活它所依赖的窗口或组件,它也不阻塞线程。

JDialog 类的主要方法如下:

(1) public JDialog(Frame owner):构造一个具有标题的初始不可见的对话框,owner 是对话框所依赖的窗口。

(2) public JDialog(Frame owner,String title,boolean modal):构造一个具有标题 title 的初始不可见的对话框,参数 modal 决定对话框是否为有模式或无模式,参数 owner 是对话框所依赖的窗口。

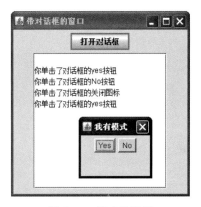

图 7-30　模式对话框

(3) public String getTitle():获得对话框的标题。

(4) public void setTitle(String Title):设置对话框的标题。

(5) public void setModal(boolean b):设置对话框的模式。

【例 7-24】　演示自定义对话框,执行效果如图 7-30 所示。

```java
import java.awt.event. * ;
import java.awt. * ;
import javax.swing. * ;
class MyDialog extends JDialog implements ActionListener {
    static final int YES = 1, NO = 0, CLOSE = - 1;
    int message = 10;
    Button yes, no;
    MyDialog(JFrame f, String s, boolean b) {                //构造方法
        super(f, s, b);
        Container con = getContentPane();
        con.setLayout(new FlowLayout());
        yes = new Button("Yes");
        yes.addActionListener(this);
        no = new Button("No");
        no.addActionListener(this);
        con.add(yes);
        con.add(no);
        setBounds(60, 60, 100, 100);
        addWindowListener(new WindowAdapter() {
                    public void windowClosing(WindowEvent e) {
                        message = CLOSE;
                        setVisible(false);
                    }
                });
    }
```

```java
    public void actionPerformed(ActionEvent e) {
        if(e.getSource() == yes) {
            message = YES;
            setVisible(false);
        } else if(e.getSource() == no) {
            message = NO;
            setVisible(false);
        }
    }
    public int getMessage() {
        return message;
    }
}
class MyDialogTest extends JFrame implements ActionListener {
    JTextArea text;
    JButton button;
    MyDialog dialog;
    MyDialogTest(String s) {
        super(s);
        Container con = getContentPane();
        con.setLayout(new FlowLayout());
        text = new JTextArea(12,20);
        button = new JButton("打开对话框");
        button.addActionListener(this);
        con.add(button);
        con.add(new JScrollPane(text));
        dialog = new MyDialog(this,"我有模式",true);
        setBounds(60,60,300,300);
        setVisible(true);
        validate();
        setDefaultCloseOperation(JFrame.EXIT_ON_CLOSE);
    }
    public void actionPerformed(ActionEvent e) {
        if(e.getSource() == button) {
            dialog.setVisible(true);           //对话框激活状态时,堵塞下面的语句
            //对话框消失后下面的语句继续执行
            if(dialog.getMessage() == MyDialog.YES){   //如果单击了对话框的 yes 按钮
                text.append("\n 你单击了对话框的 yes 按钮");
            } else if(dialog.getMessage() == MyDialog.NO) {
                    text.append("\n 你单击了对话框的 No 按钮");
            }
            else if(dialog.getMessage() == MyDialog.CLOSE)    {
                text.append("\n 你单击了对话框的关闭图标");
            }
        }
    }
    public static void main(String args[]) {
        new MyDialogTest("带对话框的窗口");
    }
}
```

263

7.8.2　常用的对话框类

1. JOptionPane 类

在 Swing 包中提供了简单的消息对话框 JOptionPane 类,此对话框是有模式对话框,它有 3 个静态方法分别用来提供输入、显示消息、确认等功能。

【例 7-25】　演示消息对话框。

```
import javax.swing. * ;
class JoptionPaneTest {
    public static void main(String[ ] args) {
        double x, y, z = 0;
        String str;
        char op = '+';
        int a;
        str = JOptionPane.showInputDialog("请输入你的 x 值:");
        x = Double.parseDouble(str);
        str = JOptionPane.showInputDialog("请输入你的 y 值:");
        y = Double.parseDouble(str);
        str = JOptionPane.showInputDialog("请输入你的运算符( +- * /):");
        op = str.charAt(0);
        a = JOptionPane.showConfirmDialog(null,"确认输入正确吗?","确认对话框",
JOptionPane.YES_NO_OPTION);
        if(a == JOptionPane.YES_OPTION) {
            switch(op) {
                case '+': z = x + y; break;
                case '-': z = x - y; break;
                case '*': z = x * y; break;
                case '/': z = x/y; break;
            }
        JOptionPane.showMessageDialog(null,"两数之乘积:" + z);
        } else {
            JOptionPane.showMessageDialog(null,"很遗憾!请重新运行程序.");
        }
    }
}
```

2. JColorChooser 类

使用 Swing 包提供的 JColorChooser 类的实例可为用户提供一个颜色选择对话框。该对话框可以是模式的也可以是无模式的。

【例 7-26】　Sun 的 Tutorial 提供的演示 JColorChooser 的实例。

```
import java.awt. * ;
import java.awt.event. * ;
import javax.swing. * ;
import javax.swing.event. * ;
import javax.swing.colorchooser. * ;
public class ColorChooserDemo extends JPanel
                    implements ChangeListener {
    protected JColorChooser tcc;
```

```
        protected JLabel banner;
        public ColorChooserDemo() {
            super(new BorderLayout());
            banner = new JLabel("Welcome to the Tutorial Zone!",
                                JLabel.CENTER);
            banner.setForeground(Color.yellow);
            banner.setBackground(Color.blue);
            banner.setOpaque(true);
            banner.setFont(new Font("SansSerif", Font.BOLD, 24));
            banner.setPreferredSize(new Dimension(100, 65));
            JPanel bannerPanel = new JPanel(new BorderLayout());
            bannerPanel.add(banner, BorderLayout.CENTER);
            bannerPanel.setBorder(BorderFactory.createTitledBorder("Banner"));
            tcc = new JColorChooser(banner.getForeground());
            tcc.getSelectionModel().addChangeListener(this);
            tcc.setBorder(BorderFactory.createTitledBorder("Choose Text Color"));
            add(bannerPanel, BorderLayout.CENTER);
            add(tcc, BorderLayout.PAGE_END);
        }
        public void stateChanged(ChangeEvent e) {
            Color newColor = tcc.getColor();
            banner.setForeground(newColor);
        }
        private static void createAndShowGUI() {
            JFrame frame = new JFrame("ColorChooserDemo");
            frame.setDefaultCloseOperation(JFrame.EXIT_ON_CLOSE);
            JComponent newContentPane = new ColorChooserDemo();
            newContentPane.setOpaque(true);                    //content panes must be opaque
            frame.setContentPane(newContentPane);
            frame.pack();
            frame.setVisible(true);
        }
        public static void main(String[] args) {
                createAndShowGUI();
        }
    }
```

3. JFileChooser 类

使用 Swing 包提供的 JFileChooser 可以得到一个有模式的文件对话框,此对话框将在参数指定的组件 parent 的正前方显示,如果没有指定的组件,则在系统桌面的正前方显示。当文件对话框消失后,上述方法返回整型常量 JFileChooser. APPROVE_OPTION 或 JFileChoolser. CANCEL_OPTION。返回的值取决于单击了对话框上的"确认"按钮还是"取消"按钮。

【例 7-27】 文件对话框使用演示。

```
import java.awt.event. * ;
import java.awt. * ;
import javax.swing. * ;
import java.io. * ;
```

GUI 程序设计基础

```java
class JFileChooserTest extends JFrame implements ActionListener {
    JButton buttonColor,buttonFile;
    JTextArea text;
    JFileChooser fileChooser;
    JToolBar bar;
    Container con;
    JFileChooserTest()
    {
        fileChooser = new JFileChooser("c:/");
        buttonColor = new JButton("设置颜色");
        buttonFile = new JButton("打开文件");
        text = new JTextArea("显示文件内容");
        buttonColor.addActionListener(this);
        buttonFile.addActionListener(this);
        bar = new JToolBar();                                //工具条对象
        bar.add(buttonColor);
        bar.add(buttonFile);
        con = getContentPane();
        con.add(bar,BorderLayout.NORTH);
        con.add(new JScrollPane(text));
        setBounds(60,60,300,300);
        setVisible(true);
        validate();
        setDefaultCloseOperation(JFrame.EXIT_ON_CLOSE);
    }
    public void actionPerformed(ActionEvent e) {
        if(e.getSource() == buttonColor) {
            Color newColor = JColorChooser.showDialog(this,"调色板",
                    text.getForeground());
            text.setForeground(newColor);
        } else if(e.getSource() == buttonFile) {
            text.setText(null);
            int n = fileChooser.showOpenDialog(con);
            if(n == JFileChooser.APPROVE_OPTION) {
                File file = fileChooser.getSelectedFile();
                try{
                    FileReader readfile = new FileReader(file);
                    BufferedReader in = new BufferedReader(readfile);
                    String s = null;
                    while((s = in.readLine())!= null) {
                        text.append(s + "\n");
                    }
                } catch(IOException ee) {
                    text.setText("你没有选择文件");
                }
            }
        }
    }
    public static void main(String args[]) {
        new JFileChooserTest();
    }
}
```

视频讲解

7.9　图形界面程序建模示例

当前的建模领域使用的工具大多数都是基于图形界面的。在图形界面建模中,不论是数据分析还是流程控制、仿真实验或环境模拟,都是界面友好的操作,结果直观并给人会留下深刻的印象。本书中没有涉及非常复杂的建模程序,这里给出两个简单的图形程序的例子,一个用来查看并显示特定目录下图片的图像查看器软件,另一个搭建了一个广为流行的扑克牌的基于面向对象的基础建模。

【程序建模示例 7-1】　图像查看器。

如果要做一个图像浏览查看程序,需要解决的主要问题是:①将常用的图像文件过滤出来,这可以使用 java. swing 包中的 JFileChooser 对话框来选择合适的目录,加上相应的扩展名过滤条件;②在程序中通过 String 类型的数组来保存该目录中的图片文件名信息;③通过 Toolkit 类的静态方法 getImage()装入图片信息;④通过 Graphics 对象 drawImage()方法显示图片,用按钮前后浏览该目录中的图片。效果如图 7-31 所示。

图 7-31　图像查看器

```java
import java.io. * ;
import java.awt. * ;
import java.awt.event. * ;
import javax.swing. * ;
class ImagePanel extends JPanel {
    private Image img;
    private String imageFiles[];
    private int current = 0;
    private int counts = 0;
    private File imageDir = null;
    Toolkit mytool = Toolkit.getDefaultToolkit();
    public ImagePanel(){
        imageDir = new File(".");
        changDir(imageDir);
    }
    public void changDir(File imageDir){
        current = 0;
        counts = 0;
        this. imageDir = imageDir;
        String [ ] filenames = imageDir.list();
        for(int i = 0;i < filenames.length;i++){       //过滤出常用的图像格式文件

        if(filenames[i].toLowerCase().endsWith(".jpg")||filenames[i].toLowerCase().endsWith
(".gif")||filenames[i].toLowerCase().endsWith("jpeg") ||
                filenames[i].toLowerCase().endsWith("tiff") || filenames[i].toLowerCase().
endsWith("png") || filenames[i].toLowerCase().endsWith("tif")) counts++;
```

```
                else filenames[i] = null;
            }
        imageFiles = new String[counts];              //保存这些图像文件的文件名信息
        for(int i = 0,j = 0;i < filenames.length;i++){
            if(filenames[i]!= null) {
                imageFiles[j] = imageDir.getAbsolutePath() + "\\" + filenames[i];
                j++;
            }
        }
        repaint();
    }
    public void changDir(File imageDir,File selectedFile){//重载
        this.imageDir = imageDir;
        counts = 0;
        current = 0;
        String[] filenames = imageDir.list();
        String selectedfilename = selectedFile.getName();
        for(int i = 0;i < filenames.length;i++){

            if(filenames[i].toLowerCase().endsWith(".jpg")||filenames[i].toLowerCase().
    endsWith(".gif")||filenames[i].toLowerCase().endsWith("jpeg") ||
                filenames[i].toLowerCase().endsWith("tiff") || filenames[i].toLowerCase().
    endsWith("png") || filenames[i].toLowerCase().endsWith("tif")){
                    counts++;
                    if(filenames[i].equals(selectedfilename))current = counts;
            }else{
                filenames[i] = null;
            }
        }
        System.out.println(filenames + "," + filenames.length);
        System.out.println("counts = " + counts);
        System.out.println(imageDir);
        imageFiles = new String[counts];
        for(int i = 0,j = 0;i < filenames.length;i++){
            if(filenames[i]!= null) {
                imageFiles[j] = imageDir.getAbsolutePath() + "\\" + filenames[i];
                j++;
            }
        }
        repaint();
    }
    public void paintComponent(Graphics g) {
        super.paintComponent(g);
        if(counts == 0){
            g.drawString("该目录没有图像文件!",20,20);
        }else{
            img = mytool.getImage(imageFiles[current]); //装入图像
            g.drawImage(img,0,0,getSize().width,getSize().height,this);
        }
    }
    public int getCurrent(){return current;}
```

```java
    public void setCurrent(int a) {
        if(a >= 0 && a < counts) current = a;
        else if(a < 0) current = 0;
        else current = counts - 1;
    }
}
public class ImageViewer1 extends JFrame{
    private JButton selectdir,bt1,bt2;
    private ImagePanel mv;
    private ImageViewer1 outer = this;
    public ImageViewer1(){
        super("图像查看器 ver 1.1");
        bt1 = new JButton("向前");
        bt2 = new JButton("向后");
        selectdir = new JButton("选择目录");
        mv = new ImagePanel();
        Panel p1 = new Panel();
        p1.add(selectdir);p1.add(bt1);p1.add(bt2);
        add(p1,BorderLayout.SOUTH);
        add(mv,BorderLayout.CENTER);

        Mylistener ls = new Mylistener();
        selectdir.addActionListener(ls);
        bt1.addActionListener(ls);
        bt2.addActionListener(ls);
    }
    private class Mylistener implements ActionListener {
        public void actionPerformed(ActionEvent e)
        {
            if(e.getSource() == bt1)
            {
                mv.setCurrent(mv.getCurrent() - 1);
                mv.repaint();
            }else if(e.getSource() == bt2){
                mv.setCurrent(mv.getCurrent() + 1);
                mv.repaint();
            }else{
                JFileChooser fileChooser = new JFileChooser();        //显示文件对话框

                fileChooser.setFileSelectionMode(JFileChooser.FILES_AND_DIRECTORIES);
                ImageFilter filter = new ImageFilter();
                fileChooser.setFileFilter(filter);
                int returnValue = fileChooser.showOpenDialog(outer);
                File selectedFile = null;
                if(returnValue == JFileChooser.APPROVE_OPTION){
                    selectedFile = fileChooser.getSelectedFile();
                }
                if(selectedFile.isDirectory()){
                    mv.changDir(selectedFile);
                }else{
                    File parentdir = selectedFile.getParentFile();
```

GUI 程序设计基础

```
                        mv.changDir(parentdir,selectedFile);
                }
            }
        }
    }
    public static void main(String[] args)
    {
        ImageViewer1 myapp = new ImageViewer1();
        myapp.setSize(800,600);
        myapp.setVisible(true);
        myapp.addWindowListener(new WindowDestroyer());
    }
}
```

【程序建模示例 7-2】 扑克牌游戏程序的基础建模。

扑克牌游戏是风靡世界的纸牌游戏之一,在计算机游戏出现之后就出现了很多图形化的扑克牌游戏。此处不打算完整地设计一个扑克牌游戏,只是对扑克牌做一个基础建模,在此基础上,读者可以根据自己的爱好加上相应的游戏逻辑和规则,这样就可以扩展出相应的游戏了。

扑克牌关键的抽象分为两层,第一层是每一张扑克牌的抽象,需要知道扑克牌的花色、点数以及对应的图片;第二层是一副扑克牌的抽象,国际通用的牌数是 54 张,包括一张大王和一张小王。首先需要制作 54 张扑克牌的图片,其次设计生成一副扑克牌对象和具有相应方法的类,程序代码如下,运行截图如图 7-32 所示。完整的源程序和相关资源请参考清华大学出版社的相关资源网站。

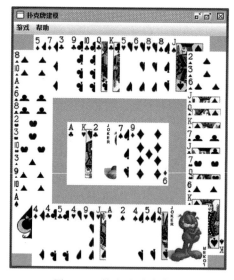

图 7-32 扑克牌游戏建模

扑克牌建模程序:

```
import java.awt. * ;
public class Card {          // 一张扑克牌的抽象
    private int suit;        // 花色(取值范围为 0 至 4,分别代表方块、梅花、红桃、黑桃、王)
```

```java
    private int face;          // 点数(取值范围为0至12,分别代表2、3、...、10、J、Q、K、A,王取值0、1)
        private Image image;
        static Toolkit mytool = Toolkit.getDefaultToolkit();
    // 构造方法,参数s和f分别表示牌的花色与点数
    public Card(int s, int f, String imagefile) {
        suit = s;
        face = f;
        image = mytool.getImage(imagefile);
    }
        public void drawme(Graphics g, int x, int y, int w, int h){
            g.drawImage(image, x, y, w, h, null);
        }
    public String display() {          // 返回用字符串描述的牌面
        String suitString = "";
        if (suit == 0) suitString = "方块";
        else if (suit == 1) suitString = "梅花";
        else if (suit == 2) suitString = "红桃";
        else if (suit == 3) suitString = "黑桃";
        else suitString = "王";
        String faceString = "";
        if(suit!= 4){
            if (face >= 0 && face <= 8) faceString = "" + (face + 2);
            else if (face == 9) faceString = "J";
            else if (face == 10) faceString = "Q";
            else if (face == 11) faceString = "K";
            else faceString = "A";
            return (suitString + faceString);
        }else{
            if(face == 0) return "小" + suitString;
            else return "大" + suitString;
        }
    }
        public String toString(){return display();}
    public int getIndex() {          // 返回在所有牌中排序的次序
        return (suit * 13 + face);
    }
}
public class Cards {          // 一副扑克牌的抽象
    static final int MAX = 54;          // 一副牌共有54张牌
    private Card[] deck = new Card[MAX];
    public Cards() {          // 构造方法,依次创建每一张扑克牌
        for (int suit = 0; suit < 4; suit++) {
            for (int face = 0; face < 13; face++) {
            deck[suit * 13 + face] = new Card(suit, face, "" + suit + "\\" + getFname(face));
        }
    }
    deck[52] = new Card(4, 0, "4\\xw.jpg");
    deck[53] = new Card(4, 1, "4\\dw.jpg");
    }
    public String getFname(int face){
        String faceString = "";
```

GUI程序设计基础

```java
            if (face >= 0 && face <= 8) faceString = "" + (face + 2);
            else if (face == 9) faceString = "J";
            else if (face == 10) faceString = "Q";
            else if (face == 11) faceString = "K";
            else faceString = "A";
            return faceString + ".jpg";
        }
        public void shuffle() {                    // 洗牌
        for (int count = 0; count < 200; count++) {
            int index1 = (int) (Math.random() * MAX);        // 随机找两张牌的位置
            int index2 = (int) (Math.random() * MAX);
            Card temp = deck[index1];        //交换
            deck[index1] = deck[index2];
            deck[index2] = temp;
        }}
        public Card getIndex(int i){return deck[i];}
        public void displays(int start, int end){
        for(int index = start; index < end; index++){
            System.out.print(deck[index].display() + " ");
        }}
    }
public class Player {                        //玩家抽象
    private String name;
    private String position;
    private Card cards[];
    public Player(String n, String p, int k){
        cards = new Card[12];
        name = n;
        position = p;
    }
    public String getName(){return name;}
    public String getPosition(){return position;}
    public Card[] getCards(){return cards;}
    public Card getCard(int i){return cards[i];}
    public void setCards(Card[] c){cards = c;}
    public void setCard(int i, Card c){cards[i] = c;}
    public void sort() {                    // 理牌
    for (int index = 0; index < cards.length - 1; index++) {
        for (int ptr = cards.length - 1; ptr > index; ptr--) {
        if (cards[ptr].getIndex() < cards[ptr - 1].getIndex()) {
            Card temp = cards[ptr];
            cards[ptr] = cards[ptr - 1];
            cards[ptr - 1] = temp;
        }
        }}
    }
    public void showHand(){
        System.out.println(name + "(" + position + "):");
    for (int index = 0; index < cards.length; index++) {
        System.out.print(cards[index].display() + " ");
    }
    System.out.println();
    }
}
```

7.10 本章小结

在程序的设计和使用中,图形用户界面的使用是非常重要的,也是使用非常广泛的。换言之,图形用户界面 GUI 是应用程序开发的主流模式。

在图形用户界面的设计中,组件和容器是两个非常重要的概念。组件是各种各样的类,是封装了内部结构和属性的基本图形单位,例如按钮、文本框、窗口等。容器其实也是组件,它可以装载和摆放其他组件。

Java 推荐使用布局管理器来管理容器中组件的摆放方式,每种布局管理器都有自己的摆放规律。常用的布局管理器有 FlowLayout、BorderLayout、GridLayout、BoxLayout 等。

Java 的事件处理机制采用了委托代理模式,主要涉及事件源对象、事件对象、事件监听器对象三个方面,事件源对象产生事件对象,将事件对象发送到事件监听器对象,由事件监听器对象进行处理。

第7章 习 题

一、单选题

1. 在 awt 包中,Window 是显示在屏幕上独立的窗口,它独立于其他容器,Window 的两个子类是( )。

    A. Frame 和 Dialog   B. Panel 和 Frame

    C. Container 和 Component   D. LayoutManager 和 Container

2. 框架(Frame)的默认布局管理器是( )。

    A. 流式布局(Flow Layout)   B. 卡片布局(Card Layout)

    C. 边界布局(Border Layout)   D. 网格布局(Grid Layout)

3. java.awt 包提供了基本的 Java 程序的 GUI 设计工具,包含控件、容器和( )。

    A. 布局管理器   B. 数据传送器

    C. 图形和图像工具   D. 用户界面构件

4. 所有 Swing 组件都实现了( )接口。

    A. ActionListener   B. Serializable

    C. Accessible   D. MouseListener

5. Swing 采用的设计规范是( )。

    A. 视图—模式—控制   B. 模式—视图—控制

    C. 控制—模式—视图   D. 控制—视图—模式

6. 抽象窗口工具包( )是 Java 提供的建立图形用户界面 GUI 的初级开发包。

    A. java.awt   B. javax.swing   C. java.io   D. java.lang

7. 哪一种布局管理器使容器中各个构件呈网格布局,平均占据容器空间?( )

    A. FlowLayout   B. BorderLayout   C. GridLayout   D. CardLayout

8. 哪一种布局管理器能在换行时从左至右、从上到下居中排列组件?( )

    A. BorderLayout   B. FlowLayou   C. GridLayout   D. CardLayout

GUI 程序设计基础

9. 当组件被放置在 BorderLayout 的哪个区域时,可水平调整组件大小?(　　)

    A. 北或南　　　　　　　　　　　　B. 东或西

    C. 中部　　　　　　　　　　　　　D. 北、南或中部

10. 执行以下代码后,描述与显示外观最接近的选项是哪一个?(　　)

```
importjava.awt. * ;
public class MyClass extends Frame{
    public static voidmain(String args[]){ MyClass cl = new MyClass(); }
    MyClass(){ Panel p = new Panel();
    p.add(new Button("1")); p.add(new Button("2")); p.add(new Button("3"));
    add(p,BorderLayout.NORTH); setLayout(new FlowLayout());
    setSize(300,300); setVisible(true);
    }
}
```

    A. 按钮将沿窗体的底部从左至右排列

    B. 按钮将沿窗体的顶部从左至右排列

    C. 按钮不会显示

    D. 只有按钮 3 将显示,并占用了窗体的全部空间

11. Swing 包中哪个类的对象可用于输入多行信息?(　　)

    A. JTextArea　　　　B. JTextField　　　　C. JList　　　　　　D. JComment

12. 按钮可以产生 ActionEvent 事件,实现哪个接口可处理此事件?(　　)

    A. FocusListener　　　　　　　　　B. ComponentListener

    C. WindowListener　　　　　　　　D. ActionListener

13. 下列哪个接口不可以对 JTextField 对象的事件进行监听和处理?(　　)

    A. ActionListener　　　　　　　　B. FocusListener

    C. MouseMotionListener　　　　　　D. WindowListener

    E. ComponentListener

二、多选题

面板(JPanel)对象可以注册下列哪些监听器接口?(　　)

A. TextListener　　　　　　　　　　B. ActionListener

C. MouseMotionListener　　　　　　D. MouseListener

E. ComponentListener

三、编程题

1. 参考图 7-33,用 swing 包中的类编写一个 GUI 应用程序窗口。

2. 设计一个游戏程序,游戏是一个 3×3 的网格,两个人分别在上面画"×"和"○"标记,并且不允许在已经画过的格子中再画标记,如果首先完成横向、纵向、对角线连成一条线,则表示胜利。该程序中使用两个面板,一个放置 3×3 的网格(9 个命令按纽),另一个放置开始新游戏的按钮。

3. 编写如图 7-34 所示的 GUI 程序,可以使用按钮将消息左右移动,并可以使用单选按钮更改消息的颜色。

4. 编写一个在二进制、十进制和十六进制之间进行转换的程序,如图 7-35 所示。当在

Decimal值文本字段中输入一个十进制值并按回车键时,其对应的十六进制数和二进制数将显示在其他两个文本字段中。同样,可以在其他字段中输入值并相应地进行转换。

图 7-33　编程题 1 参考界面

图 7-34　编程题 3 参考界面

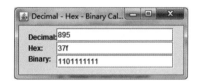

图 7-35　进制转换

5. 编写一个程序,在文本区域中显示文本文件,如图 7-36 所示。用户在文本字段中输入文件名并单击"视图"按钮,然后文件将显示在文本区域中。

图 7-36　显示文本文件内容

GUI程序设计基础

四、简答题

1. 为什么今天仍然有必要学习 AWT？

2. AWT 包中的核心类是什么？

3. Swing 中的 3 个顶层容器是什么？

4. 如何构造一个 Color 对象？

5. 什么是布局管理器？它的作用是什么？

6. 什么是事件？简述 Java 的事件处理机制？

7. 请列举 4 种事件类、事件监听器接口。

8. 解释 Graphics 类的对象和 Image 类的对象有什么区别？

第8章 多线程编程技术基础

8.1 概　　述

视频讲解

到现在为止,我们对程序设计、面向对象的基本概念有了一定的认识,也应该基本掌握了指令和程序的基本含义。程序是为了完成某项任务编排的指令序列,它告诉计算机如何执行,因此程序必须由计算机加载到内存中让 CPU 逐条指令执行后才能解决问题。相对于程序的存储状态,这种逐条指令的执行过程,在第 1 章中给出了一个术语叫进程。进程需要占用计算机的各种资源如内存、CPU 及各种相关设备等,才能持续下去。如果在任一时刻系统中只有一个进程,则该进程在整个运行过程中独占计算机的全部资源,运行的过程也就非常简单了,管理起来也非常容易。就像一整套房子只住了一个人,他想看电视就看电视,想去卫生间就去卫生间,没人和他抢占资源。但为了提高资源利用率和系统处理能力,现代计算机系统都是多道程序系统,即多道程序并发执行。进程的并发执行带来了一些新的问题,如资源的共享与竞争,它会改变程序的执行速度。就像多个人同时住一套房子,当其中一人想去卫生间时,如果此时卫生间里有人,就得等待,影响了他的生活节奏。如果多个进程执行时对资源利用协调不当,就会导致程序的执行结果失去封闭性和不一致性,这是我们不希望看到的。因此应该采取措施来制约、控制各并发程序段的执行速度。由于程序是静态的,我们看到的程序是存储在存储介质上的,它无法反映出程序执行过程中的动态特性,而进程在执行过程中要不断使用资源,执行指令变换状态,所以用进程定义程序执行的动态过程。换言之,程序一般指的是静态的指令流程,是写在本子上或存储在介质上的,主要和空间关联;而进程是按照指令流程进入实际处理步骤的动态运行过程,主要和时间关联。

1. 线程和进程的关系

线程是属于进程的,线程运行在进程空间内,同一进程所产生的多个线程共享同一段内存空间,当进程退出时该进程所产生的线程都会被强制退出并清除。线程可与属于同一进程的其他线程共享进程所拥有的全部资源,但是其本身基本上不拥有系统资源,只拥有一些在运行中必不可少的信息(如程序计数器、一组寄存器和栈)。

2. 系统中引入线程带来的主要好处

(1) 在进程内创建、终止线程比创建、终止进程快。

(2) 同一进程内的线程间的切换比进程间的切换快,尤其是用户级线程间的切换。

3. 线程的出现原因

(1) 并发程序的并发执行,在多处理器环境下更为有效。一个并发程序可以建立一个

进程,而这个并发程序中的若干并发程序段就可以分别建立若干线程,使这些线程在不同的
处理器上执行。

(2) 每个进程具有独立的地址空间,而该进程内的所有线程共享该地址空间。这样可
以解决父子进程模型中子进程必须复制父进程地址空间的问题。

(3) 线程对解决客户/服务器模型非常有效。

注意:

(1) 基于线程的多任务处理环境中,线程是最小的执行处理单位。

(2) 不是所有的应用程序都能从多线程中受益,有一些程序就不适用于多线程。

8.2　Java 多线程机制

在前面的各章中,程序基本上都是单线程的,即一个程序只有一条从头至尾的执行路
线。然而现实世界中的很多过程都具有多种途径同时运作,例如生物的进化,就是多种因素
共同作用的结果;再如服务器可能需要同时处理多个客户机的请求等。

多线程是指同时存在几个执行体,按几条不同的执行路线共同工作的情况。Java 语言
的一个重要功能就是内置了对多线程的支持,它使得编程人员可以很方便地开发出具有多
线程功能、能同时处理多个任务的功能强大的应用程序。

Java 直接支持多线程,它的所有类都是在多线程下定义的,Java 利用多线程使整个系
统成为异步系统。

8.2.1　Java 中的主线程

在 Java 程序启动时,一个线程立刻运行,该线程通常称为程序的主线程。主线程的重
要性体现在以下两个方面。

(1) 它是产生其他子线程的线程。

(2) 通常必须最后完成执行,因为它执行各种关闭动作。

【例 8-1】　主线程测试。

```java
class Mainthread {
  public static void main(String args[]) {
    Thread t = Thread.currentThread();              //得到当前的线程对象
    System.out.println("当前线程是: " + t);
    t.setName("MyJavaThread");
    System.out.println("当前线程名是: " + t);
    try {
      for(int i = 0;i < 3;i++) {
        System.out.println(i); Thread.sleep(1500);     //让线程休息 1500ms
      }
    }
    catch(InterruptedException e) {
      System.out.println("主线程被中断");
    }
    System.out.println("主线程结束");
  }
}
```

8.2.2 如何在程序中实现多线程

如前所述，Java 是支持多线程编程的，在 Java 程序中实现多线程有两个途径，即创建 Thread 类的子类和实现 Runnable 接口。无论采用哪种途径，程序员可以控制的关键性操作有 3 个。

(1) 定义用户线程的操作，即定义用户线程的 run( ) 方法。

(2) 在适当时候建立用户线程实例。

(3) 启动线程。

无论采用哪种方法，都需要用到 Java 基础类库中的 Thread 类及其方法。

1. Thread 类

Thread 类综合了 Java 程序中一个线程的属性和方法，常用的方法有 start( )、sleep( )、setName( ) 等，属性有 MAX_PRIORITY 等，在后面会详细讲述这些方法和属性。

Thread 类的构造方法有多个如下所述。

(1) public Thread( )：创建一个系统线程类的对象。

(2) public Thread(Runnable target)：在上一个构造方法完成的操作——创建线程对象的基础之上，利用参数对象实现了 Runnable 接口的 target 对象中所定义的 run( ) 方法，来初始化或覆盖新创建的线程对象的 run( ) 方法。

(3) public Thread(String ThreadName)：在第一个构造方法工作的基础上，为所创建的线程对象指定一个字符串名称供以后使用。

(4) public Thread(Runnable target, String ThreadName)：实现(2)，(3)两个构造方法的功能。

利用构造方法创建新线程对象之后，这个对象中的有关数据被初始化，从而进入线程的生命周期的第一个状态——新建状态。

2. Runnable 接口

Runnable 接口只有一个方法 run( )，所有实现 Runnable 接口的用户类都必须具体实现这个 run( ) 方法，给出具体的操作功能。Runnable 接口中的这个 run( ) 方法是一个较特殊的方法，它可以被运行系统自动识别和执行。具体地说，当线程被调度并转入运行状态时，它所执行的就是 run( ) 方法中的代码。所以，一个实现了 Runnable 接口的类实际上可以定义了一个能够并发执行的代码片段，把这个可并发执行的代码段封装成对象是 Java 语言实现多线程应用的最主要和最基本的工作之一。

下面分别探讨这两条不同途径是如何分别完成创建线程和启动线程这两个关键性操作的。

1) 用继承的方法设计线程类

在这个方法中，用户程序需要设计一个从 Thread 类派生的子类，并在子类中重新定义自己的 run( ) 方法，这个 run( ) 方法中包含了用户线程的操作代码。这样，在用户程序需要建立自己的线程时，只需要创建一个已定义好的 Thread 子类的实例就可以了。

【例 8-2】 用继承 Thread 类的方法实现多线程。

```
class MyThread extends Thread {
    public void run() {
```

```
        for(int i = 0;i < = 5;i++) {
          try {
            System. out. println("exp(" + i + ") = " + Math. exp(i));
            Thread. sleep(1000);
          }catch(InterruptedException e){}
        }
      }
  }
  class MyThreadTest {
      public static void main(String[ ] args) {
          MyThread thread1 = new MyThread2();
          MyThread thread2 = new MyThread2();
          thread1. start();
          thread2. start();
          try {
            for(int k = 0;k < = 6;k++) {
                System. out. println("在主线程中 k = " + k);
                Thread. sleep(600);
            }
          }catch(InterruptedException e1){}
      }
  }
```

此程序中定义了两个类,其中一个是程序的主类 MyThreadTest,另一个是用户自定义的 Thread 类的子类 MyThread。在主类的 main( )方法中首先创建了两个 MyThread 子线程对象,并调用 start( )方法启动这两个子线程对象,使之进入就绪状态,就绪状态的线程会等待虚拟机调度执行。接着主线程继续执行并输出信息表示自己在活动,然后调用 sleep()方法使自己休眠一段时间以便子线程获取处理器(因为主线程创建的子线程与之优先级相同,如果主线程不让出处理器,则子线程只能等待主线程完全执行完毕才能获得处理器),进入运行状态的子线程输出响应信息,然后也休眠一段时间以便其他线程获得处理器。获得处理器的线程将执行自己的 run()代码,直到所有的线程代码执行完毕,返回并结束线程,然后主线程也结束。程序的运行结果如图 8-1 所示。

2) 通过实现 Runnable 接口实现多线程

这个方法可以避免单继承问题,即一个类已经有父类但同时需要实现多线程,可以通过实现 Runnable 接口的方法来定义用户线程的操作。Runnable 接口中只有一个方法 run(),用来实现线程的具体功能。定义好 run( )方法之后,当用户程序需要建立新线程对象时,只要以这个类的对象为参数构造 Thread 的对象,就可以实现多线程并发执行了。

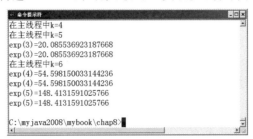

图 8-1 线程演示 1

【例 8-3】 用实现 Runnable 接口的方法实现
多线程,如图 8-2 所示。

图 8-2 线程演示 2

```java
import java.applet.Applet;
import java.awt. * ;
public    class    TestRunnable    extends    Applet
implements Runnable {
    Label prompt1 = new Label("第一个子线程");
    Label prompt2 = new Label("第二个子线程");
    TextField threadFirst = new TextField(14);
    TextField threadSecond = new TextField(14);
    Thread thread1,thread2;            //两个 Thread 的线程对象
    int count1 = 0, count2 = 0;        //两个计数器
    public void init( ) {
        add(prompt1);
        add(threadFirst);
        add(prompt2);
        add(threadSecond);
    }
    public void start( ) {
        //创建线程对象,具有当前类的 run( )方法,并用字符串指定线程对象的名字
        thread1 = new Thread (this,"FirstThread");
        thread2 = new Thread (this,"SecondThread");
        thread1.start( );              //启动线程对象,进入就绪状态
        thread2.start( );
    }
    public void run( ) {               //实现 Runnable 接口的 run( )方法,在该线程启动时自动执行
        String currentRunning;
        while(true) {                  //无限循环
            try {                      //使当前活动线程休眠 0 到 3s
                Thread. sleep((int)(Math. random( ) * 3000));
            }
            catch(InterruptedException e){}
            currentRunning = Thread. currentThread( ). getName( );
            if(currentRunning. equals("FirstThread")  {      count1++;
                threadFirst. setText("线程 1 第" + count1 + "次被调度");
            } else if(currentRunning. equals("SecondThread"))  {
                count2++;
                threadSecond. setText("线程 2 第" + count2 + "次被调度");
            }
        }
    }
}
```

本程序是一个小应用程序,所以程序的主类 TestRunnable 必须是 Applet 类的子类,同
时它还实现了 Runnable 接口并具体实现了 run( )方法。在 TestRunnable 中创建了两个子
线程,都是 Thread 类的对象。这两个对象的构造方法指明通过 this 对象来创建线程对象,
即线程对象被调度时将执行 this 对象的 run( )方法。这个 run( )方法将首先休眠一段随机
时间,然后统计当前活动(即获得了处理器的)线程对象被调度次数并显示在相应的文本

第 8 章

多线程编程技术基础

框中。

【例 8-4】 用多线程求不同的正弦值来模拟网络蚂蚁多线程下载文件。

```java
class ThreadSin extends Thread {
    private int startjd, endjd;
    public ThreadSin(){startjd = 0; endjd = 90;}
    public ThreadSin(int x, int y){startjd = x; endjd = y;}
    public int getStartjd(){return startjd;}
    public void setStartjd(int a){startjd = a;}
    public int getEndjd(){return endjd;}
    public void setEndjd(int b){endjd = b;}
    public void run() {
        try {
            for(int i = startjd; i < endjd; i++) {
                System.out.print("sin(" + i + ") = " + Math.sin(i * 3.14159/180.0));
                System.out.println(" 我在下载文件");
                Thread.sleep(5);
            }
        }catch(Exception e){System.out.println("线程休息被打断!");}
    }
}
class threadsintest {
    public static void main(String []args) {
        ThreadSin[] t = new ThreadSin[3];
        t[0] = new ThreadSin(0,30);
        t[1] = new ThreadSin(30,60);
        t[2] = new ThreadSin(60,90);
        for(int i = 0; i < t.length; i++) t[i].start();
    }
}
```

【例 8-5】 用多线程模拟一个程序同时进行多个不同任务。

```java
class ThreadCos extends Thread {
    private int jd;
    public ThreadCos(){jd = 0;}
    public ThreadCos(int x){jd = x;}
    public int getJd(){return jd;}
    public void setJd(int a){jd = a;}
    public void run() {
        try {
            for(int i = jd; i <= 90; i++) {
    System.out.println("cos(" + i + ") = " + Math.cos(i * 3.14159/180.0) + " 我在上网聊天");
                Thread.sleep(5);
            }
        }catch(Exception e){System.out.println("线程休息被打断!");}
    }
}
class ThreadSqrt implements Runnable {
    private int a, b;
    public ThreadSqrt(){a = 0; b = 100;}
```

```
    public ThreadSqrt(int x, int y){a = x;b = y;}
    public int getA(){return a;}
    public int getB(){return b;}
    public void setA(int x) {a = x;}
    public void setB(int y){b = y;}
    public void run() {
        try {
            for(int i = a;i < b;i++) {
                System.out.println("sqrt(" + i + ") = " + Math.sqrt(i) + "我在打印");
                Thread.sleep(5);
            }
        }catch(Exception e){System.out.println("ok!");}
    }
}
public class ThreadTest {
    public static void main(String[] args) {
        Thread t1 = new ThreadSin(0,30);
        Thread t2 = new ThreadCos(60);
        Thread t3 = new Thread(new ThreadSqrt(20,50));      //实现 Runnable 接口的类创建多线程
                                                            //对象的方式

        System.out.println("线程开始执行!");
        t1.start();
        t2.start();
        t3.start();
    }
}
```

8.2.3 线程调度与优先级

视频讲解

处于就绪状态的线程首先进入就绪队列排队等候处理器资源。同一时刻在就绪队列中的线程可能有多个,它们各自任务的轻重缓急程度不同。例如用于屏幕显示的线程需要尽快地被执行,而用来收集内存碎片的垃圾回收线程则不那么紧急,可以等到处理器较空闲时再执行。为了体现上述差别,使工作安排得更加合理,多线程系统会给每个线程自动分配一个线程的优先级,任务较紧急重要的线程应安排较高的优先级,不紧急的线程则安排较低的优先级。

在线程排队时,优先级高的线程可以排在较前的位置,能优先使用处理器资源,而优先级较低的线程则只能等到排在它前面的高优先级线程执行完毕之后才能获得处理器资源。对于优先级相同的线程,则遵循队列的"先进先出"原则,即先进入就绪状态排队的线程被优先分配到处理器资源,随后才为后进入队列的线程服务。

当一个在就绪队列中排队的线程被分配到处理器资源而进入运行状态之后,这个线程就称为是被"调度"或被线程调度管理器选中了。线程调度管理器负责管理线程排队和处理器资源在线程间的分配,一般都配有一个精心设计的线程调度算法。在 Java 系统中,线程调度依据优先级基础上的"先到先服务"原则。

Thread 类有 3 个有关线程优先级的静态常量,即 MIN_PRIORITY、MAX_PRIORITY、NORM_PRIORITY。其中,MIN_PRIORITY 代表最小优先级,通常为 1;

多线程编程技术基础

MAX_PRIORITY 代表最高优先级,通常为 10;NORM_PRIORITY 代表普通优先级,默认数值为 5。

对应一个新建线程,系统会遵循如下原则为其指定优先级:

(1) 新建线程将继承创建它的父线程的优先级。父线程指执行创建新线程对象语句的线程,它可能是程序的主线程,也可能是某一个用户自定义的线程。

(2) 一般情况下,主线程具有普通优先级。

另外,用户可以通过调用 Thread 类的方法 setPriority( )来修改系统自动设定的线程优先级,使之符合程序的特定需要。

【例 8-6】 线程的优先级演示。

```java
public class ThreadTest {
    public static void main(String[] args) {
        Thread t1 = new ThreadSin(0,30);
        Thread t2 = new ThreadCos(60);
        Thread t3 = new Thread(new ThreadSqrt(20,50));
        System.out.println("线程开始执行!");
        t1.setPriority(1);              //设置 t1 的优先级为 1,最慢
        t3.setPriority(10);            //设置 t3 的优先级为 10,最快;t2 的优先级为 5,默认.
        t1.start();
        t2.start();
        t3.start();
    }
}
```

注意:Java 的优先级是通过映射到操作系统的优先级发挥作用的,所以很多时候只是一个理论模型,真正在资源抢占和使用时,还是依赖操作系统的优先级设置,所以 Java 程序种的优先级很多时候不一定能体现出来。

8.2.4 线程的状态与生命周期

Java 线程在它的一个完整的生命周期中可能经历如下 7 种状态。

(1) **新建状态**:当一个 Thread 类或其子类的对象被声明并创建时,新生的线程对象处于新建状态。此时它已经有了相应的内存空间和其他资源,并已被初始化但没有真正开始运行。

(2) **就绪状态**:处于新建状态的线程对象调用 start( )被启动后,将进入就绪线程队列排队等待 CPU 时间片,此时它已经具备了运行的条件。一旦轮到它来使用 CPU 资源时,就可以脱离创建它的主线程独立开始自己的生命周期了。另外,原来处于阻塞状态的线程被解除阻塞后也将进入就绪线程队列。

(3) **运行状态**:正在运行的线程此时拥有 CPU 的执行权,执行 run( )方法中的代码。

(4) **阻塞状态**:运行状态中的线程,如果正在等待用户输入或调用了 sleep( )和 join( )等方法,都会导致线程进入阻塞状态,进入一个阻塞线程队列。注意从阻塞状态出来的线程不一定马上回到运行状态,而是重新回到就绪状态,等待 CPU 的再次调度。

(5) **等待状态**:一个线程调用一个对象的 wait( )会自动放弃该对象的锁标记,进入等待状态,只有当有另外一个线程调用临界资源的 notify( )或 notifyAll( )方法(建议多使用

notifyAll()）时才会将等待队列中的线程释放,此线程进入锁池状态。

(6) **锁池状态**：每个对象都有互斥锁标记,以防止对临界资源的访问造成数据的不一致性和数据的不完整性。一个线程拥有一个对象的锁标记后,如果另一个线程想访问该对象,则必须在锁池中等待,由系统决定哪个线程拿到锁标记并运行。注意从锁池状态出来的线程不是马上回到运行状态,而是重新回到就绪状态,等待 CPU 的再次调度。

(7) **终止状态**：一个线程运行结束后称为终止状态,一个进程中只有所有的线程退出后才会终止。

由于线程与进程一样是一个动态的概念,所以它也和进程一样有一个从产生到消亡的生命周期。线程在各个状态之间的转换及线程生命周期的演进是由系统运行的状况、同时存在的其他线程和线程本身的算法所共同决定的。图 8-3 说明了线程的生命周期,以及线程的各种状态之间的转换关系。

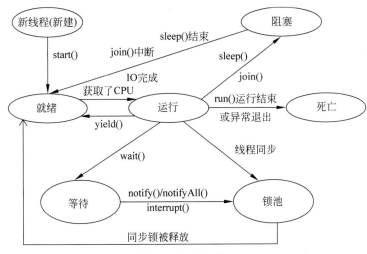

图 8-3　线程的状态

【**例 8-7**】　线程的生命周期演示。

```
class ThreadStateDemo extends Thread {
    Thread t;
    public ThreadStateDemo() {
        t = new Thread(this);
        System.out.println ("线程 t 为新建!");
        t.start();
        System.out.println ("线程 t 为就绪!");
    }
    public void run() {
    try {
        System.out.println ("线程 t 在运行!");
                System.out.println("线程 t 将要休息!");
        t.sleep(2000);
        System.out.println("线程 t 在短时间睡眠后重新运行!");
    } catch (InterruptedException IE) {
        System.out.println("休息线程被中断");
    }
    }
```

多线程编程技术基础

```
public static void main(String args[]) {
        new ThreadStateDemo();
    }
}
```

8.2.5 Thread 类中的重要方法

表 8-1 列出了 Thread 类中常用的方法。

表 8-1 Thread 类中常用的方法

方　　法	用　　途
static int enumerate(Thread [ ] t)	将线程所在的线程组及其子组中所有活动的线程复制到指定数组中,返回线程的个数
final String getName( )	返回线程的名称
final boolean isAlive( )	如果线程是激活的,则返回 true
final void setName(String name)	将线程的名称设置为由 name 指定的名称
final void join( ) throws InterruptedException	等待线程结束
final boolean isDaemon( )	检查线程是否为精灵线程
final void setDaemon(boolean on)	根据传入的参数将线程标记为精灵线程或用户线程
static void sleep( )	用于将线程挂起一段时间
void start( )	调用 run( )方法启动线程,开始线程的执行
static int activeCount( )	返回激活的线程数
static void yield()	使正在执行的线程临时暂停,并允许其他线程执行
public void run()	线程的执行代码定义在此方法中

(1)启动线程的 start( )方法:start( )方法将启动线程对象,使之从新建状态转入就绪状态并进入就绪队列排队。

(2)定义线程操作的 run( )方法:run()方法是该线程具体功能的代码段,是虚拟机自动调用的方法。

(3)使线程暂时休眠的 sleep( )方法:线程的调度执行是按照其优先级的高低顺序进行的,当高级线程未完成,即未死亡时,低级线程没有机会获得处理器。有时,优先级高的线程需要优先级低的线程做一些工作来配合它,或者优先级高的线程需要完成一些费时的操作,此时优先级高的线程应该让出处理器,使优先级低的线程有机会执行。为达到这个目的,优先级高的线程可以在它的 run( )方法中调用 sleep( )方法使自己放弃处理器资源,休眠一段时间。休眠时间的长短由 sleep( )方法的参数决定。

(4)判断线程是否未消亡的 isAlive( )方法:在调用 stop( )方法终止一个线程之前,最好先用 isAlive( )方法检查该线程是否仍然存活,杀死不存在的线程可能会造成系统错误。

8.3 线程同步和死锁

视频讲解

假设甘肃省张掖市临泽县农民张三的儿子张小三考上了兰州大学,为了及时地支付张小三的学费和生活费,张三到县上的农业银行办了一个银行账户,该账户同时挂有一个存折和一个银行卡,存折和银行卡都可以存钱或取钱。张三和儿子约定,张小三在上学期间,每月可以通过 ATM 机或银行从该账户支取不超过 1000 元的生活费。张三也将家里的收入存到该账户中,不时从账户提取相关的生活费用,这种方式已经正常运行了两年了。

突然有一天,张小三的母亲得病了,住院需要交费 2000 元,张三马上去银行,在银行柜台人员的帮助下查到余额为 2500 元;巧合的是,张小三也在同一时间在兰州市的一个 ATM 机上做同样的操作,查询到余额同样是 2500 元。张小三准备支取 1000 元现金,同时张三让柜台人员给他取 2000 元现金。假设他们同时操作、计算机同时通信并执行相关操作,假设他们都能操作成功,因为两个客户机从服务器都读取到 2500 元余额,张三先取到了 2000 元,系统应该写入 2500-2000=500 元余额到账户;同时张小三查询余额后取到了 1000 元,系统应该写入 1500 元余额到该账户;假设柜台计算机先执行完,通过网络通知服务器向账号更新余额为 500 元,接着张小三操作的 ATM 机通知服务器将余额更新为 1500 元。我们会发现此处数据开始混乱了,张三拿到了 2000 元现金,张小三拿到了 1000 元现金,账户中竟然还有 1500 元的余额,而原来的账户实际上只有 2500 元。

以上就是当有多个流程操作时很容易出现的资源混乱,当然,现实中不会出现这种问题,原因是我们已经设计了一整套保护资源的“同步机制”。

8.3.1 线程同步(暗锁机制)

Java 中的同步基于“监视器”这一概念。“监视器”是用来给对象加锁,在给定时刻只有一个线程可以拥有监视器,拥有监视器的线程可以访问或修改该资源对象,Java 中所有的对象都拥有自己的监视器。

在处理线程同步时要做的工作是将要保护的资源用关键字 synchronized 来修饰,告知虚拟机该资源的访问是独占模式,如果有多个线程需要访问,则排队访问。

Java 用以下两种方式来实现同步。

(1) 使用同步方法:synchronized void methodA() { }。

(2) 使用同步块:synchronized(object){//要同步的语句}。

不论采用哪种方式,在程序运行时,用 synchronized 修饰的方法或代码块的执行必须是单线程的,如果有多个线程同时执行到此处,则必须排队逐个执行,就像去上厕所时多个人必须排队一样。通过 synchronized 关键字使用锁机制来实现同步,可以理解为利用暗锁机制,程序员看不到加锁和释放锁的过程。

【例 8-8】 同步方法演示。

```
class One {
synchronized void display(int num) {
        System.out.println("One " + num);
        try {
            Thread.sleep(2000);
        }catch(InterruptedException e) {
            System.out.println("中断");
        }
        System.out.println(" 完成");
    }
}
class Two implements Runnable {
```

```
        int number;
        One one;
        Thread t;
    public Two(One one_num, int n) {
        one = one_num;
        number = n;
        t = new Thread(this);
        t.start();
        }
        public void run() {
            one.display(number);
}}
public class Synch {
    public static void main(String args[]) throws InterruptedException{
        One one = new One();
        int digit = 10;
        Two s1 = new Two(one,digit++);
        Two s2 = new Two(one,digit++);
        Two s3 = new Two(one,digit++);
    }
}
```

【例 8-9】 同步代码块演示。

```
class One {
        void display(int num) {                //去掉了 synchronized
        System.out.println("One " + num);
        try {
            Thread.sleep(2000);
        }
        catch(InterruptedException e) {
            System.out.println("中断");
        }
        System.out.println(" 完成");
 }
}
class Two implements Runnable {
        int number;
        One one;
        Thread t;
public Two(One one_num, int n) {
    one = one_num;
    number = n;
    t = new Thread(this);
    t.start();
    }
    public void run() {
      synchronized(one) {                   //加同步修饰符
                one.display(number);
        }
}}
```

该程序的执行跟上一个程序是一样的。

8.3.2　明锁同步

相对于 synchronized 关键字的暗锁机制，Java 中还可以通过明锁机制实现同步，通过特定方法获得、释放资源锁，从而在线程的协调上有更多的控制权。每个锁对象都会实现 Lock 接口，在 Lock 接口中定义了获得锁和释放锁的相关方法，如图 8-4 所示。

一个锁对象也可以使用 newCondition()方法创建任意数量的 Condition 对象，Condition 对象可灵活用于线程之间的通信和协作。

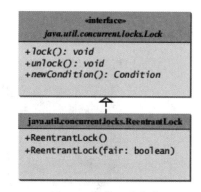

图 8-4　锁接口及方法

ReentrantLock 是一个实现了 Lock 接口的具体互斥锁类，可以根据特定的公平策略创建互斥锁对象。下面用一个简单的例子分别演示没有同步、暗锁同步和明锁同步的使用。

【例 8-10】　无同步版本。

```
import java.util.concurrent.*;
public class AccountWithoutSync {
    private static Account account = new Account();
    public static void main(String[] args){
        ExecutorService executor = Executors.newCachedThreadPool();
        for(int i = 0;i < 100;i++){
            executor.execute(new AddAPennyTask());
        }
        executor.shutdown();
        while(!executor.isTerminated()){
        }
        System.out.println("What is balance? " + account.getBalance());
    }
    private static class AddAPennyTask implements Runnable {
        public void run(){
            account.deposit(1);
        }
    }
    private static class Account {
        private int balance = 0;
        public int getBalance(){
            return balance;
        }
        public void deposit(int amount){
            int newBalance = balance + amount;
            //This delay is deliberately added to magnify the
            // data - corruption problem and make it easy to see.
            try {
                Thread.sleep(5);
```

```
        }catch(InterruptedException ex){ }
        balance = newBalance;
    }
  }
}
```

非同步版本的多次执行效果如图 8-5 所示。

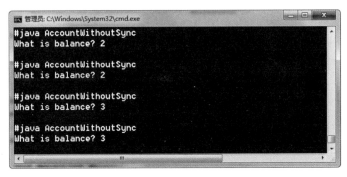

图 8-5　非同步版本的多次执行效果

【例 8-11】　暗锁同步版本。

```
import java.util.concurrent. * ;
public class AccountWithSync {
    private static Account account = new Account();
    public static void main(String[ ] args){
        ExecutorService executor = Executors.newCachedThreadPool();
        for(int i = 0;i < 100;i++){
            executor.execute(new AddAPennyTask());
        }
        executor.shutdown();
        while(!executor.isTerminated()){
            // System.out.println("No terminated!");
        }
        System.out.println("What is balance? " + account.getBalance());
    }
    private static class AddAPennyTask implements Runnable {
        public void run(){
            // synchronized(this){          //don't work!
                account.deposit(1);
            // }
        }
    }
    private static class Account {
        private int balance = 0;
        public int getBalance(){
            return balance;
        }
        public synchronized void deposit(int amount){
            int newBalance = balance + amount;
            try {
```

```
            Thread.sleep(5);
        }catch(InterruptedException ex){ }
        balance = newBalance;
    }
}
}
```

暗锁同步后的多次执行效果如图 8-6 所示。

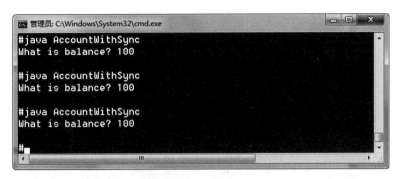

图 8-6　暗锁同步后的多次执行效果

【例 8-12】　明锁同步版本。

```
import java.util.concurrent. * ;
import java.util.concurrent.locks. * ;
public class AccountWithSyncUsingLock {
    private static Account account = new Account();
    public static void main(String[ ] args){
        ExecutorService executor = Executors.newCachedThreadPool();
        for(int i = 0;i < 100;i++){
            executor.execute(new AddAPennyTask());
        }
        executor.shutdown();
        while(!executor.isTerminated()){
        }
        System.out.println("What is balance? " + account.getBalance());
    }
    public static class AddAPennyTask implements Runnable{
        public void run(){
            account.deposit(1);
        }
    }
    public static class Account {
        private static Lock lock = new ReentrantLock();
        private int balance = 0;
        public int getBalance(){
            return balance;
        }
        public void deposit(int amount){
            lock.lock();                    //Acquire the lock
            try {
```

第
8
章

多线程编程技术基础

```
                int newBalance = balance + amount;
                Thread.sleep(5);
                balance = newBalance;
            }catch(InterruptedException ex){
            }
            finally{
                lock.unlock(); //Release the lock
            }
        }
    }
}
```

明锁同步后的多次执行效果如图 8-7 所示。

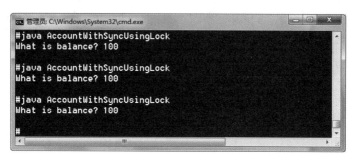

图 8-7　明锁同步后的多次执行效果

通常情况下,使用 synchronized 暗锁方式比使用明锁方式简单,但使用明锁方式更直观更灵活,尤其在多线程协作方面。

8.3.3　死锁

视频讲解

同步虽然解决了对资源的共享和保护,但随之而来的问题是如果对资源的使用不合适,比如多个线程循环依赖资源对象就会产生另外一个问题,即死锁问题。下面还是通过一个类比来理解死锁,假设张三和李四是一对朋友,张三是一个哑巴,李四是一个聋子,他们虽然残疾,但也会经常聊天。那么他们如何聊天呢?原来他们都识字也会写字,通常情况下,他们会准备一支笔和一个本子,当某人想说一句话时,就分别拿起笔和本子,写下自己想说的话,然后给对方看,通过这种方式他们经常聊天和讨论,但是有一天,张三和李四同时想到了一句话,都想写给对方看,张三先拿到了笔,李四拿到了本子,然后张三等待李四放下本子,而李四等待张三放下笔,就这样他们的聊天无法继续了,他们永远进入了等待状态,这就是死锁。

在程序中,当多个线程循环依赖于一些同步资源对象时将有可能发生死锁。例如,一个线程进入对象 ObjA 上的监视器,而另一个线程进入对象 ObjB 上的监视器。如果 ObjA 中的线程试图调用 ObjB 上的任何 synchronized 方法,将会发生死锁。死锁很少发生,但一旦发生就很难调试。

【例 8-13】 死锁演示。

```
class A {
    synchronized void afirst(B b){
```

```
        String name = Thread.currentThread().getName();
        System.out.println(name + " enter A.afirst()");
        try {
            Thread.sleep(1000);
        } catch (InterruptedException e) {
            e.printStackTrace();
        }
        System.out.println(name + " trying to call B.last()");
        b.last();
    }
    synchronized void last(){
        System.out.println("Inside A.last()");
    }
}
class B{
    synchronized void bfirst(A a){
        String name = Thread.currentThread().getName();
        System.out.println(name + " enter B.bfirst()");
        try {
            Thread.sleep(10);
        } catch (InterruptedException e) {
            e.printStackTrace();
        }
        System.out.println(name + " trying to call A.last()");
        a.last();
    }
    synchronized void last(){
        System.out.println("Inside B.last()");
    }
}
public class PcDead implements Runnable {
    A a = new A();
    B b = new B();
    PcDead(){
        Thread.currentThread().setName("Main thread:");
        Thread t = new Thread(this,"Sub thread:");
        t.start();
        a.afirst(b);
        System.out.println("Back in mian thread");
    }
    public void run(){
        b.bfirst(a);
        System.out.println("Back in sub thread");
    }
    public static void main(String[] args) {
        new PcDead();
    }
}
```

293

如果程序中有几个竞争资源的并发线程,那么保证均衡是很重要的。系统均衡是指每
个线程在执行过程中都能充分访问有限的资源。系统中没有饿死和死锁的线程。Java并

不提供对死锁的检测机制。对大多数的 Java 程序员来说,设计时就考虑防止死锁是一种较好的选择,最简单的防止死锁的方法是对竞争的资源引入序号,如果一个线程需要几个资源,那么它必须先得到小序号的资源,才能再申请大序号的资源。

8.4　线程间的通信

Java 提供了一套简单易用的线程间通信机制,使用 wait()、notify()和 notifyAll()方法来进行通信。这些方法都是作为 Object 类的 final 方法出现的,这 3 个方法仅在 synchronized 方法中才能被调用,即默认情况下通常使用暗锁方式完成线程间的通信和协调工作,它们的作用如下。

(1) wait()方法:告知被调用的线程退出监视器并进入等待状态,直到其他线程进入相同的监视器并调用 notify()方法。

使用 wait()方法时需要注意以下 3 点。

① 调用的线程将放弃 CPU。

② 调用的线程将放弃对象锁定。

③ 调用的线程进入监视器的等待池。

(2) notify()方法:通知同一对象上第一个调用 wait()方法的线程。

使用 notify()方法需要注意以下两点。

① 一个线程离开监视器的等待池,进入就绪状态。

② 被通知的线程必须重新获得监视器的锁定才能继续执行。这是因为线程在被通知处于等待状态,所以不再有监视器的控制权。

(3) notifyAll():通知所有调用 wait()的线程,优先级最高的线程将首先运行。

【例 8-14】 wait 和 notifyall 的通信演示。

```java
class TicketSeller {                        //负责卖票的类
    int fiveNumber = 1, tenNumber = 0, twentyNumber = 0;
    public synchronized void sellTicket(int receiveMoney, int buyNumber){
        if(receiveMoney == 5) {
            fiveNumber = fiveNumber + 1;
            System.out.printf("\n%s 给我 5 元钱,这是您的 1 张入场券",
                            Thread.currentThread().getName());
        } else if(receiveMoney == 10&&buyNumber == 2) {
            tenNumber = tenNumber + 1;
            System.out.printf("\n%s 给我 10 元钱,这是您的 2 张入场券",
                            Thread.currentThread().getName());
        } else if(receiveMoney == 10&&buyNumber == 1) {
        while(fiveNumber < 1) {
        try {
            System.out.printf("\n%30s 靠边等",
                    Thread.currentThread().getName());
            wait();                        //如果线程占有 CPU 期间执行了 wait,就进入等待状态
            System.out.printf("\n%30s 结束等待\n",
                    Thread.currentThread().getName());
        }
```

```
            catch(InterruptedException e) { }
                }
            fiveNumber = fiveNumber - 1;
            tenNumber = tenNumber + 1;
            System.out.printf("\n%s 给我 10 元钱,找您 5 元,这是您的 1 张入场券", Thread.
currentThread().getName());
        } else if(receiveMoney == 20&&buyNumber == 1) {
            while(fiveNumber < 1||tenNumber < 1) {
            try {
                System.out.printf("\n%30s 靠边等",
                    Thread.currentThread().getName());
                wait();                    //如果线程占有 CPU 期间执行了 wait,就进入中断状态
                System.out.printf("\n%30s 结束等待",
                    Thread.currentThread().getName());
                    } catch(InterruptedException e) { }
            }
            fiveNumber = fiveNumber - 1;
            tenNumber = tenNumber - 1;
            twentyNumber = twentyNumber + 1;
            System.out.printf("\n%s 给 20 元钱,找您一张 5 元和一张 10 元,这是您的 1 张入场
券",Thread.currentThread().getName());
        } else if(receiveMoney == 20&&buyNumber == 2) {
            while(tenNumber < 1){
                try {
                System.out.printf("\n%30s 靠边等\n",
                    Thread.currentThread().getName());
                wait();                    //如果线程占有 CPU 期间执行了 wait,就进入中断状态
                System.out.printf("\n%30s 结束等待",
                    Thread.currentThread().getName());
                    }catch(InterruptedException e) { }
            }
            tenNumber = tenNumber - 1;
            twentyNumber = twentyNumber + 1;
            System.out.printf("\n%s 给 20 元钱,找您一张 10 元,这是您的 2 张入场券",
                        Thread.currentThread().getName());
        }
        notifyAll();
    }
}
class Cinema implements Runnable {          //实现 Runnable 接口的类
    Thread zhao,qian,sun,li,zhou;           //电影院中买票的线程
    TicketSeller seller;                    //电影院的售票员
    Cinema() {
        zhao = new Thread(this);
        qian = new Thread(this);
        sun = new Thread(this);
        li = new Thread(this);
        zhou = new Thread(this);
        zhao.setName("赵");
        qian.setName("钱");
        sun.setName("孙");
```

```
                li.setName("李");
                zhou.setName("周");
                seller = new TicketSeller();
            }
            public void run() {
                if(Thread.currentThread() == zhao) {
                    seller.sellTicket(20,2);
                } else if(Thread.currentThread() == qian) {
                    seller.sellTicket(20,1);
                } else if(Thread.currentThread() == sun) {
                    seller.sellTicket(10,1);
                } else if(Thread.currentThread() == li) {
                    seller.sellTicket(10,2);
                } else if(Thread.currentThread() == zhou) {
                    seller.sellTicket(5,1);
                }
            }
        }
        public class SaleExample{
            public static void main(String args[]) {
                Cinema cinema = new Cinema();
                cinema.zhao.start();
                try {
                    Thread.sleep(1000);
                } catch(InterruptedException e) {    }
                cinema.qian.start();
                try {
                    Thread.sleep(1000);
                } catch(InterruptedException e)    {       }
                cinema.sun.start();
                try {
                    Thread.sleep(1000);
                } catch(InterruptedException e) { }
                cinema.li.start();
                try {
                    Thread.sleep(1000);
                } catch(InterruptedException e) {}
                cinema.zhou.start();
            }
        }
```

同样地,可以使用明锁方式实现多线程通信和协调工作,使用 await()、signal()和 signalAll()方法来进行协同作业。await()、signal()和 signalAll()的功能和 wait()、notify()和 notifyAll()基本相同,区别是基于 Condition 的 await()、signal()、signalAll()使用户可以在同一个锁的代码块内,优雅地实现基于多个条件的线程间挂起与唤醒操作,语义更明确,使用更灵活。

【例 8-15】 await 和 signalAll 的通信演示。

```
import java.util.concurrent.*;
import java.util.concurrent.locks.*;
```

```java
public class ThreadCooperation {
  private static Account account = new Account();
  public static void main(String[] args) {
    // Create a thread pool with two threads
    ExecutorService executor = Executors.newFixedThreadPool(2);
    executor.execute(new DepositTask());
    executor.execute(new WithdrawTask());
    executor.shutdown();
    System.out.println("Thread 1\t\tThread 2\t\tBalance");
  }
  // A task for adding an amount to the account
  public static class DepositTask implements Runnable {
    public void run() {
      try { // Purposely delay it to let the withdraw method proceed
        while (true) {
          account.deposit((int)(Math.random() * 10) + 1);
          Thread.sleep(1000);
        }
      }
      catch (InterruptedException ex) {
        ex.printStackTrace();
      }
    }
  }
  // A task for subtracting an amount from the account
  public static class WithdrawTask implements Runnable {
    public void run() {
      while (true) {
        account.withdraw((int)(Math.random() * 10) + 1);
      }
    }
  }
  // An inner class for account
  private static class Account {
    // Create a new lock
    private static Lock lock = new ReentrantLock();
    // Create a condition
    private static Condition newDeposit = lock.newCondition();
    private int balance = 0;
    public int getBalance() {
      return balance;
    }
    public void withdraw(int amount) {
      lock.lock(); // Acquire the lock
      try {
        while (balance < amount) {
          System.out.println("\t\t\tWait for a deposit");
          newDeposit.await();
        }
        balance -= amount;
        System.out.println("\t\t\tWithdraw " + amount +
```

```
                    "\t\t" + getBalance());
            }
            catch (InterruptedException ex) {
              ex.printStackTrace();
            }
            finally {
              lock.unlock();                    // Release the lock
            }
          }
        public void deposit(int amount) {
          lock.lock();                          // Acquire the lock
          try {
            balance += amount;
            System.out.println("Deposit " + amount +
              "\t\t\t\t\t" + getBalance());

            // Signal thread waiting on the condition
            newDeposit.signalAll();
          }
          finally {
            lock.unlock();                      // Release the lock
          }
        }
      }
    }
```

8.5　线程联合和守护线程

线程联合指的是一个线程 A 在占有 CPU 资源期间可以让其他线程调用 join() 和本线程联合,例如"B.join();"我们称 A 在运行期间联合了 B。如果线程 A 联合了 B,则 A 必须等到它联合的线程 B 执行完毕后才能执行。

【例 8-16】 线程联合演示。

```
class JoinThread implements Runnable {
    Thread threadA,threadB;
    String content[ ] = {"今天晚上,","大家不要","回去得太早,","还有工作","需要大家做!"};
    JoinThread() {
        threadA = new Thread(this);
        threadB = new Thread(this);
        threadB.setName("主任");
    }
    public void run() {
        if(Thread.currentThread() == threadA) {
            System.out.println("我等" + threadB.getName() + "说完再说话");
            try{
                threadB.join();          //线程 threadA 开始等待 threadB 结束
              } catch(InterruptedException e) {}
            System.out.printf("\n 我开始说话:\'我明白你的意思了,谢谢\'");
```

```
        }else if(Thread.currentThread() == threadB) {
            System.out.println(threadB.getName() + "说:");
            for(int i = 0;i < content.length;i++) {
                System.out.print(content[i]) ;
                 try {   threadB.sleep(1000);
                 }catch(InterruptedException e) { }
             }
        }
    }
}
class MainThread {
    public static void main(String args[ ]) {
        JoinThread a = new JoinThread ();
        a.threadA.start();
        a.threadB.start();
    }
}
```

　　守护线程指的是在后台运行的线程,一个线程调用 setDaemon(boolean on)方法可以将自己设置成一个守护线程。守护线程需要依赖其他线程,会在虚拟机停止时停止。也就是说,在创建守护线程的父线程结束时,守护线程会自动结束。

【例 8-17】　守护线程演示。

```
class Daemon implements Runnable {
    Thread A,B;
    Daemon() {
        A = new Thread(this);
        B = new Thread(this);
    }
    public void run() {
        if(Thread.currentThread() == A) {
            for(int i = 0;i < 8;i++) {
                System.out.println("i = " + i) ;
                try {
                    Thread.sleep(1000);
                }catch(InterruptedException e) { }
            }
        }
        else if(Thread.currentThread() == B) {
            while(true) {
                System.out.println("线程 B 是守护线程 ");
                try {
                    Thread.sleep(1000);
                }catch(InterruptedException e){ }
            }
        }
    }
}
class DaemonTest{
    public static void main(String args[ ]) {
```

多线程编程技术基础

```
        Daemon a = new Daemon ();
        a. A. start();
        a. B. setDaemon(true);
        a. B. start();
    }
}
```

8.6 线   程   池

　　Thread 类和 Runnable 接口对于小型任务的执行提供了便利,但是对于有很多子任务的大型任务的执行却不是很有效,因为程序员必须为每个子任务创建一个线程。启动一个新的线程为每个子任务可能限制吞吐量并导致性能低下,这时使用线程池是一个理想的选择,线程池可以有效管理多个并发执行的任务。Java 提供了 Executor 接口,用于在线程池中执行任务,而 ExecutorService 接口用于管理和控制任务的执行,ExecutorService 是 Executor 的子接口。Executors 类提供了很多静态方法用来创建实现了 ExecutorService 接口的线程池对象,例如通过 newFixedThreadPool(int)方法创建固定数量的线程池。如果一个线程完成了任务的执行,则可以重复用它来执行另一个任务,类似于银行柜台服务窗口和火车站的售票窗口,服务员和售票员可以换班,但窗口提供的服务会照常进行。如果一个线程在关闭之前由于失败而终止,并且池中的所有线程都不是空闲的,还存在等待执行的任务,则将创建一个新线程来替换它。用 newCachedThreeedPool()方法可以创建一个缓存线程池,该线程池可根据需要自动创建新线程或回收线程。如果线程池中的所有线程都不空闲,并且有任务等待执行,则创建一个新线程;如果缓存线程池中的空闲线程已经有 60 秒没用过,则回收该空闲线程。下面的程序演示了如何通过线程池来使用线程。

　　【例 8-18】　线程池演示。

```java
//ExecutorDemo. java
import java.util.concurrent. * ;
class PrintChar implements Runnable {
    private char charToPrint;        // The character to print
    private int times;               // The number of times to repeat
    public PrintChar(char c, int t) {
        charToPrint = c;
        times = t;
    }
    public void run() {
        for (int i = 0; i < times; i++) {
         System.out.print(charToPrint);
        }
    }
}
class PrintNum implements Runnable {
    private int lastNum;
    public PrintNum( int n) {
            lastNum = n;
    }
```

```
    public void run() {
        for( int i = 1; i < = lastNum; i++) {
            System.out.print(" " + i);
        }
    }
}
public class ExecutorDemo {
    public static void main(String[ ] args) {
        // Create a fixed thread pool with maximum three threads
        ExecutorService executor = Executors.newFixedThreadPool(3);
        // Submit runnable tasks to the executor
        executor.execute(new PrintChar('a', 100));
        executor.execute(new PrintChar('b', 100));
        executor.execute(new PrintNum(100));
        // Shut down the executor
        executor.shutdown();
    }
}
```

如果只需要为不多的任务创建线程,建议使用前面讲过的两种方法类。如果需要为很多个任务创建线程,例如在服务器上,要不断地响应客户机的请求,则最好使用线程池。

8.7 线程建模程序示例

基于线程的程序建模可以模拟或解决许多问题,例如当下流行的网络服务、云计算、股票或期货交易平台、网络购物、网络游戏等都有使用多线程技术。

【程序建模示例 8-1】 一个经典的线程间同步的例子:生产者与消费者问题。

分析:在生产者与消费者问题中,生产者不断产生消息,并将消息放在消息队列中,而消费者不断从消息队列中取出消息,并显示出来。下例演示了线程同步以及配合的技巧。

```
public class TestProducerAndConsumer{
    public static void main(String[ ] args){
        ProductMsgQueue products = new ProductMsgQueue();
        Producer producer = new Producer(products);      //产生一个生产者对象
        Consumer consumer = new Consumer(products);      //产生一个消费者对象
        producer.start();                                //生产者线程进入运行状态
        consumer.start();                                //消费者线程进入运行状态
    }
}
class ProductMsgQueue{
    static final int MAX_QUEUE_LENGTH = 5;               //消息队列的最大长度
    static int i = 0;
    String[ ] msgArray;                                  //队列中的消息
    int queueLength;                                     //当前队列的长度
    public ProductMsgQueue(){                            //设置队列的最大长度和起始长度
        msgArray = new String[MAX_QUEUE_LENGTH];
        queueLength = 0;
    }
```

```java
    public synchronized void putMessage() {              //向产品消息队列中存放消息
      try{
        while(queueLength == MAX_QUEUE_LENGTH)
        wait();        //如果队列长度达到最大,等待消费者取走产品消息,线程进入睡眠状态
      }catch(InterruptedException e){
          System.out.println("InterruptedException in putMessage: " + e);
      }
      msgArray[queueLength++] = "Message:" + i;
      System.out.println("Message " + i + " is put into the queue by the producer!");
      ++i;
      notifyAll();                                        //唤醒所有线程
    }
    public synchronized String getMessage() {            //获取产品消息队列中的产品消息
      try{
        while(queueLength == 0)
        wait();                //如果队列长度为 0,则等待生产者存入产品消息,线程进入睡眠状态
      }catch(InterruptedException e){
          System.out.println("InterruptedException in getMessage: " + e);
      }
      String msg = msgArray[ -- queueLength];
      System.out.println(msg + " is gotten from the queque by the consumer!");
      notifyAll();                                        //唤醒所有线程
      return msg;
    }
}
class Producer extends Thread{
  ProductMsgQueue productMsg;
  public Producer(ProductMsgQueue productMsg){
    this.productMsg = productMsg;
  }
  public void run(){
    while(true){
      productMsg.putMessage();                           //向产品消息队列中添加产品消息
      try{
        sleep(1000);                                     //休眠 1000ms
      }catch(InterruptedException e){
          System.out.println("InterruptedException in revoking putMessage: " + e);
      }
    }
  }
}
class Consumer extends Thread{
  ProductMsgQueue productMsg;
  public Consumer(ProductMsgQueue productMsg){
      this.productMsg = productMsg;
  }
  public void run(){
    while(true){
      productMsg.getMessage();
      try{
        sleep(3000);                                     //休息 2000ms
```

```
            }catch(InterruptedException e){
                System.out.println("InterruptedException in revoking getMessage: " + e);
            }
        }
    }
}
```

【程序建模示例 8-2】 假设现在有 100 个大小不同的苹果,小明、小张、小丽一同来比赛吃苹果,看谁吃的苹果最多,试用多线程建模来模拟这一过程。

分析:可以抽象一个 Apple 类用来创建苹果对象,抽象一个 Person 类用来创建线程对象分别模拟小明、小张、小丽,关键是在每个人取苹果时,要对苹果类加同步锁,这样才能避免多人吃到同一个苹果。

```java
//Apple.java
public class Apple {
    private int id;
    private int weight;
    public int getWeight() {
        return weight;
    }
    public void setWeight(int weight) {
        this.weight = weight;
    }
    public Apple(int id) {
        this.id = id;
        weight = (int)(1 + 100 * Math.random());
    }

    public int getId() {
        return id;
    }
    public void setId(int id) {
        this.id = id;
    }
}
//Person.java
public class Person extends Thread {
    static Integer appleid = 0;
    private String pname;
    private int counts = 0;
    static Apple[] apples = new Apple[101];
    static {
        for (int i = 0; i < 100; i++)
            apples[i] = new Apple(i);
    }

    public void run() {
        while (true) {
            synchronized (Apple.class) {
                if (appleid < 100) {
```

```
                    System.out.println(pname + "正吃编号为" + apples[appleid].getId() +
         "的苹果,重量是" + apples[appleid].getWeight());
                            counts++;
                            try {
                                sleep(apples[appleid].getWeight());
                            } catch (InterruptedException e) {
                                // TODO Auto - generated catch block
                                e.printStackTrace();
                            }
                            appleid++;

                    } else {
                            System.out.println("苹果已经吃完了!" + pname + "总共吃了" + counts + "
        个苹果!");

                            break;
                    }
                }
            }
        }
        public Person(String pname) {
            this.pname = pname;
        }
    }
//TestSyn.java
public class TestSyn {
    public static void main(String[] args) {
        Person xiaoming = new Person("小明");
        Person xiaozhang = new Person("小张");
        Person xiaowang = new Person("小丽");
        xiaoming.start();
        xiaozhang.start();
        xiaowang.start();
    }
}
```

视频讲解

8.8 本 章 小 结

　　本章主要介绍了进程和线程的有关概念以及线程和进程的区别和联系,并给出了Java 中创建线程的两种方法,即继承 Thread 类或实现 Runnable 接口,然后对线程的状态和相关方法进行了介绍,最后重点介绍了线程同步和线程通信的有关概念和方法。

　　多线程技术是 Java 语言中非常有用的技术,用户在使用时应该注意以下问题:第一,何时使用的问题。多线程技术的主要目的是对大量任务进行有序管理,通过多线程的使用,可以更有效地利用计算机的资源。例如,在等待 I/O 时,如何利用处于空闲状态的 CPU;如何在一个长时间的计算过程中,使用户能方便地通过一个"停止"按钮随时中断计算。第二,线程应用的数量问题。理论上讲,Java 语言允许创建任意数量的线程。然而,一般需要控制线程的上限,因为在某些情况下大量的线程难于管理,使得整个程序的任务难以完成。所以,通常只创建少数几个关键线程,用它们来解决某个特定的问题。

第8章 习 题

一、单选题

1. 以下哪个方法用于定义线程的执行体？（　　　）

　　A. start()　　　　　B. init()　　　　　C. run()　　　　　D. main()

2. 下列关于 Java 线程的说法哪个是正确的？（　　　）

　　A. 每一个 Java 线程可以看成由代码、一个真实的 CPU 以及数据 3 个部分组成

　　B. Java 创建线程有从 Thread 类中继承和实现 Runnable 接口两种方式

　　C. Thread 类属于 java.util 程序包

　　D. 以上说法都不正确

3. 在 Java 中允许创建多线程应用的接口是（　　　）。

　　A. Threadable　　B. Runnable　　　C. Clonable　　　D. Thread

4. Java 线程中的 run()方法如何执行？（　　　）

　　A. 由 start()方法调用执行

　　B. 由其他方法随时调用执行

　　C. 由 JVM 根据调度算法安排调用执行

　　D. 由操作系统调用执行

5. 有以下代码，下列说法正确的是（　　　）。

```
class Test {
  public static void main(String args[]){
    Thread t = new Thread();
    t.start();
  }
}
```

　　A. 它没有实现 Runnable 接口，所以错误

　　B. 它没有继承 Thread 类，所以错误

　　C. 由于 Thread 类是抽象的，不能创建对象，所以错误

　　D. 代码将能编译和运行，但没有任何输出结果

二、编程题

1. 编写一个 GUI 程序，运用线程技术在屏幕上显示当前时间，每秒刷新一次。

2. 编程：实现在一个图形面板上字幕滚动效果，如图 8-8 所示。

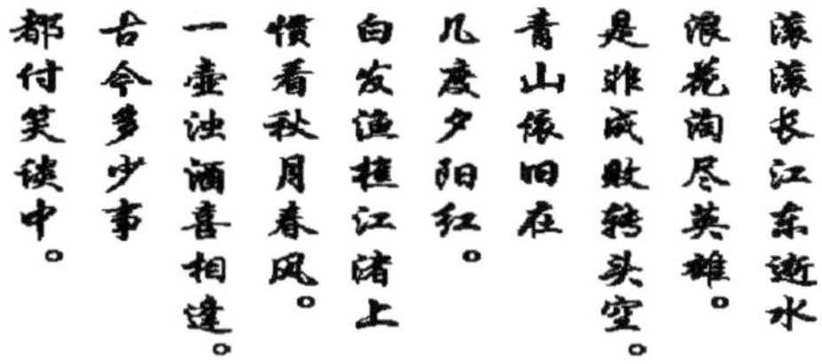

滚滚长江东逝水
浪花淘尽英雄。
是非成败转头空。
青山依旧在
几度夕阳红。
白发渔樵江渚上
惯看秋月春风。
一壶浊酒喜相逢
古今多少事
都付笑谈中。

图 8-8 字幕滚动图

多线程编程技术基础

3. 试用多线程模式编程模拟龟兔赛跑问题,利用数学类中的随机数,设计乌龟线程和兔子线程,乌龟以固定速度前进,而兔子速度不固定,随机睡觉休息,试模拟该赛跑过程,用打印输出(＊)代表乌龟前进一步,打印(♯)代表兔子前进一步。

例如:

♯＊＊＊＊＊＊♯＊＊＊♯＊＊＊＊♯＊＊♯＊＊＊＊＊＊＊＊♯＊＊＊＊＊＊♯＊＊♯＊♯＊＊＊＊＊＊♯＊＊＊＊＊♯＊＊
♯＊＊＊＊＊♯＊＊♯＊＊＊＊＊＊＊＊♯＊＊＊＊＊＊＊＊♯＊＊＊＊＊＊＊♯＊＊＊＊＊＊＊＊♯＊＊＊＊♯＊＊＊＊＊＊＊＊
＊♯＊＊ Tortoise 到达目的地!
♯♯♯♯♯♯♯♯♯♯♯♯♯ Here 到达目的地!

4. 哲学家就餐问题是计算机科学中的一个经典问题,用来演示并行计算中多线程同步时会产生的问题。哲学家就餐问题可以这样表述,假设有 5 位哲学家围坐在一张圆形餐桌旁吃东西或思考。吃东西时,他们就停止思考,思考时停止吃东西,如图 8-9 所示。因为用一个叉子无法吃到意大利面,他们只能同时拿到自己左右两边的叉子才能够吃饭。请抽象建模并编程实现该过程,注意要避免死锁的发生!

图 8-9　哲学家就餐问题

三、简答题

1. 什么是线程? 它和进程有何区别?
2. 什么是多线程? 为什么需要多线程?
3. Java 中线程有哪些状态?
4. 什么是线程的优先级? 它有什么用?
5. 在多线程中为什么要有同步机制? 它是如何实现的?
6. 线程池有什么优势?

第9章 网络编程技术基础

网络编程在如今的分布式计算时代扮演着十分重要的角色,基本上人们用到的应用程序或多或少都需要一些其他进程的支持或协助,这些进程可能运行在本地也可能运行在其他计算机上,这就需要应用程序能够支持网络通信。在现实生活中,有许多网络应用程序的例子,例如每天上网浏览新闻、从智能手机看天气预报信息、网络银行交易、网上购物等。事实上,人们目前使用的绝大多数程序都是基于网络的。

Java 语言的一大特点就是强大的网络编程能力,在 JDK1.0 中提供了丰富的类库用于创建网络应用程序,正因为如此,Java 曾一度被"宣传"为一门网络编程语言。本章重点介绍如何在 Java 中实现访问 URL 资源、TCP Socket 通信和数据报(UDP)通信。

9.1 计算机网络技术概述

视频讲解

所谓计算机网络就是以相互通信和资源共享为目的将处于不同地理位置的多个自治计算机通过不同的通信媒介连接起来的系统,为不同的用户提供各种不同的网络应用和服务。

网络应用的核心思想是连入网络的不同计算机能够跨越时间、空间协同工作,这首先要求它们之间能够准确、迅速地传递信息,在 Java 中这些信息是以代码流的方式传送的。Java 为人们屏蔽了复杂的网络协议使用技术,人们只要利用 JDK 提供的相应的类创建特定的对象来编写自己的网络应用程序即可。

为了方便计算机之间的通信,必须使用相关的网络协议将 Internet 上的计算机进行连接,目前使用的协议主要是 TCP(Transmission Control Protocol)/IP(Internet Protocol),该协议将网络通信从上到下,依次划分为应用层、传输层、互联层、网络接口层和物理层。TCP 的分层如图 9-1 所示。

应用层解决的是如何与用户或设备交互的问题,传输层解决的是设备中端到端(即进程到进程之间)的通信问题,互联层解决的是数据传输的路径选择问题,网络接口层解决的是相邻结点设备之间的数据传输服务,物理层解决的是数据和具体媒体中电磁波信号之间的转换问题。

互联网是世界上最大的互联网络,也是人们共享信息资源的平台。互联网为人们提供了各种各样的网络应用服务,如 WWW 服务、邮件服务、文件传输服务等,以满足人们日常生活中对各种信息的需求。大多数基于互联网的应用程序被看作 TCP/IP 网络的最上层,例如:FTP、HTTP、SMTP、POP3、TELNET、NNTP 等。

在 TCP/IP 网络中,不同的机器之间进行通信时,数据的传输是由传输层控制的,这包括数据要发往的目标机器及应用程序、数据的质量控制等。TCP/IP 网络中最常用的传输协

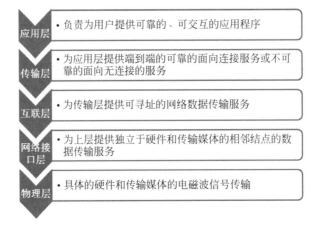

图 9-1　TCP 协议栈示意图

议就是 TCP(Transport Control Protocol)和 UDP(User Datagram Protocol)。传输层通常以 TCP 和 UDP 协议来控制端点到端点的通信。用于通信的端点是由 Socket 来定义的，Socket 是由 IP 地址和端口号组成的。

传输控制协议(TCP)是通过在端点与端点之间建立持续的连接进行通信。建立连接后，发送端将发送的数据印记了序列号和错误检测代码，并以字节流的方式发送出去；接收端则对数据进行错误检查并按序列顺序将数据整理好，数据在需要时可以重新发送，因此，整个字节流到达接收端时完好无缺，这与两个人打电话的情形是相似的。TCP 协议具有可靠性和有序性，并且以字节流的方式发送数据，通常被称为流通信协议。

与 TCP 协议不同，用户数据报协议(UDP)则是一种无连接的传输协议。利用 UDP 协议进行数据传输时，首先需要将要传输的数据定义成数据报(Datagram)，在数据报中指明数据所要到达的 Socket(主机地址和端口号)，然后再将数据报发送出去。这种传输方式是无序的，也不能确保绝对的安全可靠，但它很简单也具有比较高的效率，这与通过邮局发送邮件的情形非常相似。

TCP 协议和 UDP 协议各有各的用处。当对所传输的数据具有时序性和可靠性等要求时，应使用 TCP 协议；当传输的数据比较简单、对时序等无要求时，UDP 协议能发挥更好的作用，例如 ping，发送时间数据等。

互联层(网络层)最主要的功能是对 TCP/IP 网络中的硬件资源进行标识。连接到 TCP/IP 网络中的每台计算机(或其他设备)都有唯一的地址，这就是 IP 地址。互联层的另一个主要功能就是路由选择，互联层隔离了下面网络接口层和物理层，作为软件程序员一般不关注下面两层的实现，掌握了互联层和传输层协议就可以自己编程实现一种应用层服务了。

Java 的网络通信编程分为 3 个层次。

最高一级的网络通信基于 Applet 的小应用程序。客户端浏览器通过 HTML 文件中的 <applet>标记来识别 Applet，并解析 Applet 的属性，通过网络获取 Applet 的字节码文件，然后通过内嵌的 JVM 来执行。换言之，最高一级的网络程序是直接将执行代码和数据通过网络传输和执行。但自从 2010 年 Oracle 正式收购 Sun 公司以后，由于安全性的原因，并且出现了更好的 web 替代技术，Applet 似乎慢慢过时了。

其次是通过已经封装好的各种基于应用层网络服务协议来访问特定的网络资源,主要通过类 URL 的对象指明资源所在位置,并通过相应协议访问网络资源、下载声音和图像文件、进行数据查询、提交表单数据等。

最低一级的通信是利用 java.net 包中提供的套接字类直接编写自己的客户端/服务器(C/S)程序,以实现自己的需求。

针对网络通信的不同层次,Java 提供的网络编程有四大核心类:InetAddress、URLs、Sockets、DatagramSocket。InetAddress 面向的是互联层(IP 层),用于标识网络上的硬件资源。URL 面向的是应用层,通过 URL,Java 程序可以直接送出或读入网络上的数据。Sockets 面向的则是传输层。Sockets 使用的是 TCP 协议,这是传统网络程序最常用的方式,可以想象为两个不同的程序通过网络的通信信道进行通信。DatagramSocket 则使用 UDP 协议,是另一种网络传输方式,它把数据的目的地的地址记录在数据包中,然后直接放在网络上。

这里介绍几个常用的网络概念。

1. IP 地址

视频讲解

互联网采用一种全局通用的地址格式,为全网的每一个网络和每一个主机都分配一个 Internet 地址,用于屏蔽物理网的差异,这就是 IP 地址,它就像主机之间要进行通话的电话号码,每一个在互联网中的主机必须有一个 IP 地址,IP 地址又分为 IPv4 和 IPv6。

根据 TCP/IP 协议规定,IPv4 长 32 位,共 4 字节,虽然在计算机内部,IP 地址采用的是二进制,但对于程序员和用户,IP 地址采用的"点分十进制",即直观地表示为 4 个以小数点隔开的十进制整数。例如,兰州大学的 Web 服务器为 202.201.1.152。现在的 IP 地址基本上都过渡到 IPv6 了,IPv6 长 128 位,共 16 字节,完全包含了 IPv4 可以实现的功能,还增加了地址空间和安全等机制。

为了便于记忆,人们为互联网中的主机起了一个字符型的主机名,即 Internet 域名系统。在使用网络时,人们输入一个主机的域名后,域名服务器(DNS)负责将域名转化成 IP 地址,然后才能建立连接。

在 Java 中通过 InetAddress 类的对象来使用 IP 地址和主机名,需要注意的是,InetAddress 类的对象不是通过 new 创建的,而是通过静态方法得到的。

【例 9-1】 演示怎样使用 InetAddress 类。

```
import java.net. * ;
public class inetaddress {
public static InetAddress ina;
public static void main(String[ ] args) {
try {
    ina = InetAddress.getByName("www.lzu.edu.cn");      //通过类方法得到对象
    System.out.println(ina.getHostAddress());           //返回 IP 地址,即域名解析为地址
    System.out.println(ina.getHostName());              //返回主机名
    ina = InetAddress.getLocalHost();                   //拿到本机的 InetAddress 对象
    System.out.println("" + ina);
    }catch(ArrayIndexOutOfBoundsException e1){}
    catch (Exception e) {System.out.println(e);}
    }
}
```

2. 端口和套接字

一台计算机一般通过一条链路连接到网络,但一台计算机中往往有很多应用程序需要进行网络通信,如何区分呢? 这就要靠网络端口号(port)了。

端口号是一个标识机器的逻辑通信信道的正整数,端口号不是物理实体。它用两字节来表示,其范围为 0~65535,其中 0~1023 为系统所保留,专门给那些通用的服务(well-known services),例如 HTTP 服务的端口号为 80,Telnet 服务的端口号为 23,FTP 服务的端口为 21 等。因此,当编写通信程序时,应选择一个大于 1023 的数作为端口号,以免发生冲突。

IP 地址和端口号组成了所谓的 Socket,Socket 是网络上运行的程序之间双向通信链路的最后终结点,它是 TCP 和 UDP 的基础。

3. 使用 URL 定位资源

如果说用 IP 地址来标识互联网上的计算机,则 URL 用来标识计算机上的资源的,URL(Uniform Resource Locator,统一资源定位器)充当一个指针,用来指向互联网上的任何一台计算机上的某个具体资源。一个基本的 URL 主要由协议、主机、端口、文件名和参考点几部分组成,例如:

http://www.lzu.edu.cn:80/jwc/index.html♯AA

(1) http 代表协议,即采用何种协议来访问和交换数据。

(2) www.lzu.edu.cn 是域名,域名是计算机 IP 地址的符号化标识,通过域名服务器可以解析为有效的 IP 地址,进而找到具体的计算机。

(3) 80 代表端口,一般计算机上有若干个进程同时运行,通过端口可以匹配到进程。

(4) /jwc/index.html 代表路径和文件资源。

(5) AA 代表锚点或参考点,一般指的是一个文件中的段落或热点。

向浏览器的地址栏中输入一个网址时,实际上是提供了该站点的 URL。浏览器通过解析给定的 URL 可以在网络上查找到相应的文件或其他资源。

4. 客户机/服务器

客户机/服务器是一种分布式使用信息资源的方法,服务器对资源进行归档和管理,当客户需要访问这些资源信息时,向服务器发出请求,服务器则向客户发回响应信息,两者按照协议协同工作。

9.2 Socket 编程

当网络上的两个进程需要通信时,它们可以通过使用 Socket 类建立套接字对象并连接在一起。套接字是 IP 地址和端口号的组合,IP 地址标识互联网上的计算机,而端口号标识正在计算机上运行的进程(程序)。端口号是一个长 2 字节的整数,范围 0~65535。其中 0~1023 被预先定义的服务通信使用。除非需要访问这些特定服务,否则应该使用 1024~65535 这些端口中的某一个进行通信,以免发生端口冲突。

9.2.1 Socket 连接技术介绍

编写网络通信程序最重要的就是建立套接字连接,即客户端的套接字对象和服务器的

视频讲解

套接字对象通过输入/输出流连接在一起,主要分为以下 5 步,如图 9-2 所示。

(1) 服务器建立 ServerSocket 对象。

(2) 客户端创建 Socket 对象。

(3) 建立流连接。

(4) 数据流操作。

(5) 关闭流和套接字。

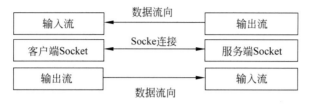

图 9-2　套接字连接示意图

9.2.2　Socket 编程实例

【例 9-2】　简单的客户服务器通信程序。

```java
/* 服务端程序 ExamServer.java */
import java.io.*;
import java.net.*;
public class ExamServer {
    public static void main(String[] args) throws IOException {
        ServerSocket svr = new ServerSocket(3300);        //建立服务器套接字
        System.out.println("等待连接......");
        Socket clt = svr.accept();                        //等待客户机连接
        BufferedReader in = new BufferedReader(new
                InputStreamReader(clt.getInputStream()));
        PrintWriter out = new PrintWriter(clt.getOutputStream());
        while(true) {
            String str = in.readLine();                   //从套接字输入流读入一行
            System.out.println(str);
            out.println("服务器已收到您发送的:" + str);   //向客户机发送响应信息
            out.flush();                                  //强制缓冲数据输出
            if(str.equals("bye")) {
                in.close();out.close();break;             //关闭输入输出流
            }
        }
        clt.close();
    }
}
/* 客户端程序 ExamClient.java */
import java.net.*;
import java.io.*;
public class ExamClient {
    static Socket svr;
    public static void main(String[] args) throws Exception {
        System.out.println("正在连接服务器,请稍候...");
```

网络编程技术基础

```
        svr = new Socket(InetAddress.getLocalHost(),3300);
        if(svr!= null)
            System.out.println("与" + svr.getInetAddress() +
                " 连接成功! 请输出要传送的信息...");
        BufferedReader in = new BufferedReader(new
    InputStreamReader (svr.getInputStream()));            //创建套接字输入流
            PrintWriter out = new PrintWriter(svr.getOutputStream());   //套接字输出流
            BufferedReader wt = new BufferedReader(new
                    InputStreamReader(System.in));          //创建键盘输入流
        while(true) {
            String str = wt.readLine();
            out.println(str);out.flush();
            if(str.equals("bye")) {
                in.close();out.close();break;          //关闭输入/输出流
            }
            System.out.println(in.readLine());
        }
        svr.close();
    }
}
```

实际上,Web 网络使用的也是套接字程序,浏览器首先链接服务器的特定端口(通常是80),然后服务器根据浏览器的请求给出相应的响应,下面使用基于套接字的程序来读取Web 网站的首页。

【例 9-3】 使用套接字读取 Web 首页程序。

```
import java.net. * ;
import java.io. * ;
import java.util.Scanner;
public class HomePageReader {
    public static void main(String[] args) {
        try {
            Socket socketObject = new Socket("www.lzu.edu.cn",80);
            try {
                OutputStream outStream = socketObject.getOutputStream();
                String str = "GET / HTTP/1.0\n\n";
                outStream.write(str.getBytes());
                InputStream inStream = socketObject.getInputStream();
                Scanner reader = new Scanner(inStream);
                while(reader.hasNextLine()) {
                    String line = reader.nextLine();
                    System.out.println(line);
                }
            }finally{
                socketObject.close();
            }
        }catch(Exception e){
            e.printStackTrace();
        }
    }
}
```

现在的大多数网络程序都是基于多线程的服务器同时给多个客户端提供服务,当客户端请求连接时,服务器会创建一个新的线程,并将已建立的套接字连接传给新的线程。然后客户端便和这个新线程通过套接字连接相互通信,这样一来,服务器就可以同时处理多个客户端的连接请求了,如图 9-3 所示。

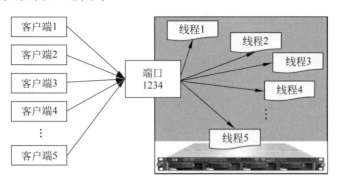

图 9-3　多线程服务

假设编写一个使用远程服务来求解一元二次方程的根的程序,服务端采用基于多线程的服务器编程技术,客户端采用图形化的输入界面。在同一台计算机上,需要打开多个命令窗口来模拟多个客户端,在多台不同的计算机上,需要修改程序中的 IP 地址,同时需要关闭或设置防火墙,否则无法执行,执行效果如图 9-4 所示。

图 9-4　网络求解一元二次方程的根

【例 9-4】　使用远程服务器求解一元二次方程的根。

```
//ServerRoot.java
import java.io. * ;
import java.net. * ;
import java.util. * ;
public class ServerRoot {
    public static void main(String args[]) {
        ServerSocket server = null;
        ServerThread thread;
        Socket you = null;
            try {
                server = new ServerSocket(4331);
            }catch(IOException e1){
                System.out.println("异常,4331 正在监听");   //ServerSocket 对象不能重复创建
            }
        while(true) {
```

第 9 章

网络编程技术基础

```
        try {
            System.out.println("正在监听 4331 端口");
            you = server.accept();                      //等待客户机连接
            System.out.println("客户的地址:" + you.getInetAddress());
        }catch (IOException e) {
            System.out.println("正在等待客户");
        }
        if(you!= null) {
            new ServerThread(you).start();              //为每个客户启动一个专门的线程
        }else{continue;}
        }
    }
}
class ServerThread extends Thread {
    Socket socket;
    DataOutputStream out = null;
    DataInputStream in = null;
    String s = null;
    ServerThread(Socket t){
        socket = t;
        try {
            in = new DataInputStream(socket.getInputStream());        //套接字输入流
            out = new DataOutputStream(socket.getOutputStream());     //套接字输出流
        }catch (IOException e){}
    }
    public void run(){
        while(true){
            double a = 0,b = 0,c = 0,root1 = 0,root2 = 0;
            try{
                a = in.readDouble();                    //堵塞状态,除非读取到信息
                b = in.readDouble();
                c = in.readDouble();
                double disk = b * b - 4 * a * c;
                root1 = ( - b + Math.sqrt(disk))/(2 * a);
                root2 = ( - b - Math.sqrt(disk))/(2 * a);
                out.writeDouble(root1);
                out.writeDouble(root2);
            }catch (IOException e){
                System.out.println("客户离开");
                break;
            }
        }
    }
}
//ClientRoot.java
import java.net. * ;
import java.io. * ;
import java.awt. * ;
import java.awt.event. * ;
import javax.swing. * ;
class ClientRoot extends JFrame implements Runnable,ActionListener {
```

```java
JButton connection, computer;
JTextField inputA, inputB, inputC;
JTextArea showResult;
Socket socket = null;
DataInputStream in = null;
DataOutputStream out = null;
Thread thread;
public ClientRoot() {
    socket = new Socket();                              //待连接的套接字
    connection = new JButton("连接服务器");
    computer = new JButton("求方程的根");
    computer.setEnabled(false);                         //没有和服务器连接之前,该按钮不可用
    inputA = new JTextField("0",12);
    inputB = new JTextField("0",12);
    inputC = new JTextField("0",12);
    Box boxV1 = Box.createVerticalBox();
    boxV1.add(new JLabel("输入 2 次项系数"));
    boxV1.add(new JLabel("输入 1 次项系数"));
    boxV1.add(new JLabel("输入常数项"));
    Box boxV2 = Box.createVerticalBox();
    boxV2.add(inputA);
    boxV2.add(inputB);
    boxV2.add(inputC);
    Box baseBox = Box.createHorizontalBox();
    baseBox.add(boxV1);
    baseBox.add(boxV2);
    Container con = getContentPane();
    con.setLayout(new FlowLayout());
    showResult = new JTextArea(8,18);
    con.add(connection);
    con.add(baseBox);
    con.add(computer);
    con.add(new JScrollPane(showResult));
    computer.addActionListener(this);
    connection.addActionListener(this);
    thread = new Thread(this);
    setBounds(100,100,360,310);
    setVisible(true);
    setDefaultCloseOperation(JFrame.EXIT_ON_CLOSE);
}
public void run(){
    while(true){
        try{
            double root1 = in.readDouble();     //堵塞状态,除非读取到信息
            double root2 = in.readDouble();
            showResult.append("\n 两个根:\n" + root1 + "\n" + root2);
            showResult.setCaretPosition((showResult.getText()).length());
        }catch(IOException e){
            showResult.setText("与服务器已断开");
            computer.setEnabled(false);
            break;
```

```
                }
            }
        }
        public void actionPerformed(ActionEvent e){
            if(e.getSource() == connection){
                try {                                          //请求和服务器建立套接字连接
                    if(socket.isConnected()){                  //判断是否已经连接
                    }else{
                        InetAddress address = InetAddress.getByName("127.0.0.1");
                        InetSocketAddress socketAddress = new InetSocketAddress(address,4331);
                                                               //创建一个套接字地址
                        socket.connect(socketAddress); //建立网络连接
                        in = new DataInputStream(socket.getInputStream());
                        out = new DataOutputStream(socket.getOutputStream());
                        computer.setEnabled(true);
                        thread.start();                        //启动后台网络流读写线程
                    }
                }catch (IOException ee){}
            }
            if(e.getSource() == computer){
                try {
                    double a = Double.parseDouble(inputA.getText()),
                           b = Double.parseDouble(inputB.getText()),
                           c = Double.parseDouble(inputC.getText());
                    double disk = b * b - 4 * a * c;
                    if(disk >= 0){
                        out.writeDouble(a);
                        out.writeDouble(b);
                        out.writeDouble(c);
                    }else{
                        inputA.setText("此二次方程无实根");
                    }
                }catch(Exception ee){
                    inputA.setText("请输入数字字符");
                }
            }
        }
        public static void main(String args[]){
            ClientRoot win = new ClientRoot();
        }
    }
```

视频讲解

9.3   UDP 编程

　　在 TCP/IP 协议族中,和 TCP 在同一层的是 UDP 协议,称为用户数据报协议(User Datagram Protocol,UDP)。数据报是一种在网络中传播的、独立的、自身包含地址信息的消息,它能否到达目的地,到达的时间,到达时内容是否会变化是不能准确知道的。它的通信双方是不需要建立连接的,对于一些不需要很高质量的应用程序来说,数据报通信是一个非常好的选择。

如果说 TCP 是打电话的话,则 UDP 相当于发信件。换言之,UDP 通信虽然是一种不可靠的协议,但其信息传送的效率较高,所以在很多对信息的质量要求不高的场合中使用,尤其在计算机网络日益稳定的今天,UDP 通信越来越多地被人们所重视。表 9-1 给出了 TCP 通信和 UDP 通信之间的区别。

表 9-1　TCP 通信和 UDP 通信之间的区别

TCP	UDP
面向连接的,在发送方和接收方建立 Socket 连接	面向无连接的,在数据报中给出完整的地址信息
一旦建立连接,传递的数据大小没有限制	每个数据报必须在 64KB 之内
可靠的传输协议,确保接收方完全正确地获取发送方所发送的全部数据	不可靠协议,发送方所发送的数据报并不一定以相同的次序到达接收方

9.3.1　UDP 通信实现技术

UDP 通信的基本模式有发送数据报和接收数据报两种。

1. 发送数据

在 java.net 包中提供了 DatagramSocket 和 DatagramPacket 两个类用来支持数据报通信,前者用于在程序之间建立传送数据报的通信连接,后者则用来表示一个数据报。

在发送时,先用 DatagramPacket 类打包数据报:

```
Public DatagramPacket(byte[] buf, int length, InetAddress address)
Public DatagramPacket(byte[] buf,int offset, int length, InetAddress address, int port);
```

例如:

```
String str = "兰州大学欢迎你!";
Byte[] sdata = str.getBytes();
InetAddress receiver = InetAddress.getName("www.lzu.edu.cn");
DatagramPacket spack = new DatagramPacket(sdata,sdata.length,receiver,3300);
```

然后创建一个 DatagramSocket 对象负责发送数据报。DatagramSocket 有两个构造方法:

```
DatagramSocket();
DatagramSocket(int port);
```

其中,port 给出 Socket 所使用的端口号,如果未给出端口号,则把 Socket 连接到本地一个可用端口。如果给出端口号,要保证不发生端口冲突,否则会有异常产生。

例如:

```
DatagramSocket send_out = new DatagramSocket();
send_out.send(spack);
……
```

2. 接收数据

在接收数据报时,同样需要创建 DatagramSocket 和 DatagramPacket 对象,注意在创建

网络编程技术基础

DatagramSocket 对象时，要采用带端口参数的构造方法，这样才能接收发送到本机特定端口的数据报，例如：

```
Byte rdata[ ] = new byte[256];
DatagramPacket p = new DatagramPacket(rdata,rdata.len);
DatagramSocket receive_from = new DatagramSocket(3300);
receive_from.receive(p);
……
```

然后可以通过 DatagramPacket 的方法取得所收到的数据报 p 的端口、IP 地址、数据的内容。

9.3.2　UDP 编程实例

【例 9-5】　利用 UDP 数据报服务得到远程计算机的时间。

```
/* 服务端程序: TimeServer.java */
import java.io.*;
import java.net.*;
import java.util.*;
public class TimeServer {
    final static int TIME_PORT = 4000;
    public static void main(String [ ] args) throws IOException{
    DatagramSocket skt = new DatagramSocket(TIME_PORT);
    while(true) {
        byte buffer[ ] = new byte[100];
        DatagramPacket p = new DatagramPacket(buffer,buffer.length);
        skt.receive(p);
        String data = new Date().toString();
        buffer = data.getBytes();
        InetAddress address = p.getAddress();
        int port = p.getPort();
        p = new DatagramPacket(buffer,buffer.length,address,port);
        skt.send(p);
    }
    }
}

/* 客户端程序: TimeClient.java */
import java.io.*;
import java.net.*;
public class TimeClient {
    final static int TIME_PORT = 4000;
    public static void main(String args[ ]) throws IOException {
        if(args.length == 0){
            System.err.println("Not specify server name!");
            System.exit(-1);
        }
        String host = args[0];
        byte msg[ ] = new byte[100];
        InetAddress address = InetAddress.getByName(host);
```

```
        System.out.println("Sending service request to" + address);
        DatagramPacket p = new DatagramPacket(msg,msg.length,address,TIME_PORT);
        DatagramSocket skt = new DatagramSocket();
        skt.send(p);
        p = new DatagramPacket(msg,msg.length);
        skt.receive(p);
        String time = new String(p.getData());
        System.out.println("The time at " + host + " is: " + time.trim());
        skt.close();
    }
```

9.4　URL 编程

9.4.1　URL 类

java.net 包中的 URL 类是对 URL 的抽象,使用 URL 创建对象的应用程序称为客户端程序,必须访问有效的服务资源,一个 URL 对象存放着一个具体资源的引用,表明客户要访问这个 URL 中的资源。一个 URL 对象至少包含最基本的 3 个部分信息:协议、地址、资源。协议必须是 URL 对象所在的 Java 虚拟机支持的协议,如 HTTP、FTP、FILE 等;地址必须是能连接的有效的 IP 地址或域名;资源可以是主机上的任何一个文件。

1. 构造方法

(1) public URL(String url):使用 URL 字符串一个参数。

(2) public URL(String protocol,String host,String file):使用协议、主机、文件 3 个参数。

(3) public URL(String protocol,String host, int port, String file):使用协议、主机、端口和文件名 4 个参数。

(4) public URL(URL context,String offset):使用基本 URL 对象和相对此 URL 的路径两个参数。

2. URL 类的方法(如表 9-2 所示)

表 9-2　URL 类的部分方法

方　　法	说　　明
String getFile()	返回该 URL 路径和文件名
String getHost()	返回该 URL 主机名
Int getPort()	返回该 URL 端口号
String getProtocol()	返回该 URL 协议名
String getQuery()	返回该 URL 的查询部分
InputStream OpenStream()	返回该 URL 的字节输入流
String getRef()	返回该 URL 的 reference 部分

9.4.2　URL 编程实例

下面通过程序来演示 URL 类的一些使用技巧。

网络编程技术基础

【例 9-6】 演示从 URL 得到流对象。

```
import java.io.*;
import java.net.*;
class urltest {
    public static void main(String[] args) {
        try{
            URL myurl = new URL(args[0]);            //从命令行输入的字符串创建 URL 对象
            InputStream in = myurl.openStream();     //打开 URL 资源输入流
            int ch = in.read();
            while(ch!= -1) {
                System.out.print((char)ch);
                ch = in.read();
            }
            in.close();
        }
        catch(ArrayIndexOutOfBoundsException e){System.out.println("使用格式: java urltest
URL");}
        catch(MalformedURLException e1){System.out.println("非法 URL");}
        catch(IOException e2){}
    }
}
```

【例 9-7】 使用图形界面从网上下载资源并保存到本地。

```
import java.io.*;
import java.net.*;
import java.awt.*;
import java.awt.event.*;
public class urldownload extends Frame implements ActionListener {
    TextField tf; TextArea ta; Button ok,save;Label lb;
    TextField filename;
    URL url;
    BufferedReader bin;
    urldownload() {
        super("This is a net program!");
        lb = new Label("请输入网址:");
        tf = new TextField(30);
        ok = new Button("确定");
        save = new Button("保存为:");
        filename = new TextField(12);
        ta = new TextArea(40,60);
        Panel  p = new Panel();
        p.add(lb);p.add(tf);p.add(ok);p.add(save);p.add(filename);
        add(p,"North"); add(ta,"Center");
        ok.addActionListener(this);
        save.addActionListener(this);
        Font ft = new Font("宋体",Font.BOLD,24);
        lb.setFont(ft);
        ok.setFont(ft);
        save.setFont(ft);
```

```
                filename.setFont(ft);
                tf.setFont(ft);
                ta.setFont(ft);
        }
    public void actionPerformed(ActionEvent e) {
        String msg = "";
        if(e.getSource() == ok) {
        try{
                url = new URL(tf.getText());
        }catch(MalformedURLException e1){
                System.out.println("e1:");
        }
        try{
            bin = new BufferedReader(new InputStreamReader(url.openStream()));
            while((msg = bin.readLine())!= null) {
                ta.append("\n" + msg);
            }
        }catch(IOException ee){System.out.println("ee");}
    }
    if(e.getSource() == save) {
        try{
            PrintWriter out = new PrintWriter(new
                    FileWriter(filename.getText().trim()));
            out.print(ta.getText());
            out.flush();
            out.close();
        }catch(IOException e3){}
    }
}
    public static void main(String args[])   {
                urldownload myclient = new urldownload();
                myclient.setSize(800,600);
                myclient.setVisible(true);
                myclient.addWindowListener(new WindowDestroyer());
    }
}
```

【例 9-8】 实现一个显示 URL 资源的迷你浏览器。

```
import javax.swing.*;
import java.awt.*;
import java.awt.event.*;
import java.net.*;
import java.io.*;
import javax.swing.event.*;
class minibrowser extends JFrame implements ActionListener,Runnable{
    JButton button;
    URL url;
    JTextField text;
    JEditorPane editPane;
    byte b[] = new byte[128];
```

```
            Thread thread;
            public minibrowser() {
                text = new JTextField(20);
                editPane = new JEditorPane();
                editPane.setEditable(false);
                button = new JButton("确定");
                button.addActionListener(this);
                thread = new Thread(this);
                JPanel p = new JPanel();
                p.add(new JLabel("输入网址:"));
                p.add(text);p.add(button);
                Container con = getContentPane();
                con.add(new JScrollPane(editPane),BorderLayout.CENTER);
                con.add(p,BorderLayout.NORTH);
                setBounds(60,60,560,460);
                setVisible(true);
                validate();
                setDefaultCloseOperation(JFrame.EXIT_ON_CLOSE);
                editPane.addHyperlinkListener(new HyperlinkListener(){
                    public void hyperlinkUpdate(HyperlinkEvent e) {
                        if(e.getEventType() == HyperlinkEvent.EventType.ACTIVATED) {
                            try{
                                    editPane.setPage(e.getURL());
                            } catch(IOException e1) {
                                editPane.setText("" + e1);
                            }
                        }
                    }
                });
            }
            public void actionPerformed(ActionEvent e) {
                if(!(thread.isAlive())) thread = new Thread(this);
                try{
                        thread.start();
                } catch(Exception e1) {
                    text.setText("我正在读取" + url);
                }
            }
            public void run() {
                try{
                    int n = - 1;
                    editPane.setText(null);
                    editPane.setContentType("text/html");
                    url = new URL(text.getText().trim());
                    editPane.setPage(url);
                } catch(MalformedURLException e1) {
                    text.setText("" + e1);
                    return;
                }catch(IOException e2) {
                    text.setText("" + e2);
                    return;
```

```
        }
    }
    public static void main(String args[]) {
        new minibrowser();
    }
}
```

9.4.3 其他相关类

1. URLConnection 类

URLConnection 类是一个抽象类，用于封装应用程序到 URL 对象的连接。它提供了用于进一步了解远程 URL 资源的方法。表 9-3 列出了此类的部分方法。

表 9-3　URLConnection 类的部分方法

方法名	说　　明
URLConnection OpenConnectiong()	返回该 URL 对象管理的 URLConnection 对象
String getContentType()	返回内容类型
long getLastModified()	返回对象的最后修改时间
int getContentLength()	返回内容长度
InputStream getInputStream()	返回该 URL 资源的字节输入流
OutputStream getOutputStream()	返回该 URL 资源的字节输出流

【例 9-9】　简单地演示 URLConnection 类的使用技巧。

```
import java.net. * ;
import java.io. * ;
import java.util. * ;
public class URLConnectionExample {
public static void main(String args[]) throws Exception {
    URL url = new URL(args[0]);
    URLConnection con = url.openConnection();
    System.out.println("URL used is: " + con.getURL().toExternalForm());
    System.out.println("Content Type: " + con.getContentType());
    System.out.println("Content Length: " + con.getContentLength());
    System.out.println("Last Modified: " + new Date(con.getLastModified()));
    System.out.println("First Three lines :");
    BufferedReader in = new BufferedReader(new InputStreamReader(con.getInputStream()));
    for (int i = 0; i < 10; i++) {              //循环输出此 URL 资源的前 10 行
      String line = in.readLine();
      if (line == null) {
        break;
      }
      System.out.println(" " + line);
    }
  }
}
```

2. URLEncoder 类和 URLDecoder 类

URLEncoder 类用于将不符合 URL 规范的字符串编码成符合 URL 规范的字符串。

URLDecoder 类提供了逆操作,即将符合 URL 规范的字符串转换成不符合 URL 规范的字符串。

【例 9-10】 演示 URLEncoder 类的转换方式。

```java
import java.net. * ;
import java.io. * ;
class URLEncoderTest {
    public static void main(String args[ ]) throws Exception{
        String str = "Jackson's bike - bell cost $ 5 中国";
        String str2 = URLEncoder.encode(str,"UTF - 8");
        System.out.println(str);
        System.out.println(str2);
        FileWriter fw = new FileWriter("URLEncoder.dat");
        fw.write(str2);
        fw.close();
    }
}
```

【例 9-11】 演示 URLDecoder 类的转换方式。

```java
import java.net. * ;
import java.io. * ;
class URLDecoderTest {
    public static void main(String args[ ]) throws Exception{
        BufferedReader br = new BufferedReader(new FileReader("URLEncoder.dat"));
        String str = br.readLine();
        String str2 = URLDecoder.decode(str,"UTF - 8");
        System.out.println(str);
        System.out.println(str2);
    }
}
```

视频讲解

9.5 网络程序建模示例

【程序建模示例 9-1】 云存储服务模拟。

现在,云计算、云存储等基于远程的实用服务越来越多,此处将设计一个简单的云存储服务程序,用于上传和保存文件。为了完成这样的功能,在服务器上需要创建服务器套接字并且监听客户端发送过来的请求。客户端连接到服务器并将文件发送到服务器进行存储。服务器在建立的连接上接收来自客户端的文件内容,在文件名的后面添加一段唯一的字符串,然后存储文件。这样,客户端以后可以从服务器取回存储的文件。

首先,文件存储服务器建立服务器套接字并等待客户端请求。客户端的请求组成为命令加上后面的文件名。其中,命令由整数 0 或 1 表示,0 代表存储请求,1 代表下载文件请求。为了简单,服务器仅接收基于文本文件的存储请求。源代码如下:

```java
//CloudStoreageServer.java
import java.io. * ;
import java.net. * ;
```

```java
import java.util.logging.*;
public class CloudStorageServer {
    private static ServerSocket server;
    public static void main(String[] args) {
        Socket requestSocket = null;
        new Thread(new Monitor()).start();
        try {
            server = new ServerSocket(10000);
            System.out.println("Server started:");
            System.out.println("Hit Enter to stop server");
            try {
                while(true) {
                    requestSocket = server.accept();
                    new Thread(new RequestProcessor(requestSocket)).start();
                }
            }finally{
                requestSocket.close();
            }
        }catch(Exception ex) {
Logger.getLogger(CloudStorageServer.class.getName()).log(Level.SEVERE,null,ex);
        }
    }
    private static void shutdownServer(){
        try {
            server.close();
        }catch(IOException ex) {
        }
        System.exit(0);
    }
    private static class Monitor implements Runnable {
        public void run(){
            try {
                while(System.in.read()!= '\n'){
                }
            }catch(IOException ex) {
            }
            shutdownServer();
        }
    }
    private static class RequestProcessor implements Runnable {
        private Socket requestSocket;
        public RequestProcessor(Socket requestSocket) {
            this.requestSocket = requestSocket;
        }
        @Override
        public void run() {
            try {
                DataInputStream reader = new
DataInputStream(requestSocket.getInputStream());
                DataOutputStream writer = new
DataOutputStream(requestSocket.getOutputStream());
```

网络编程技术基础

```
                int cmd = reader.readInt();
                String fileName = reader.readUTF();
                String message;
                if(cmd == 0){
                    message = "Put";
                }else {
                    message = "Get";
                }
                message += fileName + " requested";
                System.out.println(message);
                if(cmd == 0){
                    uploadFile(reader,fileName);
                }else if(cmd == 1){
                    downloadFile(writer,fileName);
                }
            }catch(IOException ex){
                Logger.getLogger(CloudStorageServer.class.getName()).log(Level.SEVERE,
null,ex);
            }
        }
        private void uploadFile(DataInputStream in,String fname){
            try {
                BufferedWriter writer = new BufferedWriter(new FileWriter("server-" +
fname));
                String str;
                while(!(str = in.readUTF()).equals("-1")){
                    writer.write(str);
                    writer.newLine();
                }
                in.close();
                writer.close();
                System.out.println("'" + fname + "' saved under name '" + fname + "'");
            }catch(IOException ex) {
                Logger.getLogger(CloudStorageServer.class.getName()).log(Level.SEVERE,
null,ex);
            }
        }
        private void downloadFile(DataOutputStream out,String fname){
            try {
                BufferedReader reader = new BufferedReader(new FileReader("server-" +
fname));
                String str = reader.readLine();
                while(str!= null){
                    out.writeUTF(str);
                    str = reader.readLine();
                }
                out.writeUTF("-1");
                reader.close();
                out.close();
            }catch(IOException ex) {
                Logger.getLogger(CloudStorageServer.class.getName()).log(Level.SEVERE,
```

```
null,ex);
                }
            }
        }
    }
```

其次,设计云存储的客户端程序,为了简单,客户端设计为一个命令行程序,接收两个参数,第一个参数指定 get/put 命令,第二个参数指定文件名。源代码如下:

```java
//CloudStore.java
import java.io. * ;
import java.net. * ;
public class CloudStore {
    public static void main(String[ ] args) {
        Socket requestSocket = null;
        if(args.length < 2){
            System.out.println("Usage: java CloudStore get/put filename");
            System.exit(0);
        }
        int cmd = 0;
        switch(args[0]){
            case "get":cmd = 1;break;
            case "put":cmd = 0;break;
        }
        String fileName = args[1];
        try {
            try {
                requestSocket = new Socket();
                requestSocket.connect(new InetSocketAddress("localhost",10000));
                DataOutputStream writer = new DataOutputStream(requestSocket.getOutputStream());
                writer.writeInt(cmd);
                writer.writeUTF(fileName);
                if(cmd == 0) {//put
                    BufferedReader reader = new BufferedReader(new FileReader(fileName));
                    String str = null;
                    while((str = reader.readLine())!= null){
                        writer.writeUTF(str);
                    }
                    writer.writeUTF(" - 1");
                    System.out.println(fileName + " uploaded successfully");
                    reader.close();
                    writer.close();
                }else{ //get
                    DataInputStream reader = new DataInputStream(requestSocket.getInputStream());
                    BufferedWriter fileWriter = new BufferedWriter(new FileWriter(fileName));
                    String str = null;
                    while(!(str = reader.readUTF()).equalsIgnoreCase(" - 1")){
                        fileWriter.write(str);
                        fileWriter.newLine();
                        System.out.println(str);
                    }
```

网络编程技术基础

```
                    reader.close();
                    fileWriter.close();
                }
            }finally{
                requestSocket.close();
            }
        }catch(Exception e){
            e.printStackTrace();
        }
    }
}
```

【程序建模示例 9-2】 基于 UDP 的简单聊天程序,执行效果如图 9-5 所示。

图 9-5　基于 UDP 的即时通信

现在流行的各种社交软件和服务大都是利用套接字编程实现的。有的基于 P2P 编程,有的基于 C/S 编程,有的基于 B/S 编程实现。此处利用 UDP 通信机制编写一个简单的类似于 P2P 的聊天程序,源代码如下:

```
//A.java
import java.net. * ;
import java.awt. * ;
import java.awt.event. * ;
import javax.swing. * ;
class A extends JFrame implements Runnable,ActionListener{
    JTextField outMessage = new JTextField(12);
    JTextArea inMessage = new JTextArea(12,20);
    JButton b = new JButton("发送数据");
    A(){
        super("I AM A");
        setSize(320,200);
        setVisible(true);
        JPanel p = new JPanel();
        b.addActionListener(this);
        p.add(outMessage);
        p.add(b);
        Container con = getContentPane();
        con.add(new JScrollPane(inMessage),BorderLayout.CENTER);
        con.add(p,BorderLayout.NORTH);
        Thread thread = new Thread(this);
        setDefaultCloseOperation(JFrame.EXIT_ON_CLOSE);
```

```
        thread.start();                                           //线程负责接收数据
    }
    public void actionPerformed(ActionEvent event){               //单击按扭发送数据
        byte b[ ] = outMessage.getText().trim().getBytes();
        Try {
            InetAddress address = InetAddress.getByName("127.0.0.1");
            DatagramPacket data = new DatagramPacket(b,b.length,address,1234);
            DatagramSocket mail = new DatagramSocket();
            mail.send(data);
        }catch(Exception e){}
    }
    public void run() {                                           //接收数据
        DatagramPacket pack = null;
        DatagramSocket mail = null;
        byte b[ ] = new byte[8192];
        try{
            pack = new DatagramPacket(b,b.length);
            mail = new DatagramSocket(5678);
        }catch(Exception e){}
        while(true) {
            try{
                mail.receive(pack);
                String message = new String(pack.getData(),0,pack.getLength());
                inMessage.append("收到数据来自:" + pack.getAddress());
                inMessage.append("\n 收到数据是:" + message + "\n");
                inMessage.setCaretPosition(inMessage.getText().length());
            }catch(Exception e){}
        }
    }
public static void main(String args[]) {
        new A();
    }
}
//B.java
import java.net.*;
import java.awt.*;
import java.awt.event.*;
import javax.swing.*;
class B extends JFrame implements Runnable,ActionListener {
    JTextField outMessage = new JTextField(12);
    JTextArea inMessage = new JTextArea(12,20);
    JButton b = new JButton("发送数据");
    B(){
        super("I AM B");
        setBounds(350,100,320,200);
        setVisible(true);
        JPanel p = new JPanel();
        b.addActionListener(this);
        p.add(outMessage);
        p.add(b);
        Container con = getContentPane();
```

```
            con.add(new JScrollPane(inMessage),BorderLayout.CENTER);
            con.add(p,BorderLayout.NORTH);
            Thread thread = new Thread(this);
            setDefaultCloseOperation(JFrame.EXIT_ON_CLOSE);
            thread.start();                                    //线程负责接收数据
    }
    public void actionPerformed(ActionEvent event){           //单击按钮发送数据
            byte b[] = outMessage.getText().trim().getBytes();
            try{
                    InetAddress address = InetAddress.getByName("127.0.0.1");
                    DatagramPacket data = new DatagramPacket(b,b.length,address,5678);
                    DatagramSocket mail = new DatagramSocket();
                    mail.send(data);
                } catch(Exception e){}
    }
    public void run(){                                         //接收数据
            DatagramPacket pack = null;
            DatagramSocket mail = null;
            byte b[] = new byte[8192];
            Try {
                    pack = new DatagramPacket(b,b.length);
                    mail = new DatagramSocket(1234);
                } catch(Exception e){}
            while(true) {
                try{ mail.receive(pack);
                        String message = new String(pack.getData(),0,pack.getLength());
                        inMessage.append("收到数据来自:" + pack.getAddress());
                        inMessage.append("\n 收到数据是:" + message + "\n");
                        inMessage.setCaretPosition(inMessage.getText().length());
                    } catch(Exception e){}
            }
    }
    public static void main(String args[]){
            new B();
    }
}
```

9.6 本 章 小 结

本章主要介绍了如何在 Java 中实现 TCP Socket 通信、数据报（UDP）通信和基于 URL
的网络访问服务。Java 从一开始就对创建网络应用程序提供了良好的支持，java.net 包提
供了一系列用于网络编程的类。

Socket 是指两台计算机进行通信的端点，代表 IP 地址和端口的组合，它将代码与
TCP/IP 协议的底层应用分离，TCP Sockets 使程序员能够以自己的通信模式快速地开发
"客户端/服务器"应用。Java 中的 Socket 类和 ServerSocket 类提供了对 TCP Sockets 编程
的良好封装。

与 TCP 相对应的是数据报（UDP）通信，数据报通信无须建立发送方和接收方的连接。

它是一种不可靠协议,发送方所发送的数据报并不一定以相同的次序到达接收方。Java 通过 DatagramSocketr 类与 DatagramPacket 类来实现了 UDP 的封装。

URL 则使用统一资源定位器来定位网络资源,使用应用层协议 HTTP 来完成数据的传输服务。Java 通过 URL 类、URLConnection 类、URLEncoder 类、HttpCookie 类来完成高层的协议类封装和管理。

第 9 章 习 题

一、单选题

1. Java 中哪一个类用来在客户端建立和服务器的连接?(　　)

   A. Socket   B. DatagramPacket

   C. IP   D. InetAddress

2. Java 中的 Socket 类位于 TCP/IP 参考模型的哪一层?(　　)

   A. 互联层   B. 应用层   C. 传输层   D. 网络接口层

3. Java 中提供的有关 IP 地址操作的类是(　　)。

   A. Socket   B. ServerSocket

   C. DatagramSocket   D. InetAddress

4. InetAddress 类中的哪个方法可实现正向名称解析?(　　)

   A. isReachable()   B. getHostAddress()

   C. getHostName()   D. getByName()

5. ServerSocket 的监听方法 accept() 的返回值类型是(　　)。

   A. void   B. Object

   C. Socket   B. DatagramSocket

6. 当使用客户端套接字 Socket 创建对象时,需要指定(　　)。

   A. 服务器主机名称和端口   B. 服务器端口和文件

   C. 服务器名称和文件   D. 服务器地址和文件

7. Java 中的 URL 类工作在 TCP/IP 参考模型的哪一层?(　　)

   A. 网络互联层   B. 应用层   C. 传输层   D. 链路层

8. 一个 URL 为 http://www.edu.cn:80/loc/index.htm,其中 http 的含义为(　　)。

   A. 通信协议   B. 参考点   C. 机器名称   D. 通信端口

9. 为了获取远程主机的文件内容,在创建了 URL 对象后,需要使用哪个方法获取数据?(　　)

   A. getPort()   B. getHost()

   C. openStream()   D. openConnection()

10. 在使用 UDP 套接字通信时,常使用哪个类把要发送的数据信息打包?(　　)

   A. String   B. DatagramSocket

   C. MulticastSocket   D. DatagramPacket

11. 在使用 UDP 套接字通信时,哪个方法可以用于接收数据?(　　)

   A. read()   B. receive()   C. accept()   D. Listen()

12. 若要取得数据包中的源地址,可使用哪个方法?(　　)
    A. getAddress()　　B. getPort()　　C. getName()　　D. getData()
13. TCP/IP 体系结构中的端口号是一个(　　)位的数字,它的范围是 0～65535。
    A. 8　　　　　　　B. 16　　　　　　　C. 32　　　　　　　D. 64

二、多选题

一个服务器执行以下代码,以下说法哪些是正确的?(　　)

```
ServerSocket serverSocket = new ServerSocket(80);
Socket socket = serverSocket.accept();
int port = socket.getPort();
```

A. 服务器进程占用 80 端口
B. socket.getPort()方法返回服务器进程占用的本地端口,此处返回值是 80
C. 当 serverSocket.accept()方法成功返回值时,就表明服务器进程接收到了一个客户连接请求
D. socket.getPort()方法返回客户端套接字占用的本地端口

三、编程题

1. 编写一个类似 ping 的程序,从键盘上输入主机名称,测试链接效果,要有时间信息。
2. 编写一个模拟 FTP 服务的 C/S 程序。
3. 编写一个简单的聊天程序。
4. 编写一个程序,从指定的 URL 下载资源。
5. 设计一套客户服务器程序,客户机提供注册和登录功能。注册时,客户机提供用户的用户名、密码、性别、身份证号、邮箱、电话等信息给服务器,服务器先检查此用户是否存在,如果不存在就返回一条错误消息,否则保存在服务器端的 user.dat 文件中;登录时,客户机提供用户名和密码发送给服务器,服务器端先匹配用户名和密码,如果匹配不成功,则返回客户机一条错误信息,否则返回该用户的所有信息,并输出登录成功的信息。建议采用图形界面 GUI 实现客户端界面。

四、简答题

1. 什么是 URL?它由哪几个部分组成?
2. 什么是 TCP Socket?它由哪几个部分组成?
3. 哪些类是用来处理 URL 编码的?
4. 简述 Socket 的通信步骤。
5. 什么是 UDP 通信?UDP 通信是如何实现的?
6. 简述用 Java Socket 创建客户端 Socket 的过程。
7. 简述使用 ServerSocket 创建服务器端 ServerSocket 的过程。
8. 简述基于 TCP 及 UDP 套接字通信的主要区别。
9. 查找相关文档并给出 DatagramPacket 的常用构造方法。

第10章　Java 数据集合框架介绍

在编程领域,按照传统的理解,一个程序应包括以下两个方面:

(1) 数据的描述:在程序中要指定数据的类型和数据的组织方式,我们称为数据结构。

(2) 操作的描述:即操作的步骤,也就是所谓的算法。

数据是操作的对象,操作的目的是对数据进行加工处理,以得到期望的结果。著名的计算机科学家沃斯(Nikiklaus Wirth)提出一个公式:

$$数据结构＋算法＝程序$$

实际上,数据结构代表数据在空间上的一种排列方式,而算法代表数据在时间上的动态变化,即一个程序主要由两部分组成:数据编码部分和指令编码部分。程序员必须掌握各种基本的数据结构和成熟算法,这就与研究客观世界的各种物质组成是一样的道理;既要研究物质的静态组成结构还要研究它的运动规律,在计算机程序中,既有数据编码的存储也有指令编码。

本章介绍数据编码部分的设计技巧,当然,程序中数据编码要和指令编码结合后才能真正起作用。

10.1　数据结构的定义

视频讲解

所谓数据,就是指能够被计算机识别、存储和加工处理的信息的载体,是计算机程序加工的"原料",同时也是加工的"产品"。

数据元素是数据的基本单位,有时一个数据元素可以由若干个数据项组成。在计算机程序中,数据项是具有独立含义的最小数据标识单位。例如在整数集合中,10 这个数就可以称为一个数据元素,同时也是一个数据项;又例如在一个数据库(关系型数据库)中,一个记录可以称为一个数据元素,而这个元素中的某一字段就是一个数据项;而在一个对象中,对象的某个属性,即成员变量就是一个数据项。

数据结构一般包括以下 3 个方面内容。

1. 数据的逻辑结构

数据的逻辑结构(logical structure)是数据元素之间的逻辑关系。数据的逻辑结构是从逻辑关系上描述数据,与数据的存储无关,是独立于计算机体系和平台的。数据的逻辑结构可以看作从具体问题抽象出来的数学模型。

2. 数据的存储结构

数据的存储结构(storage structure)即数据元素及其关系在计算机存储器内的具体表

示。数据的存储结构是逻辑结构用计算机语言的实现(也称为映象),它依赖计算机语言。对于机器语言而言,存储结构是具体的。一般只在高级语言的层次上讨论存储结构。

3. 数据的运算

数据的运算即对数据施加的操作,本质上是程序中指令代码集合的作用。数据的运算定义在数据的逻辑结构上,每种逻辑结构都有一个运算的集合。最常用的操作有检索、插入、删除、更新、排序等,通常在高级语言和算法中采用抽象的操作来处理抽象的数据集合。所谓抽象的操作,是指人们只知道这些操作是"做什么",而无须考虑"如何做"。只有确定了存储结构之后,才考虑如何具体实现这些运算。

在面向对象的思想中,数据结构更多指一个数据集合,也称为容器或容器对象,是存储其他数据或元素的对象。在 Java 中定义一个数据集合本质上是定义一个类,数据集合类应该使用属性字段来存储数据元素对象并为搜索、插入和删除等操作提供支持。因此创建一个数据集合对象本质上是从类创建一个实例,然后可以应用这些方法在实例上操作数据元素,例如将元素插入或删除数据结构中。

10.2 算 法 介 绍

前面介绍了数据结构的概念,在 Java 中可以将其简单地理解为数据集合,对数据集合中数据元素的操作通过算法(algorithm)描述,讨论算法是"数据结构"等相关课程的重要内容之一。

一般来讲,算法是任意一个有明确定义的计算过程。它以一个或多个值作为输入,并产生一个或多个值作为输出。有以下两种理解。

(1) 一个算法可以被认为是用来解决一个计算问题的工具。

(2) 一个算法是一系列将输入转换为输出的计算步骤。

下面解决一个排序问题:将一个数字序列排序为非降序。

该问题的形式定义由满足下述关系的输入/输出序列构成。

输入:数字序列$\langle a1, a2, \cdots, an \rangle$。

输出:输出序列的一个枚举$\langle a1', a2', \cdots, an' \rangle$使得 $a1' \leqslant a2' \leqslant \cdots \leqslant an'$。

对于一个输入实例$\langle 31, 41, 59, 26, 41, 58 \rangle$,排序算法应返回输出序列$\langle 26, 31, 41, 41, 58, 59 \rangle$。

在算法中,我们引入了输入实例的概念,指的是一个输入要满足问题陈述中所给出的限制,并由计算该问题的解所需要的所有输入元素构成。

同时引入了正确的算法和不正确的算法的概念,若一个算法对于每个输入实例均能终止并给出正确的结果,则称该算法是正确的,正确的算法解决了给定的计算问题。一个不正确的算法是指对某些输入实例不终止,或者虽然终止但给出的结果不是所希望得到的答案。一般只考虑正确的算法。

10.3 Java 语言对数据集合的支持和实现

在 JDK1.2 版以后,Java 提供了大量的数据结构的支持,并利用了接口(interface)与实现(implements)分离的良好特征提供了很多实用的数据集合接口和数据集合类。在 Java

中,各种数据结构都是以集合框架(容器)的方式给出的,集合是将多个元素组成一个单元的对象,以便存储、检索和操纵数据,以及将数据从一个方法传输至另一个方法。这里的集合概念和数学中的集合概念大同小异,可以认为 Java 中的集合是对数学中的集合在程序层面的一种抽象。

具体来讲,Java 的集合框架支持两种容器类型:一种是存储大量元素对象的集合称为 Collection。另一种用来存储键/值对元素的集合称为 Map。

Map 是非常有效的一种数据结构,可用来快速地利用键来查找元素对象,Collection 类似数学中的集合,下面介绍几种编程中常用的集合容器类型。

(1) Set 接口:用来存储不重复的元素,更确切地讲,set 不包含满足 e1.equals(e2) 的元素对 e1 和 e2,并且最多包含一个 null 元素。正如其名称所暗示的,此接口模仿了数学上的 set 抽象。

(2) List 接口:用来存储有序的集合元素,可以根据元素的整数索引(在列表中的位置)访问元素,并搜索列表中的元素,可以对列表中每个元素的插入位置进行精确地控制,List 中的元素可以重复出现。

(3) Stack 类:实现了 List 接口,用后进先出的方式存储和处理元素对象,称为堆栈。

(4) Queue 接口:用先进先出的方式存储和处理元素对象,称为队列。

(5) PriorityQueue 类:实现了 Queue 接口,用先进先出的方式并结合优先级来存储和处理元素,称为优先级队列。

(6) HashMap 类:基于哈希表的 Map 接口的实现。此实现提供所有可选的映射操作,并允许使用 null 值和 null 键。此类不保证映射的顺序,特别是它不保证该顺序恒久不变。

(7) TreeMap 类:基于红黑树(Red-Black tree)的一种 Map 实现。该映射根据其键的自然顺序进行排序,或者根据创建映射时提供的 Comparator 进行排序,具体取决于使用的构造方法。此实现为 containsKey、get、put 和 remove 操作提供受保证的 log(n) 时间开销。

(8) EnumMap 类:与枚举类型键一起使用的专用 Map 实现。枚举映射中的所有键都必须来自单个枚举类型,该枚举类型在创建映射时显式或隐式地指定。枚举映射在内部表示为数组,此表示形式非常紧凑且高效。枚举映射根据其键的自然顺序来维护(该顺序是声明枚举常量的顺序)。

(9) LinkedHashMap 类:基于哈希表和链表的 Map 实现,具有可预知的迭代顺序。此实现与 HashMap 的不同之处在于后者维护着一个运行于所有条目的双重链表。

10.3.1 Java 集合框架体系结构

Java 针对常用的数据集合抽象出了一个集合框架结构,该集合框架提供一系列用于管理集合对象的接口和类。它包含一个层次化的接口体系和或若干具体的实现类,前面讲过接口代表是一种标准或规范,Java 数据集合框架中的接口定义了用于操纵各种不同集合的标准抽象方法,而实现了这些接口的类必须能够实现这些方法,对存储在集合中的数据元素对象进行各种操作;这些实现已经演化成了一些标准算法,平衡了时间复杂度和空间复杂度,根据不同要求,提供不同的算法来实现对集合访问和操作,它们一般被定义为集合类中的静态方法。使用 Java 集合框架最大的好处是:集合框架提供了一套标准的接口方法,无论使用 Set、List 还是 Map,接口总是保持一样,这使得编写程序和维护升级变得非常容易。

在集合框架中,所有的实现都需要符合接口体系的标准定义,从而让程序员使用集合变得更正规、更容易。开发应用程序的场景需求变得不再重要,无论用户开发聊天应用程序,或是针对 SQL 数据库进行数据处理工作,还是创建图形编辑器,看到的都是相同的接口。有了标准接口,便可以很容易地将集合对象作为参数或返回值在方法之间传递。因此,这些接口方法可以用于更多的程序中,所有的集合类都有抽象层面的同名方法实现,这使得程序的升级维护更为容易,代码更容易理解。此外,为了提高性能或增加新功能而对核心实现做出的改变,对于所有的程序代码都是及时更新和可用的。

如图 10-1 所示,Java 提供了一系列核心集合接口用于操作集合,这些接口允许集合独立于其具体的实现细节。其中 Collection 接口和 Map 接口处于集合的顶层,通过它们可以使用组织和关联许多对象。List 接口扩展了 Collection 接口,用于处理序列化对象;Set 接口也扩展了 Collection 接口,用于处理不重复对象集。而 Map 接口用于处理键值对映射,它不能包含重复键,但可以包含重复值。SortedMap 是 Map 接口的扩展,提供了基于键值排序的映射集合。

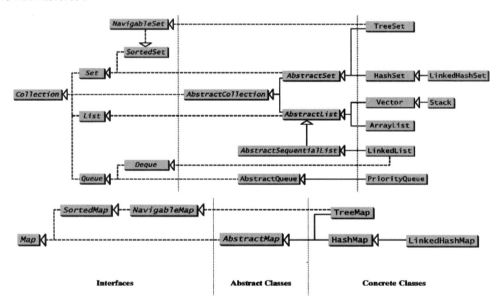

图 10-1 Java 集合容器接口和类

集合框架中的一些方法可以修改集合的内容,支持这些方法的集合称为可修改的集合,不支持这些方法的集合称为不可修改的集合,如果在不可修改的集合中试图调用这些方法,将会抛出异常 UnsupportedOperationException。图 10-2 列出了 Java 集合框架中核心接口抽象的方法和接口层次以及实现这些接口的基本类。

10.3.2 集合接口概述

(1) Collection 接口:是构建集合框架的根,此接口的方法对所有集合都通用,如表 10-1 所示。

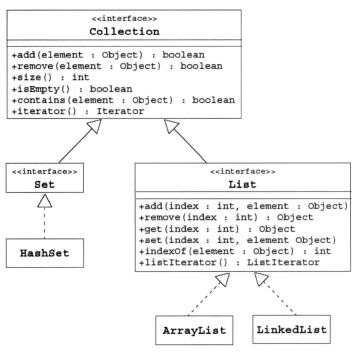

图 10-2　Java 的 Collection 接口和类的继承示意图

表 10-1　顶层集合 Collection 接口的常用方法

方　　法	说　　明
boolean　contains(Object a)	测试在集合中是否存在此对象
boolean　equals(Object a)	比较两个集合是否相等
int size()	返回集合中的元素个数
void clean()	移除集合中的所有元素
boolean add(Object a)	向集合中添加一个对象
boolean isEmpty()	测试集合是否为空
boolean remove(Object a)	从集合中删除一个对象

（2）Set 接口：从 Collection 接口扩展而来，它不允许重复元素，没有自己的特殊方法，只是对继承来的方法做了限制。

（3）SortedSet 接口：从 Set 接口扩展而来，对集合中的元素按升序排列，方法如表 10-2 所示。

表 10-2　SortedSet 接口的方法

方　　法	说　　明
E first()	返回此有序集合中第一个元素(最小)
E last()	返回此有序集合中最后一个元素(最大)
SortedSet subSet(E from，E to)	返回一个子集合

（4）List 接口：也称列表,此集合中的元素是有顺序的,元素可以通过整型下标插入或访问,可以包含重复元素,方法如表 10-3 所示。

表 10-3　List 接口的方法

方　　法	说　　明
boolean add(E o)	向列表中插入一个对象
void add(int index, E o)	在指定位置插入一个对象
E get(int index)	得到指定位置的对象
int indexOf(Object o)	返回对象在列表中的位置
E set(int index, E o)	修改指定位置处对象
Object[] toArray()	将列表中的元素转换成对象数组
List < E > subList(int form,int to)	返回一个子列表
Iterator < E > iterator()	返回一个迭代器对象

（5）Queue 接口：也称队列,此集合中的元素可以按照 FIFO(先进先出)的方式操作数据元素,不过优先级队列 PriorityQueue 根据提供的比较器或元素的自然顺序对元素进行排序后操作。Queue 接口的常用方法如表 10-4 所示。

表 10-4　Queue 接口的方法

方　　法	说　　明
boolean　add(E o)	向队列中插入一个对象,如果队列已满则抛出异常
E remove()	移除并返回此队列的头对象,如果队列为空则抛出一个异常
E element()	获取但不移除此队列的头对象,如果队列为空则抛出异常
boolean　offer(e)	向队列中插入一个对象,如果队列已满则返回 false
E poll()	移除并返回此队列的头对象,如果队列为空,则返回 null
E peek()	获取但不移除此队列的头；如果队列为空,则返回 null

（6）Map 接口：Map 是将键映射到值的对象,其中键和值都是对象。Map 不能包含重复键,但可以包含重复值。每个键最多只能映射到一个值,方法如表 10-5 所示。

表 10-5　Map 接口的方法

方　　法	说　　明
void clear()	从映射中移除所有的键值对
boolean containsKey(Object key)	测试在映射中是否存在此键
boolean containsValue(Object v)	测试在映射中是否存在相应值
boolean equals(Object o)	测试两个映射是否一样
V get(Object key)	取此键所映射的值
boolean isEmpty()	测试是否为空
V put(K key, V value)	将此键值对放入映射
V remove(Object k)	删除键
int size()	得到大小

（7）Iterator 接口：对集合进行迭代的迭代器接口，实现方法如表 10-6 所示。

表 10-6　Iterator 接口的方法

方　　法	说　　明
boolean hasNext()	测试是否还有没有遍历到的元素
E next()	返回迭代的下一个元素
void remove()	从集合中移除元素

（8）Enumeration 接口：对集合进行枚举遍历的枚举器接口，实现方法如表 10-7 所示。

表 10-7　Enumeration 接口的方法

方　　法	说　　明
boolean　hasMoreElements()	测试是否还有更多元素
E nextElement()	返回下一个没有遍历到的元素

（9）Comparator 接口：此接口实现对两个相同类型对象进行比较大小，从而实现对集合中元素对象进行整体排序。可以将 Comparator 传递给 sort 方法（如 Collections.sort 或 Arrays.sort），从而允许在排序顺序上实现精确控制。还可以使用 Comparator 来控制某些数据结构（如有序 set 或有序映射）的顺序，或者为那些没有自然顺序的对象 collection 提供排序，方法如表 10-8 所示。

表 10-8　Comparator 接口的方法

方　　法	说　　明
int　compare(T o1，T o2)	比较用来排序的两个参数
boolean equals(Object obj)	指示某个其他对象是否"等于"此 Comparator

10.3.3　Java 中常用的集合类和算法类

视频讲解

在 Java 中针对以上接口提供了一些具体实现的类，有的类提供了完全实现，可以直接使用，有的类没有给出所有方法的实现，是抽象类，用于程序员自己扩展和定义，这些类通常是在 java.util 包中。常用的标准集合类如下。

（1）AbstractCollection：提供了 Collection 接口的框架实现，是一个抽象类，为了实现一个不可修改集合，只需扩展此类并提供 iterator()方法和 size()方法的实现。如果需要实现一个可修改集合，则必须覆盖此类的 add()方法和 remove()方法。

（2）AbstractList：从 AbstractCollect 类扩展而来，提供了 List 接口的框架实现。

（3）AbstractSequentialList：从 AbstractList 类扩展而来，使用顺序访问（而不是随机访问）的方式访问其元素。为了实现列表，必须扩展此类并提供 listIterator()方法和 size()方法的实现。

（4）LinkedList：从 AbstractSequentialList 类扩展而来，它采用了双向链表的实现，实现了所有的可选列表操作。除了实现 List 接口外，它还提供了统一命名的方法，用于在列表开始处和结尾处获得、删除和插入元素。

（5）ArrayList：从 AbstractList 类扩展而来，是 List 接口的可变大小的数组实现。

（6）AbstractSet：从 AbstractCollection 类扩展而来，提供了 Set 接口的框架实现，是抽象类。

（7）HashSet：此类从 AbstractSet 类扩展而来，实现了 Set 接口，有一个哈希表支持它，即存储对象经过哈希运算后可快速定位存储位置，它为集合的操作提供了固定的时间性能。

（8）TreeSet：此类从 AbstractSet 接口扩展而来，实现了 Set 接口，采用了树状存储结构，它确保了集合中的元素按升序自然顺序排列。

（9）Vector：此类从 AbstractList 扩展而来，实现了可增长的对象数组。与数组一样，它包含可以使用整数索引进行访问的组件。但是，Vector 的大小可以根据需要增大或缩小，以适应创建 Vector 后进行添加或移除项的操作，它和 Arraylist 的区别在于 Vector 支持多线程的同步机制，效率稍低。

（10）Stack：此类表示后进先出（LIFO）的对象堆栈。堆栈在很多算法中都有使用，包括 JVM、各种操作系统的设计，堆栈都是重要角色。Java 通过 5 个操作对类 Vector 进行了扩展，允许将向量视为堆栈。它提供了通常的 push 和 pop 操作，以及取栈顶的 peek 方法、测试堆栈是否为空的 empty 方法、在堆栈中查找项并确定到栈顶距离的 search 方法。首次创建堆栈时，它不包含数据项。

（11）PriorityQueue：此类实现了一个优先队列，默认情况下，优先队列根据元素的自然顺序（利用 Comparable 接口）对其排序，最小的元素被赋予最高优先级，因此首先被从队列中删除。如果有多个具有相同最高优先级的元素，则元素顺序不定，也可以在构造集合时使用特定的 Comparator 比较器指定一个排序规则。

（12）Hashtable：此类对象实现一个哈希表，该哈希表将键经过哈希计算后得到一个哈希值，用哈希值快速定位存储位置，然后再把值对象存储在对应的位置上，这样快速的定位键对象就可以找到值对象，任何非 null 对象都可以用作键或值。

（13）Properties：此类是 Hashtable 类的子类，此类的对象表示了一个可以持久化的属性集。Properties 可保存在流中或从流中加载相应的属性数据。属性列表中每个键及其对应值都是一个字符串。

（14）Hashmap：也是基于哈希表的 Map 接口的实现。此实现提供所有可选的映射操作，和 Hashtable 的不同在于，它是非同步的，并允许使用 null 值和 null 键。

Java 在 Collections 类中提供了很多静态方法，包括排序、搜索、混排和数据操纵，这些方法的第一个参数是要在其中执行操作的集合。如果类型不兼容，这些方法将抛出 ClassCastException 异常。可以将 Collections 类看成是对大多数常用算法优化和标准化后的产物，该类提供了常规编程中会用到的大部分算法，如果没有特殊的要求，可以直接使用该类中的方法完成绝大多数工作。表 10-9 列出了部分常用的方法，其他的方法读者可以查看 API 文档。

表 10-9　Collections 类中常用的方法

方　　法	说　　明
static void copy(List l1,List l2)	将所有元素从一个列表复制到另一个列表
static void fill(List l,Object ob)	使用指定元素填充列表

方　法	说　明
static Object max(Collection c，Comparator m)	使用比较器取最大元素
static Object max(Collection c)	按自然顺序取最大元素
static Object min(Collection c，Comparator m)	使用比较器取最小元素
static Object min(Collection c)	按自然顺序取最小元素
static void reverse(List l)	反转指定列表中元素的顺序
static void shuffle(List l,Random r)	使用指定随机元混排列表中的元素
static void sort(List l)	按自然序排序
static void sort(List l,Comparator cmp)	使用比较器排序
static Enumeration enumeration(Collection c)	返回一个枚举器对象
Static int binarySearch(list,key)	用二分法查找指定对象

10.3.4　泛型的使用

视频讲解

　　泛型是 JDK1.5 版本引进的新特性,泛型的本质是参数化类型,也就是说,所操作的数据类型被指定为一个参数,类似于 C++中的模板。这种参数类型可以用在类、接口和方法的创建中,分别称为泛型类、泛型接口和泛型方法。

　　在 JDK1.5 以前没有泛型的情况下,通过对类型 Object 的引用来实现参数的"任意化"。"任意化"带来的缺点就是要做显示的强制类型转换,而这种转换是要求开发者对实际参数类型可以预知的情况下才可以进行。对于强制类型转换错误的情况,编译器可能不提示错误,但在运行时可能出现异常,这是比较严重的安全隐患,可能导致程序崩溃。泛型的引入很好地解决了这一问题。

　　泛型类的定义格式为 class classname < T >的形式,当然也可以是多个参数,例如在数据集合 MAP 类的使用中用 class classname < K，V >的形式,其中 T、K、V 的类型是可变的,最终在编译时由实际对象的类型来决定。例如以下程序。

　　【例 10-1】　没有使用泛型的情况。

```
import java.util. * ;
class MyObGen {
    private Object ob;
    public MyObGen(Object ob){
        this.ob = ob;
    }
    public Object getOb(){
        return ob;
    }
    public void setOb(Object ob){
        this.ob = ob;
    }
    public void showType(){
        System.out.println("对象实际类型是:" + ob.getClass().getName());
    }
}
```

341

第
10
章

```java
public class NoGeneric {
    public static void main(String[] args){
        MyObGen intOb = new MyObGen(new Integer(66));
        intOb.showType();
        int i = (Integer)intOb.getOb();
        System.out.println("value =  " + i);
        System.out.println();
        MyObGen strOb = new MyObGen("One String");
        strOb.showType();
        String s = (String) strOb.getOb();
        System.out.println("value =  " + s);
    }
}
```

【例 10-2】 使用泛型设计后的程序代码。

```java
class Gen < T > {
    private T ob;
    public Gen(T ob){
        this.ob = ob;
    }
    public T getOb(){
        return ob;
    }
    public void setOb(T ob){
        this.ob = ob;
    }
    public void showType(){
        System.out.println("T 的实际类型是:" + ob.getClass().getName());
    }
}
public class MyGenTest{
    public static void main(String[] args){
        Gen < Integer > intOb = new Gen < Integer >(66);
        intOb.showType();
        int i = intOb.getOb();
        System.out.println("value =  " + i);
        System.out.println();
        Gen < String > strOb = new Gen < String >("My String with Generic!");
        strOb.showType();
        String s = strOb.getOb();
        System.out.println("value =  " + s);
    }
}
```

泛型的使用使得程序在编译阶段,编译器就可以根据参数类型来检查错误,并且不需要专门的强制类型转换,从而减少了安全隐患。

10.3.5 常用集合类实例演示

【例 10-3】 链表测试 1。

```java
import java.util. * ;
class Student implements Comparable {
    String name ;
    int number;
    float score;
    Student(String name, int number, float score) {
        this. name = name;
        this. number = number;
        this. score = score;
    }
public int compareTo(Object b) {
    Student st = (Student)b;
    return (int)(this. score – st. score);
  }
}
public class linklist {
    public static void main(String args[]) {
        LinkedList < Student > mylist = new LinkedList < Student >( );
        Student stu_1 = new Student("马俊",9012,80.0f),
        stu_2 = new Student("马军",9013,90.0f),
        stu_3 = new Student("马骏",9014,78.0f),
        stu_4 = new Student("马君",9015,55.0f);
        mylist. add(stu_1);
        mylist. add(stu_2);
        mylist. add(stu_3);
        mylist. add(stu_4);
        Iterator < Student > iter = mylist. iterator( );
        while(iter. hasNext( )) {
            Student te = iter. next( );
            System. out. println(te. name + " " + te. number + " " + te. score);
         }
        Collections. sort(mylist);
        System. out. println("sorted:");
        Iterator < Student > iter1 = mylist. iterator( );
        while(iter1. hasNext( )) {
            Student te1 = iter1. next( );
            System. out. println(te1. name + " " + te1. number + " " + te1. score);
        }
    }
}
```

注：将程序中 LinkedList 换成 ArrayList，程序同样可以编译运行。

【例 10-4】 链表测试 2。

```java
import java.util. * ;
class Student {
```

Java 数据集合框架介绍

```java
        String name;
        int score;
        Student(String name, int score) {
            this.name = name;
            this.score = score;
        }
    }
public class LinkedListTest {
    public static void main(String args[]) {
        LinkedList < Student > mylist = new LinkedList < Student >();
        mylist.add(new Student("张小一",78));
        mylist.add(new Student("王小二",98));
        mylist.add(new Student("李大山",67));
        int number = mylist.size();
        System.out.println("现在链表中有" + number + "个结点:");
        for(int i = 0;i < number;i++) {
            Student temp = mylist.get(i);
            System.out.printf("第" + i + "结点中的数据,学生:%s,分数:%d\n", temp.name,
temp.score);
        }
        Student removeSTU = mylist.remove(1);
        System.out.printf("被删除的结点中的数据是:%s,%d\n", removeSTU.name, removeSTU.
score);
        Student replaceSTU = mylist.set(1,new Student("赵钧林",68));
        System.out.printf("被替换的结点中的数据是:%s,%d\n",replaceSTU.name, replaceSTU.
score);
        number = mylist.size();
        System.out.println("现在链表中有" + number + "个结点:");
        for(int i = 0;i < number;i++){
            Student temp = mylist.get(i);
            System.out.printf("第" + i + "结点中的数据,学生:%s,分数:%d\n",temp.name,
temp.score);
        }
        if(mylist.contains("Open")) {
            System.out.println("链表包含字符串数据");
        } else {
            System.out.println("链表没有结点含有字符串数据");
        }
    }
}
```

【例 10-5】 向量测试 1。

```java
import java.util.*;
class vector1 {
    public static void main(String args[]) {
        Vector vector = new Vector();
        Date date = new Date();
        vector.add(new Integer(1));
        vector.add(new Float(3.45f));
        vector.add(new Double(7.75));
```

```
        vector.add(new Boolean(true));
    vector.add(date);
    System.out.println(vector.size());
    Integer number1 = (Integer)vector.get(0);
    System.out.println("The first elements is: " + number1.intValue());
    Float number2 = (Float)vector.get(1);
    System.out.println("The second elements is: " + number2.floatValue());
    Double number3 = (Double)vector.get(2);
    System.out.println("The third elements is: " + number3.doubleValue());
    Boolean number4 = (Boolean)vector.get(3);
    System.out.println("The fourth elements is: " + number4.booleanValue());
    date = (Date)vector.lastElement();
    System.out.println("The fifth elements is: " + date.toString());
    if(vector.contains(date)){
        System.out.println("OK");
    }
    }
}
```

【例 10-6】 向量测试 2。

```
import java.util.*;
class Student {
    String name;
    int number;
    float score;
    Student(String name, int number, float score) {
      this.name = name;
      this.number = number;
      this.score = score;
    }
}
class vector2 {
    public static void main(String[] args) {
      Vector < Student > myv = new Vector < Student >();
            Student stu_1 = new Student("赵民",9012,80.0f),
                stu_2 = new Student("钱青",9013,90.0f),
                stu_3 = new Student("孙枚",9014,78.0f),
                stu_4 = new Student("周右",9015,55.0f);
                myv.add(stu_1);
                myv.add(stu_2);
                myv.add(stu_3);
      myv.add(stu_4);
      Iterator < Student > iter = myv.iterator();
      while(iter.hasNext()) {
        Student st = iter.next();
        System.out.println("name:" + st.name + "\tnumber:" + st.number + "\tscore:" + st.
score);
      }
    }
}
```

【例 10-7】 堆栈测试。

```java
import java.util.*;
class Example{
    public static void main(String args[]) {
        Stack<Integer> stack = new Stack<Integer>();
        stack.push(new Integer(1));
        stack.push(new Integer(1));
        System.out.println(stack.peek());
        System.out.println(stack.peek());
        int k = 1;
        while(k <= 10)
        for(int i = 1; i <= 2; i++) {
            Integer F1 = stack.pop();
            int f1 = F1.intValue();
            Integer F2 = stack.pop();
            int f2 = F2.intValue();
            Integer temp = new Integer(f1 + f2);
            System.out.println("" + temp.toString());
            stack.push(temp);
            stack.push(F2);
            k++;
        }
    }
}
```

【例 10-8】 队列测试。

```java
public class TestQueue {
    public static void main(String[] args) {
        java.util.Queue<String> queue = new java.util.LinkedList<>();
        queue.offer("北京");
        queue.offer("兰州");
        queue.offer("天津");
        queue.offer("西安");
        queue.offer("广州");
        while (queue.size() > 0)
        System.out.print(queue.remove() + " ");
    }
}
```

【例 10-9】 优先级队列演示。

```java
import java.util.*;
public class PriorityQueueDemo {
    public static void main(String[] args) {
        PriorityQueue<String> queue1 = new PriorityQueue<>();
        queue1.offer("北京");
        queue1.offer("兰州");
        queue1.offer("天津");
        queue1.offer("西安");
        queue1.offer("广州");
```

```
      System.out.println("Priority queue using Comparable:");
      while (queue1.size() > 0) {
        System.out.print(queue1.remove() + " ");
      }
      PriorityQueue<String> queue2 = new PriorityQueue<>(5, Collections.reverseOrder());
      queue2.offer("北京");
      queue2.offer("兰州");
      queue2.offer("天津");
      queue2.offer("西安");
      queue2.offer("广州");
      System.out.println("\nPriority queue using Comparator:");
      while (queue2.size() > 0) {
        System.out.print(queue2.remove() + " ");
      }
    }
}
```

【例 10-10】 哈希表测试。

```
import java.util.*;
class HashTableExample {
  public static void main(String args[]) {
    Hashtable h = new Hashtable();
    Enumeration e;
    String str;
    double bal;
    h.put("马俊", new Double(4545.50));
    h.put("张三", new Double(2000.00));
    h.put("李四", new Double(5000.00));
    e = h.keys();
    while (e.hasMoreElements()) {
      str = (String) e.nextElement();
      System.out.println(str + ": " + h.get(str));
    }
    System.out.println();
    bal = ((Double) h.get("马俊")).doubleValue();
    h.put("马俊", new Double(bal + 1000));
    System.out.println("马俊's new balance: " + h.get("马俊"));
  }
}
```

【例 10-11】 哈希映射测试。

```
import java.util.*;
class Book {
  String ISBN,name;
  Book(String ISBN,String name) {
    this.name = name;
    this.ISBN = ISBN;
  }
}
class Example{
```

```java
public static void main(String args[]) {
    Book book1 = new Book("7302033218"," Java 编程语言"),
        book2 = new Book("7808315162","C++ 基础教程"),
        book3 = new Book("7302054991","J2ME 无线设备编程");
    HashMap < String, Book > table = new HashMap < String, Book >();
    table.put(book1.ISBN,book1);
    table.put(book2.ISBN,book2);
    table.put(book3.ISBN,book3);
    if(table.containsKey("7302033218")) {
        System.out.println("Java 编程语言有货");
    }
    Book b = table.get("7302054991");
    System.out.println("书名:" + b.name + ",ISBN:" + b.ISBN);
    int number = table.size();
    System.out.println("散列映射中有" + number + "个元素:");
    Collection < Book > collection = table.values();
    Iterator < Book > iter = collection.iterator();
    while(iter.hasNext()) {
      Book te = iter.next();
      System.out.printf("书名: % s, ISBN: % s\n",te.name,te.ISBN);
    }
  }
}
```

【**例 10-12**】 哈希集测试。

```java
import java.util. * ;
public class SetExample {
  public static void main(String[ ] args) {
    Set set  =  new HashSet();
    set.add("one");
    set.add("second");
    set.add("3rd");
    set.add(new Integer(4));
    set.add(new Float(5.0F));
    set.add("second");
    set.add(new Integer(4));
    set.add(new Student(222,"zhangsan"));
    System.out.println(set);
  }
}
```

【**例 10-13**】 树测试 1。

树是由结点或顶点和边组成的（可能是非线性的）且不存在任何环的一种数据结构。没有结点的树称为空（null 或 empty）树。一棵非空的树包括一个根结点，还（很可能）有多个附加结点，所有结点构成一个多级分层结构。程序中常用二叉树，二叉树指的是树的每个结点至多拥有两棵子树（即二叉树中不存在度大于 2 的结点），并且

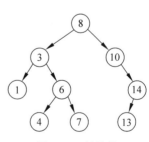

图 10-3 树结构

二叉树的子树有左右之分,其次序不能任意颠倒。

在 Java 的集合框架中提供的是二叉查找树,二叉查找树也称为有序二叉查找树,是指一棵非空树具有如下性质。

① 任意结点左子树不为空,则左子树的值均小于根结点的值。

② 任意结点右子树不为空,则右子树的值均大于根结点的值。

③ 任意结点的左右子树也分别是二叉查找树。

④ 没有键值相等的结点。

```java
import java.util. * ;
class treeset{
    public static void main(String args[]) {
        TreeSet < Student > mytree =
        new TreeSet < Student >(new Comparator < Student >()  {
                public int compare(Student a, Student b) {
                    return a.compareTo(b);
                }
            });
        Student st1,st2,st3,st4;
        st1 = new Student(90,"zhan ying");
        st2 = new Student(66,"wang heng");
        st3 = new Student(86,"Liuh qing");
        st4 = new Student(76,"yage ming");
        mytree.add(st1);
        mytree.add(st2);
        mytree.add(st3);
        mytree.add(st4);
        Iterator < Student > te = mytree.iterator();
        while(te.hasNext()) {
            Student stu = te.next();
            System.out.println("" + stu.name + " " + stu.english);
        }
    }
}
class Student implements Comparable {
    int english = 0;
    String name;
    Student(int e,String n)  {
        english = e;name = n;
    }
public int compareTo(Object b) {
        Student st = (Student)b;
        return (this.english - st.english);
    }
}
```

【例 10-14】 树测试 2。

```java
import java.util. * ;
class TreeSetExample{
```

```java
    public static void main(String args[]) {
        TreeSet < Student > mytree =
        new TreeSet < Student >(new Comparator < Student >()
        {
            public int compare(Student a, Student b) {
                return a.compareTo(b);
            }
        });
        for(int i = 0; i < 5; i++) {
            Scanner read = new Scanner(System.in);
            System.out.println("学生的姓名:");
            String name = read.nextLine();
            System.out.println("输入分数(整数):");
            int score = read.nextInt();
            mytree.add(new Student(score, name));
        }
        Iterator < Student > te = mytree.iterator();
        while(te.hasNext()) {
            Student stu = te.next();
            System.out.println("" + stu.name + " " + stu.english);
        }
    }
}
class Student implements Comparable {
    int english = 0;
    String name;
    Student(int e, String n) {
        english = e; name = n;
    }
public int compareTo(Object b) {
        Student st = (Student)b;
        return (this.english - st.english);
    }
}
```

【例 10-15】 树映射集合测试。

```java
import java.util.*;
class MyKey implements Comparable {
    int number = 0;
    MyKey(int number) {
        this.number = number;
    }
    public int compareTo(Object b) {
        MyKey st = (MyKey)b;
        if((this.number - st.number) == 0) {
            return -1;
        } else {
            return (this.number - st.number);
        }
    }
```

```
    }
class Student {
    String name = null;
    int height, weight;
    Student(int w, int h, String name) {
        weight = w;
        height = h;
        this.name = name;
    }
}
public class Example{
    public static void main(String args[ ]) {
        Student s1 = new Student(65, 177, "赵小亮"),
                s2 = new Student(65, 168, "钱小亮"),
                s3 = new Student(68, 162, "孙小亮"),
                s4 = new Student(70, 188, "李小亮");
                TreeMap < MyKey, Student > treemap =
                new TreeMap < MyKey, Student >(new Comparator < MyKey >() {
                    public int compare(MyKey a, MyKey b) {
                        return a.compareTo(b);
                    }});
        treemap.put(new MyKey(s1.weight), s1);
        treemap.put(new MyKey(s2.weight), s2);
        treemap.put(new MyKey(s3.weight), s3);
        treemap.put(new MyKey(s4.weight), s4);
        int number = treemap.size();
        System.out.println("树映射中有" + number + "个对象:");
        Collection < Student > collection = treemap.values();
        Iterator < Student > iter = collection.iterator();
        while(iter.hasNext())
        {
            Student te = iter.next();
            System.out.printf("姓名:%s,体重:%d\n", te.name, te.weight);
        }
        treemap.clear();
        treemap.put(new MyKey(s1.height), s1);
        treemap.put(new MyKey(s2.height), s2);
        treemap.put(new MyKey(s3.height), s3);
        treemap.put(new MyKey(s4.height), s4);
        number = treemap.size();
        System.out.println("树映射中有" + number + "个对象:");
        collection = treemap.values();
        iter = collection.iterator();
        while(iter.hasNext())
        {
            Student te = iter.next();
            System.out.printf("姓名:%s,身高:%d\n", te.name, te.height);
        }
    }
}
```

【**例 10-16**】 属性类测试。

```java
import java.util.*;
import java.io.*;
public class PropertiesTester{
    public static void print(Properties ps){
        Set<Object> keys = ps.keySet();
        Iterator<Object> it = keys.iterator();
        while(it.hasNext()){
            String key = (String)it.next();
            String value = ps.getProperty(key);
            System.out.println(key + " = " + value);
        }
    }
    public static void main(String args[])throws IOException{
        Properties ps = new Properties();
        //myapp.properties 文件与 PropertiesTester 类的.class 文件位于同一个目录下
        InputStream in = PropertiesTester.class.getResourceAsStream("myapp.properties");
        ps.load(in);
        print(ps);
        ps = System.getProperties();
        print(ps);
    }
}
```

其中,myapp.properties 文件的内容如下:

```
color = red
shape = circle
user = Tom
```

【**例 10-17**】 综合测试 Java 数组、ArrayList、LinkedList、Vector 的性能。

```java
import java.util.*;
public class PerformanceTester{
    private static final int TIMES = 100000;
    public static abstract class Tester{
        private String operation;
        public Tester(String operation){this.operation = operation;}
        public abstract void test(List<String> list);
        public String getOperation(){return operation;}
    }
    static Tester iterateTester = new Tester("iterate"){
        public void test(List<String> list){            //迭代操作
            for(int i = 0;i < 10;i++){
                Iterator<String> it = list.iterator();
                while(it.hasNext()){
                    it.next();
                }
            }
        }
    };
```

```java
static Tester getTester = new Tester("get"){
    public void test(List<String> list){                    //随机访问操作
        for(int i = 0;i < list.size();i++)
            for(int j = 0;j < 10;j++)
                list.get(j);
    }
};
static Tester insertTester = new Tester("insert"){
    public void test(List<String> list){                    //插入操作
        ListIterator<String> it = list.listIterator(list.size()/2);     //从中间开始
        for(int i = 0;i < TIMES/2;i++)
            it.add("hello");
    }};
static Tester removeTester = new Tester("remove"){
    public void test(List<String> list){                    //删除操作
        ListIterator<String> it = list.listIterator();
        while(it.hasNext()){
            it.next();
            it.remove();
        }
    }};
static public void testJavaArray(List<String> list){
    Tester[] testers = {iterateTester,getTester};
    test(testers,list);
}
static public void testList(List<String> list){
    Tester[] testers = {insertTester,iterateTester,getTester,removeTester};
    test(testers,list);
}
static public void test(Tester[] testers,List<String> list){
    for(int i = 0;i < testers.length;i++){
        System.out.print(testers[i].getOperation() + "操作:");
        long t1 = System.currentTimeMillis();
        testers[i].test(list);
        long t2 = System.currentTimeMillis();
        System.out.print(t2 - t1 + " ms");
        System.out.println();
    }
}
public static void main(String args[]){
    List<String> list = null;
    System.out.println(" ---- 测试 Java 数组 ---- ");
    String[] ss = new String[TIMES];
    Arrays.fill(ss,"hello");
    list = Arrays.asList(ss);
    testJavaArray(list);
    ss = new String[TIMES/2];
    Collection<String> col = Arrays.asList(ss);
    System.out.println(" ---- 测试 Vector ---- ");
    list = new Vector<String>();
    list.addAll(col);
```

```
        testList(list);
        System.out.println("----测试 LinkedList----");
        list = new LinkedList<String>();
        list.addAll(col);
        testList(list);
        System.out.println("----测试 ArrayList----");
        list = new ArrayList<String>();
        list.addAll(col);
        testList(list);
    }
}
```

程序的执行结果可以用表 10-10 表示。

表 10-10　常用数据结构执行结果

操作类型	数组	ArrayList	LinkedList	Vector
随机访问操作(get)	10	30	50	30
迭代操作(iterate)	50	81	41	70
插入操作(insert)	不适用	1952	10	1943
删除操作(remove)	不适用	7691	10	7721

从表 10-10 可以看出,对 Java 数组进行随机访问和迭代操作具有最快的速度;对 LinkedList 进行插入和删除操作具有最快的速度;对 ArrayList 进行随机访问也具有较快的速度。Vector 类在各方面都跟 ArrayList 差不多,Vector 和 ArrayList 的主要区别仅在于 Vector 提供了多线程环境中的同步实现。

从本节提供的实例可以看出,Java 提供了大量有效的数据集合和算法,这些数据集合可以方便地扩展或被改写,同时接口的实现都是可交换的,例如可以把 ArrayList 替换为 LinkedList,也可以把 Stack 替换为 Vector 等,这使设计新 API 的需要降到最低,并且接口和算法的可重用性都是非常好的。

10.4　各种集合类辨析

10.4.1　ArrayList 和 Vector 的区别

ArrayList 类和 Vector 类都实现了 List 接口(List 接口继承了 Collection 接口),它们都是有序集合,即存储在这两个集合中的元素的位置都是有顺序的,相当于一种动态的数组,以后可以按位置索引号取出某个元素,并且其中的数据是允许重复的,这是与 HashSet 之类的集合最大的不同之处。HashSet 之类的集合不可以按索引号去检索其中的元素,也不允许有重复的元素(本来此处与 HashSet 没有任何关系,但为了说清楚 ArrayList 与 Vector 的功能,此处使用对比方式,这更有利于说明问题)。接下来看一下 ArrayList 与 Vector 的区别,主要从同步性和数据增长两个方面来比较。

(1) 同步性。

Vector 是线程安全的,也就是说,它的方法之间是线程同步的,而 ArrayList 是线程不安全的,它的方法之间是线程不同步的。如果只有一个线程会访问到集合,那么最好使用

ArrayList,因为它不考虑线程安全,效率会高些;如果有多个线程会访问到集合,那么最好使用 Vector,因为不需要我们自己再去考虑和编写线程安全的代码。

注意：对于 Vector 和 ArrayList、Hashtable 和 HashMap,要记住线程安全问题,记住 Vector 与 Hashtable 是旧的,是 Java 一诞生就提供的,它们是线程安全的,ArrayList 与 HashMap 是 Java 2 时才提供的,它们是线程不安全的。

(2) 数据增长。

ArrayList 与 Vector 都有一个初始的容量大小,当存储进它们里面的元素的个数超过容量时,就需要增加 ArrayList 与 Vector 的存储空间,在每次要增加存储空间时,不是只增加一个存储单元,而是增加多个存储单元,每次增加的存储单元的个数在内存空间的利用与程序效率之间要取得一定的平衡。Vector 默认增长为原来的 2 倍,而 ArrayList 的增长策略在文档中没有明确规定(从源代码看到的是增长为原来的 1.5 倍)。ArrayList 与 Vector 都可以设置初始的空间大小,Vector 还可以设置增长的空间大小,而 ArrayList 没有提供设置增长空间的方法,即 Vector 增长为原来的 2 倍,ArrayList 增长为原来的 1.5 倍。

10.4.2　HashMap 和 Hashtable 的区别

HashMap 在 JDK 1.2 之后推出,是新的类,它采用异步处理方式,性能较高,但是属于非线程安全的,允许设置 null。Hashtable 是 JDK 1.0 时推出,是旧的类,它采用同步处理方式,性能较低,但是属于线程安全的。

HashMap 和 Hashtable 的主要区别在于 HashMap 允许键值为 null,由于非线程安全,在只有一个线程访问的情况下,效率要高于 Hashtable。

HashMap 把 Hashtable 的 contains()方法去掉了,改成 containsvalue()和 containsKey()。因为 contains()方法容易让人引起误解。Hashtable 继承自 Dictionary 类,而 HashMap 是 Java 1.2 引进的 Map interface 的一个实现。

10.4.3　List 和 Set 的区别以及和 Map 的不同之处

首先,List 与 Set 具有相似性,它们都是单列元素的集合,所以它们有一个共同的父接口,称为 Collection。Set 里面不允许有重复的元素,所谓重复,即不能有两个相等(注意,不是仅仅是相同)的对象。假设 Set 集合中有一个 A 对象,现在要向 Set 集合存入一个 B 对象,但如果 B 对象与 A 对象通过 equals()方法判断后内容相等,那么 B 对象就无法存储到该 Set 集合中。即 Set 集合的 add()方法会返回一个 boolean 值,当集合中没有某个元素时,add()方法可成功插入该元素并返回 true;反之,当集合已经含有与某个元素对象内容相等的元素时,add()方法就无法插入该元素对象,返回结果为 false。使用 Set 取元素时,无法指定取第几个,只能用 Iterator 接口取得所有的元素,再逐一遍历各个元素。

List 表示有先后顺序的集合,注意此处的顺序不是那种按年龄、按大小、按价格之类的排序,而是当多次调用 add(Object e)方法时,每次加入的对象就像在火车站买票要排队一样,按先来后到的顺序排序。有时也可以插队,即调用 add(int index,Object e)方法,就可以指定当前对象在集合中的存放位置。一个对象可以被反复存储进 List 中,每调用一次 add 方法,这个对象就被插入集合中一次。其实,并不是把这个对象本身存储进了集合中,而是在集合中用一个索引变量指向这个对象,当这个对象被 add 多次时,即相当于集合中有多个索引指向了这个对象。List 除了可以以 Iterator 接口取得所有的元素,再逐一遍历各个元素之外,还可以调用 get(index i)方法来明确说明取第几个。

Map 与 List 和 Set 不同,它是双列的集合,其中有 put()方法,定义形式为 put(Object key,Object value),每次存储时,要存储一对 key/value,不能存储重复的 key,这个重复的规则也是按 equals()比较判定。取出时则可以根据 key 获得相应的 value,即 get(Object key)返回值为 key 所对应的 value。另外,也可以获得所有的 key 的结合,或者获得所有的 value 的结合,或者获得 key 和 value 组合成的 Map.Entry 对象的集合。

总之,List 以特定次序来持有元素,可以有重复元素;Set 无法拥有重复元素,内部是排过序的;Map 保存的是键值对,其中,键(key)只能是一个,而值(value)可以有多个。

10.5　哈希存储中的一些特性

HashSet 和 HashMap 都运用哈希算法来存取元素,所谓哈希算法,就是将数据本身和其存储位置建立关联的一种算法。哈希算法就是把任意长度的输入,通过一系列变换变成固定长度的输出,该输出就是哈希值。这种转换是一种压缩映射,即散列值的空间通常远小于输入的空间,不同的输入可能会散列成相同的输出,但不可能从散列值来逆向确定输入值。简单来说就是一种将任意长度的消息压缩到某一固定长度的消息摘要的算法。将哈希值和数据存储位置关联就变成了哈希表。

哈希表中的每个位置也称为桶(bucket)。当发生哈希冲突时,在桶中以链表的形式存放多个元素。图 10-4 显示了 HashSet 和 HashMap 存放数据时采用的存储结构。

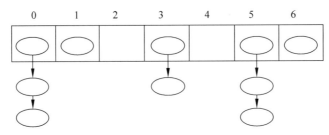

图 10-4　哈希存储结构示意图

HashSet 和 HashMap 都具有以下特性。

(1) 容量(capacity):哈希表中桶的数量。

(2) 初始容量(initial capacity):创建 HashSet 和 HashMap 对象时桶的数量。在构造方法中可以设置初始容量。

(3) 大小(size):元素的数目。

(4) 负载因子(load factor):等于 size/capacity。负载因子为 0,表示空哈希表;负载因子为 0.5,表示半满的哈希表,以此类推。轻负载的哈希表具有冲突少、适于插入和查找的优点。当哈希表的当前负载因子为 1 时,HashSet 和 HashMap 会自动成倍地增加容量,并且重新分配原有的元素的位置。

视频讲解

10.6　基于数据集合的人工智能程序建模示例

在 Java 中一切都是类或者对象，不存在独立于类和对象的变量或方法，所以从 Java 的角度来看待人工智能程序设计更符合人工智能的本意，人工智能就是以机器模拟"人"这样一个复杂对象作为研究基础的。

就人们目前的研究，智能还只是"算法"的另一种表述，也就是说，智能往往通过算法来表现，当然可以通过 Java 语言来设计和模拟这些算法。下面通过几个经典的智力题目的求解来演示 Java 在人工智能程序设计方面的潜力。

【程序建模示例 10-1】　狼和羊过河。

如图 10-5 所示，有一群羊到一个荒凉之地寻找藏身之处，但在这块荒凉之地上生存着一群狼。有一天，3 只羊和 3 头狼都来到了河边，想渡过这条河，河中有一条只能负载两个动物的小船，现在羊面临的问题是如果河的一边狼的数目大于羊的数目，狼就有可能将羊吃掉，但狼的数目小于等于羊的数目时不会发生这种情况，当然，假设狼和羊都会划船。请帮忙设计一个安全的方案将狼和羊送过河去。

图 10-5　狼和羊过河

分析：按照面向对象的抽象原则，在这里可以抽象出羊、狼、船、河岸几个对象。我们没有按照传统的人工智能的深度搜索算法，而是按照遇到这个问题时的判断和尝试思路来解决此问题。每一个人在每次操作前都会判断当船到对岸时两岸的安全状态，然后做出相应的调整和渡河决定，表 10-11 是各状态细节。

表 10-11　狼和羊过河问题中的各种状态

方向	船的负载状态	说　　明
从河岸 1 到河岸 2	两头狼	当对岸无狼时或对岸羊多时
	两只羊	当对岸只有两头狼时
	一头狼、一只羊	当两岸狼和羊数目一样时
从河岸 2 到河岸 1	一头狼	将船摆回河岸 1
	一只羊	不会出现这种情况
	一头狼、一只羊	当两岸狼和羊数目一样时

为了简化，使用了命令行程序，源程序代码如下：

第 10 章

Java 数据集合框架介绍

```java
import java.util. * ;
import java.io. * ;
class Wolf {
  private String name;
  public Wolf(String n){name = n;}
  public String getName(){return name;}
}
class Sheep {
  private String name;
  public Sheep(String n){name = n;}
  public String getName(){return name;}
}
class Riverside {
  private String name;
  private ArrayList WolfList;
  private ArrayList SheepList;
  public Riverside(String n){
    name = n;
    WolfList = new ArrayList();
    SheepList = new ArrayList();
  }
  public String getName(){
    return name;
  }
  public void setName(String n){
    name = n;
  }
  public boolean isSafe(){
    if(WolfList.size() == 0) return true;
    return WolfList.size()> = SheepList.size();
  }
  public ArrayList getWolfList(){return WolfList;}
  public ArrayList getSheepList(){return SheepList;}
  public void display(){
    for( int i = 0;i < WolfList.size();i++){
      System.out.print(" " + ((Wolf)Wolf.get(i)).getName());
    }
    for( int i = 0;i < SheepList.size();i++){
      System.out.print(" " + ((Sheep)SheepList.get(i)).getName());
    }
    System.out.println();
  }
}
class Boat {
  private ArrayList list;
  private Riverside currentSide,otherSide;
  public ArrayList getList(){return list;}
  public Riverside getCurrentSide(){return currentSide;}
  public void setCurrentSide(Riverside r){currentSide = r;}
  public Riverside getOtherSide(){return otherSide;}
  public void setOtherSide(Riverside r){otherSide = r;}
```

```java
    public Boat(){
        list = new ArrayList();
    }
    public void go(){
        Object oref;
        if(list.isEmpty()||list.size()>2) {
            System.out.println("Cannot Go!");
        }else{
        System.out.println("Boat from " + currentSide.getName() + " to " + otherSide.getName() + ".
Loading:");
        for(int i = 0;i < list.size();i++){
            oref = list.get(i);
            if(oref instanceof Wolf){
                System.out.println(((Wolf)oref).getName());
                otherSide.getWolfList().add(oref);
            }else{
                System.out.println(((Sheep)oref).getName());
                otherSide.getSheepList().add(oref);
            }
        }
        list.clear();
        Riverside tmp = currentSide;       //The boat arrived at the otherside
        currentSide = otherSide;
        otherSide = tmp;
        System.out.println(" =============================== ");
        }
    }
    public void display(){
        Object oref;
        for(int i = 0;i < list.size();i++){
            oref = list.get(i);
            if(oref instanceof Wolf)
                System.out.print(" " + ((Wolf)oref).getName());
            else
                System.out.print(" " + ((Sheep)oref).getName());
        }
    }
}
public class WolfPassRiver {
    Riverside rs1,rs2;
    Boat boat;
    public WolfPassRiver(){
        rs1 = new Riverside("Riverside 1");
        rs2 = new Riverside("Riverside 2");
        boat = new Boat();
        boat.setCurrentSide(rs1);boat.setOtherSide(rs2);
        for(int i = 0;i < 3;i++){
            rs1.getWolfList().add(new Wolf("Wolf" + i));
            rs1.getSheepList().add(new Sheep("Sheep" + i));
        }
    }
```

```
public boolean checksafe(){
    Object oref;
    if(boat.getCurrentSide().isSafe()){
        int mnum = boat.getOtherSide().getWolfList().size();
        int cnum = boat.getOtherSide().getSheepList().size();
        for(int i = 0;i < boat.getList().size();i++){
            oref = boat.getList().get(i);
            if(oref instanceof Wolf){
                mnum++;
            }else{
                cnum++;
            }
        }
        if(mnum == 0||mnum >= cnum) return true;
        else return false;
    }
    return false;
}
public void debug(){
        System.out.println(boat.getCurrentSide().getName());
        System.out.println("rs1:"); rs1.display();
        System.out.println("rs2:"); rs2.display();
        try{
            int op = System.in.read();
            if(op == 49) System.exit(0);
        }catch(IOException e){}
}
public void transport(){
    boolean completed = true,goflag = false;
    Object tmpref;
/ ********************************************** /
    while(completed){
        goflag = false;
        if(boat.getCurrentSide().getName().equals("Riverside 1")){     //河岸 1
        ArrayList mlist = boat.getCurrentSide().getWolfList();
        ArrayList clist = boat.getCurrentSide().getSheepList();
        ArrayList list = boat.getList();
        if(clist.size()>= 2)     {
            list.add(clist.remove(0));
            list.add(clist.remove(0));
            if(!checksafe()) {
                clist.add(list.remove(0));
                clist.add(list.remove(0));
            } else{
                goflag = true;
            }
        } else{
            if(mlist.size()>= 2) {
                list.add(mlist.remove(0));
                list.add(mlist.remove(0));
                if(!checksafe()) {
```

```
                mlist.add(list.remove(0));
                mlist.add(list.remove(0));
            } else {
                goflag = true;
            }
        }
    }
    if(goflag) {
        boat.go();
    } else if(clist.size()>= 2) {
        if(mlist.size()>= 2) {
            list.add(mlist.remove(0));
            list.add(mlist.remove(0));
            if(!checksafe()) {
                mlist.add(list.remove(0));
                mlist.add(list.remove(0));
            } else {
                boat.go();
            }
        }
    } else {
        if(!clist.isEmpty()&&!mlist.isEmpty()) {
            list.add(clist.remove(0));
            list.add(mlist.remove(0));
            if(!checksafe()) {
                System.out.println("error 1");
            } else {
                boat.go();
            }
        } else {
            System.out.println("error 2");
        }
    }
}else{                                               //河岸 2
    goflag = false;
if(boat.getOtherSide().getCannList().isEmpty()&&boat.getOtherSide().getWolfList().isEmpty
()) {completed = false; break;}
    ArrayList mlist = boat.getCurrentSide().getWolfList();
    ArrayList clist = boat.getCurrentSide().getSheepList();
    ArrayList list = boat.getList();
        if(clist.size()>= 1) {
            list.add(clist.remove(0));
            if(!checksafe()) {
                clist.add(list.remove(0));
            } else {
                goflag = true;
            }
        } else {
            if(mlist.size()>= 1)  {
                list.add(mlist.remove(0));
                if(!checksafe()) {
```

Java 数据集合框架介绍

```
                    mlist.add(list.remove(0));
                } else {
                    goflag = true;
                }
            }
        }
        if(goflag)      {
            boat.go();
        } else  {
            if(!mlist.isEmpty()&&!clist.isEmpty()) {
                list.add(clist.remove(0));
                list.add(mlist.remove(0));
                if(!checksafe())  {
                    System.out.println("error 1");
                } else {
                    boat.go();
                }
            }
        }
    }
}
/ ********************************************** /
    }
    public static void main(String[] args){
        WolfPassRiver myapp = new WolfPassRiver();
        myapp.transport();
    }}
```

【程序建模实例 10-2】 限时过桥问题。

在一个漆黑的夜晚,有一家人要过一座独木桥,每一个人过桥所需的时间都不一样,如图 10-6 所示,分别需要 1、3、6、8、12 秒,只有一盏最多能点亮 30 秒的灯,并且最多只能两人一起过;过桥时必须要有灯照路才可能过去,也就是说,过去的人还得把灯送过来,以便其他人过桥,试提出一个合理的过桥方案。

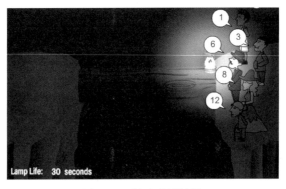

图 10-6　限时过桥问题

分析:根据数学集合原理,可以证明当 $a_n > a_{n-1} > \cdots > a_2 > a_1 > a_0$ 时,按 (a_n, a_{n-1}),$(a_{n-2}, a_{n-3}) \cdots (a_3, a_2)$,$(a_1, a_0)$ 分组,则由 a_1, a_0 来回拿灯,每回送过去一组,所需时间

最短。再通过简单的运算可知，如果 $a_1 > 2a_0$，则应尽量选 a_0 送灯。

源程序代码如下：

```java
import java.util.*;
class Person implements Comparable{
    private String name;
    private int timekeeping;
    public Person(String s,int t){name = s;timekeeping = t;}
    public String getName(){return name;}
    public void setName(String a){name = a;}
    public int getTimekeeping(){return timekeeping;}
    public void setTimekeeping(int t){timekeeping = t > 0?t:1;}
    public String toString(){return "(" + name + " " + timekeeping + ")";}
    public int compareTo(Object b){
      Person st = (Person)b;
      return (this.timekeeping - st.timekeeping);
    }
}
class Lamp{
    private int totaltime;
    public Lamp(int t){totaltime = t;}
    public int getTotaltime(){return totaltime;}
    public void setTotaltime(int t){totaltime = t;}
    public synchronized boolean move(int seconds){
        try{
            Thread.sleep(seconds * 1000);
        }catch(InterruptedException e){System.out.println("Interrupted!");}
        totaltime -= seconds;
        if(totaltime <= 0){
            return false;
        }
        return true;
    }
}
class TransferLamp extends Thread{
    private Lamp lamp;
    private Person persons[];
    private Side toside;
    public TransferLamp(Lamp l,Person one,Side to){
        lamp = l;toside = to;
        persons = new Person[1];persons[0] = one;
    }
    public TransferLamp(Lamp l,Person one,Person two,Side t){
        lamp = l;toside = t;
        persons = new Person[2];persons[0] = one;persons[1] = two;
    }
    public void run(){
        boolean lampfire = true;
        if(persons.length == 1){
            lampfire = lamp.move(persons[0].getTimekeeping());
```

```
                    toside.addPerson(persons[0]);
            }else{
                    int tmp = Math.max(persons[0].getTimekeeping(),persons[1].getTimekeeping());
                    lampfire = lamp.move(tmp);
                    toside.addPerson(persons[0]);toside.addPerson(persons[1]);
            }
            if(lampfire){
                    System.out.println("The remaining time of lamp is :" + lamp.getTotaltime() + "\n");
            }else{
                    System.out.println("\nThe lamp is over!");
            }
        }
    }
}
class Side{
    String name;
    private TreeSet < Person > ts;
    public Side(){
        ts = new TreeSet < Person >();
    }
    public void addPerson(Person p){
        ts.add(p);
    }
    public String toString(){return name;}
    public Person removePersonFromBegin(){return ts.pollFirst();}
    public Person removePersonFromEnd(){return ts.pollLast();}
    public int getFirstPersonTime(){return ts.first().getTimekeeping();}
    public int getSecondPersonTime ( ) { Person tmp = ts.pollFirst ( ); int t = ts.first ( ).
getTimekeeping();ts.add(tmp);return t;}
    public int getLastPersonTime(){return ts.last().getTimekeeping();}
    public int getPenultPersonTime ( ) { Person tmp = ts.pollLast ( ); int t = ts.last ( ).
getTimekeeping();ts.add(tmp);return t;}

    public TreeSet getTs(){return ts;}
    public void setTs(TreeSet t){ts = t;}
    public int getPersons(){return ts.size();}
    public void setName(String n){name = n;}
    public String getName(){return name;}
    public void transferLamp(Lamp l,Side otherside) {
            Person one = removePersonFromBegin();
            TransferLamp atrip = new TransferLamp(l,one,otherside);
            System.out.println("From " + this.getName() + " to " + otherside.getName() + ":" +
one);
            atrip.start();
            try{atrip.join();}catch(InterruptedException e){}
    }
    public void transferLampandPerson(Lamp l,Side otherside){
            int thismin,thissecondmax,thismax,othermin,thissecondmin;
            if(this.getPersons() == 1) transferLamp(l,otherside);
            else if(this.getPersons() == 2|otherside.getPersons() == 0){
                    Person one = removePersonFromBegin();
                    Person two = removePersonFromBegin();
```

```java
                    TransferLamp atrip = new TransferLamp(1, one, two, otherside);
                    System.out.println("From " + this.getName() + " to " + otherside.getName()
+ ":" + one + "," + two);
                    atrip.start();
                    try{atrip.join();}catch(InterruptedException e){}
            }else if(otherside.getPersons()>= 1&this.getPersons()> 2){
                    othermin = otherside.getFirstPersonTime();
                    thismin = getFirstPersonTime();
                    thissecondmin = getSecondPersonTime();
                    thissecondmax = getPenultPersonTime();
                    thismax = getLastPersonTime();
                    if(thismin + thissecondmax > 2 * othermin & thismin + thissecondmax < 2 *
thissecondmin){
                        Person one = removePersonFromEnd();
                        Person two = removePersonFromEnd();
                        TransferLamp atrip = new TransferLamp(1, one, two, otherside);
                        System.out.println("From " + this.getName() + " to " + otherside.getName()
+ ":" + one + "," + two);
                        atrip.start();
                        try{atrip.join();}catch(InterruptedException e){}
                    }else if(thismin + thissecondmax > 2 * thissecondmin){
                        Person one = removePersonFromBegin();
                        Person two = removePersonFromBegin();
                        TransferLamp atrip = new TransferLamp(1, one, two, otherside);
                        System.out.println("From " + this.getName() + " to " + otherside.getName()
+ ":" + one + "," + two);
                        atrip.start();
                        try{atrip.join();}catch(InterruptedException e){}
                    }else{
                        Person one = removePersonFromBegin();
                        Person two = removePersonFromEnd();
                        TransferLamp atrip = new TransferLamp(1, one, two, otherside);
                        System.out.println("From " + this.getName() + " to " + otherside.getName()
+ ":" + one + "," + two);
                        atrip.start();
                        try{atrip.join();}catch(InterruptedException e){}
                    }
                }
            }
    }
    public void display(){
        if(!ts.isEmpty()){
            System.out.println(ts);
        }else{
            System.out.println("Empty!");
        }
    }
}
public class PassBridgeOk{
    private Lamp lamp;
    private Side sideA, sideB;
    public PassBridgeOk(){
```

Java 数据集合框架介绍

```
        lamp = new Lamp(30);
        sideA = new Side();
        sideB = new Side();
        sideA.setName("SideA");
        sideB.setName("SideB");
        int timearray[] = {1,3,6,8,12};
        for(int i = 0;i < timearray.length;i++){
            Person person = new Person("Person_" + (i + 1),timearray[i]);
            sideA.addPerson(person);
        }
    }
    public void debug(){
        System.out.print("SideA: ");sideA.display();
        System.out.print("SideB: ");sideB.display();
    }

    public void go(){
        debug();
        System.out.println("********************************************");
        if(sideA.getPersons() == 1){
            sideA.transferLamp(lamp,sideB);
        }else if(sideA.getPersons() == 2){
            sideA.transferLampandPerson(lamp,sideB);
        }else if(sideA.getPersons()>= 3){
            sideA.transferLampandPerson(lamp,sideB);
            while(sideA.getPersons()>= 1){
                sideB.transferLamp(lamp,sideA);
                sideA.transferLampandPerson(lamp,sideB);
            }
        }

        System.out.println("********************************************");
        debug();
        if(lamp.getTotaltime()>= 0){System.out.println("Success!");}
        else{System.out.println("Fail!");}
    }
    public static void main(String[] args){
        PassBridgeOk myapp = new PassBridgeOk();
        myapp.go();
    }
}
```

10.7 本 章 小 结

本章介绍了数据结构和算法的基本概念，介绍了 Java 语言对各种数据集合的支持。在 Java 中通过一个完整的集合框架体系来支持人们常用的各种数据结构及其相关算法。集合框架定义了接口、实现类和对各种集合类进行操作的多态算法。这些接口对于各种集合的实现提供了统一的操作接口，这些类提供了流行的数据结构的实现。

本章还通过实例演示了在 Java 中使用各种数据结构接口和基本的实现类的使用技巧。然后介绍了哈希存储中常用的一些基本属性和概念,最后通过两个基于数据集合的程序建模演示了初步的人工智能算法在解决一些智力问题中的作用。

第 10 章 习 题

一、填空题

1. Collection 接口的特点是该接口中规定的元素是_____。

2. List 接口的特点是元素_____(有|无)顺序,_____(可以|不可以)重复。

3. Set 接口的特点是元素_____(有|无)顺序,_____(可以|不可以)重复。

4. Map 接口的特点是元素是_____映射_____,其中_____可以重复,_____不可以重复。

5. 在 List 接口、Set 接口、Map 接口中,_____没有继承 Collection 的接口。

6. 泛型的本质是_____。

二、编程题

1. 编写一个程序,读入一系列名字并将它们存储在 LinkedList 中,然后输入一个名字,查找链表输出序号。

2. 创建两个 SortedSet 对象,用以存放 Employee 对象,此对象有 3 个属性:工号(eno)、姓名(ename)和工资(salary)。第一个按默认排序方法以工号为关键字进行排序;第二个是以工资为关键字、用自定义的比较器进行排序。

3. 利用 HashMap 和 GUI 编程技术实现一个简单的名片管理系统,可以进行输入、查询和修改名片信息,假定名片中的信息包括姓名、单位、电话、手机和邮箱。

4. 设计两个实体类:顾客类(Customer)和订单类(Order)。已知一个顾客有 id 和 name 属性,可以拥有多张订单,而一个订单只能隶属于一个顾客;订单记录商品信息和订单的生成日期等信息;商品信息包括商品 id、商品名称、单价等信息。试编写程序使用集合框架来存放所有的订单对象,并具有新增顾客、浏览订单的功能。

5. 假设有一个文本文件 dictionary.dat,文件的内容有两列,用冒号分开,第一列为英文单词,第二列为中文解释。试编写一个程序,提供快速查询单词的功能,即从键盘输入一个单词,输出对应的中文解释。

三、简答题

1. 向量和数组有何不同? 它们分别适合什么场合?

2. Set 和 List 接口有哪些区别?

3. 与数组相比,使用链表存放数据有何好处? 链表在 Java 中是如何实现的?

4. ArrayList 和 LinkedList 有何异同?

5. Iterator 接口的作用是什么?

6. 什么是泛型的类型参数? 为什么说 Java 的泛型机制可以保证程序运行时的安全?

第11章 数据库编程基础

现代社会数据库系统无处不在,我们的身份信息、社会保险信息存储在政府的数据库中。如果人们在网上购物,购买信息会被商业公司存储在他们数据库中。如果人们上学,学籍信息会被存储在教育系统的数据库中。数据库系统不仅可以存储数据,它们还能提供访问、更新、操作和分析数据的方法。数据库系统在社会和商业中扮演着重要的角色,存储和检索信息是应用程序执行最多的操作之一,也是当前大多数应用程序实现的基本功能。本章将学习 Java 数据库连接应用程序的编程接口(API),也就是 JDBC。

JDBC(Java Data Base Connectivity,Java 数据库连接)是一种用于执行 SQL 语句的 Java API,可以为多种关系数据库提供统一的访问界面,它由一组用 Java 语言编写的类和接口组成。JDBC 提供了一种基准,据此可以构建更高级的工具和接口,使 Java 开发人员能够编写数据库应用程序。实际上,JDBC 已经成为 Java 与许多数据库实现数据连接的规范和工业标准。

有了 JDBC,向各种关系数据库管理系统发送 SQL 语句就是一件很容易的事。换言之,有了 JDBC API,就不必为访问 Sybase 数据库专门写一个程序,为访问 Oracle 数据库又专门写一个程序,或为访问 Informix 数据库也编写一个程序,程序员只需用 JDBC API 写一个程序就够了,它可向相应数据库管理系统发送 SQL 语句;将 Java 语言和 JDBC 结合起来使程序员只需写一遍程序就可以让它在任何数据库平台上运行,这也是 Java 语言"Write once run anywhere!"的具体体现。

Java 数据库连接体系结构提供了 Java 应用程序连接数据库的标准方法。JDBC 对 Java 程序员而言是 API,对实现与数据库连接的服务提供商而言是接口模型。作为 API,JDBC 为程序开发提供标准的接口,并为数据库厂商及第三方中间件厂商实现与数据库的连接提供了标准方法。JDBC 使用已有的 SQL 标准并支持与其他数据库的连接标准,例如 ODBC 之间的桥接。JDBC 实现了所有这些面向标准的目标,并且具有简单、严格类型定义且高性能实现的接口。

11.1 JDBC 简介

视频讲解

Java 具有健壮、安全、易于使用、易于理解和可从网络上自动下载等特性,所以也是编写数据库应用程序的杰出语言。但对于编写数据库应用程序,还需要拥有 Java 应用程序与各种不同数据库之间进行连接的方法。有了与各种不同数据库之间进行通信和交换数据的方法,就可以用 Java 语言编写数据库应用程序,而 JDBC 正是提供这种作用的中间层组件。

JDBC 由一系列的类和接口组成,包括驱动(Driver)、连接(Connection)、SQL 语句

（Statement）和结果集（ResultSet）等，分别用于实现建立与数据库的连接、向数据库发起查询请求、处理数据库返回的结果等功能。其中，核心的类和接口包含在 java.sql 包和 javax.sql 包中。表 11-1 列出了 java.sql 包中访问数据库的重要类和接口以及它们的功能说明。

简单地说，JDBC 完成下面 3 项工作。

（1）建立 Java 程序与数据库的连接。

（2）发送 SQL 语句。

（3）处理得到的结果，并可再次通过 SQL 更新数据库。

表 11-1 java.sql 包中访问数据库的重要类和接口

类 名	功 能 说 明
java.sql.DriverManager	用于加载驱动程序，建立与数据库的连接。在 JDBC 2.0 中建议使用 DataSource 接口来连接包括数据库在内的数据源
java.sql.Driver	驱动程序接口
java.sql.Connection	用于建立与数据库的连接
java.sql.Statement	用于执行 SQL 语句并返回结果。它有两个子类，其中，PreparedStatement 用于执行预编译的 SQL 语句，CallableStatement 用于执行对于一个数据库的存储过程的调用
java.sql.ResultSet	控制 SQL 查询返回的结果集
java.sql.SQLException	SQL 异常处理类

下面先通过一个简单的实例演示如何使用 JDBC 访问数据库。

【例 11-1】 演示 JDBC 的使用方式。

```java
import java.sql.*;
public class dbaccess {
    public static void main(String[] args) {
        String DBDriver = "com.mysql.jdbc.Driver";
        String sql = "select * from student";
        Connection conn = null;
        ResultSet rs = null;
        try {
            Class.forName(DBDriver);                //加载驱动类
conn = DriverManager.getConnection("jdbc:mysql:/localhost:3306/test","root","majun4044");
//链接 localhost 机器得到一个连接对象
            Statement state = conn.createStatement();  //创建一个 SQL 语句对象
            rs = state.executeQuery(sql);           //执行 SQL 语句,得到记录集
            if( rs != null ) {
                System.out.println("学号\t姓名\t性别\t年龄");
                while( rs.next() ){                 //遍历记录集
                    System.out.print("" + rs.getString("xuehao"));
                    System.out.print("\t" + rs.getString("xingming"));
                    System.out.print("\t" + rs.getString("xingbie"));
                    System.out.println("\t" + rs.getInt("nianling"));
                }
                rs.close();
                conn.close();
            }
```

```
        }
        catch(Exception e){
            e.printStackTrace();
        }
    }
}
```

上述程序代码对基于 JDBC 的数据库访问流程做了简单的演示。JDBC 是一个"低级"接口,也就是说,它用于直接调用 SQL 命令。在这方面它的功能极佳,并比其他的数据库连接 API 易于使用,但它同时也被设计为一种基础接口,在它之上可以建立高级接口和工具。高级接口是"对用户友好"的接口,它使用的是一种更易理解和更为方便的 API,这种 API 在幕后被转换为诸如 JDBC 这样的低级接口。JDBC 的层次如图 11-1 所示。

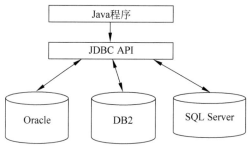

图 11-1 JDBC 的层次

在关系数据库的"对象/关系"映射中,表中的每行可以对应类的一个实例,而每列的值可以对应该实例的一个属性。于是,我们可以编写对应的 Java 类,将关系表中的列对应到属性,然后可直接对 Java 对象属性进行存取操作;针对数据库存取数据所需的 SQL 调用将封装在相应的方法之下,由此屏蔽了 JDBC API 的调用。此外还可提供更复杂的映射,例如将多个表中的行结合到一个 Java 类中。

通过 JDBC 访问数据库,必须提供相应 DBMS 的驱动程序,通过 java. sql. DriverManager 类来加载和管理 JDBC 驱动程序。JDBC 连接数据库的方式如图 11-2 所示。

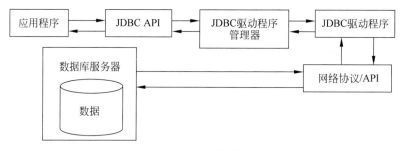

图 11-2 JDBC 连接数据库示意图

JDBC 的基础特性如下所述。

(1) 它不限制传递到底层 DBMS 驱动程序的查询类型。

(2) JDBC 机制非常易于理解和使用。

(3) 它提供了与 Java 系统的其他部分保持一致的 Java 接口。

（4）JDBC 提供了常见数据库上的 API 接口的高效实现。

结构化查询语言（SQL）是用于访问关系数据库的标准语言，但到目前为止还没有一个统一的标准，这就为处理不同数据库的不同类型数据时带来一些问题，我们称此为 SQL 的一致性问题。Java 处理 SQL 一致性的方法如下所述。

（1）JDBC API 允许将任何查询字符串传递到底层 DBMS 驱动程序。

（2）提供 java.sql.Types 完成各种数据类型的封装。

（3）提供内置功能，便于将包含转义序列的 SQL 查询转换为数据库可理解的格式。

（4）提供 DatabaseMetaData 接口，允许用户检索关于所使用的 DBMS 信息。

11.2　JDBC 与 ODBC 比较

Microsoft 公司的 ODBC API 是早期使用较广的、用于访问关系数据库的编程接口，它能在几乎所有平台上连接几乎所有的数据库。Java 也可以使用 ODBC，但要通过 JDBC-ODBC 桥的形式来使用 ODBC API。ODBC 不适合直接在 Java 中使用，因为它使用 C 语言接口。从 Java 调用本地 C 代码在安全性、实现、坚固性和程序的自动移植性方面都有许多缺点，从 ODBC API 到 Java API 的字面翻译也是不可取的，所以，Java 专门提供了 JDBC-ODBC 桥驱动，通过 JDBC 来使用 ODBC API，这意味着早期使用 ODBC 的应用程序很容易就可以移植到 Java 应用程序。

ODBC 很难学，它把简单和高级功能混在一起，而且即使对于简单的查询，其选项也极为复杂。相反，JDBC 尽量保证简单功能的简便性，同时在必要时允许使用高级功能。启用"纯 Java"机制需要像 JDBC 这样的 Java API。如果使用 ODBC，就必须手动将 ODBC 驱动程序管理器和驱动程序安装在每台客户机上。如果完全用 Java 编写 JDBC 驱动程序，则 JDBC 代码在所有 Java 平台上（从网络计算机到大型机）都可以自动安装、移植并保证安全性。

总之，JDBC API 对于基本的 SQL 抽象和概念是一种自然的 Java 接口，它继承了 ODBC 的体系结构，因此，熟悉 ODBC 的程序员将发现 JDBC 很容易使用。JDBC 保留了 ODBC 的基本设计特征，事实上，两种接口都基于 X/Open SQL CLI（调用级接口）。它们之间最大的区别在于 JDBC 以 Java 风格与优点为基础并进行优化，因此更加易于使用。

目前，Microsoft 公司又引进了 ODBC 之外的新 API，即 RDO、ADO 和 OLE DB。这些设计在许多方面与 JDBC 是相同的，即它们都是面向对象的数据库接口，且基于可在 ODBC 上实现的类。但在这些接口中，并未有特别的功能使人们要转而选择它们来替代 ODBC，尤其是在 ODBC 驱动程序已建立起较为完善的市场的情况下，它们最多也就是在 ODBC 上加了一种装饰而已。

11.3　JDBC 驱动程序的类型

目前，比较常见的 JDBC 驱动程序可分为以下 4 个种类。

1. JDBC-ODBC 桥加 ODBC 驱动程序

JavaSoft 桥产品利用 ODBC 驱动程序提供 JDBC 访问，如图 11-3 所示。注意，必须将

ODBC 二进制代码（许多情况下还包括数据库客户机代码）加载到使用该驱动程序的每个客户机上。因此,这种类型的驱动程序最适合于企业网(这种网络上客户机的安装不是主要问题),或者是用 Java 编写的三层结构的应用程序服务器代码。

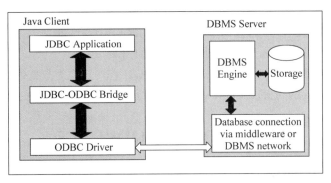

图 11-3　ODBC 桥接数据库

2. 本地 API

这种类型的驱动程序把客户 API 上的 JDBC 调用转换为 Oracle、Sybase、Informix、DB2 或其他 DBMS 的调用,如图 11-4 所示。注意,和桥驱动程序一样,这种类型的驱动程序要求将某些二进制代码加载到每台客户机上。

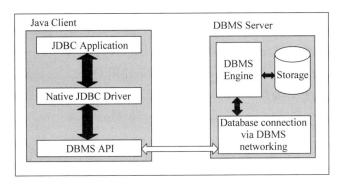

图 11-4　本地 JDBC API 连接数据库

3. JDBC 网络纯 Java 驱动程序

这种驱动程序将 JDBC 转换为与 DBMS 无关的网络协议,然后这种协议又被某个服务器转换为一种 DBMS 协议,如图 11-5 所示。这种网络服务器中间件能够将它的纯 Java 客户机连接到多种不同的数据库上,所用的具体协议取决于提供者。通常,这是最为灵活的 JDBC 驱动程序,有可能所有这种解决方案的提供者都提供适合于 Intranet 使用的产品。为了使这些产品也支持 Internet 访问,它们必须处理 Web 所提出的安全性、通过防火墙的访问等方面的额外要求。

4. 本地协议纯 Java 驱动程序

这种类型的驱动程序将 JDBC 调用直接转换为 DBMS 所使用的网络协议,如图 11-6 所示。这将允许从客户机上直接调用 DBMS 服务器,是 Intranet 访问的一个很实用的解决方法。由于许多这样的协议都是专用的,因此数据库提供者自己将是这类驱动程序的主要提供者。

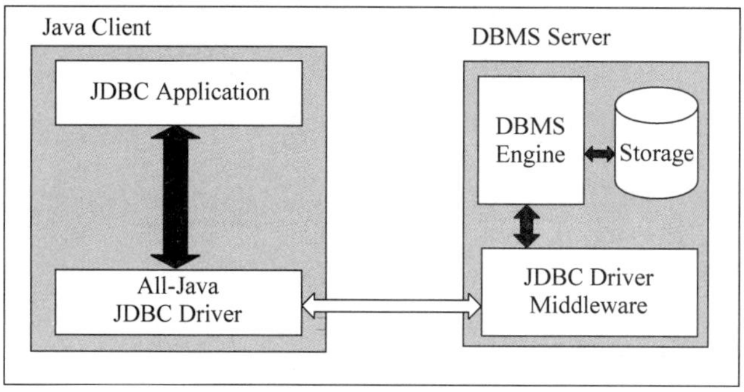

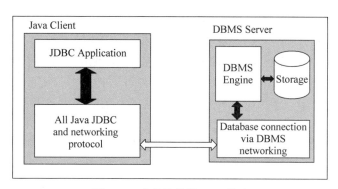

图 11-5 纯 Java 实现基于网络的 JDBC 驱动

图 11-6 本地协议纯 Java 驱动

其中,第三种和第四种驱动程序是使用 JDBC 驱动程序访问数据库的首选方式,尤其是第四种模式,是当前绝大多数基于网络或云服务的程序主要选择的驱动方式。

11.4 JDBC 编程基本步骤

1. 注册 JDBC 驱动程序

如果编写 Java 应用程序使用特定的数据库,必须加载并注册相应的驱动程序,加载驱动程序有以下两种方式。

(1) 作为初始化的一部分,DriverManager 类会尝试加载在 jdbc. drivers 系统属性中引用的驱动程序类,这允许用户自定义由他们的应用程序使用的 JDBC Driver。例如,在特定的 properties 文件中,用户可以指定:

```
jdbc.drivers = foo.bah.Driver: wombat.sql.Driver: bad.taste.ourDriver
```

(2) 程序还可以在任意时间显式地加载 JDBC 驱动程序。例如,MySQL 的驱动 my. sql. Driver 是使用以下语句加载的:

```
Class.forName("my.sql.Driver");
```

2. 建立 JDBC 连接

一旦加载了有效的驱动程序,就可以用它建立数据库的连接了。下列代码演示了如何

数据库编程基础

建立数据库连接对象。

```
Connection con = DriverManager.getConnection(url, "myLogin", "myPassword");
```

其中,myLogin 为登录数据库的用户名,myPassword 为相应的密码,url 为定位数据库资源的标识字符串。

JDBC 连接由"数据库 url"标识,它告诉驱动程序管理器使用哪个驱动程序和数据源,数据库 url 的语法格式如下:

```
jdbc:< subprotocol >:< submname >
```

其中,subprotocol 是有效 JDBC 驱动程序的名称,subname 通常是指映射到物理数据库的逻辑名称或别名。

如果你装载的驱动程序识别了提供给 DriverManager. getConnection 的 JDBC URL,那么驱动程序将根据 JDBC URL 建立一个到指定 DBMS 的连接。正如名称所示,DriverManager 类在幕后管理建立连接的所有细节,一般程序员需要在此类中直接使用的唯一方法是 DriverManager. getConnection()。

总之,DriverManager. getConnection()方法返回一个打开的连接,你可以使用此连接创建 JDBC statements 对象,并通过此语句对象发送 SQL 语句到数据库。

下面列出了连接各种常用数据库产品的相应代码。

(1) Oracle8/8i/9i 数据库(thin 模式)。

```
Class.forName(oracle.jdbc.driver.OracleDriver);
String url = "jdbc:oracle:thin:@localhost:1521:orcl";      //orcl 为数据库的 SID
String user = "test";
String password = "test";
Connection conn = DriverManager.getConnection(url,user,password);
```

(2) DB2 数据库。

```
Class.forName(com.ibm.db2.jdbc.app.DB2Driver );
String url = "jdbc:db2://localhost:5000/sample";           //sample 为数据库名
String user = "admin";
String password = "";
Connection conn = DriverManager.getConnection(url,user,password);
```

(3) SQL Server 7.0/2000 数据库。

```
Class.forName(com.microsoft.jdbc.sqlserver.SQLServerDriver);
String url = "jdbc:microsoft:sqlserver://localhost:1433;DatabaseName = mydb"; //mydb 为数据库
String user = "sa";
String password = "";
Connection conn = DriverManager.getConnection(url,user,password);
```

(4) Sybase 数据库。

```
Class.forName(com.sybase.jdbc.SybDriver);
String url = "jdbc:sybase:Tds:localhost:5007/myDB";        //myDB 为数据库名
Properties sysProps = System.getProperties();
```

```
SysProps.put(user,userid);
SysProps.put(password,user_password);
Connection conn = DriverManager.getConnection(url, SysProps);
```

（5）Informix 数据库。

```
Class.forName(com.informix.jdbc.IfxDriver);
String url = "jdbc:informix-sqli://123.45.67.89:1533/myDB:INFORMIXSERVER = myserver";
String user = "testuser",password = "testpassword";          //myDB 为数据库名
Connection conn = DriverManager.getConnection(url);
```

（6）MySQL 数据库。

```
String url = "jdbc:mysql://localhost:3306/studentinfo";
Class.forName("com.mysql.jdbc.Driver");
String userName = "root";
String password = "rootpass";
Connection con = DriverManager.getConnection(url,userName,password);
```

3. 构造 SQL 语句

视频讲解

一旦得到连接对象，就可以创建 SQL 语句对象了，JDBC 提供了 3 个类，用于向数据库创建并发送 SQL 语句，下面列出这些类及其创建方法。

（1）Statement：由 createStatement()方法所创建。此对象用于发送简单的 SQL 语句。

（2）PreparedStatement：由连接对象的 prepareStatement()方法所创建。此对象用于发送带有一个或多个输入参数(in 参数)的 SQL 语句。PreparedStatement 拥有一组方法，用于设置 in 参数的值。执行语句时，这些 in 参数将被送到数据库中。PreparedStatement 扩展了 Statement，因此它们也都包括 Statement 的方法。PreparedStatement 对象有可能比 Statement 对象的效率更高，因为它已被预编译过并存放在数据库中以供将来再次使用。

（3）CallableStatement：由连接对象的 prepareCall()方法所创建，此对象用于执行 SQL 存储程序即一组可通过名称来调用（就像函数的调用那样）的 SQL 语句。CallableStatement 对象从 PreparedStatement 中继承了用于处理 in 参数的方法，而且还增加了用于处理 out 参数和 inout 参数的方法。

通常来说，createStatement()方法用于简单的 SQL 语句(不带参数)，prepareStatement()方法用于带一个或多个 in 参数的 SQL 语句或经常被执行的简单 SQL 语句，而 prepareCall()方法用于调用已存储的过程。

在此以 Statement 为例来说明，一旦建立了连接，便可以构造 Statement 对象将 SQL 语句发送到 DBMS。对 SQL 的常用的查询语句 select 来说，应使用 executeQuery()方法，若要使用创建或修改表的 SQL 语句，则应使用 executeUpdate()方法。下面的代码给出了如何创建 Statement 对象 stmt，其中 con 为连接对象。

```
Statement stmt = con.createStatement();
```

4. 提交数据库执行查询语句

虽然 SQL 语句对象已经存在了，但它还没有把 SQL 语句传递到 DBMS，我们需要提供相应的 SQL 语句作为参数传给使用的 Statement 对象的相应方法。Statement 对象的常用方法有下面 3 个。

（1）executeUpdate()：用来创建和更新表,可指向除查询外的多数 SQL 语句。

（2）executeQuery()：用来执行查询,只执行 select 语句。

（3）execute()：执行 SQL 命令,可能返回多个值。

例如,在下面的代码段中使用上面例子的 stmt 对象,并把一个创建表的 SQL 语句作为 executeUpdate 的参数传给 executeUpdate()方法。

```
stmt.executeUpdate("CREATE TABLE MyTable (COF_NAME VARCHAR(32), SUP_ID INTEGER, PRICE FLOAT,
SALES INTEGER, TOTAL INTEGER)");
```

当然,也可以把 SQL 语句赋给一个变量 sqlstr,然后用以下方式书写代码。

```
stmt.executeUpdate(sqlstr);
```

一般使用 executeQuery()方法完成查询语句 select 的使用,查询的结果返回一个记录集合对象,即 ResultSet 对象,示例如下：

```
Statement stmt = con.createStatment();
ResultSet recset = stmt.executeQuery("select * from Customer");
```

5. 显示结果或进一步处理

得到记录集后,就可以对记录集中的数据进行操作或显示了,如下所示。

```
while(recset.next()){
    int custId = recset.getInt("CustId");
    String custName = recset.getString("CustName");
    String address = recset.getString("Address");
    System.out.println("客户标识为:" + custId + "客户名称为: " + custName + " 地址为: " +
address);
}
```

ResultSet 包含符合 SQL 语句中满足条件的所有行,并且它通过一套 get()方法提供了对这些行中各列数据的访问。get()方法的参数可以是表中的列名,也可以是该列在表中的序号,get()方法根据参数的类型不同而不同,例如取整型数据用 getInt(),取字符型数据用 getString(),另外,ResultSet.next()方法用于移动到 ResultSet 中的下一行,使下一行成为当前行。

下面的代码段是执行 SQL 语句的示例。该 SQL 语句将返回行集合,其中,列 1 为 int,列 2 为 String,列 3 则为浮点型。

```
Java.sql.Statement stmt = con.createStatement();
ResultSet r = stmt.executeQuery("SELECT a,b,c FROM Table1");
while(r.next()){
  int i = r.getInt("a");
  String s = r.getString("b");
  float f = r.getFloat("c");
  System.out.println("ROW = " + i + " " + s + " " + f);
}
```

在使用 ResultSet 类对象时要注意以下事项。

（1）行和光标：ResultSet 维护指向其当前数据行的光标。每调用一次 next()方法,光标向下移动一行。最初,它位于第一行之前,因此第一次调用 next()方法将把光标置于第一行上,使它成为当前行。随着每次调用 next()方法导致光标向下移动一行,按照从上至下的次序依次获取 ResultSet 行。

在 ResultSet 对象或其父辈 Statement 对象关闭之前,光标一直保持有效。在 SQL 中,返回的 ResultSet 表的光标是有名字的,如果数据库允许定位更新或定位删除,则需要将光标的名字作为参数提供给更新或删除命令,可通过调用 getCursorName()方法获得光标名。

DatabaseMetaData. supportsPositionedDelete()和 supportsPositionedUpdate()方法来检查特定连接是否支持这些操作。当 DBMS 支持定位更新和删除操作时,DBMS 驱动程序必须确保适当锁定选定行,以使定位更新不会导致更新异常或其他并发问题。

(2) 列:getXXX()方法提供了获取当前行中某列值的途径。在每一行内,可以按任何次序获取列值。但为了保证可移植性,应该从左至右获取列值,并且一次性地读取列值。

列名或列号可用于标识要从中获取数据的列。例如,如果 ResultSet 对象 rs 的第二列名为 title,并将值存储为字符串,则下列任一行代码将获取存储在该列中的值。

```
String s = rs.getString("title");
String s = rs.getString(2);
```

列是从左至右编号的,并且从列 1 开始。同时,用作 getXXX()方法输入的列名不区分大小写。

提供使用列名这个选项的目的是为了让查询中指定列名的用户可使用相同的名字作为 getXXX()方法的参数。另外,如果 select 语句未指定列名(例如在"select * from table1"中,或列是导出的时),则应该使用列号,在这些情况下,用户将无法确切地知道列名。

有些情况下,SQL 查询返回的结果集中可能有多个列具有相同的名字。如果列名用作 getXXX()方法的参数,则 getXXX()方法将返回第一个匹配列名的值。因而,如果多个列具有相同的名字,则需要使用列索引来确保检索了正确的列值,这时,使用列号效率要稍微高一些。

关于 ResultSet 中列的信息,可通过调用 ResultSet. getMetaData()方法得到。返回的 ResultSetMetaData 对象将给出其 ResultSet 对象各列的编号、类型和属性。

如果列名已知,但不知其索引,则可用 findColumn()方法得到其列号。

(3) 数据类型和转换:对于 getXXX()方法,JDBC 驱动程序试图将基本数据转换成指定的 Java 类型,然后返回适合的 Java 值。例如,getInt(int col)获得整型,getDouble(int col),获得双精度浮点型。如果 getXXX()方法为 getString(),而基本数据库中数据类型为 VARCHAR,则 JDBC 驱动程序将把 VARCHAR 转换成字符串类型,即 getString(int col)的返回值将为 Java String 对象。

(4) 对非常大的行值使用流:ResultSet 可以获取任意大的 LONGVARBINARY 或 LONGVARCHAR 数据,getBytes()方法和 getString()方法将数据返回为大的块(最大为 Statement. getMaxFieldSize 的返回值)。但是,以较小的固定块获取非常大的数据可能会更方便,而这可通过让 ResultSet 类返回 Java. io. InputStream 流来完成,从该流中可分块读取数据。

注意:必须立即访问这些流,因为在下一次对 ResultSet 调用 getXXX 时,它们将自动关闭(这是由于基本实现对大块数据访问有限制)。

JDBC API 具有 3 个获取流的方法,分别具有不同的返回值。

(1) getBinaryStream():返回只提供数据库原字节而不进行任何转换的流。

(2) getAsciiStream():返回提供单字节 ASCII 字符的流。

(3) getUnicodeStream():返回提供双字节 Unicode 字符的流。

下列代码演示了 getAsciiStream()方法的用法。

```
Java. sql. Statementstmt = con. createStatement();
ResultSet r = stmt. executeQuery("SELECT x FROM Table2");
byte buff = new byte[4096];                        //现在以 4KB 块大小获取列 1 的结果
while(r.next()){
java. io. InputStream fin = r. getAsciiStream(1);
for(;;){
intsize = fin. read(buff);
if(size == -1){                                    //到达流末尾
break;
}
output. write(buff,0,size);                        //将新填充的缓冲区发送到 ASCII 输出流
}}
```

(5) NULL 结果值:要确定给定结果值是不是 JDBC NULL,必须先读取该列,然后使用 ResultSet. wasNull() 方法检查该次读取是否返回 JDBC NULL。

当使用 ResultSet. getXXX()方法读取 JDBC NULL 时,wasNull()方法将返回下列值之一。

① Java null 值:对于返回 Java 对象的 getXXX()方法(例如 getString、getBigDecimal、getBytes、getDate、getTime、getTimestamp、getAsciiStream、getUnicodeStream、getBinaryStream、getObject 等)。

② 零值:对于 getByte、getShort、getInt、getLong、getFloat 和 getDouble。

③ false 值:对于 getBoolean。

(6) 可选结果集或多结果集:通常使用 executeQuery()方法(它返回单个 ResultSet)或 executeUpdate()方法(它可用于任何数据库修改语句,并返回更新行数)可执行 SQL 语句。但在有些情况下,应用程序在执行语句之前不知道该语句是否返回结果集。此外,有些存储过程可能返回几个不同的结果集或更新计数。

为了适应这些情况,JDBC 提供了一种机制,允许应用程序执行 SQL 语句,然后处理由结果集和更新计数组成的任意集合。这种机制的原理是首先调用一个完全通用的 execute 方法,然后调用另外 3 个方法,即 getResultSet()、getUpdateCount()和 getMoreResults()。这些方法允许应用程序一次一个地处理记录结果,并确定返回的结果是 ResultSet 对象还是更新计数。

(7) 默认的 ResultSet 对象不可用于更新数据库,仅有一个向前移动的光标。因此,只能迭代它一次,并且只能按从第一行到最后一行的顺序进行。但可以生成可滚动或可更新的 ResultSet 对象。以下代码片段(其中,con 为有效的 Connection 对象)演示了如何生成可滚动且不受其他更新影响的可更新结果集。

```
Statement stmt = con.createStatement(
ResultSet.TYPE_SCROLL_INSENSITIVE,ResultSet.CONCUR_UPDATABLE);
ResultSet rs = stmt.executeQuery("SELECT a, b FROM TABLE2");
//rs 是滚动的,不显示其他人所做的更改,并可更新
```

（8）在 JDBC 2.0 API 中,ResultSet 接口添加了一组更新方法,关于获取方法参数的注释同样适用于更新方法的参数,可以用以下两种方式使用更新方法。

① 更新当前行中的列值：在可滚动的 ResultSet 对象中,可以向前或向后移动光标,将其置于绝对位置或相对于当前行的位置。以下方法代码片段更新 ResultSet 对象 rs 第 5 行中的 NAME 列,然后使用 updateRow()更新导出 rs 的数据源表。

```
rs.absolute(5);                        //将光标移动到 rs 的第 5 行
rs.updateString("NAME", "AINSWORTH");  //将更新第 5 行的 NAME 列为 AINSWORTH
rs.updateRow();                        //更新行中的数据源
```

② 将列值插入到插入行中：可更新的 ResultSet 对象具有一个与其关联的特殊行,该行用于构建要插入的行的暂存区域（staging area）。以下方法代码片段将光标移动到插入行,构建一个 3 列的行,并使用 insertRow()方法将其插入 rs 和数据源表中。

```
rs.moveToInsertRow();                  //移动光标到插入行
rs.updateString(1, "AINSWORTH");       //更新插入行的第 1 列为 AINSWORTH
rs.updateInt(2,35);                    //更新第 2 列为 35
rs.updateBoolean(3, true);             //更新第 2 列为 true
rs.insertRow();
rs.moveToCurrentRow();
```

6. 关闭 Statement 和 Connection

由于打开的资源可能会导致数据的破坏,所以一旦操作完成就应该关闭连接和语句对象,这是一个良好的编程习惯。

（1）stmt.close()：关闭 Statement 对象。

（2）con.close()：关闭 Connection 对象。

（3）用户不必关闭 ResultSet：因为当产生它的 Statement 关闭、重新执行或用于从多结果序列中获取下一个结果时,该 ResultSet 将被 Statement 自动关闭。

【例 11-2】 通过 JDBC 连接 MySQL 数据库演示 JDBC 的使用。

```
import java.sql. * ;
public class ConnectToMySQL {
public static Connection getConnection()
    throws SQLException, java.lang.ClassNotFoundException {
String url = "jdbc:mysql://localhost:3306/test";
Class.forName("com.mysql.jdbc.Driver");
String userName = "root";
String password = "majunfox";
Connection con = DriverManager.getConnection(url,userName,password);
return con;
}
public static void main(String[] args) {
  try{
```

```
Connection con = getConnection();
Statement sql = con.createStatement();
sql.execute("drop table if exists student");
sql.execute("create table student(" +
  "id int not null auto_increment," +
  "name varchar(20) not null default 'name'," +
  "math int not null default 60," +
  "primary key(id))");
sql.execute("insert student values(1,'AAA','99')");
sql.execute("insert student values(2,'BBB','77')");
sql.execute("insert student values(3,'CCC','65')");
String query = "select * from student";
ResultSet result = sql.executeQuery(query);
System.out.println("Student 表数据如下:");
System.out.println(" ------------------------------ ");
System.out.println("学号" + " " + "姓名" + " " + "数学成绩");
System.out.println(" ------------------------------ ");
int number;
String name;
String math;
while(result.next()){
number = result.getInt("id");
name = result.getString("name");
math = result.getString("math");
System.out.println(number + " " + name + " " + math);
}
sql.close();
con.close();
}catch(java.lang.ClassNotFoundException e){
System.err.println("ClassNotFoundException:" + e.getMessage());
}catch(SQLException ex){
System.err.println("SQLException:" + ex.getMessage());
}
}
}
```

视频讲解

11.5 JDBC 编程进阶

11.5.1 PreparedStatement 语句对象

Statement 只是简单的、低效的语句对象,不适合重复、批次地和数据库通信,如果要多次执行一个 SQL 语句,可以使用 PreparedStatement 语句对象,它可以提高执行效率。

对于 PreparedStatement 而言,SQL 语句中一些变化的数据在创建时被作为一个参数提供,然后被编译后存放在数据库中,这意味着在执行 PreparedStatement 语句时不再需要编译过程,DBMS 只将相应的参数传递给此 SQL 语句即可执行。

创建 PreparedStatement 对象。

PreparedStatement   pStmt = conn.preparedStatement (" insert into emp (empno, empname)

```
values(?,?)");
```

以上 SQL 语句中的问号表示参数，它们可以在每次调用 PreparedStatement 时修改。并且在调用时必须为所有的问号赋值，赋值使用 setXXX()方法，第一个参数为问号的顺序，第二个参数为具体的值，例如：

```
pStmt.setInt(1,1001);
pStmt.setString(2,"zhangsan");
```

执行 PreparedStatement 语句：

```
pStmt.executeUpdate();
```

【例 11-3】 PreparedStatement 语句对象演示。

```
import java.sql. * ;
public class PrepareAuthRec {
    public static void main(String args[])      {
    String auth[] = {"zhangsan","lisixian","wangwu"};
    String tel[] = {"(03)3333333","(04)4444444","(05)5555555"};
    try {
        Class.forName("com.mysql.jdbc.Driver");
    }catch(ClassNotFoundException e)      {
        System.out.println(e.getMessage());
    }
    try     {
        Connection con = DriverManager.getConnection("jdbc:mysql://localhost:3306/test","
user","usertest");
        Statement stmt = con.createStatement();
        PreparedStatement pstmt = con.prepareStatement("insert into authTab values(?,?)");
        for(int i = 0;i < auth.length;i++)      {
            pstmt.setString(1,auth[i]);
            pstmt.setString(2,tel[i]);
            pstmt.executeUpdate();
        }
    pstmt.close();
        ResultSet rs = stmt.executeQuery("select * from authTab");
        while(rs.next())      {
            System.out.println(rs.getString("auth") + "  \t" + rs.getString("tel"));
        }
        stmt.close();
        con.close();
    }catch(SQLException ex)
    { System.err.println("SQLException:" + ex.getMessage());}
    }
}
```

11.5.2 CallableStatement 语句对象

CallableStatement 用于执行 SQL 的存储过程，存储过程是执行特定操作的子程序，需要支持存储过程的 DBMS 才能执行，早期的 MySQL 和一些小型数据库不支持存储过程，

382

但目前大多数数据库都支持存储过程。CallableStatement 从 PreparedStatement 扩展而来，而 PreparedStatement 从 Statement 扩展而来。在 CallableStatement 类中有专门的输入参数和输出参数。

假设有以下存储过程。

```
CREATE  OR  REPLACE PROCEDURE SHOWEMPLOYEES
(name out varchar2,num in number)  AS
begin
  SELECT ENAME into name FROM EMP where empno = num;
end;
```

使用 Statement 语句对象创建此存储过程。

```
String createProcedure = "CREATE OR REPLACE PROCEDURE SHOWEMPLOYEES" +
"(name out varchar2,num in number) AS begin " +
"SELECT ENAME into name FROM EMP where empno = num;  end;";
Statement stmt = con.createStatement();
Stmt.executeUpdate(createProcedure);
```

存储过程一旦创建，将作为数据库对象在数据库中编译和存储。下列代码演示了如何使用存储过程。

```
CallableStatement cs = con.prepareCall("{call showEmployees(?,?)}");
cs.registerOutParameter(1,java.sql.Types.CHAR);
cs.setInt(2,7777);
cs.execute();
String str = cs.getString(1);
```

对存储过程的调用必须用大括号括起，它是存储过程的转义语法。当驱动程序遇到 {call showEmployees(?,?)} 时，它会将该转义语法转换为数据库使用的本地 SQL，从而调用名为 showEmployees 的存储过程。其中，"?"为占位符，表示 in、out 或 inout 参数，这取决于存储过程。

out 参数要使用 registerOutParameter(int parameterIndex，int sqlType) throws SQLException，其中的类型必须是 java.sql.Types 中的类型，parameterIndex 为第几个参数。in 参数使用 setXXX()方法设置，例如，"setString(2，"aaaa");"，out 参数使用 getXXX()方法取得返回值，例如"str＝getString(1);"。

视频讲解

11.6　检索元数据

数据库中的元数据，例如连接数据库的 URL、用户名、JDBC 驱动程序名等都可以使用 DatabaseMetaData 接口中的方法，而结果集的元数据可以通过 ResultSetMetaData 接口中的方法获得列数和列名等信息。

11.6.1　获取数据库元数据信息

连接对象除了确定一个连接到数据库的通道，可以执行 SQL 语句并返回查询结果外，连接对象还可以提供方法来查询数据库元数据信息,要为数据库获取 DatabaseMetaData 的实例对象,这里使用 getMetaData()方法,例如下列代码所示。

【例 11-4】 获取数据库元数据。

```
//TestDatabaseMetaData.java
import java.sql.*;
public class TestDatabaseMetaData {
    public static void main(String[] args)
        throws SQLException, ClassNotFoundException {
        Class.forName("com.mysql.jdbc.Driver");
        Connection connection = DriverManager.getConnection
            ("jdbc:mysql://localhost:3306/test", "root", "majun4044");
        DatabaseMetaData dbMetaData = connection.getMetaData();
        System.out.println("database URL: " + dbMetaData.getURL());
        System.out.println("database username: " +
            dbMetaData.getUserName());
        System.out.println("database product name: " +
            dbMetaData.getDatabaseProductName());
        System.out.println("database product version: " +
            dbMetaData.getDatabaseProductVersion());
        System.out.println("JDBC driver name: " +
            dbMetaData.getDriverName());
        System.out.println("JDBC driver version: " +
            dbMetaData.getDriverVersion());
        System.out.println("JDBC driver major version: " +
            dbMetaData.getDriverMajorVersion());
        System.out.println("JDBC driver minor version: " +
            dbMetaData.getDriverMinorVersion());
        System.out.println("Max number of connections: " +
            dbMetaData.getMaxConnections());
        System.out.println("MaxTableNameLength: " +
            dbMetaData.getMaxTableNameLength());
        System.out.println("MaxColumnsInTable: " +
            dbMetaData.getMaxColumnsInTable());
        connection.close();
    }
}
```

11.6.2　获取表和结果集元数据信息

可以通过元数据对象的 getTables()方法获取数据库中用户可用的表,同样地,可以通过 ResultSetMetaData 接口获取结果集中每一列的数据信息,通过结果集的 getMetaData()方法获取 ResultSetMetaData 对象,下面的程序演示了如何获取一个数据库中的表名,以及浏览某个表中的数据记录。

【例 11-5】 获取表名和表中的数据记录。

```
//GetTableAndResultSet.java
import java.sql.Connection;
import java.sql.DatabaseMetaData;
```

```java
import java.sql.DriverManager;
import java.sql.ResultSet;
import java.sql.ResultSetMetaData;
import java.sql.SQLException;
import java.sql.Statement;
public class GetTableAndResultSet {
public static void main(String[] args)
            throws SQLException, ClassNotFoundException {
            // Load the JDBC driver
            Class.forName("com.mysql.jdbc.Driver");
            System.out.println("Driver loaded");
            // Connect to a database
            Connection connection = DriverManager.getConnection
                    ("jdbc:mysql://localhost:3306/test", "root", "majun4044");
            System.out.println("Database connected");

            DatabaseMetaData dbMetaData = connection.getMetaData();

             ResultSet rsTables =  dbMetaData.getTables(null, null, null, new String[]
    {"TABLE"});
            String[] tablenames = new String[30];
            int n = 0;
            System.out.print("User tables: ");
            while (rsTables.next()) {
                tablenames[n] = rsTables.getString("TABLE_NAME");
                System.out.print(tablenames[n] + " ");
                n++;
            }
            /******************** * 获取第 2 个表中数据 ********************/
            System.out.println("\nThe Table " + tablenames[1] + "'s records:");
            // Create a statement
            Statement statement = connection.createStatement();

            // Execute a statement
            ResultSet resultSet = statement.executeQuery
            ("select * from " + tablenames[1]);
            ResultSetMetaData rsMetaData = resultSet.getMetaData();
            for (int i = 1; i <= rsMetaData.getColumnCount(); i++)
            System.out.printf(" % - 12s\t", rsMetaData.getColumnName(i));
            System.out.println();
            // Iterate through the result and print the student names
            while (resultSet.next()) {
              for (int i = 1; i <= rsMetaData.getColumnCount(); i++)
                System.out.printf(" % - 12s\t", resultSet.getObject(i));
              System.out.println();
            }
            // Close the connection
            connection.close();
        }
    }
```

程序执行结果如图 11-7 所示。

```
Driver loaded
Database connected
User tables: HistoryScore Person authTab contestant dab players student student2
The Table Person's records:
id            name           sex           homephone      officephone      memo
3             333333         false         3333333        33333333         id为3的人
4             maijun         true          66666666       8888888888       教师
44            44444          true          444            4444             444444
55            55555          false         55555          5555             工人
66            66666          true          6666666        6666666          66666
```

图 11-7　获取数据库中表名和数据记录

11.7　简单的数据库程序建模示例

视频讲解

【程序建模示例 11-1】　小零售商数据库管理系统。

本例中将 JDBC 的访问数据库的过程全部封装在类 SQLDB 中,要使用该类,只需修改类变量中 url 和 driver 的值。其他三个类 Stocking、Storing 和 Sales 分别用来进货、库存和销售管理。它们实现了在相应的表中进行数据的增加、查询、修改和删除操作。注意本程序使用了 MySQL 数据库,所以编译和运行时需要加载 MySQL 的 JDBC 驱动程序,源代码如下,执行效果如图 11-8 所示。

图 11-8　小零售商管理系统

```java
//SqlDB.java 文件
import java.sql. * ;
import java.io. * ;
import com.mysql.jdbc.Driver;
public class SqlDB {
    private static String url = "jdbc:mysql://localhost/myretail";
    private static String driver = "com.mysql.jdbc.Driver";
    private static Connection conn;
    private static Statement comm;
    private static ResultSet rs;
    public static void regDriver(){
        try {
            Class.forName(driver).newInstance();
        }catch(Exception e){
            System.out.println("无法创建驱动程序实体!");
        }
    }
    public static void conBuild(){
        try {
            SqlDB.regDriver();
```

```
                conn = DriverManager.getConnection(url,"root","mysqlroot");
                conn.setAutoCommit(true);
            }catch(Exception e){
                System.out.println(e.getMessage());
                System.out.println("无法连接数据库 Connection!");
            }
        }
        public static ResultSet execQuery(String stmt){
            try {
                SqlDB.conBuild();
                comm = conn.createStatement();
                rs = comm.executeQuery(stmt);
                return rs;
            }catch(Exception e){
                System.out.println("无法创建 Statement!");
                return null;
            }
        }
        public static void execUpdate(String UpdateString){
            try {
                SqlDB.conBuild();
                comm = conn.createStatement();
                comm.executeUpdate(UpdateString);
            }catch(Exception e){
                e.getMessage();
            }
        }
        public static void closeDB(){
            try {
                comm.close();
                conn.close();
            }catch(Exception e){
                System.out.println(e.getMessage());
            }
        }
//myRetail.java 文件
import javax.swing.*;
import javax.swing.event.*;
import java.awt.event.*;
import java.awt.*;
import java.sql.*;
class Stocking extends JPanel implements MouseListener {
    JLabel lWare_ID = null;JLabel lware_Name = null;
    JLabel l_amount = null;JLabel l_price = null;
    JLabel l_unit = null;JLabel l_date = null;
    JLabel l_null1 = null;JLabel l_null2 = null;
    JLabel l_null3 = null;JTextField wareID = null;
    JTextField wareName = null;JTextField i_amount = null;
    JTextField i_price = null;JTextField i_unit = null;
    JTextField i_date = null;JButton b_query = null;
    JButton b_del = null;JButton b_update = null;
    JButton b_add = null;JButton b_next = null;
```

```java
ResultSet rst = null;
Stocking(){
    lWare_ID = new JLabel("商品代码");lware_Name = new JLabel("商品名称");
    l_amount = new JLabel("进货数量");l_price = new JLabel("进货价格");
    l_unit = new JLabel("包装单位");l_date = new JLabel("进货日期");
    l_null1 = new JLabel("");l_null2 = new JLabel("");
    l_null3 = new JLabel("");wareID = new JTextField(10);
    wareName = new JTextField(10);i_amount = new JTextField(6);
    i_price = new JTextField(6);i_unit = new JTextField(4);
    i_date = new JTextField(10);b_query = new JButton("查询");
    b_add = new JButton("增加");b_del = new JButton("删除");
    b_update = new JButton("修改");b_next = new JButton("下一条");
    setLayout(new GridLayout(4,5));
    add(lWare_ID);add(wareID);add(lware_Name);add(wareName);add(b_next);
    add(l_amount);add(i_amount);add(l_price);add(i_price);add(l_null1);
    add(l_unit);add(i_unit);add(l_date);add(i_date);add(l_null2);
    add(b_add); add(b_query);add(b_del);add(b_update);add(l_null3);
    b_query.addMouseListener(this);b_del.addMouseListener(this);
    b_update.addMouseListener(this);b_add.addMouseListener(this);
    b_next.addMouseListener(this);
}
public void mouseClicked(MouseEvent e){
    if(e.getSource() == b_query){
        try {
            rst = SqlDB.execQuery("select * from stocking_table where wares_ID = '" +
wareID.getText().trim() + "'");
            if(rst.next()){
                wareName.setText(rst.getString(2));
                i_amount.setText(rst.getString(3));
                i_price.setText(rst.getString(4));
                i_unit.setText(rst.getString(5));
                i_date.setText(rst.getString(6));
            }
        }catch(Exception ex){
            System.out.println(ex.getMessage());
        }
    }else if(e.getSource() == b_add){
        try {
            SqlDB.execUpdate("insert into stocking_table values('" +
            wareID.getText().trim() + "','" + wareName.getText() + "'," +
            Integer.parseInt(i_amount.getText().trim()) + "," +
            Float.parseFloat(i_price.getText().trim()) + ",'" +
            i_unit.getText().trim() + "','" + i_date.getText().trim() + "')");
        }catch(Exception ex){
            System.out.println(ex.getMessage());
        }
    }else if(e.getSource() == b_update){
        try {
            SqlDB.execUpdate("Update stocking_table Set i_amount = '" +
            Integer.parseInt(i_amount.getText().trim()) +
            "',i_price = " + Float.parseFloat(i_price.getText().trim()) + "," +
```

```
                            "units = '" + i_unit.getText() + "',i_date = '" + i_date.getText() + "'where
        wares_ID = '" +
                            wareID.getText().trim() + "'");
                    }catch(Exception ex){
                        System.out.println(ex.getMessage());
                    }
                }else if(e.getSource() == b_del){
                    SqlDB.execUpdate("delete stocking_table" + "where wares_id = '" +
                    wareID.getText().trim() + "'");
                }else if(e.getSource() == b_next){
                    try {
                        if(rst.next()){
                            wareName.setText(rst.getString(2));
                            i_amount.setText(rst.getString(3));
                            i_price.setText(rst.getString(4));
                            i_unit.setText(rst.getString(5));
                            i_date.setText(rst.getString(6));
                        }
                    }catch(Exception ex){
                        System.out.println(ex.getMessage());
                    }finally{
                        SqlDB.closeDB();
                    }
                }
            }
        }
        public void mouseReleased(MouseEvent e){}
        public void mouseEntered(MouseEvent e){}
        public void mousePressed(MouseEvent e){}
        public void mouseExited(MouseEvent e){}
    }
    class Storing extends JPanel implements MouseListener {
        JLabel lWare_ID = null;JLabel lware_Name = null;
        JLabel l_amount = null;JLabel l_unit = null;
        JLabel l_date = null;JLabel l_null1 = null;
        JLabel l_null2 = null;JLabel l_null3 = null;
        JLabel l_null4 = null;JTextField wareID = null;
        JTextField wareName = null;JTextField s_amount = null;
        JTextField s_unit = null;JTextField s_date = null;
        JButton b_add = null;JButton b_query = null;
        JButton b_del = null;JButton b_update = null;
        JButton b_next = null;ResultSet rst = null;
        public Storing(){
            lWare_ID = new JLabel("商品代码");lware_Name = new JLabel("商品名称");
            l_amount = new JLabel("库存数量");l_unit = new JLabel("包装单位");
            l_date = new JLabel("盘点日期");l_null1 = new JLabel("");
            l_null2 = new JLabel("");l_null3 = new JLabel("");
            l_null4 = new JLabel("");wareID = new JTextField(10);
            wareName = new JTextField(10);s_amount = new JTextField(6);
            s_unit = new JTextField(6);s_date = new JTextField(10);
            b_query = new JButton("查询");b_del = new JButton("删除");
            b_update = new JButton("修改");b_add = new JButton("增加");
```

```
        b_next = new JButton("下一条");
        setLayout(new GridLayout(4,4));
        add(lWare_ID);add(wareID);add(lware_Name);add(wareName);
        add(b_next);add(l_amount);add(s_amount);add(l_unit);
        add(s_unit);add(l_null1);add(l_date);add(s_date);
        add(l_null2);add(l_null3);add(l_null4);add(b_add);
        add(b_query);add(b_del);add(b_update);
        b_query.addMouseListener(this);b_del.addMouseListener(this);
        b_update.addMouseListener(this);b_add.addMouseListener(this);
        b_next.addMouseListener(this);
    }
    public void mouseClicked(MouseEvent e){
        if(e.getSource() == b_query){
            try {
                 rst = SqlDB.execQuery("Select * from storage_table where wares_ID = '" +
wareID.getText().trim() + "'");
                if(rst.next()){
                    wareName.setText(rst.getString(2));
                    s_amount.setText(rst.getString(3));
                    s_unit.setText(rst.getString(4));
                    s_date.setText(rst.getString(5));
                }
            }catch(Exception ex){
                System.out.println(ex.getMessage());
            }
        }else if(e.getSource() == b_add){
            try {
                 SqlDB.execUpdate("insert into storage_table values ('" + wareID.getText().
trim() + "','" + wareName.getText() +
                    "'," + Integer.parseInt(s_amount.getText().trim()) + "','" +
                    s_date.getText().trim() + "')");
            }catch(Exception ex){
                System.out.println(ex.getMessage());
            }
        }else if(e.getSource() == b_update){
            try {
                SqlDB.execUpdate("Update storage_table Set s_amount = " +
                Integer.parseInt(s_amount.getText().trim()) + ",units = '" +
                s_unit.getText() + "',s_date = '" + s_date.getText().trim() +
                "'where wares_ID = '" + wareID.getText().trim() + "'");
            }catch(Exception ex){
                System.out.println(ex.getMessage());
            }
        }else if(e.getSource() == b_del){
            SqlDB.execUpdate("delete storage_table where wares_id = '" + wareID.getText().
trim() + "'");
        }else if(e.getSource() == b_next){
            try {
                if(rst.next()){
                    wareName.setText(rst.getString(2));
                    s_amount.setText(rst.getString(3));
```

```
                            s_unit.setText(rst.getString(4));
                            s_date.setText(rst.getString(5));
                        }
                }catch(Exception ex){
                    System.out.println(ex.getMessage());
                }
            }
        }
    }
    public void mouseReleased(MouseEvent e){}
    public void mouseEntered(MouseEvent e){}
    public void mousePressed(MouseEvent e){}
    public void mouseExited(MouseEvent e){}
}
class Sales extends JPanel implements MouseListener {
    JLabel lWare_ID = null;JLabel lware_Name = null;JLabel l_amount = null;
    JLabel l_price = null;JLabel l_unit = null;JLabel l_date = null;
    JLabel l_null1 = null;JLabel l_null2 = null;JTextField wareID = null;
    JTextField wareName = null;JTextField o_amount = null;
    JTextField o_price = null;JTextField o_unit = null;
    JTextField o_date = null;JButton b_query = null;
    JButton b_del = null;JButton b_update = null;
    JButton b_add = null;JButton b_next = null;
    ResultSet rst = null;
    Sales(){
        lWare_ID = new JLabel("商品代码");lware_Name = new JLabel("商品名称");
        l_amount = new JLabel("销售数量");l_price = new JLabel("销售价格");
        l_unit = new JLabel("包装单位");l_date = new JLabel("盘点日期");
        l_null1 = new JLabel("");l_null2 = new JLabel("");
        wareID = new JTextField(10);wareName = new JTextField(10);
        o_amount = new JTextField(6);o_price = new JTextField(8);
        o_unit = new JTextField(8);o_date = new JTextField(10);
        b_query = new JButton("查询");b_del = new JButton("删除");
        b_update = new JButton("修改");b_add = new JButton("增加");
        b_next = new JButton("下一条");
        setLayout(new GridLayout(4,5));
        add(lWare_ID);add(wareID);add(lware_Name);add(wareName);
        add(b_next);add(l_amount);add(o_amount);add(l_price);
        add(o_price);add(l_null1);add(l_unit);add(o_unit);
        add(l_date);add(o_date);add(l_null2);add(b_add);
        add(b_query);add(b_del);add(b_update);
        b_query.addMouseListener(this);b_del.addMouseListener(this);
        b_update.addMouseListener(this);b_next.addMouseListener(this);
        b_add.addMouseListener(this);
    }
    public void mouseClicked(MouseEvent e){
        if(e.getSource() == b_query){
            try {
                rst = SqlDB.execQuery("select * from sales_table where wares_ID = '" +
wareID.getText().trim() + "'");
                if(rst.next()){
                    wareName.setText(rst.getString(2));
```

```
                    o_amount.setText(rst.getString(3));
                    o_price.setText(rst.getString(4));
                    o_unit.setText(rst.getString(5));
                    o_date.setText(rst.getString(6));
                }
            }catch(Exception ex){
                System.out.println(ex.getMessage());
            }
        }else if(e.getSource() == b_add){
            try {
                SqlDB.execUpdate("insert into sales_table values('" +
                wareID.getText().trim() + "','" + wareName.getText() +
                "'," + Integer.parseInt(o_amount.getText().trim()) + "," +
                Float.parseFloat(o_price.getText().trim()) +
                ",'" + o_unit.getText().trim() + "','" +
                o_date.getText().trim() + "')");
            }catch(Exception ex){
                System.out.println(ex.getMessage());
            }
        }else if(e.getSource() == b_update){
            try {
                SqlDB.execUpdate("Update sales_table Set o_amount = " +
                Integer.parseInt(o_amount.getText().trim()) + ",o_price = " +
                Float.parseFloat(o_price.getText()) + ",units = '" +
                o_unit.getText() + "',o_date = '" + o_date.getText() + "' where wares_ID = '" +
wareID.getText().trim() + "'");
            }catch(Exception ex){
                System.out.println(ex.getMessage());
            }
        }else if(e.getSource() == b_del){
            SqlDB.execUpdate("delete sales_table " +
            "where wares_id = '" + wareID.getText().trim() + "'");
        }else if(e.getSource() == b_next){
            try {
                if(rst.next()){
                    wareName.setText(rst.getString(2));
                    o_amount.setText(rst.getString(3));
                    o_price.setText(rst.getString(4));
                    o_unit.setText(rst.getString(5));
                    o_date.setText(rst.getString(6));
                }
            }catch(Exception ex){
                System.out.println(ex.getMessage());
            }
        }
    }
    public void mouseReleased(MouseEvent e){}
    public void mouseEntered(MouseEvent e){}
    public void mousePressed(MouseEvent e){}
    public void mouseExited(MouseEvent e){}
}
```

```java
class MainWin extends JFrame implements MouseListener{
    JMenuBar bar = null;JMenu menu1,menu2,menu3,menu4;
    JMenuItem item1,item2,item3;JButton jb;
    Stocking stocking;Storing storing;Sales sales;
    MainWin(){
        setTitle("小零售商管理系统");bar = new JMenuBar();
        menu1 = new JMenu("进货管理");menu2 = new JMenu("库存管理");
        menu3 = new JMenu("销售管理");menu4 = new JMenu("退出");
        bar.add(menu1);bar.add(menu2);bar.add(menu3);
        menu1.addMouseListener(this);menu2.addMouseListener(this);
        menu3.addMouseListener(this);menu4.addMouseListener(this);
        stocking = new Stocking();storing = new Storing();
        sales = new Sales();setJMenuBar(bar);setVisible(true);
    }
    public void mouseClicked(MouseEvent e){
        if(e.getSource() == menu1){
            remove(storing);remove(sales);
            getContentPane().add(stocking,"Center");
            this.repaint();validate();
        }else if(e.getSource() == menu2){
            remove(stocking);remove(sales);
            getContentPane().add(storing,"Center");
            this.repaint();validate();
        }else if(e.getSource() == menu3){
            remove(stocking);remove(storing);
            getContentPane().add(sales,"Center");
            this.repaint();validate();
        }else if(e.getSource() == menu4){
            System.exit(0);
        }
    }
    public void mouseReleased(MouseEvent e){}
    public void mouseEntered(MouseEvent e){}
    public void mousePressed(MouseEvent e){}
    public void mouseExited(MouseEvent e){}
}
public class myRetail{
    public static void main(String[] args){
        MainWin mw = new MainWin();
        mw.setBounds(100,100,400,150);
        mw.show();
        mw.addWindowListener(new WindowAdapter(){
            public void windowClosing(WindowEvent e){
                System.exit(0);
            }
        });
    }
}
```

11.8　本　章　小　结

JDBC 代表 Java 的数据库连接,它是一个软件层,允许开发者在 Java 中编写客户端/服务器应用程序。它提供的是一个简单的接口,主要用于执行原始 SQL 语句并检索结果。

连接数据库的基本过程如下所述。

(1) 注册 JDBC 驱动程序。

(2) 建立数据库连接。

(3) 创建语句对象并发送 SQL 语句。

(4) 检索并处理结果。

(5) 关闭数据库连接。

Java 中有 4 种不同类型的 JDBC 驱动程序,在 JDBC API 中定义了一组用于数据库通信的接口和类,这些接口和类位于 java. sql 包中。SQL 的查询结果存储在 ResultSet 对象中,可以用 getXXX() 方法从 ResultSet 对象中检索数据。ResultSet 的 next() 方法用于将光标下移一行。PreparedStatement 用于多次执行 SQL 语句,CallableStatement 用于执行 SQL 存储过程。

第 11 章　习　　题

一、单选题

1. 在 Java 中,JDBC 是指(　　　)。

    A. Java 程序与数据库连接的一套 API

    B. Java 程序与浏览器交互的一套 API

    C. Java 类库名称

    D. Java 类编译程序

2. 在利用 JDBC 连接数据库时,为建立实际的网络连接,不必传递的参数是(　　　)。

    A. URL   B. 数据库用户名

    C. 密码   D. 请求时间

3. 要使用 Java 程序访问数据库,必须首先与数据库建立连接,在建立连接前,应加载数据库驱动程序,加载的正确语句是(　　　)。

    A. Class. forName("sun. jdbc. odbc. JdbcOdbcDriver");

    B. DriverManage. getConnection("","","");

    C. Result rs=DriverManage. getConnection("","",""). createStatement();

    D. Statement st=DriverManage. getConnection("","",""). createStatement();

4. Java 和数据库建立连接的语句为(　　　)。

    A. Class. forName("sun. jdbc. odbc. JdbcOdbcDriver");

    B. DriverManager. getConnection("","","");

    C. Result rs=DriverManager. getConnection("","",""). createStatement();

    D. Statement st=DriverManage. getConnection("","",""). createStatement();

5. Java 程序与数据库连接后,需要查看某个表中的数据,使用下列哪个语句? (　　　)

    A. executeQuery()　　　　　　　　　　B. executeUpdate()

    C. executeEdit()　　　　　　　　　　　D. executeSelect()

6. 下面哪个命令是用 executeQuery 命令执行的? (　　　)

    A. insert　　　　　　B. delete　　　　　　C. update　　　　　　D. select

7. executeQuery 的返回类型为(　　　)。

    A. Result　　　　　　B. ResultSet　　　　　C. Resultset　　　　　D. 都不正确

8. JDBC 驱动管理器使用哪一个类来装载合适的 JDBC 驱动? (　　　)

    A. DriverManager　　B. Class　　　　　　C. Connection　　　　D. ClassLoader

二、多选题

1. 数据库 create 命令是用以下哪个方法执行的? (　　　)

    A. executeQuery()　　　　　　　　　　B. executeUpdate()

    C. executeCreate()　　　　　　　　　　D. execute()

2. 开发 JDBC 程序用到的基本类有哪些? (　　　)

    A. Statement　　　　B. Connection　　　　C. ResultSet　　　　D. Manager

三、编程题

1. 设 MySQL 数据库的 test 中有 student 表,表中存放学生学号、姓名两个字段,请完善程序输出表中所有的记录信息。

```
_____;
class Question01{
    public static void main(String args[]){
        Connection con;
        Statement sql;
        ResultSet rs;
        try {
            _____//加载驱动
        }catch(ClassNotFoundException e){
            System.out.println("" + e);
        }
        try {
            con = _____;
            sql = _____;
            rs = sql.executeQuery(_____);
            while(_____){
                String num = rs.getString(1);
                String name = rs.getString(2);
                System.out.print("学号: " + num);
                System.out.print("姓名: " + name);
                System.out.println();
            }
            con.close();
        }catch(SQLException e1){}
    }
}
```

2. 第 6 章给出了一个基于文件的通讯录管理程序,此处将其改写,给出一个数据库版的通讯录管理系统,首先将通讯录中的数据存储到数据库的表中,表结构如表 11-2 所示。

表 11-2　数据库的表结构

字段名	类　　型	长　　度	是否主键
id	整型		是
name	字符型	50	否
sex	逻辑型		否
homephone	字符型	50	否
officephone	字符型	50	否
memo	字符型	255	否

基本的联系人抽象和第 6 章是相同的,这里要处理的是图形界面和数据库连接,请尝试用 GUI 和 JDBC 编写一个程序,类似图 11-9 和图 11-10 的通讯录管理程序。

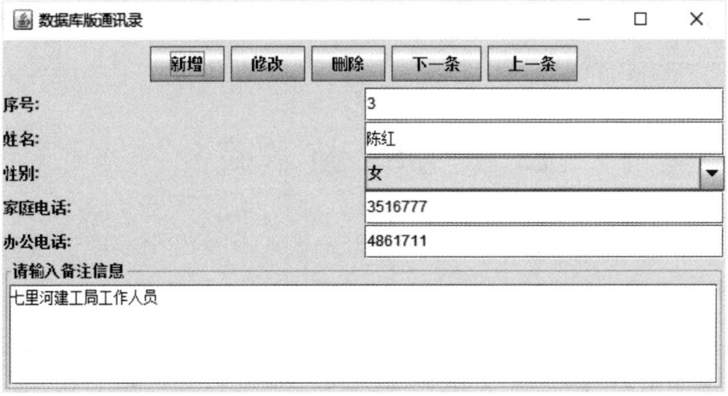

图 11-9　通讯录管理系统程序运行效果图 1

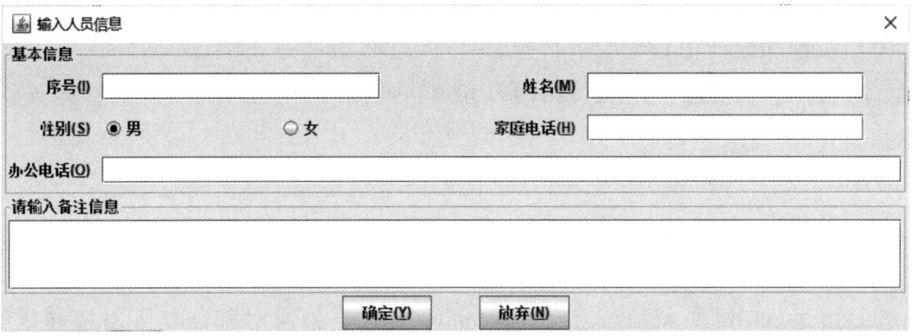

图 11-10　通讯录管理系统程序运行效果图 2

3. 通过 JDBC 访问数据库,实现一个小型教学管理系统信息浏览功能。该管理系统的数据库基本表有学生基本信息表 S,包括学号(Sid)、姓名(Sname)、性别(Sex)、年龄(Sage)及系列(Sdep)等;课程表 C,包括课程代号(Cno)、课程名称(Cname)、任课教师(Teacher)等;选课表 SC,包括学生学号(Sid)、课程号(Cno)和成绩(Grade)。该系统至少完成如下功能:①浏览学生基本信息、选课信息;②单个学生的成绩单,包括课程名称、成绩和任课教师;③按各门课的总成绩对学生进行排名。

第 12 章　JSP 技术基础

作为当前最主流的面向对象程序开发语言之一,Java 语言具有很强的伸缩性,不仅适用于通用软件的开发,也适用于网络领域,尤其是服务端的程序设计。互联网领域的 J2EE 是基于 Java 语言的企业级开发技术,早已是业界基于网络和分布式服务的事实工业标准。J2EE 在互联网领域提供了很多技术,为搭建具有可伸缩性、灵活性、易维护性的商务系统提供了良好的基础服务,本章简单介绍 Java 语言对 Web 服务端的动态网页设计的支持技术——JSP(JavaServer Pages)技术。

12.1　JSP 技术简介

视频讲解

网页通常分为静态网页和动态网页。静态网页是用 HTML 标记编写的网页文件,客户端通过 HTTP 协议从 Web 服务器上获取,然后在客户端通过浏览器解释和显示,主要进行页面内容的直接展示,不与服务器进行动态交互,不含程序,也不访问后台数据库。动态网页是相对于静态网页而言的,在 Web 服务器接收到客户端的请求后,服务器先执行服务端程序,然后根据请求参数和上下文关系动态生成 HTML 标记内容或 JS 脚本内容,再通过 HTTP 协议传给客户端,再由客户端浏览器进行处理展示。服务端程序是由 PHP、Java、VB、C♯等高级程序设计语言编写的代码,可以实现复杂的逻辑判断,也可以与其他的服务器或数据库进行交互,能够实现对网站内容和风格的高效、动态和交互式的管理与显示。当前使用的动态网页技术主要有 PHP、JSP、ASP 3 种。

与 PHP 和 ASP 相比较,JSP 具有以下优势。

(1) 优秀的执行效率。JSP 以 Java 语言为基础,JSP 代码第一次执行时被编译成 Servlet 并由 Java 虚拟机执行,这种编译操作仅在对 JSP 页面的第一次请求时发生。PHP 和 ASP 都是由语言引擎解释执行程序代码,每一次收到请求时都需要重复解释执行,相对而言时间耗费较大,因此,JSP 的执行效率比 PHP 和 ASP 都高。

(2) 多平台支持。JSP 和 Java 语言一样具有“一次编写,到处运行”的特点,即使应用环境发生变化,代码不用做任何更改。JSP 可以在 Windows、UNIX、Linux 等平台上任意支持 Java 的环境中开发和部署,几乎不受平台的影响。

(3) 良好的可伸缩性。JSP 不仅能用于各种中小型网站的开发,在各种大型的网站和网络系统中也得到了广泛应用,并且不受网站规模的限制,适用于各种规模和类型网络系统的开发,具有良好的可伸缩性。

（4）数据库的访问简单。Java 提供了统一的数据库接口标准 JDBC，通过不同的数据库厂商提供的数据库驱动可以方便地访问数据库。采用这一接口标准能以一种规范化的方式访问不同的后台数据库系统，不必随着后台数据库的不同而采用不同的接口标准，大大简化了对数据库的访问。

下面以 Tomcat 服务器为例来搭建 JSP 的开发与运行环境，JSP 的环境搭建包括两步：①JDK 的下载和安装配置；②Tomcat 服务器的下载和安装配置。JDK 的安装与配置在前面章节已经详细介绍，此处不再赘述。

视频讲解

Tomcat 服务器是一个免费开源的 Web 应用服务器，在中小型系统中以及并发访问用户不是很多的场合下被普遍使用，是开发和调试 JSP 程序的首选。下面就以 Tomcat 9 为例来学习 Tomcat 服务器的下载与安装配置。

首先打开网址 https://tomcat.apache.org/download-90.cgi 下载 Tomcat 服务器安装包。网页上有很多选项，可以根据需要安装的计算机的软硬件配置情况进行选择，在Windows 环境中首选自解压安装包 32-bit/64-bit Windows Service Installer（pgp，sha512），使用这个自解压安装包不必再进行环境的配置工作，比较简单方便。使用鼠标直接单击上述选项会弹出如图 12-1 所示对话框，在弹出的对话框中单击“直接打开”按钮就可以直接在线安装 Tomcat 服务器了，只需按照安装提示一步步单击 Next 按钮，很快就可以完成。

图 12-1　Tomcat 服务器下载示意图

安装完成后在屏幕的右下角就会出现形如天线的小图标，这是 Tomcat 服务器的快捷控制图标，右击图标会弹出控制菜单，选择 Start service 选项即可启动 Tomcat 服务器，如图 12-2 所示，也可以在安装目录的 bin 文件夹下运行 Tomcat 9 w.exe 程序，在弹出的Apache Tomcat 9.0 Tomcat 9 Properties 对话框中单击 Start 按钮启动 Tomcat 服务器。

Tomcat 服务器正常启动后默认的访问端口号为 8080，在浏览器中访问 Tomcat 服务器中页面需要使用端口号，在浏览器的地址栏中输入 http://localhost：8080 或 http://127.0.0.1：8080 即可打开 Tomcat 服务器的主页，如果看到 Tomcat 服务器的欢迎页面，则说明 Tomcat 服务器安装正确。

下面编写一个 JSP 文件并在 Tomcat 服务器上进行测试。首先找到 Tomcat 服务器的安装目录，进入 webapps\ROOT 文件夹新建一个纯文本文件，打开该纯文本文件并输入例 12-1 中的一段代码，然后保存。

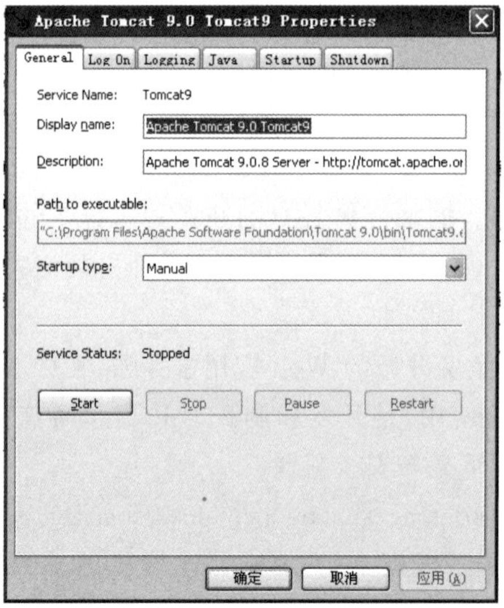

图 12-2　Tomcat 服务器属性示意图

【例 12-1】　一个简单的 JSP 页面。

```
<!—定义脚本语言为 Java --->
< % @ page language = "java" % >
< html > < head >
  < title > Hello JSP Example </title >
</head >
< body bgcolor = " # FFFFFF">
  < % ! String msg = "Hello JSP Example"; % >
  <!-- 显示变量值 -->
  < % = msg % >
</body > </html >
```

JSP 文件就是在 HTML 代码中嵌入 Java 脚本代码构成的程序文件，所以文件的代码架构依然是 HTML 文件架构，<html>和</html>标记构成文件的头和尾，代表 HTML 文件的开始和结束；<head>和</head>之间是文件头部分，主要进行文件标题、作者、关键字等内容的定义；<body>和</body>标记之间是文件的主体部分，可以定义要在网页上输出的文字、图片、音频、视频、表格等内容。

在已输入上述代码的文本文件的图标上右击，在弹出的下拉菜单中选择"重命名"，修改文件名称为 mypage.jsp，在弹出的对话中选择"是"，强制改变文件的扩展名生成一个扩展名为".jsp"的文件，在浏览器的地址栏输入 http://localhost：8080/mypage.jsp，就可以看到浏览器中输出文字"Hello JSP Example"了。

12.2　JSP 语法基础

视频讲解

JSP 是在 HTML 基础上的 Java 应用，除了 HTML 语言和 Java 语言的基本规范外还有一些需要遵守的语法规则，这些语法规则共同构成了 JSP 的语法基础。一个完整的 JSP 页面主要由 HTML 标记语言、注释、脚本代码、指令和 JSP 动作标记 5 类元素组成，HTML

标记语言在此不再介绍,下面对其他 4 种页面元素进行简要介绍。

12.2.1 注释

在编写程序时,注释是不可或缺的部分。注释可以增强 JSP 文件的可读性,易于 JSP 文件的维护,在正常情况下,代码中的注释应不少于代码总量的 20%。JSP 中的注释可分为 3 种:HTML 注释、Java 语言注释和 JSP 隐含注释。

1. HTML 注释

在标记符号"<!－－"和"－－>"之间的内容,例如:

```
<!-- 这里是 HTML 注释 -->
```

HTML 注释在客户端的浏览器中可通过"查看源代码"功能看到。

2. Java 语言注释

JSP 文件就是在标记符号"<%"和"%>"之间嵌入 Java 语言脚本代码的网页文件,JSP 以 Java 语言做脚本语言,在 JSP 的脚本代码中同样可以使用 Java 语言中的注释机制,注释的语法格式与 Java 注释的语法格式一致,格式如下:

```
// 这是一行注释
```

用于单行注释。

```
/* 这是一段注释 */
```

用于多行注释。

需要说明的是,Java 语言注释作为 Java 语言脚本代码的组成部分,其运行和输出不同于 HTML 注释,在浏览器端是看不到任何 Java 注释信息的。

3. JSP 隐含注释

JSP 隐含注释不会被 Java 语言编译器编译,在客户端的浏览器端也看不到。隐含注释属于开发人员专用的一种注释形式,隐含注释的语法格式如下:

```
<% -- 注释内容 -- %>
```

例如:

```
<% -- 这是一个排序程序 -- %>
<% -- 本算法用于计算 1 到 100 的代数和 -- %>
```

12.2.2 JSP 脚本代码

脚本在 JSP 文件中的嵌入形式有 3 种:定义、表达式输出和脚本段。

1. 定义

JSP 中脚本定义语句的格式为 <%! 定义语句 %>,定义语句可以用于变量、方法、类、对象的定义,定义语句声明的变量、方法、类、对象在整个页面有效。例如:

```
<%! int x,y; %>
<%! student st1 = student(); %>
```

2. 表达式输出

JSP 中表达式输出语句的格式为 <%＝输出表达式%>,与输出语句 out.print(输出表达式)功能相同,需要注意的是输出表达式后无分号。例如:

```
<% = str %>
<% = (3 + 5/2) %>
```

3. scriptlet

脚本段是以"<%"开始,以"%>"结束的一个脚本代码段,即用<%和%>包裹起来的一段 Java 代码。脚本段的使用语法如下:

```
<% Java 代码段 %>
```

Java 代码段是一段符合 Java 语言编程规范的程序代码,可以按照 Java 语言的规则进行相关变量、方法、对象等的声明以及进行各种表达式运算,每行语句后面要加上分号作为语句结束符。下面通过一个简单的累加示例来看如何在 JSP 网页文件中使用注释和脚本代码。

【例 12-2】 计算 1 到 100 的累加和。

```
<% @ page language = "java" %>
< HTML > < HEAD >
    < TITLE > JSP 页面</TITLE >
</HEAD > < BODY >
    <!—计算 1 到 100 的代数和 -->
    <% ! int sum = 0; %>
    <% for( int i = 1; i <= 100; i++){
        sum = sum + i;        //累加求和    } %>
    < P >
    <% -- 这是一个输出表达式,与 out.print(输出表达式)功能相同 -- %>
    <% = sum %> </P >
</BODY > </HTML >
```

例 12-2 运行结果如图 12-3 所示:

图 12-3　计算 1 到 100 的累加和的运行结果

JSP 中的 Java 脚本代码完全遵守 Java 语言的规范,可以使用 Java 核心类库中的类创建并使用各种对象,例如 Math 类、String 类、各种封装类等,此处不再赘述。

12.2.3　JSP 指令

视频讲解

作为 JSP 页面的重要组成部分,JSP 指令是为 JSP 引擎设计的,主要用来告诉 JSP 引擎(例如 Tomcat)如何处理 JSP 页面,页面采用何种编码,使用何种脚本语言等。JSP 指令并不会在网页上直接产生输出,在 JSP 文件中出现的位置也不固定,但通常都放在文件的开头部分。JSP 引擎会根据 JSP 的指令信息来完成 JSP 文件的编译,生成对应的 Java 文件并提交给服务器进行处理。指令通常用一对<%@ %>标记来表示,在 Web 服务器端,JSP 指令同样是作为对象来处理的,每个指令对象有诸多属性,具体语法格式如下:

<%@指令名称 属性 1 = "属性值 1" 属性 2 = "属性值 2"...属性 n = "属性值 n" %>

JSP 中有 3 类指令,分别是 page、include 和 taglib,下面对它们进行简要说明。

1. page 指令

page 指令也称页面指令,用来定义当前 JSP 页面的一些属性,提供给浏览器和服务器处理和运行网页文件使用。通过设定 page 指令的属性值,可以指定页面使用的脚本语言、需要导入的包、页面编码方式、页面错误如何处理,以及输出缓存区的大小等。一个 JSP 页面可以使用多个 page 指令对当前页面的多个属性进行设置,但除了 import 属性外,其他属性都只能设定一次,如果重复设定可能会产生语法错误。page 指令的语法格式为:

```
<%@page
[language = "java"]
[extends = "package.class"]
[import = "{package.class|package.*},..."]
[contentType = "mimeType[;charset = CHARSET ]"]
[page Encoding = "CHARSET"]
[info = "text"]
[session = "true|false"]
[autoFlush = "true|false"]
[buffer = "none|8kb|size kb"]
[isErrorPage = "true|false"]
[errorPage = "relativeURL"]
[isThreadSafe = "true|false"]
[isELIgnored = "true|false"]
%>
```

语法格式中用方括号括起来的属性表示可选项,在使用 page 指令时并不需要在 JSP 文件中给上述所有属性赋值,对于没有明确赋值的属性,JSP 会使用默认值进行处理。

page 指令的常用属性如下:

(1) language 属性:该属性用于设置页面使用的脚本语言,JSP 只能设置为 Java 语言,例如 <%@page language= "java"%>。

(2) import 属性:该属性用于设置当前 JSP 文件需要导入的类包,一个页面中可以设定多个 import 属性,导入多个类包,例如 <%@page import= "java.io.* "%>。

(3) contentType 属性:该属性用于设置 JSP 页面从服务器发送给客户端时的内容编码方式,例如 <%@page contentType= "text/html;charset=utf-8"%>。

(4) pageEncoding 属性：该属性用于定义 JSP 页面的编码格式，即 JSP 文件本身的编码方式，例如 <%@page pageEncoding="UTF-8"%>。

(5) session 属性：该属性用于定义 JSP 页面是否使用 session 会话对象，session 对象是 JSP 的内部对象之一，默认值为 true，例如<%@page session="true" %>。

(6) buffer 属性：该属性用于设置 out 对象所使用的缓冲区大小，默认大小是 8KB，例如 <%@page buffer="128KB"%>。

(7) autoFlush 属性：该属性用于设置 JSP 页面的输出缓冲区被响应信息填满时是否自动刷新，默认值为 true，当缓冲区存满时会自动清空缓存，如果设置为 false，则缓存填满时会抛出一个异常，例如 <%@page autoFlush="true"%>。

(8) isErrorPage 属性：该属性用于指定当前页面是否为错误处理页面，设置为 true 后可以用来处理另一个页面转发而来的错误，即异常处理。

(9) errorPage 属性：该属性用于指定当前页面的错误处理页面，当前页面有异常或错误出现时会自动转到指定的错误处理页面，例如 <%@page errorPage="error.jsp"%>。

2. include 指令

include 指令用于将其他网页文件引入当前文件中，被引入的文件可以是一段 Java 代码、HTML 代码，或者是另一个 JSP 页面，被引入文件的所有内容都被原样包含到当前 JSP 页面 include 指令出现的位置上，JSP 引擎将把这两个 JSP 文件的内容合成一个文件进行处理。include 指令的语法格式为：

```
<% @ include file = "relativeURL " %>
```

file 属性指定了被包含文件的路径，当路径以"/"开头时，将在网站的根目录下查找文件；如果是以文件名或文件夹名开头，将在当前网页对应的目录下查找文件。

下面通过一个示例来看如何使用 page 指令和 include 指令。

【例 12-3】 page 指令和 include 指令使用示例。

首先创建一个文件 time.jsp，代码如下：

```
<% -- 使用 page 指令引入 Java 语言提供的处理日期和时间的包 -- %>
<% @ page import = "java.util. * " %>
<% -- 设置 page 指令的 language 和 contentType -- %>
<% @ page language = "java" contentType = "text/html;charset = gb2312" %>
<% Date date = new Date();
    // 使用 toString()方法输出时间
    System.out.println();
%>
<% = date.toString() %>
```

再创建一个文件 include.jsp，使用 include 指令引入 time.jsp，代码如下：

```
<% @ page language = "java" contentType = "text/html;charset = gb2312" %>
< html >
< head >
    <title>指令使用示例</title>
</head >
< body bgcolor = "white">
```

当前时间是：
```
<%@ include file = "time.jsp" %>
</body>
</html>
```

例 12-3 运行结果如图 12-4 所示：

图 12-4　指令使用示例的运行结果

3. taglib 指令

taglib 指令用于加载用户自定义标记，使用此指令后可以直接在 JSP 页面使用自定义标记，这个指令不太常用，此处不再赘述。

12.2.4　JSP 动作标记

视频讲解

JSP 动作标记能够控制服务器的行为，完成 JSP 页面的各种通用功能设置和一些复杂的业务逻辑处理。例如动态地插入文件、加载 JavaBean 组件、实现页面跳转等。JSP 动作标记的通用格式如下：

```
<JSP:动作名 属性 1 = "属性值 1"...属性 n = "属性值 n" />
<JSP:动作名 属性 1 = "属性值 1"...属性 n = "属性值 n">相关内容</JSP:动作名>
```

JSP 中常用的动作标记包括：< JSP：include >、< JSP：param >、< JSP：forward >、< JSP：plugin >、< JSP：useBean >、< JSP：setProperty >、< JSP：getProperty >。书写动作标记时，"JSP"和"："以及"动作名"三者之间不要有空格，否则会出错。下面依次介绍这几个动作标记。

1. include 动作标记

include 动作标记用于把另外一个文件的输出内容插入当前 JSP 页面的输出内容中，被包含文件与当前页面彼此独立，互不影响。其语法格式如下：

```
<JSP:include page = "relativeURL|<% = expression %>" flush = "false|true"/>
```

说明：page 属性是一个相对路径或者代表相对路径的表达式。

< JSP：indude > 动作标记与前述 include 指令作用类似，都可以实现向当前页面中引入其他文件的功能，那么这两种包含文件的方式有什么差异呢？

首先，两种方式的工作原理是不一样的，使用 include 指令引入文件时，被引入文件的内

容会原封不动地插入到当前页 include 指令语句所在的位置，实际是合成一个文件了，所以最终的编译结果也是一个文件。而使用＜JSP：include＞动作标记引入文件时，只有当＜JSP：include＞动作标记被执行时，程序才会将请求转发到被引入的页面，被引入页面执行完代码后再返回到当前页来继续执行后面的代码，实际是被引入的页面的输出内容插入进当前 JSP 页面的输出内容之中。因此服务器执行的是两个文件，JSP 编译器也是对两个文件分别进行编译，两个文件是相对独立的，被引入文件的改动不会影响主文件。

其次，两种方式的属性值也不同，include 指令通过 file 属性来指定被包含的页面，被包含的页面只能使用相对地址来指定，不支持表达式。＜JSP：include＞动作标记通过 page 属性来指定被包含页面，被包含的页面可用相对地址来指定，也可以使用 JSP 表达式来指定。

再次，对被引入文件的要求也不一样，使用 include 指令引入的文件要与主文件进行合成后再编译，所以被引入文件既要与主文件的结构能很好地契合在一起，还需避免命名冲突的问题。用＜JSP：include＞动作标记引入文件时，两个文件是相对独立的，因此对被引入文件的限制就没有那么严格了。

在实际应用中，两种 include 方式都能达到相同的输出结果，改写上述例 12-3，使用 include 动作标记替换 include 指令，代码如下：

```
< % @ page language = "java" contentType = "text/html;charset = gb2312" % >
< html >
< head >
    < title >指令使用示例</title ></head >
< body bgcolor = "white">
    当前时间是：
    < JSP:include page = "time.jsp"  % >
</body >
</html >
```

网页的运行结果与使用 include 指令时的结果一样，如图 12-4 所示。

2. param 动作标记

param 动作标记也称参数标记，用于为 include 动作标记和 forward 动作标记传递参数。语法如下：

```
< JSP:param name = "paramName" value = "paramValue"/>
```

属性 Name 用于设定参数名，Value 用于设定参数值。

3. forward 动作标记

forward 动作标记用于实现页面跳转，即从当前页面跳转到 forward 动作标记指定的页面去执行，其语法格式如下：

```
< JSP:forward page = "relativeURL" | "< % = expression % >" />
```

【例 12-4】 param 动作标记和 forward 动作标记使用示例。

首先创建登录页面 denglu.jsp，通过表单输入用户名和密码，单击"登录"按钮后，利用＜JSP：forward＞动作标记跳转到页面 output.jsp，同时利用＜JSP：param＞动作标记将用户名和密码传递到页面 output.jsp。denglu.jsp 具体代码如下：

```
<% @ page language = "java" contentType = "text/html;charset = gb2312" %>
< html >
< body >
< form name = "form1" method = "post" action = " " > <!-- 表单数据提交给当前页处理 -->
< table width = "80 %" boder = "0">
    < tr >
        < td bgcolor = "#1EF1F6" width = "21 %" align = "right">用户名: </td>
        < td bgcolor = "#F588FD" width = "79 %" >
            < input type = "text" name = "UserName" size = "30">
        </td >
    </tr >
    < tr >
        < td bgcolor = "#1EF1F6" width = "21 %" align = "right"> 密码: </td>
        < td bgcolor = "#F588FD" width = "79 %" >
            < input type = "password" name = "UserPwd" size = "30">
        </td >
    </tr >
    < tr bgcolor = "#888888">
        < td width = "21 %" height = "29" align = "right">
            < input type = "submit" name = "Submit" value = "提交">
        </td >
        < td width = "79 %" height = "29">
            < input type = "reset" name = "Reset" value = "重置">
        </td >
    </tr >
</table >
</form >
< %
    String strname = null, strpwd = null;
    strname = request.getParameter("UserName");      //获取表单提交数据
    strpwd = request.getParameter("UserPwd");         //获取表单提交数据
    //用户名和密码均不为空时,跳转到 output.jsp,并且把用户名和密码以参数形式传递
    if(strname!= null && strpwd!= null){
  % >
< JSP:forward page = "output.jsp" >
< JSP:param name = "Name" value = "< % = strname % >" />
< JSP:param name = "Pwd" value = "< % = strpwd % >" />
</JSP:forward >
< % } % >
</body >
</html >
```

本程序使用< form >标记创建了一个表单,method 属性代表表单的提交方式,可以取值为 post 或 get,默认取值是 get。action 属性用来指明表单提交到哪里,一般指向服务器端的一个程序,通过这个程序接收到表单提交过来的数据作相应处理,在本例中设置 action 的属性值为" "代表表单提交给当前程序进行处理。

< table >标记用来定义表格,< tr >代表表格中的一行,< td >代表一个单元格,本例中是将表单嵌入到了表格中。

登录页面 denglu.jsp 运行结果如图 12-5 所示。

图 12-5　denglu.jsp 的运行结果

然后,再创建所转向的目标文件 output.jsp,用于输出输入的内容,具体代码如下:

```
<%@ page contentType = "text/html;charset = gb2312" %>
<html><body>
<%
    String strName = request.getParameter("Name");
    String strPwd = request.getParameter("Pwd");
    out.println(strName + "您好,您的密码是:" + strPwd);
%>
</body></html>
```

当输入 tomcat 和 123456 时,输出页面 output.jsp 运行结果如图 12-6 所示。

图 12-6　output.jsp 的运行结果

4. 操作 JavaBean 的动作标记

JavaBean 是网站开发中常用的一种特殊 Java 类,使用 JavaBean 可以完成很多复杂的逻辑功能,可以实现网页层级中的组件复用技术,优化网站建设。操作 JavaBean 的动作标记有 3 个:<JSP:useBean>、<JSP:setProperty>、<JSP:getProperty>,下面依次进行介绍。

(1) <JSP:useBean>动作标记。

useBean 动作标记用于在 JSP 页面中创建一个 JavaBean 实例,通过设置其 scope 属性

可以将此实例存放在 JSP 指定范围内,可以将一个 JavaBean 实例理解成一个 Java 对象,id
代表指向这个对象的引用变量名,score 代表这个对象的生存期,语法如下:

```
<JSP:useBean id = "变量名" scope = "page|request|session|application"
{
type = "数据类型"
|class = "package.className"
|class = "package.className" type = "数据类型"
|beanName = "package.className" type = "数据类型"
}
/>
```

id:用于定义一个 JavaBean 实例名,通过 id 属性在指定范围内可以调用该实例。

scope:设置 JavaBean 的有效范围,默认为 page,也就是本页面.

type:指定 id 属性定义的 JavaBean 实例的类型,也可以是其父类或者一个接口,例如:

```
<JSP:useBean id = "stu" type = " Mypack.Student" scope = "page" />
```

class:指定 JavaBean 的完整类名(包名.类名),例如:

```
<JSP:useBean id = "stu" class = "Mypack.Student" scope = "session" />
```

也可以将 class 与 type 组合使用,这时 class 属性与 type 属性可以指定同一个类,
例如:

```
<JSP:useBean id = "stu" class = " Mypack.Student "
type = " Mypack.Student " scope = "session" />
```

beanName:指定完整类名,不能与 class 同时使用,但必须和 type 组合使用,例如:

```
<JSP:useBean id = "stu" beanName = "Mypack.Student" type = "Mypack.Student" />
```

需要注意的是,虽然 class 属性与 type 属性都可以为 JavaBean 指定类型,但两者是有
区别的,使用 class 时,它是先判断在指定的 scope 能否找到 JavaBean 的实例,若找不到就
使用 new 关键字实例化一个,而使用 type 时,它只是查找指定的范围中是否存在 JavaBean
的实例,若不存在 JavaBean 的实例,也没有使用 class 或 beanName 指定 type,就会抛出异
常。使用 class 与 beanName 指定类型时必须指定 package(即使引入了包),而 type 可以
不指定。

(2)<JSP:setProperty>动作标记。

setProperty 动作标记需与 useBean 动作标记相配合,用于为已经实例化的 JavaBean 对
象属性赋值,要求在 JavaBean 中要定义相应属性的 setXXX()方法,XXX 代表 JavaBean 中
定义的属性,语法如下:

```
<JSP:setProperty name = "实例名"
property = " * "
|property = "属性名"
|property = "属性名" param = "参数名"
|property = "属性名" value = "值"
/>
```

name 用于指定 JavaBean 的引用名称,即 useBean 动作标记中的 id 值。

property 用于指定要赋值的属性,即 JavaBean 中定义的属性。

param 用于指定通过表单提交的参数名,即参数实际为表单中某一表单项的提交值,即通过 request 对象的参数将该表单项的提交值赋值给指定的 JavaBean 属性。

value 用于为属性名直接给定一个属性值。

在上述的 4 种赋值方法中,前 3 种都是将表单的提交值赋值给已经实例化的 JavaBean 对象属性,property=" * "表示所有名字和 Bean 属性名字匹配的表单提交值都将被传递给相应的属性 set 方法。 property="属性名"表示将与 Bean 属性名字相同的的表单提交值传递给相应的属性 set 方法,第 1 种是程序员直接赋值,不需获取表单数据。

（3）getProperty 动作标记。

getProperty 动作标记也需与 useBean 动作标记相配合,用于获取已经实例化的 JavaBean 对象属性值,要求在 JavaBean 中要定义相应属性并有 getXXX()方法,其语法格式为:

```
< JSP:getProperty name = "实例名" property = "属性名" />
```

name：指定 JavaBean 的实例名,即 useBean 动作标记中的 id 值。

property：指定 JavaBean 属性名称。

关于 JavaBean 的动作标记的使用请参见 12.4 节,这里不再赘述。

12.3　JSP 内置对象

视频讲解

JSP 提供了由其容器实现和管理的内置对象,也可以称为隐含对象,由于 JSP 页面使用 Java 作为脚本语言,所以 JSP 将具有强大的对象处理能力,可以动态创建 Web 页面内容。但按照 Java 语言的语法规则,在使用一个对象前,需要先实例化这个对象,为了简化开发,JSP 已经内置了一些内置对象。这些内置对象不用编写者定义其类,也不用实例化,所有 JSP 页面均可直接使用即可。由于内置对象使用 Java 语言编写的,所以只能在输出表达式或脚本代码段中才可使用。

JSP 提供了的内置对象有 9 个,分别是 request、response、session、application、out、pagecontext、config、page、exception。它们都定义在 Servlet API 包中,各自的功能和作用域也不同,如表 12-1 所示。

表 12-1　JSP 内置对象列表

对象名	类　　型	功　　能	作用域
request	javax. servlet. ServletRequest	获取客户端的提交数据	Request
response	javax. servlet. SrvletResponse	对客户端的请求进行响应	Page
pageContext	javax. servlet. jsp. PageContext	是当前页面所有对象功能的集成者,用来管理网页属性	Page
session	javax. servlet. http. HttpSession	用来保存客户与服务器端会话的信息,以便跟踪每个用户的操作状态	Session
application	javax. servlet. ServletContext	用于保存所有用户的共享数据	Application

对象名	类　　型	功　　能	作用域
out	javax. servlet. jsp. JspWriter	向客户端输出数据	Page
config	javax. servlet. ServletConfig	用于管理服务器的配置信息	Page
page	javax. lang. Object	代表 JSP 页面本身,类似于 Java 编程中的 this 指针	Page
exception	javax. lang. Throwable	反映运行的异常	Page

JSP 提供了 4 种不同的作用域,即对象的有效范围,分别是 page、request、session 和 application。page 代表当前页面,即该对象在当前页面有效。除了 page 作用域外,其他三个作用域的名称都与内置对象名一致,有效范围都与其自身的特征有关的。

request 作用域只在一次请求范围内有效。如果从一个页面跳转到另一个页面,那么该对象就失效了,例如客户单击超链接跳转到其他页面,但使用< JSP: forward >动作标记后,在服务器页面间切换不影响内置对象的有效性。session 作用域指一次完整的交互活动,即在客户打开浏览器与服务器进行连续的互动期间,会话一直都是有效的,关闭客户浏览器会话就失效了。application 作用域在整个服务器运行期间都有效,服务器停止后才会失效。

内置对象常驻于服务器端,能实现客户端与服务器交互和服务器的配置与管理功能,在 9 个内置对象中,request、response、session、application 和 out 的使用频率最高,能实现客户端浏览器与服务器进行交互的主要功能。下面就对它们分别进行介绍。

12.3.1　request 对象

request 对象是 javax. servlet. httpServletRequest 类型的对象。该对象用于接收客户端浏览器传送到服务器的数据,然后 JSP 引擎再将接收到的数据交给服务器的相关组件进行处理,因此,request 对象是实现交互的基础。request 对象的常用方法有以下几种。

(1) void setAttribute(String key, Object obj):设置 request 对象的属性值,第一个参数为字符串类型的属性名,第二个为属性值,以对象方式给出。

(2) object getAttribute(String name):返回 request 对象指定属性的属性值,若该属性值不存在则返回 Null。

(3) Enumeration getAttributeNames():返回 request 对象所有属性名的一个枚举集合。

(4) String getCharacterEncoding():返回请求的字符编码方式。

(5) int getContentLength():返回请求正文的长度,按字节计数,如果不能确定返回的长度是多少,则返回-1。

(6) String getContentType():返回请求中的 MIME 类型,如果类型未知则为 null 值。

(7) String getParameter(String name):返回参数 name 指定的参数值。

(8) Enumeration getParameterNames():返回所有参数名的枚举集合。

(9) String[] getParameterValues(String name):返回参数 name 的所有值,结果为一个字符串数组。

(10) String getProtocol():返回 request 对象所用的协议类型及版本号,形式为"协议名/主版本号. 次版本号",例如"http/1. 1"。

（11）String getScheme()：返回 request 对象所用的协议，例如：http、https 及 ftp 等。

（12）String getServerName()：返回接受 request 对象请求的服务器主机名。

（13）int getServerPort()：返回服务器接受 request 对象请求所用的端口号。

（14）String getRemoteAddr()：返回发送 request 对象请求的客户端 IP 地址。

（15）String getRemoteHost()：返回发送 request 对象请求的客户端主机名。

（16）String getMethod()：获取客户端的提交方式，例如 post 或者 get。

（17）String getQueryString()：获取 request 对象请求的字符串。

（18）String getRealPath(String path)：返回虚拟路径的真实路径，即文件的存储位置。

下面通过两个示例来看 request 对象的使用。

【例 12-5】 使用 request 对象获取表单提交的数据并输出。

首先定义一个表单文件 register.html，代码如下：

```html
< html >
< head >
< title >个人信息登记系统</title >
</head >
< body bgcolor = "＃FFFFFF" text = "＃000000"><p>
<!—字体定义 -->
< FONT FACE = "隶书" SIZE = "5" COLOR = "Blue">用户注册登记表</FONT ></p>
<!—定义滚动文字 -->
< p >< MARQUEE BEHAVIOR = SCROLL >欢迎您的加入!</MARQUEE > </P>
<!—定义一条直线 -->
< Hr Align = "middle" Width = 100 ％ , Size = 1, Noshade >
< form name = "form1" method = "post" action = "do_submit.jsp">
  < table width = "54 ％" boder = "0">
    < tr >
        < td bgcolor = "＃1EF1F6" width = "21 ％" align = "right">用户名:</td >
        < td bgcolor = "＃F588FD" width = "79 ％">
            <!—表单项文本框定义 -->
            < input type = "text" name = "username" size = "30">
        </td >
    </tr >
    < tr >
        < td bgcolor = "＃1EF1F6" width = "21 ％" align = "right">真实姓名:</td >
        < td bgcolor = "＃F588FD" width = "79 ％">
            < input type = "text" name = "realname" size = "30">
        </td >
    </tr >
    < tr >
        < td bgcolor = "＃1EF1F6" width = "21 ％" align = "right"> 密码:</td >
        < td bgcolor = "＃F588FD" width = "79 ％">
            <!—表单项密码框定义 -->
            < input type = "password" name = "key" size = "30">
        </td >
    </tr >
    < tr >
        < td bgcolor = "＃1EF1F6" width = "21 ％" align = "right"> 核对密码:</td >
        < td bgcolor = "＃F588FD" width = "79 ％">
```

```
                < input type = "password" name = "checkkey" size = "30">
        </td>
</tr>
< tr >
        < td bgcolor = "♯1EF1F6" width = "21%" align = "right"> E - mail: </td>
        < td bgcolor = "♯F588FD" width = "79%">
                < input type = "text" name = "myemail" size = "30">
        </td>
</tr>
< tr >
        < td bgcolor = "♯1EF1F6" width = "21%" align = "right"> 出生时间: </td>
        < td bgcolor = "♯F588FD" width = "79%">
                < input type = "text" name = "date" size = "18" value = "1980 - 12 - 31">
        </td>
</tr>
< tr >
        < td bgcolor = "♯1EF1F6" width = "21%" align = "right"> 性别: </td>
        < td bgcolor = "♯F588FD" width = "79%">
                <!—表单项单选按钮组定义 -- >
                男< input type = "radio" name = "sex" value = "男" checked >
                女< input type = "radio" name = "sex" value = "女">
        </td>
</tr>
< tr >
        < td bgcolor = "♯1EF1F6" width = "21%" align = "right"> 性格:</td>
        < td bgcolor = "♯F588FD" width = "79%">
        <!—表单项复选按钮组定义 -- >
        < input type = "checkbox" name = "character" value = "热情大方">热情大方
        < input type = "checkbox" name = "character" value = "温柔体贴">温柔体贴
        < input type = "checkbox" name = "character" value = "多愁善感">多愁善感
        </td>
</tr>
< tr >
        < td bgcolor = "♯1EF1F6" width = "21%" height = "22" align = "right"> 职业:</td>
        < td bgcolor = "♯F588FD" width = "79%" height = "22">
                <!—表单项下拉列表框定义 -- >
                < select name = "profession">
                        < option value = "计算机业">计算机业</option >
                        < option value = "服务业">服务业</option >
                        < option value = "管理业">管理业</option >
                        < option value = "影视业">影视业</option >
                        < option value = "教育业">教育业</option >
                        < option value = "制造业">制造业</option >
                </select >
        </td>
</tr>
< tr >
        < td bgcolor = "♯1EF1F6" width = "21%" align = "right"> 个人简介:</td>
        < td bgcolor = "♯F588FD" width = "79%">
                <!—表单项多行文本框定义 -- >
                < textarea name = "intriduce" rows = "3" cols = "43"></textarea >
```

```
            </td>
        </tr>
        < tr bgcolor = "♯888888">
            < td width = "21 % " height = "29">  </td>
            < td width = "79 % " height = "29">
            <!—表单项提交按钮定义 -->
             < input type = "submit" name = "Submit" value = "提交">
                
            <!—表单项重置按钮定义 -->
            < input type = "reset" name = "Reset" value = "重置">
          </td>
        </tr>
    </table>
    </form>
    </body>
    </html>
```

例 12-5 表单定义示例的运行效果如图 12-7 所示。

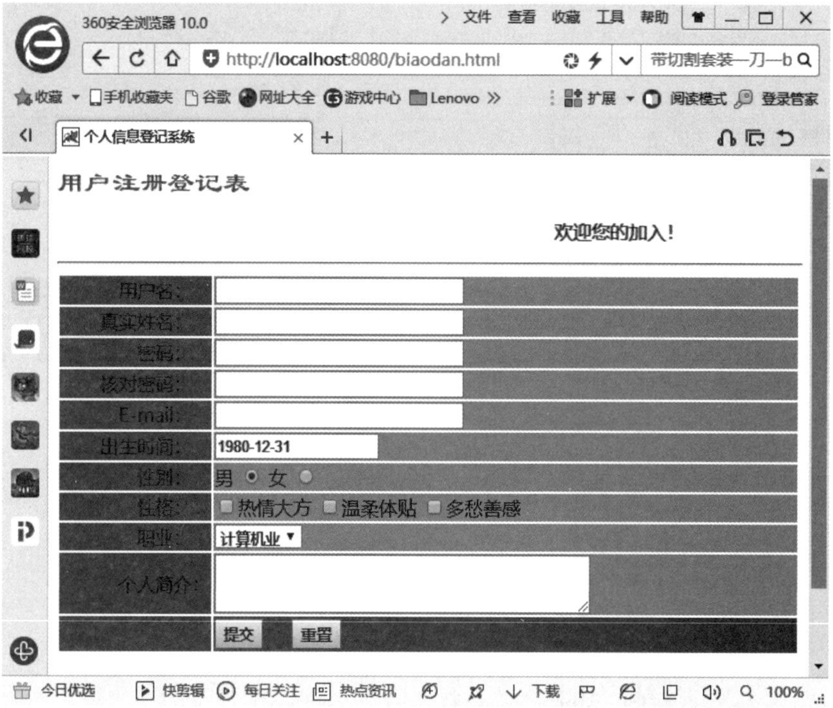

图 12-7   register. html 运行效果图

register. html 中的表单定义了多个表单项,用于多项内容的显示与输入。表单是从客户端向服务器提交信息的主要手段,可在表单中定义单行文本框、多行文本框、密码框、提交和重置按钮、单选和复选按钮组、下拉列表框等,这些表单项在功能上类似于图形用户界面设计中的各种组件。register. html 运行后会产生如图 12-7 所示的页面,输入内容并单击提交按钮后,表单会提交内容交给服务器端的程序 do_submit. jsp 进行处理,do_submit. jsp程序的代码如下:

```jsp
<%@ page contentType = "text/html; charset = gb2312" language = "java" %>
< html >
< head >
< title > request 应用实例</title >
< meta http - equiv = "Content - Type" content = "text/html; charset = gb2312">
</head >
< body bgcolor = "♯FF11FF" text = "♯000000">
<% out.println("用户名:");
String name = request.getParameter("username");
out.println(new String(name.getBytes("ISO - 8859 - 1"), "gb2312") + "< br >");
out.println("真实姓名:");
String rname = request.getParameter("realname");
out.println(new String(rname.getBytes("ISO - 8859 - 1"), "gb2312") + "< br >");
out.println("密码:");
String key = request.getParameter("key");
String chkey = request.getParameter("checkkey");
if(key.equals(chkey)){
    out.println(new String(key.getBytes("ISO - 8859 - 1"), "gb2312") + "< br >");}
else{   out.write(" password erorr ");}
out.println("E - mail:");
String email = request.getParameter("myemail");
out.println(new String(email.getBytes("ISO - 8859 - 1"), "gb2312") + "< br >");
out.println("出生年月:");
String birth = request.getParameter("date");
out.println(new String(birth.getBytes("ISO - 8859 - 1"), "gb2312") + "< br >");
out.println("性别:");
String sex = request.getParameter("sex");
out.println(new String(sex.getBytes("ISO - 8859 - 1"), "gb2312") + "< br >");
out.println("性格:");
String[] chselected = request.getParameterValues("character");
if(chselected != null){
    for(int i = 0; i < chselected.length; i++){
        out.write("  " + new String(chselected[i].getBytes("ISO - 8859 - 1"), "gb2312") + "  ");}
}else{
    out.write("< p > No value selected < p >");}
out.println("< br >");
out.println("职业:");
String[] pselected = request.getParameterValues("profession");
if(pselected != null){
    for(int i = 0; i < pselected.length; i++){
        out.write("  " + new String(pselected[i].getBytes("ISO - 8859 - 1"), "gb2312") + "   ");}
}else{
out.write("< p > No value selected < p >");}
    out.println("< br >");
out.println("个人简介:");
String intr = request.getParameter("intriduce");
out.println(new String(intr.getBytes("ISO - 8859 - 1"), "gb2312") + "< br >");
%>
< p >  </p >
</body >
</html >
```

　　向例 12-5 表单中输入相关数据后的输出如图 12-8 所示。从示例可以看到使用 request 对象的 getParameter()方法能够获取表单提交的数据，如果需要获取的并非单个值，而是一组值，可以使用 getParameterValues()方法。另外，request 对象还提供了获取环境配置信息的方法，例如服务器名、端口号、协议等，如例 12-6 所示。

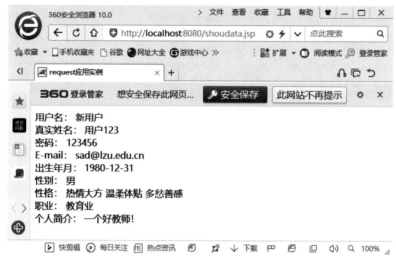

图 12-8　表单提交后的输出效果

【例 12-6】 使用 request 对象获取环境配置信息。

```
<% @ page language = "java" contentType = "text/html;charset = gb2312" %>
< html >
< head >
< title > request 获取服务器配置信息</title >
</head >
< body >
< p > server name:
    <% = request.getServerName() %>
</p >
< p > server port:
    <% = request.getServerPort() %>
</p >
< p > protocol:
    <% = request.getProtocol() %>
</p >
< p > remote addr:
    <% = request.getRemoteAddr() %>
</p >
< p > remote host:
    <% = request.getRemoteHost() %>
</p >
< p > http method:
    <% = request.getMethod() %>
</p >
</body >
```

```
</html>
```

【例 12-7】 的运行结果如图 12-9 所示。

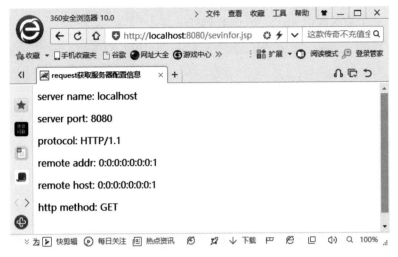

图 12-9　获取服务器配置信息

12.3.2　response 对象

request 对象接收来自客户端的提交信息,而 response 对象正好相反,用于对客户端进行响应,主要是将 JSP 容器处理过的对象传回到客户端,如 cookie、http 文件头等。

常用方法如下所述。

(1) void addCookie(Cookie cookie):Cookie 是一段不超过 4KB 的小型文本数据,保存该客户访问当前网页时的信息,这些信息是保存在客户端的,当客户再次访问时这些信息可供该网页使用。

(2) void addHeader(String name,String value):添加 http 文件头,该文件头会发送到客户端替换原来的文件头。

(3) void setHeader(String name,String value):设置 http 文件头,若 http 文件的文件头存在,则替换原来的文件头。

(4) void sendError(int sc):向客户端传送错误码。

(5) void sendError(int sc,String msg):向客户端传送错误码和错误信息。

(6) String String getCharacterEncoding():返回响应对象使用的字符编码方式,即 MIME 类型。

(7) PrintWriter getWriter():返回一个 PrintWriter 类的对象,用以向客户端输出。

(8) void setContentType(String type):设置响应对象的 MIME 类型。

(9) void sendRedirect(String URL):页面重定向,用来从当前页面跳转到参数 URL 指定的网页。

(10) String encodeURL(String URL):先判断当前 Web 组件是否启用了 Session,如果没有启用,直接返回参数 URL,如果启用,则判断客户端浏览器是否支持 Cookie,如果支持 Cookie 就直接返回参数 URL,否则就在参数 URL 中加入 Session ID 信息,然后返回修改后的 URL。

下面通过示例来看 response 对象的使用。

【例 12-8】 使用 response 对象实现错误输出和页面跳转。

首先创建一个登录页面 login.html,代码如下:

```
< html >
< body >
    < form name = "form1" method = "post" action = "resdeal.jsp" >
        用户名: < input type = "text" name = "UserName" size = "30">< br >< br >
        密     码:
        < input type = "password" name = "UserPwd" size = "30">< br >< br >
              
        < input type = "submit" name = "Submit" value = "提交">
              
        < input type = "reset" name = "Reset" value = "重置">
    </ form >
</ body >
</ html >
```

登录页面 login.html 的运行结果如图 12-10 所示。

图 12-10   登录页面 login.html 的运行结果

再创建 resdeal.jsp 用来对 login.html 表单提交的信息进行处理,代码如下:

```
<% @ page language = "java" contentType = "text/html;charset = gb2312" %>
< html >
< body >
    <%
        String strname = null, strpwd = null;
        strname = request.getParameter("UserName");
        strpwd = request.getParameter("UserPwd");
        if(strname.equals("tomcat")&&strpwd.equals("123456")) {
            response.sendRedirect("inptright.jsp");}
        else{
        response.sendError(990,"您输入的用户名或密码错误,请重新输入");}
    %>
```

```
</body>
</html>
```

当输入的用户名和密码不是 tomcat 和 123456 时,执行 response. sendError(990,"您输入的用户名或密码错误,请重新输入")语句,浏览器输出如图 12-11 所示的错误页面。

图 12-11　错误页面

最后创建文件 inptright. jsp,代码如下:

```
<% @ page language = "java" contentType = "text/html;charset = gb2312" %>
<html>
<body>
<%
    out.println("用户名和密码输入正确");
    out.println("请稍等.......");
    response.setHeader("refresh","5;URL = login.html"); %>
</body>
</html>
```

当用户名和密码是 tomcat 和 123456 时,跳转到 inptright. jsp 程序执行,浏览器输出如图 12-12 所示的页面,停留 5 秒后跳转到 login. html 页面。

图 12-12　inptright. jsp 的执行结果

JSP 技术基础

12.3.3　session 对象

session 对象代表一次会话,即从客户端连接服务器开始,到客户端与服务器断开为止,这个过程就是一次会话。session 对象中保存的是某一用户相关信息的对象,这些信息为该用户所特有,属于私人信息。session 通常用于跟踪用户的会话信息,例如判断用户的登录状态、记录用户的浏览轨迹、跟踪用户购买的商品等。当用户在应用程序的 Web 页面之间跳转时,存储在 session 对象中的变量不会丢失,而是在整个用户会话中一直存在下去。当用户请求来自应用程序的 Web 页面时,如果该用户还没有会话,则 Web 服务器将自动创建一个 session 对象。当会话过期或被放弃后,服务器将终止该会话。

服务器会为每个用户安排一个全局唯一标识 sesssion_id,客户端和服务端根据该 sesssion_id 来访问会话信息数据。当用户访问 Web 页面时,服务端程序决定何时创建 session 对象,并使用用户的 session 对象保存该用户的私有信息,跟踪用户的操作状态。

常用方法如下所述。

(1) long getCreationTime():返回 session 创建时间。

(2) String getId():返回 session 的 ID 编号,session 的 ID 编号是唯一的,不会重复。

(3) long getLastAccessedTime():返回此 session 客户端最近发送一次请求时间。

(4) int getMaxInactiveInterval():返回 session 对象的生存时间。

(5) Object getValue(String name):返回一个 session 会话中指定名称的对象。

(6) String[] getValueNames():返回一个 session 会话中的所有对象名数组。

(7) void invalidate():取消 session 会话。

(8) boolean isNew():返回服务器创建的一个 session 会话,客户端是否已经加入,未加入返回 true,否则返回 false。

(9) void setAttribute(String key,Object obj):设置 session 对象指定属性的属性值。

(10) object getAttribute(String name):返回 session 对象指定属性的属性值,如该属性值不存在则返回 Null。

(11) Enumeration getAttributeNames():返回 session 对象所有属性名的一个枚举集合。

(12) void removeValue(String name):删除 session 中指定的属性。

下面通过示例来看 session 对象的使用。

【例 12-9】　设置和输出 session 对象的属性。

首先创建一个 JSP 文件 setsession.jsp,代码如下:

```
<%@page language = "java" contentType = "text/html;charset = gb2312"
session = "true" %>
<html>
    <head>
        <title>session 应用示例</title>
    </head>
    <body bgcolor = "#ffffff" text = "#000000">
        <%
            String str1 = "超级用户";
            String str2 = "123456";
```

```
        session.setAttribute("user",str1);
        session.setAttribute("upwd",str2);
        String URL1 = response.encodeURL("getsession.jsp");
    %>
    <h2 align = "left">
        已为 session 对象中设置属性 user,存入的数据是"超级用户"!
    </h2>
    <h2 align = "left">
        已为 session 对象中设置属性 upwd,存入的数据是"123456"!
    </h2>
    <h3 align = "left">
        <a href = '<% = URL1 %>'>查看存入的数据</a>
    </h3>
</body>
</html>
```

文件 setsession.jsp 运行结果如图 12-3 所示。

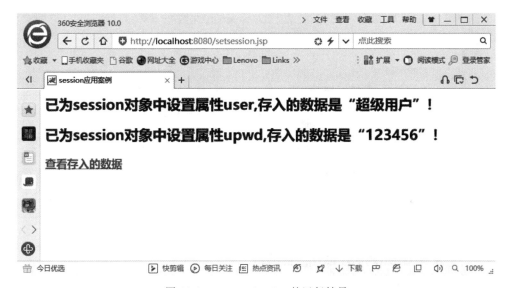

图 12-13 setsession.jsp 的运行结果

单击"查看存入数据"超链接,将跳转到 getsession.jsp 文件,getsession.jsp 代码如下:

```
<% @page language = "java" contentType = "text/html; charset = gb2312"
session = "true" %>
<html>
<head>
    <title>session 应用示例</title>
</head>
<body>
    <h3>
        <p align = "left"> session 创建时间:<% = session.getCreationTime() %></p>
        <p align = "left"> sessionID:<% = session.getId() %></p>
        <p align = "left"> session 的生存时间:
            <% = session.getMaxInactiveInterval() %>
```

```
                </p >
                < p align = "left"> session 最后发送请求的时间:
                    <% = session.getLastAccessedTime()%></p>
            </h3 >
            <%
            String str1,str2;
            str1 = (String)session.getAttribute("user");
            str2 = (String)session.getAttribute("upwd");
            %>
        < h2 >从 session 对象中取出的数据是:</h2 >
        < h2 >   <% = str1 %> <% = str2 %>
        </h2 >
    </body >
    </html >
```

文件 getsession.jsp 运行结果如图 12-14 所示。关闭浏览器，再重启浏览器并重新执行 getsession.jsp 程序，将会看到运行结果与第一次运行结果不同，session 的创建时间、id 值、最后发送请求的时间都发生了变化，这是因为 session 保存的是服务器与客户端的会话信息，关闭浏览器后再重启，相当于结束了前一次会话，开始了一个新的会话。

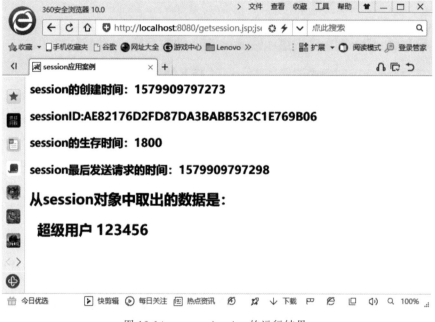

图 12-14 getsession.jsp 的运行结果

视频讲解

12.3.4 application 对象

application 对象可将信息保存在服务器中，直到服务器关闭，否则 application 对象中保存的信息会在整个应用中都有效。与 session 对象相比，application 对象生命周期更长，类似于系统的全局变量。

常用方法如下所述。

（1）Object getAttribute(String name)：返回 application 对象指定名称的属性值。

（2）Enumeration getAttributeNames()：返回 application 对象所有可用属性名的枚举值。

（3）void setAttribute(String name，Object obj)：设定 application 对象的属性和属性值。

（4）void removeAttribute(String name)：删除某一属性及其属性值。

（5）String getServerInfo()：返回 JSP 引擎的（服务器）名称及版本号。

（6）String getRealPath(String path)：返回虚拟路径的真实路径。

（7）String getMimeType(String file)：返回指定文件的 MIME 类型。

（8）int getMajorVersion()：返回 Servlet API 主版本号。

（9）int getMinorVersion()：返回 Servlet API 次版本号。

下面通过设置网页计数器示例来看 application 对象的使用。

【例 12-10】 设置网页计数器。

创建一个 JSP 文件 counter.jsp，代码如下：

```
<% @ page language = "java" contentType = "text/html;charset = gb2312" %>
< html >
< head >< title > application 实例</title ></head >
<%    Object count = application.getAttribute("counter");
    if (count!= null){
        int num = (Integer)count;
        num = num + 1;
        count = (Object)num; }
    else{ count = (Object)1; }
    application.setAttribute("counter",count);
    application.setAttribute("author","tomcat"); %>
< body >< div align = "center">
< h1 >欢迎光临本站</h1 >
< h4 align = "left">网站的服务器信息：
    <% out.println(application.getServerInfo()); %></h4 >
< h4 align = "left"> Java Servlet API 主版本号：
    <% out.println(application.getMajorVersion()); %></h4 >
< h4 align = "left"> Java Servlet API 次版本号：
    <% out.println(application.getMinorVersion()); %></h4 >
< h4 align = "left">本网页的真实路径：
    <% out.println(application.getRealPath("counter.jsp")); %></h4 >
< h4 align = "left">本网页的制作者是：
    <% out.println(application.getAttribute("author")); %></h4 >
< h2 >您是本网站的第<% = application.getAttribute("counter") %> 位访问者</h2 >
</div >
< h3 align = "left">删除了 application 的 author 属性</h3 >
<% application.removeAttribute("author"); %>
< h4 align = "left">现在的制作者是：
    <% out.println(application.getAttribute("author")); %></h4 >
</body >
</html >
```

第 12 章

JSP 技术基础

文件 counter.jsp 运行结果如图 12-15 所示。

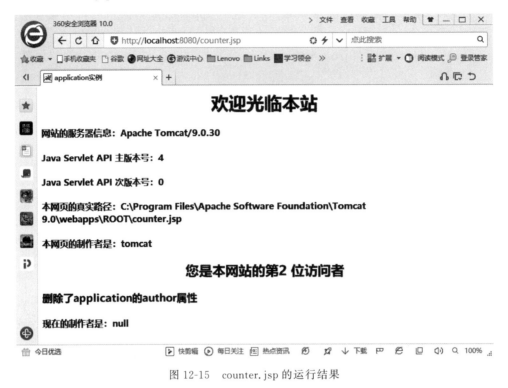

图 12-15   counter.jsp 的运行结果

关闭浏览器后重新打开当前页面,会看到网站计数并没有归零,而是不停增加,这是因为 application 对象保存的是所有客户的共有信息,某一客户浏览器的关闭并不会影响 application 对象的生存,只有重新启动服务器才会重新生成 application 对象。

12.3.5　out 对象

视频讲解

out 对象用于在 Web 浏览器内输出信息,并且管理应用服务器上的输出缓冲区。在使用 out 对象输出数据时,可以对数据缓冲区进行操作,及时清除缓冲区中的残余数据,为其他的输出让出缓冲空间。out 对象类似于 Java 语言中常用的 system.out,都是流类的对象,只是此处 out 对象不是输出到终端而是网络流,因此需要注意在数据输出完毕后,要及时关闭该流对象。

常用方法如下所述。

(1) void print():输出数据,参数可以是任意符合 Java 规范的变量或对象。

(2) void println():输出数据,功能与 print()方法相同,但输出后换行。

(3) void flush():通过将缓冲区里的内容写入输出流来清空缓冲区。

(4) int getBufferSize():返回缓冲区的大小,以字节数计数,如果不设缓冲区则为 0。

(5) int getRemaining():返回缓冲区的剩余空间还有多少,以字节数计数。

(6) void clear():清空网页上的内容,重复执行会抛出异常。

(7) void clearBuffer():清除缓冲区的当前内容,重复执行不会抛出异常。

(8) boolean isAutoFlush():判断缓冲区是否自动清空。

（9）void close()：关闭输出流，清空所有内容。

（10）void newLine()：输出一个换行字符。

【例 12-11】 out 对象使用示例。

创建一个 JSP 文件 outtest.jsp，代码如下：

```
< % @page language = "java" contentType = "text/html; charset = gb2312" % >
< html >
< head >
    < title > out 应用实例</title>
</head >
< body >
    < % = "使用 = 运算符输出" % >
    < % = "使用 = 运算符输出" % >
    < % = "< br >" % >
    < %
        out.print("使用 print 方法输出");
        out.print("使用 print 方法输出");
        out.println("< br >");
        out.println("使用 println 方法输出");
        out.println("使用 println 方法输出");
        out.println("< br >");
        out.println("当前 out 对象的缓冲区大小为:" + out.getBufferSize() + "字节" + "< br >");
        out.newLine();
        out.newLine();
        out.println("当前 out 对象的剩余缓冲区大小为:" + out.getRemaining() + "字节" + "
< br >");
    % >
</body >
</html >
```

文件 outtest.jsp 运行结果如图 12-16 所示。

图 12-16　outtest.jsp 的运行结果

从图中可以看到使用 out 对象输出时存在以下现象。

（1）使用 print 方法输出时，前后两个输出语句的输出内容紧紧接在一起。

（2）使用 println 方法输出时，前后两个输出语句的输出内容之间会有一个空格，并不是直接换行,要换行需要使用< br >标记。

(3) 使用=输出时输出效果与 println 方法一样,前后两个输出语句的输出内容之间也有一个空格。

(4) newLine 方法并没有产生一个新行,甚至在输出效果图中看不到任何效果。

对浏览器中的页面使用查看源代码指令将会看到从服务器发送到客户浏览器的 HTML 代码,图 12-17 所示为文件 outtest. jsp 的运行页面对应的 HTML 代码。从图中可以清晰地看到 print 方法、println 方法、newLine 方法都发挥了各自的特有功能,也就是说 out 对象中定义方法的功能是对应到 HTML 代码层级,而非最终输出的,这一点需要注意。

图 12-17　outtest. jsp 的运行页面对应的 HTML 源代码

12.4　JSP 与 JavaBean

视频讲解

12.4.1　什么是 JavaBean

JSP 就是在 HTML 代码中嵌入了 Java 脚本代码的网页,Java 脚本中会有一些重复频率比较高的操作,例如排序、查找、插入、删除等,在每一个执行这些操作的地方重复的嵌入相同的代码,这会增加网页的代码量,使网页的结构变得复杂,给 JSP 页面文件的开发和维护带来麻烦。如果能将这些重复出现的功能代码编写为一个个组件,在需要的地方直接引入相关组件将有效简化网页代码,减少开发的工作量,更有利于网页文件的开发与维护。JavaBean 就是能实现这一构想的工具。JavaBean 是一种使用 Java 语言编写的可重用组件,同样具有完全面向对象的特点。JavaBean 会以类的形式出现,其实质就是一个遵守相关规则的 Java 类。为使用 JavaBean,类需要遵守以下规则。

(1) JavaBean 一定要使用 package 语句定义在包内。

(2) JavaBean 必须定义为公共类,要使用 public 关键字修饰。

（3）要为 JavaBean 定义 public 修饰的无参构造方法，不定义构造方法时，Java 编译器会提供默认的无参构造方法。

（4）JavaBean 定义的属性通常要用 private 进行修饰，表示私有属性，要为私有属性定义公有的 setXXX( )方法和 getXXX( )的方法，用于访问 JavaBean 里的私有属性 XXX 数值。

（5）JavaBean 编译后生成的.class 文件要放到网站根目录的"class/包名"文件夹中，在引用时类名前通常要加上包名以指明存储位置。

（6）配置好 JavaBean 后需要重启 Tomcat 服务器，否则配置无效。

（7）修改 JavaBean 代码后需重新编译节码文件和重启 Tomcat 服务器。

JavaBean 实际是一种软件组件模型，任何 Java 类都可以按照相关规则封装为 JavaBean，通常将各种逻辑判断和数据库连接等功能封装进 JavaBean 中，这样就可以实现业务逻辑（JavaBean）和前台页面（JSP 页面）的分离，可以更好地实现网站的模块化开发。作为一种可重用的 Java 组件，它可以被 JSP、Applet、Servlet、其他 JavaBean 等 Java 网络应用程序轻松调调用。

网站开发引入 JavaBean 带来的好处主要有两点：①实现了前台显示与逻辑处理的分离，使网站的体系机构更加简单明了，也使得网站可以更好地按照模块化进行开发，网站系统也更健壮和灵活；②提高了代码的可重用性，减少了网站开发的工作量，使得网页文件的开发更加简单，维护也更方便。

12.4.2　JavaBean 的构成

创建一个标准的 JavaBean 文件由以下 6 部分组成。

（1）包的定义。

包是 JavaBean 的存放位置，自定义的包一般放在网站根目录的"\Web-INF\classes"文件夹下，包的定义语句一般放在 JavaBean 文件的第一行，语法格式为：

```
package 包名;
```

例如

```
package mypack;
```

（2）JavaBean 的定义。

JavaBean 就是一个限定了的 Java 类，按照 Java 类的定义方法就可以定义一个 JavaBean，只要注意类名修饰符为 public 即可，其语法格式如下：

```
public class 类名{
    类体
}
```

还需要注意的是，JavaBean 名要与保存文件的名称一致，否则会出现编译错误。

（3）属性定义。

作为一个特殊的 Java 类，JavaBean 中的属性定义只能用 private 关键字修饰，这样在类外就无法访问 JavaBean 中的属性，达到了信息保护的目的，属性名一般要用小写，否则可能出错。属性定义的语法格式如下：

```
private 数据类型 属性名称;
```

例如：

```
private int age;
private String name,password;
```

（4）构造方法定义。

对 Java 语言而言，如果没有为类定义构造方法，系统会提供一个默认的无参构造方法，这一点对于 JavaBean 也适用，如果要为 JavaBean 自定义构造方法，则需要注意不可以带参数，定义构造方法的语法格式如下：

```
public 构造方法名(与类名相同){
    方法体
}
```

（5）设置 JavaBean 属性值的方法。

JavaBean 严格遵守面向对象的类设计逻辑，不允许外部访问其任何属性，方法调用是访问其属性唯一途径，对于写入与获取属性值的方法有严格的约定，只能通过为私有属性 Xxx 定义公有的 setXxx()方法和 getXxx()的方法来访问其属性数值。设置 JavaBean 属性值的方法定义格式如下：

```
public void setXxx(参数列表){
    方法体
}
```

例如，对于私有属性 private String name，设置其属性值的方法可以定义为：

```
public void setName(String firstname,String lastname){
    this.name = firstname + lastname;
}
```

（6）获取 JavaBean 属性值的方法。

获取 JavaBean 属性值要使用 getXxx()方法，且需要有返回值，设置 JavaBean 属性值的方法定义格式如下：

```
public 返回值类型 getXxx(参数列表){
    方法体
}
```

例如，对于私有属性 private String name，获取其属性值的方法可以定义为：

```
public String getName(){
    return this.name;
}
```

下面通过一个示例来看如何创建一个 JavaBean 的程序，首先查看网站根目录下的 Web-INF 文件夹下有没有 classes 文件夹，这个文件夹是 Tomcat 服务器用来存放.class 文件的地方，如果没有该文件夹则创建之，然后在 classes 文件夹创建一个文件夹 mypack，这其实就是 JavaBean 类定义中要求的包名,在 mypack 文件夹中创建一个纯文本文件,将以下代码输入该文本文档并保存。

【例 12-12】 BankBean 的定义。

```
package mypack;                              //包的定义
public class BankBean {
private String bname = "中国银行";           //属性定义
public BankBean(){ }                        //构造方法
public String getBname (){                  //getXxx()方法
    return bname;
}
public void setBname (String name){         //setXxx()方法
    this. bname = name;
}
}
```

关闭纯文本文件并在其图标上右击,在弹出的菜单中选择"重命名"菜单项,修改文件名为 BankBean. java,注意新的文件扩展名为. java,在弹出的是否修改文件名扩展名的对话框中选择"是",将文件修改为 Java 文件。由于在 JSP 文件中引用的是. class 字节码文件,因此还需对 Java 文件进行编译,在命令行输入 cmd 命令打开 DOS 窗口,切换目录到网站根目录的"Web-INF\classes\mypack"下,输入指令:

```
Javac BankBean. java
```

对文件进行编译,编译后会在 mypack 文件夹中生成 BankBean. class,这个字节码文件就是在 JSP 页面中直接引用的文件。

12.4.3 JavaBean 的使用

视频讲解

JSP 引用 JavaBean 的方式有两种:其一是在脚本代码中直接创建对象引用,其二是通过 useBean、setProperty 和 getProperty 这三个动作标记进行引用。这两种方式虽然语法格式有差异,但使用流程却一样,无论使用哪种方式都要包含以下 3 个步骤。

首先,使用 JSP 的 page 指令将对应的类引入当前页面,引入类的语句格式如下:

```
<% @page import = "包名. 类名" %>
```

例如:

```
<% @page import = "mypack. BankBean" %>
```

在引入时,使用"包名. 类名"的形式,一定注意包名不能省略,省略包名往往会导致访问失败。

其次,创建类的实例,在脚本代码中创建类实例的方法与 Java 语言对象的定义方法相同,例如:

```
BankBean myBank = new BankBean();
```

有 Java 基础的学习者都很熟悉这种方式,不再赘述。另一种方式就是用 useBean 动作标记创建 Bean 实例,例如:

```
< JSP:useBean id = "myBank" class = "mypack.BankBean" scope = "page" />
```

id 值代表对象引用,同样需要注意类名前一定要有包名,否则往往会失败。

最后,在脚本代码中对实例的属性和方法的访问与 Java 语言相同,在此不做解释。使用< JSP: setProperty >、< JSP: getProperty >动作标记访问 Bean 属性的语法格式在 12.3 节已有介绍,这两个动作标记要与< JSP: useBean >标记配合使用,三个动作标记通常配合使用,例如:

```
< JSP:useBean id = "myBank" class = "mypack.BankBean" scope = "page" />
< JSP:setProperty name = "myBank" property = "bname" value = "交通银行"/>
< JSP:getProperty name = "myBank" property = "bname"/>
```

下面通过两个示例来看 JavaBean 的使用。

【例 12-13】 编写 BankBean.jsp,在脚本代码中引用 BankBean。

```
<% @page contentType = "text/html;charset = gb2312" %>
<% @page import = "mypack.BankBean" %>
< html >
< head >
    < title >我的银行卡</title >
</head >
< body >
    < h2 >我的银行卡 </h2 >
    <% BankBean myBank = new BankBean(); %>
    我有一张<% = myBank.getBname() %>的银行卡< br/>< br/>
    <% myBank.setBname("交通银行"); %>
    我还有一张<% = myBank.getBname() %>的银行卡
</body >
</html >
```

【例 12-14】 使用动作标记访问 BankBean。

```
<% @page contentType = "text/html;charset = gb2312" %>
<% @page import = "mypack.BankBean" %>
< html >
< head >
    < title >使用一个 JavaBean </title >
</head >
< body >
    < h2 >我的银行卡</h2 >
    < JSP:useBean id = "myBank" class = "mypack.BankBean" scope = "page" />
    我有一张 < JSP:getProperty name = "myBank" property = "bname"/>的银行卡< br/>< br/>
    < JSP:setProperty name = "myBank" property = "bname" value = "交通银行"/>
    我还有一张< JSP:getProperty name = "myBank" property = "bname" />的银行卡
</body >
</html >
```

上述两种引用 BankBean 的运行结果是一样的,运行结果如图 12-23 所示。

图 12-18　BankBean.jsp 运行结果

视频讲解

12.5　JSP 与数据库

在浏览网页时,用户的很多访问请求都是需要访问数据库,例如访问注册用户的相关信息、查阅学生成绩、查看购物车等,JSP 对数据库的访问需要使用 JDBC 组件完成,JDBC 是 Java 语言中访问数据库的应用程序接口,提供了访问数据库的相关类和接口,JSP 网页使用 JDBC 连接数据库的方式与 Java 语言相同,在 JSP 网页文件的脚本代码中编写相应的 JDBC 数据库访问语句即可。JDBC 如何连接数据库在第 11 章已有详细介绍,这里不再赘述。

作为一个连接数据库的标准组件,JDBC 能以统一的形式连接不同的数据库,下面以 JSP 连接 MySQL 5.5 数据库为例进行介绍。JDBC 并非 Java 语言的标准组件,因此在 JSP 程序连接 MySQL 数据库时首先需要下载相应的 JDBC 驱动包并将其配置到运行环境中。从网上下载 JDBC 驱动包 mysql-connector-java-5.1.39-bin.jar,并将其复制到 Tomcat 安装目录下的 lib 文件夹中,重新启动 MySQL 和 Tomcat 服务器使设置生效。

在完成上述设置后就可以使用 JDBC 在 JSP 页面中实现对 MySQL 数据库的连接和访问了,下面通过一个示例来看具体应用。

【例 12-15】　使用 JDBC 访问 Student 数据库。

首先需要建立数据库。在 MySQL 中创建数据库 Student,在数据库 Student 中创建数据表 student。创建数据表 student 的 SQL 代码如下:

```
create table student(
stid char(12) primary key,
stname char(20),
stsex char(2),
stage int,
stcollege char(15))
```

运行上述代码,就可以在数据库 Student 中看到新建的 student 数据表了,向表中输入一些数据,形成一张测试表,如图 12-19 所示。

stid	stname	stsex	stage	stcollege
320200911001	王凯	男	20	信息学院
320200911002	付笛	男	19	计算机学院
320200911003	吴敏	女	19	数学学院
320200911004	甘梅	女	20	数学学院
320200911005	何磊	男	21	物理学院
320200911006	柳鹏	男	20	信息学院
320200911007	李燕	女	21	计算机学院

图 12-19　student 数据表

在网站的根目录中创建 JSPsql.jsp 文件,代码如下:

```jsp
<%@ page language = "java" import = "java.util. * " pageEncoding = "utf - 8" %>
<%@ page import = "java.sql. * " %>
<html>
<head>
    <title>学生信息表</title>
    <meta http - equiv = "cache - control" content = "no - cache">
    <meta http - equiv = "keywords" content = "keyword1,keyword2,keyword3">
    <meta http - equiv = "description" content = "This is my page">
</head>
<body>
<p> </p>
<p><font color = "#00FF00" size = " + 3" face = "行楷">学生信息表</font></p>
<p> </p>
<table align = "center" bgcolor = "#999933" border = "1" width = "500">
    <tr>
        <td>学号</td>
        <td>姓名</td>
        <td>性别</td>
        <td>年龄</td>
        <td>学院</td>
    </tr>
    <%
    Connection con = null;
    //加载 JDBC 驱动器类
    try{ Class.forName("com.mysql.jdbc.Driver");
    //设置数据库连接
    String URL = "jdbc:mysql://localhost:3306/Student";
    String USER = "root";
    String PWD = "123456";
    con = DriverManager.getConnection(URL,USER,PWD);    //建立数据库连接
    String sql = "select * from Student";
    Statement stmt = con.createStatement();
    ResultSet rs = stmt.executeQuery(sql);              //执行查询
    while(rs.next()){                                   //循环输出查询结果
    %>
    <tr>
        <td><% = rs.getString("stid") + "" %></td>
        <td><% = rs.getString("stname") %></td>
        <td><% = rs.getString("stsex") %></td>
```

```
            <td><%=rs.getInt("stage")%></td>
            <td><%=rs.getString("stcollege")%></td>
        </tr>
        <%
        }
                con.close();
                stmt.close();
        }catch(Exception ex){
                out.print("出现意外,信息是:" + ex.getMessage());
                ex.printStackTrace();
        }
        finally {
            if (con!= null)
                try {
                    con.close();}
                catch (Exception e){ }
        }
        %>
</table>
</body></html>
```

运行 JSPsql.jsp 程序会看到如图 12-20 所示的运行结果。

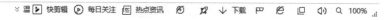

图 12-20　程序 JSPsql.jsp 的运行结果

　　如果在程序中需要频繁访问数据库,将数据库访问代码直接嵌入 JSP 文件中会使得程序代码显得复杂,不方便阅读与调试。为了使代码更加清晰明了,网站的体系架构更加合理,在实际中,经常将对数据库的访问设置为 JavaBean,在 JavaBean 中完成对数据库的访问。对上述数据库 Student 中 student 数据表的访问也可以使用 JavaBean 进行处理。

【**例 12-16**】 在 JavaBean 使用 JDBC 访问 Student 数据库。

首先,在网站根目录的\Web-INF\classes\mypack 中编写 sqlBean. java 文件,代码如下:

```java
package mypack;
import java.io. * ;
import java.sql. * ;

public class sqlBean{
public Connection conn = null;
public Statement stmt = null;
public ResultSet rs = null;

//构造函数
public sqlBean(){
        try{
    Class.forName("com.mysql.jdbc.Driver");
        }
     catch(java.lang.ClassNotFoundException e){
    System.err.println("加载驱动器有错误:" + e. getMessage( ));
    System.out.print("执行插入有错误:" + e.getMessage());   //输出到客户端
        }
      finally {}
}
// Update data
public int executeUpdate(String sql){
        int num = 0;
        try{
     conn = conn = DriverManager. getConnection ( " jdbc: mysql://localhost: 3306/ Student",
"root","123456");
     stmt = conn. createStatement();
     num = stmt. executeUpdate(sql);
        }
        catch(SQLException ex){
    System.err. println("执行插入有错误:" + ex. getMessage( ) );
    System.out. print("执行插入有错误:" + ex. getMessage());  //输出到客户端
        }
        finally {}
        closeStmt();
        closeConn();
        return num;
}
// display data
public ResultSet executeQuery(String sql){
        try{
     conn = conn = DriverManager. getConnection ( " jdbc: mysql://localhost: 3306/ Student",
"root","123456");
     stmt = conn. createStatement();
     rs = stmt. executeQuery(sql);
```

```
                  }
            catch(SQLException ex){
      System.err.println("执行查询有错误:" + ex.getMessage() );
      System.out.print("执行查询有错误:" + ex.getMessage()); //输出到客户端
            }
            finally {}
            return rs;
      }
// delete data
public int executeDelete(String sql){
            int num = 0;
            try{
       conn = conn = DriverManager. getConnection ( " jdbc: mysql://localhost: 3306/Student"," 
root","123456");
      stmt = conn.createStatement();
            num = stmt.executeUpdate(sql);
            }
            catch(SQLException ex){
      System.err.println("执行删除有错误:" + ex.getMessage() );
      System.out.print("执行删除有错误:" + ex.getMessage()); //输出到客户端
            }
            finally {}
            closeStmt();
            closeConn();
            return num;
      }
//关闭对象
public void closeStmt()
{
            try{
              stmt.close();
             }
            catch(SQLException ex)
            {
                  System.err.println("aq.executeQuery: " + ex.getMessage());
            }
}
//关闭连接
public void closeConn()
{
            try{
      conn.close();
            }
        catch(SQLException ex)
        {
                  System.err.println("aq.executeQuery: " + ex.getMessage());
        }
}}
```

编译上述 Java 文件获得 sqlBean. class 文件,在网站根目录下创建 StuMag 文件夹,在
StuMag 文件夹创建相应的 JSP 文件就可以使用 JavaBean 实现数据库访问。

创建 OutStu.jsp,实现数据输出,代码如下:

```jsp
<%@ page contentType = "text/html; charset = utf - 8" language = "java" %>
<%@ page import = "java.sql. * " %>
<%@ page import = "mypack.sqlBean" %>
<html>
<head>
<meta http - equiv = "Content - Type" content = "text/html; charset = utf - 8">
<title>学生信息表</title>
</head>
<body bgcolor = " # FFFFFF" text = " # 000000" link = " # 00FF00">
<div align = "center">
  <p> </p>
  <p><font color = " # 00FF00" size = " + 3" face = "方正舒体">学生信息表</font></p>
  <p> </p>
  <table width = "75 %" border = "1">
    <tr>
      <td>学号</td>
      <td>姓名</td>
      <td>性别</td>
      <td>年龄</td>
      <td>学院</td>
      <td>修改</td>
      <td>删除</td>
    </tr>
    <%
        String stu_id = null;
        sqlBean sel = new sqlBean();                    //创建 Bean 实例
        String sql = "select  * from Student";
        ResultSet rs = sel.executeQuery(sql);           //查询数据库
        while(rs.next()){
    %>
    <tr>
      <td><% = rs.getString("stid") + "" %></td>
      <td><% = rs.getString("stname") %></td>
      <td><% = rs.getString("stsex") %></td>
      <td><% = rs.getInt("stage") %></td>
      <td><% = rs.getString("stcollege") %></td>
      <td><a href = "UpdateStu.jsp?stu_id = <% = rs.getString("stid") %>">修改</a></td>
      <td><a href = "DeleteStu.jsp?stu_id = <% = rs.getString("stid") %>">删除</a></td>
    </tr>
    <%
        }
        rs.close();
        sel.closeStmt();
        sel.closeConn();
    %>
  </table>
</div>
</body>
```

在上述 OutStu.jsp 文件中使用 JavaBean 进行数据库的访问,程序代码相较使用 JSPsql.jsp 在 JSP 文件中直接嵌入数据库代码要清晰明了,简单易读,运行结果如图 12-21 所示。

图 12-21　程序 JSPsql.jsp 的运行结果

在 OutStu.jsp 文件中的表格中设计了两个超链接,通过这两个超链接可以分别链接到修改和删除页面。<a href="UpdateStu.jsp? stu_id=<%=rs.getString("stid")%>">修改</a>链接到修改页面,可以实现单条学生记录的修改。修改功能通过表单提交的方式进行,由两个 JSP 文件配合完成,两个程序代码如下。

UpdateStu.jsp 文件代码:

```
<%@ page contentType="text/html; charset=gb2312" language="java" %>
<%@ page import="java.sql.*" %>
<%@ page import="mypack.sqlBean" %>
<JSP:useBean id="upd" scope="session" class="mypack.sqlBean"/>
<html>
<head>
    <title>修改记录</title>
</head>
<body bgcolor="#FFFFFF" text="#000000">
<div align="center"><font color="#000000" size="5">修改记录</font></div>
<%! String stuid,sql,sex; %>
<%
    stuid=request.getParameter("stu_id").trim();
    //调用 getConn()方法与数据库建立连接
    sql="select * from student where stid='"+stuid+"'";
    ResultSet rs=upd.executeQuery(sql);
    while(rs.next()){
```

JSP 技术基础

```
%>
<form name = "form" method = "post" action = "DoUpdate.jsp?stu_id = <% = stuid%>">
    <table width = "80%" border = "1" cellspacing = "1" cellpadding = "1" align = "center">
        <tr>
         <td width = "46%" align = "center">学号 </td>
         <td width = "54%">    <% = rs.getString(1)%></td>
        </tr>
        <tr>
         <td width = "46%" align = "center">姓名 </td>
         <td width = "54%">    
         <input type = "text" name = "name" value = <% = rs.getString(2)%>></td>
        </tr>
        <tr>
         <td width = "46%" align = "center">性别</td>
         <td width = "54%">    
           <%
             sex = rs.getString(3).trim();
             if(sex.equals("男"))
             {
           %>
        <select name = "sex">
          <option value = "男" selected>男</option>
          <option value = "女">女</option>
        </select>
          <% }
             else{
          %>
        <select name = "sex">
          <option value = "男" >男</option>
          <option value = "女" selected>女</option>
         </select>
          <% } %>
        </td>
         </tr>
         <tr>
          <td width = "46%" align = "center">年龄</td>
          <td width = "54%">    
     <input type = "text" name = "age" size = "20" value = <% = rs.getInt(4)%>></td>
         </tr>
         <tr>
          <td width = "46%" align = "center">学院</td>
          <td width = "54%">    
        <input type = "text" name = "college" value = <% = rs.getString(5)%>></td>
        </tr>
        <tr align = "center">
         <td colspan = "2" align = "center">
         <input type = "submit" name = "Submit" value = "提交">    
         <input type = "reset" name = "reset" value = "清空">
        </td>
       </tr>
      </table>
```

```
</form>
<%
    }
    rs.close();
    upd.closeStmt();
    upd.closeConn();
%>
</body>
</html>
```

UpdateStu.jsp 文件用于创建一个修改表单,在表单中可以修改姓名、年龄、性别和学院属性项的值,为了和数据库中的实体完整性约束保持一致,学号数据设置为不可修改,通过将 action 值设置为"DoUpdate.jsp? stu_id=<%=stuid%>"实现了学号的直接提交,表单数据被提交给 DoUpdate.jsp 文件进行处理。

UpdateStu.jsp 程序运行结果如图 12-22 所示。

图 12-22　程序 UpdateStu.jsp 的运行结果

DoUpdate.jsp 文件代码:

```
<%@ page contentType = "text/html; charset = utf - 8" language = "java" %>
<%@ page import = "java.sql. * " %>
<%@ page import = "java.sql. * , java.util. * " %>
<JSP:useBean id = "modify" scope = "session" class = "mypack.sqlBean"/>
<html>
    <head>
        <title>修改记录</title>
    </head>
    <body>
        <%!    String stuid, name, sex, age, college, sql; %>
        <%! int i; %>
        <%
            stuid = request.getParameter("stu_id").trim();
            //保证中文正常显示
            stuid = new String(stuid.getBytes("ISO - 8859 - 1"),"gb2312");
```

```
            name = request.getParameter("name").trim();
            name = new String(name.getBytes("ISO - 8859 - 1"),"gb2312");
            sex = request.getParameter("sex").trim();
            sex = new String(sex.getBytes("ISO - 8859 - 1"),"gb2312");
            age = request.getParameter("age").trim();
            i = Integer.parseInt(age);
            college = request.getParameter("college").trim();
            college = new String(college.getBytes("ISO - 8859 - 1"),"gb2312");
            try
            {
                //调用 getConn()方法与数据库建立连接
                sql = "update student set stname = '" + name + "', stsex = '" + sex + "', stage = '"
 + i + "', stcollege = '" + college + "'where stid = '" + stuid + "'";
                int x = modify.executeUpdate(sql);
                if(x!= 0)
            response.sendRedirect("OutStu.jsp");
                else
                    out.print("修改失败,请检查 SQL 语句" + "< br>" + sql);
            }catch(Exception e){
                    out.print("出现意外,信息是:" + e.getMessage());
                    e.printStackTrace();
            }
        %>
    </body>
</html>
```

DoUpdate.jsp 程序通过调用 sqlBean 中定义的 executeUpdate()方法负责将表单提交的数据更新到数据库,为了保证使用中文能正常处理使用 String 类型的构造方法 String(变量名.getBytes("ISO-8859-1"),"gb2312")进行了编码转换,数据更新到数据库后再使用 response.sendRedirect("OutStu.jsp")跳转到图 12-21 所示的页面进行了输出。

删除功能通过 DeleteStu.jsp 程序实现,可以实现单条学生记录的删除,在 OutStu.jsp 文件中的"< a href="DeleteStu.jsp? stu_id=<% = rs.getString("stid")%>">"删除"</a>"超链接会链接到删除页面。数据删除后再使用 response.sendRedirect("OutStu.jsp")跳转到图 12-21 所示的页面进行了输出。

DeleteStu.jsp 文件代码:

```
<% @ page contentType = "text/html; charset = utf - 8" language = "java" %>
<% @ page import = "java.sql. * " %>
<% @ page import = "java.util. * " %>
<% @ page import = "mypack.sqlBean" %>

< html >
< head >
    < meta http - equiv = "Content - Type" content = "text/html; charset = UTF - 8">
    < title >删除记录</title>
</head>
< body >
<% ! String stuid,sql; %>
<%
```

```
    sqlBean del = new sqlBean();
    stuid = request.getParameter("stu_id").trim();
    try{
        sql = "delete from Student where stid = '" + stuid + "'";
        //进行数据库操作
        int x = del.executeDelete(sql);
        if(x!= 0)
                response.sendRedirect("OutStu.jsp");
        else
                out.print("删除失败,请检查 sql 语句" + "< br >" + sql);
    }catch(Exception e){
        out.print("出现意外,信息是:" + e.getMessage());
        e.printStackTrace();
    }
%>
</body >
</html >
```

12.6 本 章 小 结

本章简单介绍了 JSP 技术,作为 Java 语言中的在网页开发方面的应用,JSP 网页是指在 HTML 文件中嵌入 Java 脚本代码而形成的网页文件,JSP 技术具有良好的跨平台性和优秀的执行效率,可以运行在各种不同的软硬件环境中,是当下主流的动态网页技术之一。

JSP 技术能实现服务器与客户端的交互功能,完成复杂的逻辑判断和数据处理,弥补了 HTML 语言的不足,使得网页设计和开发人员可以轻松、高效地创建和维护动态网页。依次介绍了 HTML 语言、JSP 的语法规则、指令与标记、内部对象、JavaBean 和 JSP 连接数据库等知识,通过这一列知识的学习,读者可以理解服务器与客户端如何进行交互,如何使用 JSP 技术编程实现各项网络交互功能开发功能丰富的网页。

第 12 章 习   题

一、单选题

1. 能在浏览器的地址栏中看到表单提交数据的提交方式是(   )。

   A. submit   B. get   C. post   D. out

2. 使用 response 对象进行网页重定向时,要使用的是(   )方法。

   A. getRequestDispatcher()   B. forward()

   C. sendRedirect()   D. 以上都不对

3. 在 JSP 中使用 JDBC 语句访问数据库,正确导入 SQL 类库的语句是(   )。

   A. <%@ page import="java. sql. * " %>;

   B. <%@ page import="sql. * " %>;

   C. <%page import="java. sql. * "%>;

   D. <%@ import="java. sql. * "%>;

4. 如果要把一个用户名 tome 保存在 application 对象里,则下列语句正确的是( )。

  A. application. setAttribute(name, tome);

  B. application. setAttribute("name","tome");

  C. application. setAttribute("tome",name);

  D. application. setAttribute("tome","name");

5. JSP 的隐式注释正确的表达方式为( )。

  A. //注释内容   B. <!-- 注释内容-->

  C. <%--注释内容--%>   D. / * 注释内容 * /

6. 如果要为网站编写一个能统计当前访问量的计数器程序,最好采用 JSP 中的( )对象。

  A. page   B. session   C. request   D. application

7. 在 JSP 中要使用 mypack 包中的 User 类,则以下写法正确的是( )。

  A. <jsp:useBean id="user" class="mypack. User" scope="page"/>;

  B. <jsp:useBean class="mypack. Use. class"/>;

  C. <jsp:useBean name="user" class="mypack. User"/>;

  D. <jsp:useBeam id="user" class="user" import="mypack. * "/>;

8. JSP 从 HTML 表单中获得用户输入的正确语句为( )。

  A. Request. getParameter("ID");

  B. Reponse. getParameter("ID");

  C. Request. getAttribute("ID");

  D. Reponse. getAttribute("ID");

9. include 指令用于在 JSP 页面静态插入一个文件,插入文件可以是 JSP 页面、HTML 网页、文本文件或一段 Java 代码,但必须保证插入后形成的文件是( )。

  A. 是一个完整的 HTML 文件   B. 是一个完整的 JSP 文件

  C. 是一个完整的 TXT 文件   D. 是一个完整的 Java 源文件

二、编程题

1. 编写程序 regester. html 和 doregester. jsp,做一个用户注册网页 regester. html,包括:用户名、密码、年龄、性别。单击“确定”按钮后提交到 doregester. jsp 进行注册检验,若用户名为 admin,提示“欢迎你,管理员”,否则显示“注册成功”并显示注册信息。

2. 将上一章中的网络考试系统升级为 B/S 结构,在 Web 端使用 JSP 技术实现动态生成考试页面,浏览器使用 JavaScript 脚本语言和 CSS 样式表控制考试页面的显示和交互,Web 服务器通过 JavaBean 和 DBMS 通信,获取和更新数据库数据,其他要求相同。

三、简答题

1. 简述 JSP 中<%@include%>与<jsp:include>的异同。

2. Get 请求和 Post 请求有什么区别?

3. 简述 JSP 的内置对象。

4. 简述 JSP 中 JavaBean 的两种使用方式。

参考文献

[1] 杨更新. 汽车自动驾驶系统. CN98122574.8[P], 1999-06-02.

[2] 谷超豪. 数学词典[M]. 上海：上海辞书出版社, 1987.

[3] ABELSON H, SUSSMAN G J, et al. 计算机程序的构造和解释[M]. 裴宗燕, 译. 北京：机械工业出版, 2004.

[4] 马俊. 生命现象的程序解释和关键过程的模拟[D]. 兰州：兰州大学信息科学工程学院, 2012.

[5] LINDHOLM T, YELLIN F. The Java Virtual Machine Specification[M]. 2nd Revised Edition. Hoboken. Addison-Wesley Educational Publishers Inc, 1999.

[6] VENNERS B. Inside the Java 2 Virtual Machine[M]. 2nd Edition. New York City. McGraw-Hill Companies, 2000.

[7] IBM Developer. http://www.ibm.com/developerworks/java/library/j-jcomp/index.html # download [Z/OL], 2007.

[8] KELLER R, HÖLZLE U. Implementing Binary Component Adaptation for Java. California. University of California at Santa Barbara, 1998.

[9] KELLER R, HÖLZLE U. Binary Component Adaptation[C]// European Conference on Object-oriented Programming. Springer-Verlag, 1998.

[10] KICZALES, et al. Aspect-oriented programming: US, 6467086[P]. 2002-10-15.

[11] LIANG Y D. Introduction to Java Programming Comprehensive Version[M]. 10th Edition. Hoboken. Published by Pearson. 2013.

[12] MA J, MEI F, MA Y. Programmed Interpretation of the Life Evolution and Computer Simulation [C]// Biomedical Engineering and Biotechnology (iCBEB), 2012 International Conference on. IEEE, 2012.

[13] WEISFELD M. The Object-Oriented Thought Process[M]. 4th Edition. Hoboken. Published by Addison-Wesley Professional. 2013.

[14] DONALD E. Programming of Life[J]. Big Mac Publishers, 2010.

[15] BARBIERI M. The Codes of Life: The Rules of Macroevolution[M]. New York. Springer Publishing Company, Incorporated, 2010.

[16] KURNIAWAN B. Java 7 程序设计[M]. 俞黎敏, 徐周乐, 俞哲皆, 等译. 北京：机械工业出版社, 2012.

[17] SARANG P. Java 7 编程高级进阶[M]. 曹如进, 张方勇, 译. 北京：清华大学出版社, 2013.

[18] 丁岳伟, 彭敦陆. Java 程序设计[M]. 北京：高等教育出版社, 2005.

[19] 叶乃文, 王丹. Java 语言程序设计教程[M]. 北京：机械工业出版社, 2010.

[20] 孙卫琴. Java 面向对象编程[M]. 北京：电子工业出版社, 2006.

[21] 耿祥义. Java 大学实用教程[M]. 北京：电子工业出版社, 2005.

[22] 印旻. Java 语言与面向对象程序设计教程[M]. 北京：清华大学出版社, 2005.

[23] 周晓聪. 面向对象程序设计与 Java 语言[M]. 北京：机械工业出版社, 2004.

[24] DEITEL H M, DEITEL P J. Java 大学教程[M]. 4 版. 北京：电子工业出版社, 2002.

[25] 史斌星. Java 基础编程贯通教程[M]. 北京：清华大学出版社, 2003.

[26] 夏宽理. Java 语言程序设计(一)[M]. 北京：机械工业出版社, 2008.

[27] 黄斐. Java 程序设计与应用技术教程[M]. 北京：科学出版社, 2002.

图 书 资 源 支 持

感谢您一直以来对清华版图书的支持和爱护。为了配合本书的使用，本书提供配套的资源，有需求的读者请扫描下方的"书圈"微信公众号二维码，在图书专区下载，也可以拨打电话或发送电子邮件咨询。

如果您在使用本书的过程中遇到了什么问题，或者有相关图书出版计划，也请您发邮件告诉我们，以便我们更好地为您服务。

我们的联系方式：

地　　址：北京市海淀区双清路学研大厦 A 座 714

邮　　编：100084

电　　话：010-83470236　010-83470237

客服邮箱：2301891038@qq.com

QQ：2301891038（请写明您的单位和姓名）

资源下载： 关注公众号"书圈"下载配套资源。

资源下载、样书申请

书 圈

获取最新书目

观看课程直播